AF396898

TRAITÉ

DU

NIVELLEMENT

COMPRENANT

LES PRINCIPES GÉNÉRAUX

LA DESCRIPTION ET L'USAGE DES INSTRUMENTS

LES OPÉRATIONS ET LES APPLICATIONS

AVEC 112 FIGURES DANS LE TEXTE

PAR

J. DUPLESSIS

RÉPÉTITEUR DE GÉNIE RURAL À L'ÉCOLE DE GRIGNON

> La science du nivellement a pour objet de déterminer de combien un point est plus près ou plus éloigné qu'un autre du centre de la terre; elle est fondée sur la connaissance de l'équilibre des fluides.
>
> (PUISSANT)

PRIX : 8 FRANCS

PARIS

LIBRAIRIE POLYTECHNIQUE	LIBRAIRIE AGRICOLE
DE	DE LA
BAUDRY, EDITEUR	MAISON RUSTIQUE
Rue des Saints-Pères, 15	Rue Jacob

1877

TRAITÉ

DU

NIVELLEMENT

Tout exemplaire non revêtu de ma griffe, sera réputé contrefait et tout contrefacteur ou débitant de contrefaçons sera rigoureusement poursuivi.

T. Duplessis

TRAITÉ

DU

NIVELLEMENT

COMPRENANT

LES PRINCIPES GÉNÉRAUX
LA DESCRIPTION ET L'USAGE DES INSTRUMENTS
LES OPÉRATIONS ET LES APPLICATIONS

AVEC 112 FIGURES DANS LE TEXTE

PAR

J. DUPLESSIS

RÉPÉTITEUR DE GÉNIE RURAL A L'ÉCOLE DE GRIGNON

> La science du nivellement a pour objet de déterminer de combien un point est plus près ou plus éloigné qu'un autre du centre de la terre ; elle est fondée sur la connaissance de l'équilibre des fluides.
>
> (PUISSANT).

PRIX : 8 FRANCS

PARIS

LIBRAIRIE POLYTECHNIQUE	LIBRAIRIE AGRICOLE
DE	DE LA
J. BAUDRY, EDITEUR	**MAISON RUSTIQUE**
Rue des Saints-Pères, 15	Rue Jacob, 26

1877

PRÉLIMINAIRES

Le volume que nous publions aujourd'hui, sous le titre de *Traité du nivellement*, renferme la deuxième partie de la *Topographie*.

La première partie, ou *Planimétrie* (Levé des plans et arpentage), a été publiée en 1873.

Le manuscrit de notre nouveau travail est commencé depuis 1868, c'est-à-dire depuis huit années. Notre première intention était de ne publier qu'un seul volume sous le titre de *Traité de Topographie*.

Mais, pour des raisons qu'il serait inutile d'exposer ici, nous nous sommes décidés à publier deux volumes séparés : l'un sur la *Planimétrie* et l'autre sur le *Nivellement*.

Le nivellement est le complément indispensable de la planimétrie et son étude est aussi importante qu'intéressante dans l'enseignement de nos écoles spéciales.

Il n'est pas de sciences appliquées qui aient rendu autant de services importants, depuis le commencement de ce siècle, et plus contribué que la science du nivellement au développement de la civilisation moderne. Nous devons à la connaissance de ses lois tous ces grands travaux de conduite d'eau, de routes, de chemins de fer, etc., exécutés tant en France qu'à l'étranger.

C'est sans doute aussi par la connaissance de ses principes que les Grecs et les Romains ont pu exécuter ces travaux remarquables dont parlent leurs histoires et qui attestent la grandeur et la puissance de ces peuples.

M. *J.-W. Draper*, rapporte qu'à l'époque brillante de l'empire arabe, l'auteur « *Al-Baghadadi* laissa un traité sur l'arpentage des terres tellement parfait, que beaucoup de gens ont cru que c'était une copie de quelque ouvrage d'*Euclide*, qui depuis aurait été perdu. »

Ce passage qui montre que les Arabes connaissaient si bien l'arpentage établit aussi, croyons-nous, qu'ils ne pouvaient ignorer le nivellement.

Notre époque doit à l'abbé *Picard*, savant astronome français, d'avoir fait la première théorie du nivellement dans son *Traité de nivellement* publié en 1684.

Ce traité est rédigé par son collègue de la Hire, de l'Académie des sciences et professeur en mathématiques (1).

A peu près à la même époque (1682), *Thévenot* (Melchisédec) se fit connaître comme ayant inventé le niveau à bulle d'air depuis quinze années environ. C'est dans le numéro du 15 novembre 1666 du *Journal des savants* qu'il fit la description de son instrument dans un article non signé.

Thévenot était un homme d'une grande modestie. Né à Paris, en 1620, il eut d'abord le goût des voyages ; puis plus tard il s'adonna exclusivement aux sciences. C'est chez lui que l'Assemblée des savants, qui devint ensuite l'Académie des sciences, continua ses réunions commencées d'abord chez le P. *Mersenne* et chez *Montmort*.

Voici ce que l'on lit dans le problème premier de son *Recueil de voyages* (MDCLXXXII) :

« Il s'est fait quelques nouvelles découvertes dans l'Assemblée, pour l'avancement des arts, qui s'est tenue chez M. *Thévenot*, qui peuvent être d'un grand usage pour les bâtiments. pour les conduites d'eau et la navigation. L'armement des flottes des Indes, la jonction des rivières et les grands bâtiments que l'on entreprend maintenant, ont fait croire que c'était le temps de rendre publique une chose qui peut être utile à ces entreprises et qui avait été proposée dans cette Assemblée il y a déjà quelque temps, et depuis à la Société royale d'Angleterre et à l'Academie del cimento de Toscane. C'est un instrument où l'air enfermé avec quelque liqueur fait

---

(1) Picard ne put faire paraître son ouvrage à cause d'une maladie qui l'emporta en quelques jours (1684).

un niveau..... » *Fig.* 1. L'instrument de *Thévenot*, quoique d'une précision bien supérieure à celle des niveaux à perpendicule, était d'une construction difficile.

M. de Chézy (1768), directeur de l'Ecole des ponts-et-chaussées (1), trouva un siècle plus tard le moyen de rendre pratique sa construction en lui apportant divers perfectionnements qui permirent de généraliser son emploi très-limité auparavant.

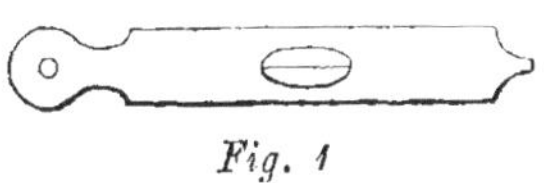

Fig. 1

M. de Chézy a, en outre, dirigé les travaux de nivellement du canal de Bourgogne, et il a écrit sur les instruments propres à niveler dans les mémoires des savants étrangers.

Mariotte, par la publication de son traité de nivellement, en 1672, a également beaucoup contribué à vulgariser les applications du nivellement.

On peut consulter son ouvrage, ainsi que celui de Picard, à la bibliothèque nationale de Paris.

La plupart des ouvrages de nivellement leur ont emprunté la division des matières qu'ils traitent.

A l'époque où vivaient les auteurs que nous venons de nommer il y avait une très-grande émulation parmi les savants pour faire avancer la science du nivellement.

Un grand nombre d'opérations importantes furent exécutées, notamment par Picard, pour amener de l'eau au palais de Versailles.

Mais jusqu'à *Buache* (1737) et Ducarla (1782) on n'avait pas encore entrevu la possibilité de représenter le relief du sol.

On pouvait bien représenter ce relief, seulement, par des profils ou des plans cotés ; mais il était fort incomplet.

En effet, le système des profils (qui donne bien la représentation exacte du relief du sol suivant une ligne) est impuissant à donner le relief d'une surface. Supposons qu'il s'agisse de représenter un pays très-accidenté suivant un profil ou un plan vertical.

Il arrivera nécessairement que la montagne très-rapprochée

____

(1) Dont Trudaine fut le fondateur.

cachera la montagne éloignée, ou la vallée qui sera située derrière ; celle-ci cachera à son tour d'autres montagnes et d'autres vallées ; et ainsi de suite.

Les projections des constructions se confondront avec les accidents du sol, les arbres, etc.

Il en résultera une confusion telle, pour une surface étendue, qu'il sera difficile, même pour l'œil le plus exercé, de distinguer les accidents divers et de comprendre la forme du relief.

Le système des plans cotés, bien que représentant les accidents principaux, par des cotes distribuées sur un plan de projection, ne parle pas à la vue.

Au contraire en employant le système des sections horizontales, de Buache et de Ducarla, tous les accidents seront représentés distinctement dans leurs situations relatives.

Pour comprendre ce système il suffit de se représenter une montagne sillonnée de ravins et couverte par les eaux jusqu'au sommet.

Si l'on suppose que celles-ci baissent d'un mètre, leur surface (toujours horizontale), suivra toutes les inflexions du sol et son intersection avec les plans verticaux en tous les points donnerait une ligne de niveau continue représentant, par ses inflexions, les formes du contour.

En admettant que les eaux continuent à descendre de mètre en mètre, on aurait ainsi une série de courbes horizontales représentant les points du contour situés à la même hauteur. Toutes ces courbes, projetées sur un même plan, représenteraient fidèlement le relief de la montagne.

C'est à *Buache* que l'on doit d'avoir fait connaître cette méthode de représentation du relief du sol en 1737, époque à laquelle il présenta sa carte de la Manche à l'Académie des sciences, mais il ne donna pas suite aux idées qu'il exprima alors.

Ducarla (de Genève), reprit plus tard sa découverte et formula définitivement la méthode de représentation du sol par les sections horizontales dans un mémoire qu'il présenta à l'Académie des sciences en 1771. En 1782, il écrivit un ouvrage sur ce sujet.

A l'époque de *Ducarla*, le chevalier de *Lespinasse* publia (1768) son traité sur la théorie et la pratique du nivellement. Cet ouvrage fut très-apprécié et contribua surtout à répandre la science du nivellement dans l'art militaire auquel il était plus spécialement destiné.

Nous arrivons ensuite au commencement de ce siècle où nous voyons paraître un mémoire et trois ouvrages sur le nivellement.

Le mémoire, écrit par *Girard*, ingénieur des ponts-et-chaussées, est inséré au *Journal des mines* (1805).

Il traite du nivellement général de la France et des moyens de l'exécuter.

Le premier des trois ouvrages est l'*Essai sur le nivellement* de *Busson-Descars*, publié en 1805.

Ce travail est consciencieusement écrit après vingt années de pratique à l'étranger.

L'auteur donne des détails complets sur les opérations et les applications du nivellement.

Le *Traité de topographie* de Puissant, publié deux années après l'ouvrage de *Busson-Descars*, c'est-à-dire en 1807, est aussi un ouvrage important et qui a contribué, avec le précédent, à généraliser l'enseignement de la science du nivellement.

Le troisième ouvrage, paru sous le premier empire, est écrit par *Fabre* et a pour titre : *Traité complet sur la théorie et la pratique du nivellement*.

Ce travail est le plus considérable qui ait été écrit sur la matière.

Nous remontons ensuite aux premières années de la Restauration où nous voyons le gouvernement prendre la résolution de faire construire une nouvelle *carte topographique* de notre pays, afin de remplacer celle de *Cassini de Thury* (1),

---

(1) *Cassini de Thury* descendant de Cassini, premier directeur de l'Observatoire de France. Sa belle carte de France est le résultat des travaux géodésiques de tout le XVIIIe siècle.

Il avait su intéresser d'abord à son œuvre Louis XV, qui y consacra des sommes consi remarquable à tant de titres, mais incomplète au point de vue topographique.

Les premières feuilles de cette nouvelle carte parurent en 1833 ; et, malgré les soins que l'on mit à son exécution, on s'aperçut bientôt par des erreurs de cotes qu'on manquait de méthodes exactes de nivellement.

En 1839, le lieutenant-colonel *Clerc* publia son *Essai sur les levés topographiques*. Cet ouvrage en trois volumes traite du nivellement avec des développements complets sur les instruments anciens et récents et sur la pratique des opérations.

Après, en 1840, vient le cours de *Topographie* et de *Géodésie* du professeur *Salneuve*.

En 1842, une note de l'ingénieur de *Boisvillette* est écrite sur les *nivellements préparatoires et de reconnaissance* et insérée dans les Annales des *Ponts et chaussées*.

En 1844, M. le chef de bataillon du génie *Leblanc* produit, dans le mémorial de l'officier du génie, divers mémoires importants sur le nivellement.

En 1847, M. *Bourdaloue* publie sa *Nouvelle notice sur les nivellements* où il décrit les procédés qui lui ont acquis une si grande réputation.

A la fin de la même année, il est chargé de faire le nivellement de l'*isthme de Suez*.

Il prouva que la différence de niveau (de $8^m,12$ à marée basse et $9^m,90$ à marée haute) de la mer Rouge sur la Méditerranée, trouvée par les ingénieurs qui l'avaient précédé, n'existait pas et conclut ainsi à la possibilité de construire un canal pouvant relier les deux mers.

Quelques années plus tard il s'occupa du nivellement général de la France par des procédés spéciaux et d'une exactitude parfaite.

---

sidérables tant que l'état des finances lui permit d'être généreux. Après cela, *Cassini de Thury* continua son travail en organisant une Société qui soutint l'entreprise à ses frais jusqu'en 1793, époque à laquelle (sur un rapport de Fabre d'Eglantine), la Convention s'empara des planches gravées et de la carte comme propriétés de l'Etat.

Il fit d'abord à ses frais le nivellement général du département du Cher, où il est né, afin de se rendre compte du prix de revient d'un pareil travail pour la France entière et aussi pour prouver la possibilité de son exécution.

Il proposa au Gouvernement de reprendre le travail du nivellement général de la France. Le 15 juillet 1857, le Ministre des Travaux publics, sur l'avis du Conseil des Ponts-et-Chaussées, donna suite à sa proposition et le chargea de la direction générale de ce travail. Le nivellement d'un réseau de bases fut alors aussitôt entrepris et les résultats qu'il a obtenus sont consignés sur une carte d'ensemble et dans trois volumes de texte publiés en 1864.

Enfin, en 1872, le ministre compétent prescrit aux ingénieurs des départements de rattacher aux bases du réseau nivelé 226 points géographiques dont les altitudes sont connues.

Les lignes de bases et les repères nivelés par M. *Bourdaloue* permettront d'achever ce nivellement général de la France si utile à tant de titres.

Après M. *Bourdaloue*, M. *Breton* (de Champ) est l'ingénieur français auquel revient l'honneur d'avoir le plus vulgarisé la connaissance de la science qui nous occupe.

Son traité remarquable du nivellement, publié en 1848, est à sa troisième édition. Il est, à notre avis, le résumé le plus fidèle de nos connaissances actuelles sur la matière.

Depuis sa publication, jusqu'à nos jours, nous trouvons beaucoup d'ouvrages qui traitent du nivellement sous des titres divers.

Nous citons notamment : le *Guide du géomètre*, par Goulard-Henrionnet (1849) ; le *Traité d'arpentage et de nivellement* de Leclerc et Toussaint (1855) ; le *Manuel du conducteur des ponts-et-chaussées*, par Andrès (1857) : le *Guide du conducteur et de l'agent-voyer*, par Vauthier et Allyre Bureau (1858) ; l'*arpentage, le levé des plans et le nivellement*, par Briot et Yacquant (1859) ; les *Leçons sur l'art de lever les plans* de M. Laussedat (1861) ; le *Manuel de l'ingénieur* de M. Debauve (1872) ; etc.

L'ouvrage dont nous avons entrepris la publication résume, autant qu'il nous a été permis de le faire, l'état de nos connaissances actuelles sur le nivellement.

Nous nous sommes inspirés, pour l'écrire, de l'enseignement de nos savants devanciers.

Notre travail est divisé en quatre parties, savoir :

La première partie est consacrée à l'exposé *des principes généraux du nivellement*.

La deuxième partie comprend la *description et l'usage des principaux types d'instruments* employés.

La troisième partie renferme la *pratique* ou les *opérations* diverses de nivellement.

La quatrième partie contient les *applications spéciales* ou les exemples de projets à exécuter d'après des études préliminaires.

Comme nous écrivons plus spécialement pour l'enseignement, nous conseillons aux élèves d'étudier chacune de ces parties séparément en suivant l'ordre naturel indiqué. Ils ne devront point passer à l'étude d'une partie sans connaître entièrement les principes exposés précédemment.

Cette observation, s'ils veulent bien en tenir compte, leur facilitera beaucoup leurs études de nivellement.

Ecole de Grignon, novembre 1876.

J. DUPLESSIS.

TRAITÉ

DU

NIVELLEMENT

PREMIÈRE PARTIE

Principes généraux

CHAPITRE Ier

Objet du nivellement.

1. — L'étude de la *Planimétrie* ne nous a conduit qu'à la détermination de la situation relative des différentes projections, sur un plan horizontal, des points remarquables d'un terrain ; c'est-à-dire que nous avons ainsi appris à déterminer leurs projections en plan.

Mais, par cette étude, nous ne connaissons pas les distances verticales relatives de ces points.

En un mot, un dessin planimétrique ou une carte dressée par les méthodes que nous avons examinées ne nous donne aucune idée du relief du sol : nous ne savons pas s'il est horizontal, incliné ou ondulé.

2. — Il y a donc nécessité de compléter notre premier travail, sur le *levé des plans* et *l'arpentage*, en analysant les procédés à l'aide desquels on parvient à déterminer les distances verticales des points remarquables par rapport à un plan de projection pris pour plan de comparaison ; ou plus exactement par rapport à une surface de niveau bien définie de position.

Cette nouvelle étude forme la deuxième partie de la topographie ; et elle a reçu le nom de nivellement.

3. — Il découle de ce qui précède que le nivellement *a pour objet de déterminer et de comparer les hauteurs relatives des* *différents points du sol;* ou de mesurer de combien les uns sont plus bas ou plus élevés que les autres.

Pour effectuer une pareille opération on doit comparer les distances verticales des points nivelés à un même plan de comparaison ou mieux à une même surface de niveau.

Les distances de ces points à ce plan ou à cette surface portent le nom de *cotes* (1).

Pour exprimer les cotes des points d'un terrain, ou pour faire un nivellement, on détermine, à l'aide d'instruments qui portent le nom de niveaux, des plans de visées horizontaux dont on mesure la distance aux points nivelés à l'aide d'autres instruments que l'on appelle mires.

De la comparaison des hauteurs de mire, ou cotes, on conclut la différence de niveau des points nivelés.

4. — S'il s'agissait seulement de trouver la différence de niveau entre deux points A et B par exemple, peu éloignés l'un de l'autre, il suffirait d'installer le niveau en K et de déterminer un plan horizontal $a\,b$ (fig. 2).

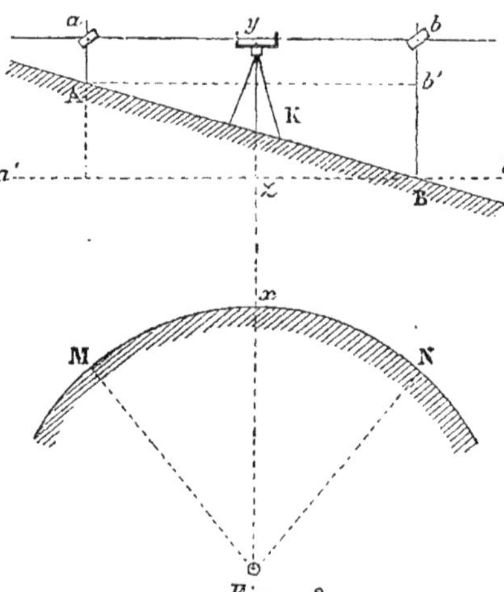

Fig. 2

Alors en plaçant verticalement une mire sur chacun des points on lirait les hauteurs A a et B b, qui expriment leurs distances verticales au plan horizontal de comparaison $a\,b$.

La différence (B b — A a = B b') de ces hauteurs ou cotes indique de combien l'un des points nivelés est plus élevé ou plus bas que l'autre.

Maintenant si l'on connaît, par rapport à une surface de niveau MxN, bien définie de position, comme la surface de la mer Méditerranée, par exemple, la hauteur $x\,y$ du plan de visée $a\,b$, ou la hauteur $x\,z$ du plan $a'\,b'$ qui lui est parallèle et qui passe par le point B, on aura, par suite, les hauteurs ou cotes des points nivelés par rapport à cette surface.

---

(1) Le mot cote, suivant M. Breton, vient de *quot* qui signifie combien. Suivant M. Littré, cote vient de *quota pars*, quelle partie.

Mais l'opération ainsi faite a besoin de subir une correction dont nous précisons le sens et l'importance aux chapitres V, VI et VII.

Les hauteurs obtenues par la lecture de la mire ne représentent que les cotes du niveau apparent. Elles ne représenteront les cotes du niveau vrai qu'après une correction suivant la formule de haussement du niveau apparent sur le niveau vrai dans laquelle entre le coefficient de réfraction.

CHAPITRE II.

Lois du nivellement.

5. — Lorsque, suivant la mécanique moderne, on considère l'univers, l'esprit est frappé de sa simplicité.

Il se réduirait à l'atome de matière et au mouvement de cet atome.

Dans l'ordre des infiniment petits l'atome se groupe pour former des corps dits simples.

Ceux-ci, à leur tour, en se combinant, donnent des corps composés.

Dans l'ordre des infiniment grands l'atome, par combinaison successive, forme les corps célestes.

Et le résultat de cette propriété de la matière de se grouper est de former des agglomérats dont quelques-uns peuvent être étudiés directement par l'homme.

La terre est un de ces agglomérats sur lequel notre attention doit être appelée tout particulièrement.

6. — La propriété de la matière, de s'attirer (suivant Newton) en raison directe des masses et en raison inverse du carré des distances, a pour conséquence de former des systèmes sphériques en équilibre parfait ayant leurs centres de gravité aux centres de figure.

Les surfaces de ces systèmes sont des surfaces d'équilibre ayant tous leurs points également éloignés des centres de gravité ou de figure.

C'est pour cette propriété remarquable qu'elles sont aussi appelées surfaces de niveau.

Mais cette régularité qui paraît être commune aux petites masses (molécules) ne s'observe pas entièrement dans les corps célestes à cause de leurs compositions hétérogènes et des mouvements considérables auxquels ils sont soumis.

7. — Les sphères peuvent être considérées comme engendrées par une infinité de cônes droits contigus dont les bases sont à la surface et les sommets au centre de figure.

Les volumes de ces cônes étant égaux, les bases comme les hauteurs sont égales.

Mais les hauteurs, qui sont des perpendiculaires abaissées des sommets au milieu des bases, représentent les rayons des sphères.

Ces rayons prolongés dans l'espace sont aussi les verticales de chacune des surfaces de bases des cônes.

C'est suivant leur direction que l'action des attractions a lieu. Les bases, comme perpendiculaires aux rayons, sont dites de niveau.

Ainsi une surface de niveau est une surface dont toutes les parties sont perpendiculaires à la direction de la verticale.

Cette condition qui renferme toute la théorie du nivellement (c'est-à-dire la notion de la ligne verticale et de la ligne horizontale) n'implique pas nécessairement que toutes les surfaces de niveau doivent être sphériques comme beaucoup d'auteurs semblent l'avoir admis.

8. — La terre, qui nous occupe plus spécialement, est formée d'éléments très-variables de densité.

Les parties que la géologie a pu nous faire connaître montrent assez qu'elles sont groupées ou équilibrées suivant des ordres bien différents de ceux des masses homogènes.

Elle est, en outre, soumise visiblement à deux mouvements de rotation simultanés : l'un sur elle-même en 24 heures et l'autre autour du soleil en une année.

Formée d'abord de substance très-ténue ou gazeuse à son origine elle a dû prendre ensuite la forme liquide par refroidissement, puis la forme solide à la surface.

Par son mouvement de rotation, démontré expérimentalement par le pendule de *Léon Foucault*, aussi bien que par les preuves tirées de la mécanique céleste, elle a dû s'aplatir aux pôles et se renfler à l'équateur.

9. — La sphère huileuse que M. Plateau, physicien belge, place dans un mélange d'alcool et d'eau, explique ce qui a dû se passer.

Cette sphère traversée d'une aiguille et animée d'un mouvement de rotation s'aplatit aux pôles et se renfle à l'équateur.

Par le mouvement de rotation de la sphère autour de son axe, il se développe une force centrifuge qui tend à projeter les parties de la surface suivant la tangente.

On en a un exemple dans la fronde que l'on fait tourner et qui projette sa pierre tangentiellement.

Un autre exemple plus frappant, encore, s'observe sur le jante d'une roue de voiture lancée à grande vitesse sur un chemin boueux et qui projette la boue suivant la tangente.

Pour notre globe l'effet de la force centrifuge (sans cesse équilibré par l'effet de la gravité) n'étant pas assez considérable pour projeter ses parties extérieures, il ne peut y avoir que déformation.

Les grandes opérations géodésiques exécutées tant en France, que dans d'autres pays confirment d'une manière évidente cette déformation de notre planète.

Sans doute que tous les corps de notre système planétaire sont dans la même situation; mais nous n'avons pas à nous en occuper ici.

10.— Il découle de ces observations succinctes que notre globe a sensiblement la forme d'un ellipsoïde un peu aplati; et qu'il peut être considéré comme engendré par une ellipse tournant autour de son petit axe.

Cette forme déduite d'un grand nombre d'études géodésiques paraît différer cependant de la véritable forme.

De récentes observations il résulterait, en effet, qu'il n'y aurait pas uniformité de courbure de la surface de la terre et que les divers amas d'eau (étangs, lacs, mers, etc.) formeraient comme autant de surfaces de niveau distinctes plus ou moins concentriques.

Toutefois on peut, sans commettre d'erreurs sensibles, pour les nivellements ordinaires, considérer que la courbure des surfaces de niveau ne varie pas d'une manière appréciable pour une distance égale à la portée des niveaux.

Conséquemment on peut, par suite, admettre le parallélisme des surfaces de niveau dans les mêmes limites.

Nous résumerons ce chapitre en disant que les lois du nivellement, comme sa théorie, sont tout entières, pour la pratique ordinaire, dans les notions de la verticale et de la ligne horizontale qui se coupent toujours à angles droits sur un point quelconque du globe.

CHAPITRE III.

Historique du nivellement.

11. — De toutes les sciences d'application, il n'en est aucune qui rende plus de services que la science du nivellement.

L'architecte et le maçon ne peuvent entreprendre le plus petit travail sans la connaissance de ces principes élémentaires.

L'ingénieur en fait un usage constant, soit pour le service des ponts et chaussées, pour le service des mines, le génie militaire, le génie civil, le génie rural, etc.

Du jour où l'homme a éprouvé le besoin de se construire un abri contre les intempéries des saisons, il a eu l'idée du nivellement par la notion de la verticale et de sa perpendiculaire ou de l'horizontale.

En effet, le moindre assemblage de matériaux ´exige que ses parois soient dans la direction du fil à plomb et sa base perpendiculaire à cette direction; c'est une condition essentielle à son équilibre.

Plus tard, cette notion a dû se compléter, sans doute, lorsqu'on eut besoin de conduire et de distribuer des eaux.

12. — L'histoire ne nous donne aucun renseignement sur les premiers moyens de nivellement employés.

Nous devons seulement à *Vitruve* une description assez obscure du *Chorobate* des *Romains*, instrument de 20 pieds de longueur, servant généralement comme niveau à perpendicule et quelquefois comme niveau d'eau (Breton).

13. — Nous n'avons plus ensuite d'autres renseignements anciens avant ceux fournis par le jésuite *Riccioli*, qui décrit à peu près tous les niveaux employés avant l'invention du niveau à bulle d'air.

Nous voyons d'abord la balance exactement équilibrée par des poids qui maintiennent son fléau vertical et ses bras horizontaux.

Dans cette situation ceux-ci servent de guides au rayon de visée que l'on peut diriger comme sur le bord supérieur d'une règle.

14. — Après vient le niveau de charpentier, employé dans une position inverse de celle de nos jours ; puis, le niveau d'eau dit à godets et le niveau d'eau ordinaire dont les dimensions en longueur atteignaient 12 à 20 pieds romains.

Le même auteur signale, en outre, au XVII° siècle le niveau réflecteur dont il attribue l'invention à *Scipio Claramontius Cœsenas*.

15.—Après cela, nous voyons l'architecte Alberti inventer une règle à pinnules qui peut prendre une direction horizontale en la suspendant librement par un cordon.

16. — Plus tard cette idée est reprise par *Picard* et *Huygens* qui construisirent des niveaux consistant, en principe, en une croix de laiton ou d'un métal quelconque dont les branches forment quatre angles droits.

Deux de ces branches portent une lunette ou une règle qui peut être mise horizontale en suspendant l'ensemble par une extrémité de l'une des deux autres branches qui se tiennent alors verticalement.

17. — Nous voyons construites, ensuite, sur le principe du niveau d'eau, les lunettes flottantes de *Moriotte* et d'*Amici*. La lunette de Moriotte se place sur la surface d'un liquide ; celle d'Amici se fixe sur une petite calotte flottant sur du mercure.

18. — Vers 1666, le niveau à bulle apparaît. *Thévenot*, originaire de Paris où il est né vers 1620, en est l'inventeur. Il est resté quinze années sans vouloir dire que l'invention de cet instrument lui était personnelle.

19.—Mais la construction de son niveau était assez imparfaite.

Elle fut perfectionnée un siècle plus tard par l'ingénieur français, de *Chézy* qui parvint à donner aux tubes de verre une courbure très-régulière et à construire un niveau devenu classique.

20. — Plus tard, en 1820, l'ingénieur Egault, invente sa méthode des compensations, permettant de niveler avec des instruments non rectifiés. Il construit aussi un niveau célèbre qui porte son nom.

21. — En 1737, Buache, en présentant sa carte de la Manche, à l'Académie des Sciences, émet l'idée de la représentation du relief du sol par les sections horizontales.

Cette idée qu'il abandonna fut reprise par Ducarla qui formula définitivement la méthode de représentation du relief du sol par les sections horizontales dans un mémoire qu'il présenta à l'Académie des Sciences, en 1771.

22. — Dans les temps anciens il y a eu, sans doute, des travaux importants de nivellement.

Les *Grecs* et surtout les *Romains* ont fait des conduites d'eau importantes et des voies de communication considérables qui ont demandé des études sérieuses.

Dans les temps modernes, les travaux de nivellement les plus considérables sont : le nivellement général de la France, par Bourdaloue ; le nivellement de l'isthme de Suez, des grands canaux de navigation intérieure et d'irrigation, des grandes voies de communication, des chemins de fer, des Alpes, pour le percement du Mont-Cenis, de l'Algérie et de la Tunisie, par le capitaine Roudaire, pour un projet de mer intérieure dans l'isthme de Gabès et les Chotts tunisiens, etc.

Tous ces travaux gigantesques ont été entrepris et dirigés par des ingénieurs habiles qui sont l'honneur et la gloire de la France !

CHAPITRE IV.

Surfaces et lignes de niveau.

23. — Une surface de niveau est définie (ainsi que nous l'avons dit au chapitre II), par la condition, essentielle, d'avoir chacune de ses parties perpendiculaires à la direction de la verticale.

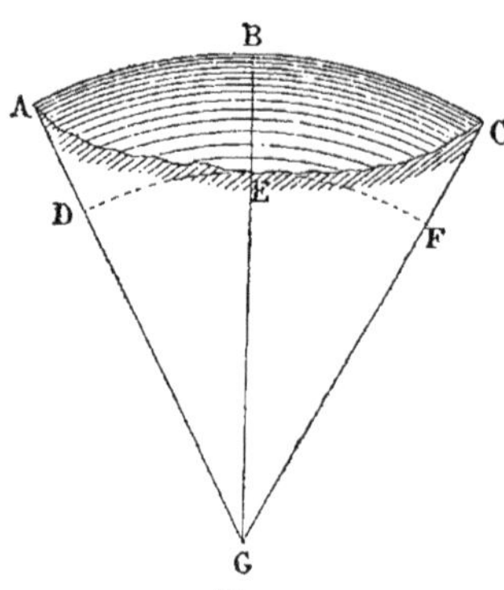

Fig. 3

Si une pareille surface est homogène, comme la surface ABC (fig. 3), on peut la parcourir dans tous les sens sans descendre ni monter ; c'est-à-dire que l'on se trouve constamment à la même distance de son centre de gravité G.

Elle est donc toujours une surface courbe.

L'idée la plus nette de ces surfaces nous est donnée par la superficie des eaux d'un étang, d'un lac, des mers à l'état de repos, etc.

Une ligne de niveau est toute ligne tracée sur une surface de niveau.

24. — La surface de niveau est une surface d'équilibre, ou une surface dont toutes les parties ont un centre de gravité commun.

Dans l'ordre des infiniment petits une pareille surface serait celle d'une sphère.

Dans l'ordre des infiniment grands (dans notre système planétaire, par exemple) la forme primitive des surfaces de niveau a dû être sphérique, puis elle s'est modifiée, ensuite, sous l'action de causes multiples.

25.—Pour la terre, la forme de la surface est tellement irrégulière qu'on peut assurer, d'après des considérations géologiques récentes, qu'elle est composée d'une infinité de surfaces de niveau dont les plus étendues sont notablement différentes entre elles.

Voici, pour en donner une idée suffisante, un extrait de la Revue scientifique du journal la *République française* du 14 décembre 1875.

» Les réactions de l'intérieur de la terre sur la croûte extérieure se manifestent par des effets qui forment comme une série ascendante dont voici les termes :

» 1° Oscillations lentes des terrains dans le sens vertical, les unes diurnes, les autres séculaires ; 2° mouvements brusques ou plus ou moins violents, que l'on connaît sous le nom de tremblements de terre ; 3° éruptions volcaniques diverses. Nous allons aujourd'hui définir chacune de ces natures d'effets, nous réservant de montrer plus tard leur enchaînement et d'en exposer l'explication.

» On doit considérer comme la consécration d'un préjugé erroné le nom de *terre ferme* par lequel on désigne l'ensemble des roches plus ou moins friables dont la superposition et la continuité font les sols des continents, des îles, du fond des mers. En réalité, les preuves abondent pour établir que dans le passé, dans le présent et par suite dans l'avenir, il y a eu, il y a et il y aura de continuelles dénivellations des points de la croûte terrestre. C'est ainsi qu'un géographe a pu comparer la terre à un corps vivant dont les actes d'inspiration et d'expiration, des frémissement nerveux des muscles, même des convulsions internes agiteraient les organes extérieurs.

» Parmi les mouvements lents de la croûte terrestre, il en est qui sont périodiques et diurnes. Ce sont de vraies marées. Car, s'il est vrai que notre terre, abstraction faite des eaux douces et salées, soit un ensemble composé d'une mer plutonienne centrale, emprisonnée dans une croûte solide ; s'il est vrai que l'enveloppe ait une épaisseur très-faible par rapport au rayon de la masse liquide qu'elle emprisonne ; s'il est vrai que les matériaux de la mer interne aient une densité moyenne beaucoup plus grande que la densité moyenne de la pellicule enveloppante, il faudra de toute nécessité que celle-ci se moule sur la forme que prendra le noyau liquide.

» Or, incontestablement les attractions de la lune et du soleil doivent produire sur la mer plutonienne les mêmes effets que sur les océans neptuniens : de là, des marées dont participent les terrains ; de là, deux fois par jour lunaire, chaque point du sol s'élève et s'abaisse. Toutefois, la densité du liquide plutonien étant considérable, les marées de l'océan interne ont une amplitude incomparablement plus faible que celle des marées neptuniennes. Peut-être est-il à tout jamais impossible d'arriver à mesurer cette amplitude ; on peut à peine espérer que l'observation parvienne à en constater physiquement la réalité. On doit donc, quant à présent du moins, regarder ces sortes de mouvements comme établis seulement par des considérations théoriques.

» Il est d'autres dénivellations très-lentes, dont la loi n'est pas connue, mais dont l'observation suivie au travers des siècles a pu constater les valeurs en beaucoup de régions. Tel est le mouvement en affaissement du littoral de la mer Baltique et de la Manche ; tel est aussi le mouvement en exhaussement de tout le pourtour de la Méditerranée ; tels sont ces mouvements des fonds de certaines mers où les établissements de polypiers sur les rochers font avec ceux-ci des hauts-fonds, des atols, des récifs, des îles entourées de couronnes de coraux. Et ces mouvements en dénivellation, que nous appelons séculaires, affectent de grandes étendues de terrains.

» Ce sont même ces mouvements qui, à la longue, déplacent les limites des mers, modifient les découpures de leurs rivages et, en un mot, donnent leurs formes aux continents. Ici l'observation a pu constater la réalité des faits à l'aide d'entailles sur les rochers des rivages, par les envahissements ou les retraits de l'eau en beaucoup de lieux, par le déplacement des lits de fleuves, par la composition des sols et des sous-sols des continents et des îles, par l'étude des grandes îles à coraux qui peuplent certaines mers, etc. »

En faisant différentes coupes de notre globe, nous avons des sections de formes très-variées. Pour les sections faites à l'équateur on a un cercle ayant son diamètre égal au grand axe de l'ellipsoïde. Si cette section est parallèle à l'équateur, on a encore un cercle mais son diamètre varie avec son écartement de celui-ci. Si, au contraire, cette section est oblique à l'équateur, en passant par le centre de la terre, elle donne un ovale dont la grandeur du petit axe varie avec son obliquité, tandis que son grand axe reste égal au diamètre de l'équateur. Si la section est faite suivant le petit axe de l'ellipsoïde on obtient un méridien dont la forme est ellipsoïdale.

Quant aux sections qui ne passent pas par le centre de la terre elles ont des formes plus ou moins renflées ou plus ou moins allongées.

26. — On peut considérer (à cause des dimensions considéra-

bles de notre globe) les diverses sections verticales comme ayant
sensiblement la forme d'une ellipse.

Celle-ci (pour la surface des mers surtout) serait peu différente
d'un cercle qui peut se confondre avec elle sur une grande étendue.

Le cercle osculateur et l'ellipse ne diffèrent entre-eux que de
$\frac{1}{23}$ de millimètre sur une longueur de 10,000 mètres à partir du
point de contact.

27. — Les surfaces de niveau que nous considérons en général,
pour la pratique du nivellement, peuvent donc être regardées
comme sphériques sur une grande étendue.

Nous ajouterons qu'on peut les considérer comme sensiblement
parallèles dans une étendue considérable sans commettre d'erreur pour la topographie ordinaire.

Conséquemment nous pouvons admettre que ces surfaces jouissent (dans de certaines limites) des mêmes propriétés, pour le
nivellement, que les plans horizontaux que l'on appelle plans de
comparaison.

CHAPITRE V.

Niveau vrai, niveau apparent et réfraction atmosphérique.

28. — Les surfaces et les lignes de niveau telles qu'elles viennent
d'être définies représentent le niveau vrai, qu'il est indispensable
de ne pas confondre avec le niveau apparent.

Lorsqu'on place un ni-
veau en un point A de la
terre (figure 4) et qu'on dirige un rayon visuel par ce
niveau, il prend une direction rectiligne suivant la
tangente en vertu de la propriété de la lumière de se
propager en ligne droite
dans un milieu donné de
densité uniforme.

Cette direction rectiligne
AB' représente le niveau apparent.

Le niveau vrai est représenté par la portion AB de la terre, qui
est curviligne.

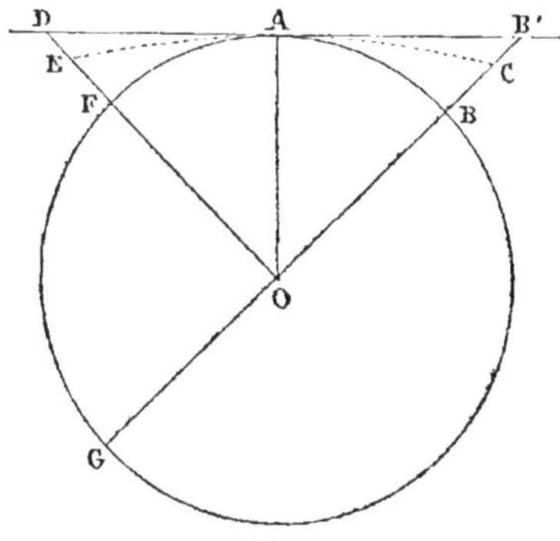
Fig. 4

Ainsi les points B′ et B qui sont sur le même rayon terrestre OB′ prolongé, ou sur la même verticale, ne sont pas à la même distance du centre de la terre.

Tous les points situés sur la courbe AB sont également éloignés du centre, O ; et leur niveau est vrai ou réel.

Tous ceux situés sur la droite AB′ sont inégalement éloignés de ce centre et leur niveau est apparent ou fictif.

Il est très-important de se faire une idée bien nette du niveau vrai et du niveau apparent.

Nous insistons vivement sur ce point, car nous avons rencontré des élèves qui avaient quelques difficultés à faire cette distinction.

29. — Le niveau apparent est le seul que l'homme puisse utiliser dans les opérations de nivellement ; et il ne peut en être autrement.

En effet, lorsque nous dirigeons un rayon visuel tangentiellement à une surface de niveau (que nous déterminons un plan de niveau apparent), nous ne sommes pas maître de lui faire suivre la direction curviligne de la véritable surface de niveau.

Notre rayon lumineux obéissant aux lois générales de propagation de la lumière suit une direction rectiligne qui ne peut être que le prolongement de l'élément de la surface de niveau au point où il est tangent avec elle. Ainsi, pour cette raison, en principe, notre opération de nivellement est toujours fausse.

30. — Pour la ramener à l'expression de la vérité, il suffit de chercher la relation qu'il peut y avoir entre le niveau apparent et le niveau supposé vrai.

Dans notre exemple, la différence entre le niveau apparent du point B′ et le niveau vrai du point B (situés tous les deux sur la verticale OB′) est représentée par B′B ; c'est-à-dire que le premier est élevé au-dessus du second, ou plus éloigné du centre de la terre de cette portion de la verticale commune. Voilà ce que nous montre tout d'abord la figure 4.

31. — Mais, outre cette première erreur, il y en a encore une autre due à la réfraction du rayon lumineux (rayon visuel) dans l'air, qui n'est pas de densité uniforme comme nous l'avons d'abord supposé pour faciliter notre démonstration.

Celle-ci a pour effet de faire paraître en B′ le point visé C, et elle est exprimée par B′C. L'angle B′AC est appelé angle de réfraction. Le rayon lumineux émané de C suit un chemin curviligne CA ; et il en résulte que le plan de visée de l'observateur est tangent à celui-ci en A dans la direction AB′.

En général, elle fait voir le voyant de la mire plus haut ; c'est-à-dire qu'elle a pour effet de relever le point visé et de donner un niveau apparent BB' trop considérable de la quantité B'C.

Par un grand nombre d'expériences l'angle de réfraction a été trouvé dans les climats tempérés de la France égale à 0,08 de l'angle au centre B'OA (Delambre). En observant que l'angle B'AB (formé par une tangente et une corde) $= \frac{1}{2}$ B'OA, on a B'AC $=$ 0,16 B'AB.

Mais, à cause de la faible amplitude de l'angle B'AB on peut admettre, sans commettre d'erreur appréciable que les quantités B'B et B'C sont proportionnelles aux deux angles B'AB et B'AC auxquels ils sont opposés. Par suite on a : B'C $= 0,16$ B'B.

32. — Pour exprimer la différence BB' il suffit de remarquer que la tangente AB' est moyenne proportionnelle entre la sécante entière (qui est ici B'G $= 2$ R $+$ BB') et sa partie extérieure BB'.

En faisant AB' $=$ D, on a :

$$D^2 = (2\,R + BB') \times BB'$$
$$\text{Et } BB' = \frac{D^2}{2\,R + BB'}.$$

Comme, au dénominateur, BB' est une quantité qui dépend de la portée du niveau, elle est nécessairement très-petite par rapport au diamètre 2R, de la terre, et on peut la négliger.

Alors, la différence du niveau apparent au niveau vrai se trouve exprimée par le carré de la distance entre les points nivelés divisée par le diamètre terrestre, ou : BB' $= \frac{D^2}{2\,R}$; c'est-à-dire en d'autres termes, qu'elle est en raison directe du carré de la distance des points nivelés et en raison inverse du diamètre de la terre.

D'où il suit qu'elle doit être calculée pour chaque point nivelé.

Maintenant si l'on tient compte de la réfraction atmosphérique cette différence ne sera plus égale qu'à BC, on a : (BB' — B'C).

Mais B'C $= 0,16$ BB' dans un grand nombre de cas pratiques ; donc : BC $= 0,84 \frac{D^2}{2\,R}$.

Pour une distance de 100 mètres, par exemple, on aurait un haussement de niveau apparent égal à 0,84 $\frac{100^2}{12{,}732{,}000}$ mètres $= 0^m\,0007$.

En général, l'erreur de réfraction, étant peu importante, se néglige dans les climats tempérés.

Il n'en est pas de même dans les climats chauds où elle peut atteindre des valeurs très-grandes.

Toutefois, on l'évite en partie dans ces climats en opérant le matin et le soir.

Nous devons faire remarquer que le rayon lumineux est toujours dévié dans le plan vertical.

Par conséquent, les angles à l'horizon (angles de la planimétrie) ne sont pas affectés par les erreurs de la réfraction atmosphérique.

33. — Pour corriger l'erreur du niveau apparent sur le niveau vrai, ainsi que celle provenant de la réfraction atmosphérique, il suffira (dans l'hypothèse de la terre sphérique), de toujours placer son niveau à égale distance des points nivelés.

La figure 4 fait suffisamment voir que si l'instrument est en A à égale distance des points B et F, les erreurs commises sont égales deux à deux (B'B = DF ; B'C = DE et BC = EF).

Or, comme elles sont de sens contraires, elles s'annulent réciproquement.

Lorsqu'il y a difficulté ou impossibilité de placer le niveau à égale distance des points nivelés, on doit, si la portée de l'instrument est considérable, corriger chaque cote obtenue, c'est-à-dire que les cotes, qui sont toujours trop fortes, doivent être diminuées chacune de la quantité exprimée par le calcul.

C'est alors seulement que la différence entre ces cotes exprime la différence de niveau entre les points nivelés.

Nous ferons remarquer, toutefois, qu'on a une grande latitude pour placer le niveau.

Il suffit de le mettre à peu près à égale distance des points nivelés pour éviter de faire les corrections que nous venons d'indiquer.

34. — Voici, pour une distance maximum de 1,000 mètres, une table où on a calculé le haussement du niveau apparent sur le niveau vrai, en tenant compte de l'erreur due à la réfraction atmosphérique.

On la retrouve dans presque tous les traités de topographie. Puissant est le premier auteur qui l'a calculée jusqu'à 10,000 mètres.

DISTANCES en mètres	HAUSSEMENT du niveau apparent au-dessus du niveau vrai	DISTANCES en mètres	HAUSSEMENT du niveau apparent au-dessus du niveau vrai
m.	m.	m.	m.
40	0,0001	123	0,001
60	0,0002	175	0,002
80	0,0004	213	0,003
100	0,0007	245	0,004
120	0,0009	275	0,005
140	0,0013	303	0,006
160	0,0017	326	0,007
180	0,0021	348	0,008
200	0,0026	370	0,009
300	0,0059	389	0,010
400	0,0106	408	0,011
500	0,0165	425	0,012
600	0,0237	445	0,013
700	0,0323	460	,014
800	0,0422	477	0,015
900	0,0534	493	0,016
1,000	0,0660	508	0,017

On doit remarquer que cette table ne contient que des approximations ; car la formule à l'aide de laquelle on fait le calcul des haussements du niveau apparent n'est pas rigoureusement exacte, puisqu'elle est obtenue en assimilant les surfaces du niveau à des surfaces sphériques concentriques.

35. — En réalité, les véritables surfaces de niveau (qui nous sont encore inconnues) paraissent offrir des courbures différentes entre elles et différentes par conséquent aussi des courbures ellipsoïdes et circulaires. Il s'en suit que le haussement du niveau apparent doit nécessairement varier et qu'il ne peut être le même sur les différents points du globe.

Ainsi, sur un méridien il augmente lorsqu'on chemine vers l'équateur, tandis qu'il diminue si l'on marche dans la direction des pôles.

Si, au contraire, on fait un nivellement de l'ouest à l'est et réciproquement, il est uniforme sur le même cercle, mais il varie d'un cercle à l'autre.

On doit donc conclure de ces seules observations qu'il est impossible de construire une table générale de haussement du niveau apparent sur le niveau vrai.

Mais, dans la pratique ordinaire du nivellement, on peut considérer que la table précédente donne une approximation de correction à faire qui est suffisamment exacte.

Du reste, pour les petites stations au-dessous de 100 mètres, par exemple, on voit que cette correction, qui est de $\frac{1}{10}$ à $\frac{7}{10}$ de millimètre, n'influe pas d'une manière appréciable sur le résultat d'une opération.

Il est surtout utile de ramener le niveau apparent au niveau vrai lorsque l'on fait, avec les niveaux à lunette et à longues portées, des stations supérieures à 100 mètres. Enfin, nous ferons remarquer spécialement que la correction doit se faire sur les distances réelles du niveau aux points nivelés et non sur leurs différences ; car l'erreur est proportionnelle au carré des distances.

CHAPITRE VI.

Plans et surfaces de comparaison.

36. — Le nivellement ayant pour objet de déterminer et de comparer les hauteurs relatives de deux ou plusieurs points (connus ou non de position dans le plan horizontal) il suffit, pour atteidre ce but, de mesurer leurs distances verticales par rapport à un même plan de comparaison.

Ce plan, qui porte aussi le nom de plan de visée horizontal, est déterminé à l'aide des niveaux qui permettent de diriger un rayon visuel perpendiculairement à la direction de la verticale ou de l'aplomb.

Il peut être considéré, pour un espace restreint, comme

sensiblement parallèle à la surface de niveau du lieu où s'opère le nivellement.

On dit alors d'une manière générale que la différence de niveau de deux points de la surface du globe est égale, non pas à la distance verticale des deux plans horizontaux qui passeraient par ces points, mais bien à la verticale commune de deux surfaces de niveau qui passeraient par ces mêmes points.

Ainsi la différence de niveau des deux points A et E (fig. 3) serait exprimée par la portion de verticale AD = BE.

37. — Mais dans le langage ordinaire, au lieu de dire que les cotes des points nivelés sont calculées par rapport à une surface de comparaison, on dit qu'elles sont calculées par rapport à un plan de comparaison dont on connaît la hauteur au-dessous ou au-dessus du niveau de la mer.

Il est nécessaire de bien comprendre que ces deux expressions : plan et surface de comparaison n'expriment pas mathématiquement la même chose.

Le plan horizontal est un plan tangent à la surface de niveau au point du globe où on opère ; et par conséquent comme nous l'avons dit, au chapitre V, il y a une différence de hauteur appréciable, pour une grande étendue, entre ce plan et la surface de niveau, différence appelée erreur du niveau apparent.

38. — En cheminant sur le sol pour déterminer la hauteur des différents points remarquables le plan de visée change de direction à chaque station comme les verticales.

Celles-ci concourent, d'une part vers le centre de la terre, ou plutôt vers un noyau central auquel elles seraient tangentes, et d'autre part (prolongées en sens opposé) elles rayonnent dans toutes les directions de l'espace en s'écartant sur la surface du globe de une seconde pour une distance de 31 mètres environ.

On a en effet : 360° ou $1,296,000'' \times 31^{m} = 40,176,000$ mètres.

Les différentes positions du plan de visée horizontal, toujours perpendiculaires aux verticales, sont donc plus ou moins inclinées les unes sur les autres.

Mais ces inclinaisons (qui sont aussi de 1' pour 31^{m}) peuvent être négligeables dans les opérations ordinaires.

C'est surtout d'après ces considérations qu'on a été amené à employer indifféremment l'une ou l'autre des expressions : *plans* ou *surfaces de comparaison*.

CHAPITRE VII.

Sondes et altitudes.

39. — La surface de niveau (ou plan horizontal ou surface de comparaison) à partir de laquelle on mesure les hauteurs des points nivelés, peut être prise soit au-dessus du point le plus élevé, soit au-dessous du point le plus bas.

Pendant longtemps, en France, on a pris, comme plan de comparaison, un plan supérieur à tous les points nivelés.

La hauteur de ce plan était fixée tout-à-fait arbitrairement pour chaque localité.

40. — Cette manière de procéder à son origine dans les sondages faits pour déterminer la profondeur de la mer pour éclairer la navigation.

L'opération que l'on exécute dans cette circonstance est un véritable nivellement pour lequel le niveau est remplacé par la surface de l'eau et la mire par la sonde.

Mais autant ce système, que nous appelons, avec M. Laussedat, système des sondes, est utile pour de semblables opérations, autant il est incommode pour les nivellements sur la surface de la terre.

41. — Aussi depuis un certain nombre d'années il a été remplacé dans les services publics par le système des altitudes.

C'est surtout aux ingénieurs des chemins de fer que nous devons de l'avoir fait passer dans l'usage.

Pour ce système la surface de comparaison, qui est celle de la mer, est généralement au-dessous du point nivelé le plus bas.

42. — Dans l'un et l'autre système les distances des points nivelés, au plan ou à la surface de comparaison, s'appellent cotes, ainsi que nous l'avons dit au chapitre I.

Dans le système des sondes les points nivelés sont d'autant plus élevés que les cotes sont plus faibles.

Dans le système des altitudes, au contraire, plus les cotes sont grandes plus ces points sont élevés.

Ce dernier permet d'obtenir des cotes pour les profils et les cartes topographiques dont la simple lecture donne une idée rapide du relief du sol.

43. — Comme il y a encore quelques travaux faits dans le système des sondes on doit savoir le ramener au système des altitudes et *vice versa*.

Supposons (fig. 5) trois points A, B, C cotés 25^m, 75^m et 50 mètres dans le système des sondes et 75^m, 25^m et 50 mètres dans le système des altitudes.

On remarquera que la somme des cotes pour chaque point est un nombre constant exprimant la distance verticale des deux surfaces de niveau $a\,b\,c$ et $d\,e\,f$.

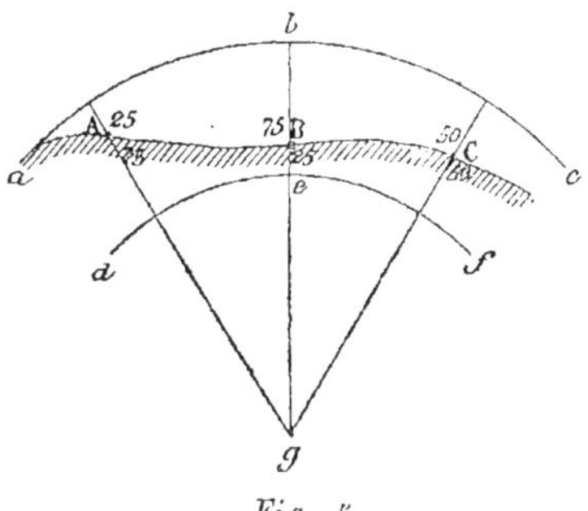

Fig. 5

Ainsi pour le point A on a : 25^m $+$ 75^m $=$ 100^m; et pour les points B et C on aurait un résultat semblable.

Si donc on connaît la distance verticale des deux surfaces de comparaison et les cotes des points dans un système il suffit de retrancher celles-ci de cette distance (représentée par la somme des cotes de chaque point dans les deux systèmes) pour obtenir les cotes de ces points dans l'autre système.

Pour trouver les altitudes des points B et C sachant que dans le système des sondes ils sont côtés 75^m et 50 et que le point A est coté 75 et 25^m dans les deux systèmes, on a d'abord : 75^m $+$ 25^m $=$ 100^m; puis B $=$ 100^m $-$ 75^m $=$ 25^m; et C $=$ 100^m $-$ 50^m $=$ 50 mètres.

Une opération analogue serait faite pour transformer les cotes du système des altitudes en cotes du système des sondes.

CHAPITRE VIII.

Repères. Nivellement général de la France.

44. — Un nivellement doit commencer et finir par des points extrêmes parfaitement déterminés et complétement fixes.

Ces points sont les termes du nivellement.

Le premier, qui porte le nom de repère, a sa cote généralement connue pour les grandes opérations.

En France, en effet, un grand nombre de points remarquables, sont connus de hauteur au-dessus du niveau moyen de la mer.

Lors donc qu'un nivellement commence à un point remarquable, dont la cote ou l'altitude est connue, ce point est le repère de l'opération.

Il permet de déterminer de proche en proche, comme nous le verrons dans la pratique du nivellement, la hauteur de tous les autres points nivelés.

Si le nivellement est éloigné d'un point remarquable connu, on relie avec ce point, par un nivellement, le premier terme qui devient point repère.

Dans les petites opérations le premier terme (ou repère du nivellement) est généralement supposé à une hauteur quelconque au-dessus du niveau moyen de la mer.

On a toujours soin dans ce cas de donner au repère une cote assez grande pour éviter d'avoir deux natures de cotes.

Si malgré cette précaution il se trouvait encore des points inférieurs à la surface de comparaison on ferait précéder leurs cotes du signe (—) pour les distinguer de ceux cotés positivement.

Pour un nivellement considérable on devra toujours avoir un grand nombre de repères répartis aussi uniformément que possible.

Ils sont indispensables pour la vérification des opérations.

Ils portent plus généralement alors le nom de *contre-repères*, ou *de termes de vérification*.

Il serait extrêmement utile d'avoir dans chaque localité, outre la table des points remarquables cotés sur la carte générale de France, une table de *contre-repères*.

On aurait ainsi un moyen expéditif de vérification des nivellements d'une contrée ; et en outre l'avantage de pouvoir faire des études rapides d'avant-projets de routes, canaux, chemin de fer, etc.

Un pareil travail pourra toujours être exécuté lorsqu'on le voudra, en se servant des lignes de bases et des repères disséminés sur toute la France.

45. — Le nivellement général de la France, dont Bourdaloue fut chargé par décision ministérielle du 15 juillet 1857, est aujourd'hui exécuté dans toutes ses lignes de bases ; et les résultats sont réunis dans trois volumes in-8 de texte (1864) et une carte d'ensemble.

Nous croyons utile de donner quelques passages du préambule de ces volumes que nous empruntons au *Manuel de l'Ingénieur des Ponts-et-Chaussées* de M. A. Debauve.

« Le nivellement général de la France est destiné à procurer une connaissance du relief du terrain, assez détaillée pour faciliter et simplifier toutes les études qui ont pour objet l'établissement des voies de communication ou l'amélioration du sol.

» Une opération aussi vaste doit comprendre nécessairement :

» 1° L'établissement d'un réseau principal de lignes de bases, tracées de manière à pénétrer dans tous les départements et à procurer, pour les nivellements ultérieurs, des repères rapportés à une même surface de niveau ;

» 2° L'établissement de réseaux secondaires dans les grands compartiments formés par les lignes de base ;

» 3° Enfin les nivellements de détail.

» La première partie de ce travail est seule terminée.

» Les lignes de base ont ensemble un développement de 14.980 kilomètres en nombre rond. Elles suivent les principaux fleuves, les canaux navigables, les grandes lignes de chemins de fer, etc.

» Elles relient entre-eux tous les chefs-lieux de département de la France continentale.

» Leur tracé est indiqué par des repères immuables dont le plus grand nombre portent inscrite leur altitude.

» La distance entre deux repères consécutifs est, en moyenne, d'environ 1 kilomètre.

» Le nivellement de ce réseau a été confié à M. Bourdaloue qui, après avoir doté le département du Cher d'un nivellement général, avait proposé d'entreprendre un travail semblable pour chacun des autres départements. »

M. Bourdaloue s'était fait déjà connaître par des perfectionnements notables apportés aux instruments et aux méthodes de nivellement.

« Le Conseil général des ponts-et-chaussées, appelé à donner son avis sur sa proposition, l'avait désigné comme présentant, par ses travaux dans cette spécialité, sa capacité et son désintéressement, toutes les garanties qu'on pouvait désirer pour une opération de cette importance.

» Tous les détails de l'opération fondamentale du nivellement des lignes de base ont été soumis au contrôle de l'administration qui a pu s'assurer, au fur et à mesure de l'avancement du travail, que tout s'accomplissait dans les conditions voulues pour inspirer une confiance entière dans les résultats.

» Cette confiance repose non-seulement sur les soins habiles et consciencieux apportés dans l'exécution, mais encore sur les conditions que l'on s'est imposées et que l'on croit devoir indiquer ici.

» Chacune des lignes principales a été parcourue, nivelée, trois fois par deux opérateurs observant indépendamment l'un de l'autre et se contrôlant mutuellement. Par ce moyen, on avait en quelque sorte six nivellements de la même ligne, et, par conséquent, six déterminations de la différence de niveau d'un repère au suivant.

» Ces six déterminations étaient mises en regard dans un registre tenu à cet effet.

» Lorsqu'elles présentaient un accord complet, l'opération était tenue pour bonne.

» En cas de désaccord notable, on procédait à de nouvelles déterminations pour les parties de la ligne qui donnaient lieu à des doutes, et on recommençait jusqu'à ce que l'on eût obtenu un accord satisfaisant.

» On a procédé de même pour les lignes secondaires ; la seule différence c'est que le nombre des parcours a été réduit à deux au lieu de trois.

» En suivant cette marche, qui permettait de découvrir à coup sûr les parties de nivellement défectueuses et de les remplacer par d'autres, on a obtenu des résultats d'une précision inespérée et qui ont même dépassé les engagements pris par M. Bourdaloue.

» Les divers polygones ou circuits formés par les lignes composant le réseau se sont fermés avec de très-petits écarts. En considérant l'ensemble on est autorisé à conclure qu'aucune des altitudes obtenues n'est affectée d'une erreur dépassant 3 centimètres.

» Toutes les observations originales ont été visées *ne varietur* avant d'être mises en œuvre.

» On les a réunies en volumes qui seront conservés et auxquels on pourra recourir au besoin. »

Les altitudes fournies par ce travail ont été rapportées au niveau moyen de la mer. Les premières observations avaient été rapportées au niveau moyen de l'Océan observé à Saint-Nazaire.

« Mais ces opérations elles-mêmes ont fait connaître que les niveaux moyens observés sur les divers points du littoral, tant de l'Océan que de la Manche, diffèrent sensiblement les uns des autres. En présence de ce fait et de la difficulté d'arriver à une détermination rigoureuse, au milieu de phénomènes aussi compliqués que les mouvements de la mer, on a choisi pour niveau moyen celui de la *Méditerranée* à *Marseille*.

» Cette mer dont les mouvements sont peu sensibles, a paru offrir une surface de niveau plus convenable pour l'objet que l'on se proposait.

» C'est ainsi que l'on a été conduit à adopter, comme niveau moyen, la surface du niveau passant à $0^m,40$ au-dessus du zéro de l'échelle des marées, à *Marseille*, et c'est à cette surface que sont rapportées les altitudes consignées dans le recueil. »

DEUXIÈME PARTIE

Les Instruments.

Classification.

46. — Les instruments de nivellement sont, aujourd'hui, très-nombreux.

Si l'on voulait les décrire tous il faudrait consacrer, à cet effet, un volume spécial.

Nous n'avons pas l'intention d'entreprendre un pareil travail ici à cause du trop grand développement qu'il faudrait donner à notre ouvrage sans grande utilité pratique.

Nous nous contenterons de la description des principaux types classiques, qu'on a surtout besoin de connaître pour l'art de l'ingénieur.

47. — On peut distinguer trois classes d'instruments employés au nivellement, savoir : les *niveaux*, les *mires* et les *objets divers* tels que : chaîne, stadia, jalons, etc.

Nous étudierons plus particulièrement la classe des niveaux (1) qui présente un très-grand intérêt.

Elle a été subdivisée en cinq familles, savoir : les niveaux basés sur la propriété de la verticale ; ceux basés sur la propriété des surfaces de niveau ; les clisimètres ; les baromètres et les tachéomètres. La première famille se subdivise en quatre genres renfermant un grand nombre d'espèces et de variétés. La deuxième famille est composée de deux tribus bien distinctes, savoir : la tribu des niveaux d'eau renfermant trois genres et plusieurs espèces ; et la tribu des niveaux à bulle qui comprend aussi trois genres et plusieurs espèces.

Cette dernière tribu est évidemment l'une des plus intéressantes à étudier dans le genre à lunette, surtout, lequel renferme les véritables niveaux de précision actuels.

La famille des clisimètres comprend trois genres et plusieurs espèces.

____

(1) C'est de *libella* diminutif de *libra* que nous vient le mot niveau (Breton).

La famille des baromètres contient deux genres principaux représentés par les baromètres types de Gay-Lussac et de Fortin.

La famille des tachéomètres comprend plusieurs genres et variétés.

Les deux classes de mires et des objets divers n'ont pas l'importance de la classe précédente. Les mires forment une famille comprenant deux genres et plusieurs espèces.

La troisième et dernière classe, qui contient les objets divers et accessoires du nivellement, n'a qu'une faible importance. Nous résumerons dans le tableau suivant notre essai de classification qui ne comprend que les espèces qu'il est indispensable de connaître soit au point de vue de l'historique, soit au point de vue de l'application.

CLASSES	FAMILLES	TRIBUS	GENRES	ESPECES	VARIÉTÉS
1° Niveaux :	1° Basés sur la propriété de verticale (ou niveau à perpendicule) :		1° Niveaux, dits de Maçon :	Maçon.	Plusieurs variétés
				Charpentier.	---
				Paveur.	---
				Poseur.	—
			2° Niveaux système Picard :	Chorobate.	
				Alberti.	
				Libra.	—
				Picard.	
				Huygens.	
				Rœmer.	
				Para.	
				Gribeauval.	
				Suisse.	
				Mayer.	
				Bertren.	
			3° Niveaux à réflexion :	Cœsenas.	
				Mariotte.	
				Burel.	—
			4° Niveaux à perpendicule de nivellement :	*Niveau à perpendicule de nivellement:*	--
	2° Basés sur la propriété des surfaces de niveau :	1° Niv. d'eau :	1° à flotteur :	Chorobate.	
				A pinnules.	
				Lahire.	
				Mariotte.	
			2° à tuyau :	Amici.	
				Blondat.	
				Morin.	
				Dehauve.	
			3° Niveau d'eau actuel :	Simple actuel.	—
				Perfectionné actuel.	—
				à pied mobile.	—
				à double tube.	—
		2° Niv. à bulle :	1° à règle :	à règle.	--
			2° pinnules :	à pinnules.	--
			3° Niveau à lunette :	à genou.	
				Chézy.	
				Ramsden.	
				Egault.	—
				Lenoir.	
				à cuvette.	—
				Gravel.	
				Bianchi.	

CLASSES	FAMILLES	TRIBUS	GENRES	ESPÈCES	VARIÉTÉS
1° Niveaux :	3° Clisimètres :		1° Clisimètres proprement dits :	de Maçon.	Plusieurs variétés
				Fabre.	
				Rochette.	
				Aiguille-perpendicule.	
				Mayer.	
				à bulle.	
				Chézy.	—
				Lefranc.	—
			2° Alidade :	Alidade nivelatrice.	—
			3° Boussole nivelante :	Boussole nivelante.	—
	4° Baromètres :		1. Fortin.		
			2. Gay-Lussac.		
	5° Tachéomètres :		1. Tachéomètre.	Porrot. Moinot, etc.	
			2. Homolographe.	Paucellier et Wagner.	
2° Mires :	Mires :		Ordinaire :	Développant 2 mètres	—
				Développant plus de 2 mètres.	—
			Parlante :	Système ancien.	—
				Système nouveau.	—
3° Objets divers :	1° Chaînes et rubans :		Chaînes :	Plusieurs espèces.	—
			Rubans d'acier :	Plusieurs espèces.	—
	2° Stadia :		Stadia :	à fils fixes.	
				à fils mobiles.	
	3° Fiches, jalons, piquets, etc.		Fiches.	Fiches.	
			Jalons, Piquets.	Jalons, piquets, etc.	

Nota. — Le lecteur qui désirerait connaître plus complétement les espèces de niveau devra visiter les collections du Conservatoire des Arts-et-Métiers et de l'École des Ponts-et-Chaussées. Nous possédons la liste de ces instruments dans ces établissements, mais nous ne la reproduirons pas à cause de sa trop grande longueur et du peu d'intérêt qu'elle pourrait présenter.

Niveaux.

48. — Les niveaux sont des instruments à l'aide desquels on détermine les plans de visée horizontaux tangents, en chaque point du globe, aux surfaces de niveau.

Lorsqu'on connaît la relation de distance verticale en chaque point de ces plans avec le niveau vrai, ainsi que leur hauteur au-dessus des points nivelés, on en conclut, pour chaque station et de proche en proche, les cotes relatives de tous ceux-ci, ou leurs cotes absolues par rapport à la surface de la mer (chapitres V et VI).

Comme nous l'avons dit, déjà, ces plans de visée, horizontaux, se confondent avec les surfaces de niveau sur une assez grande étendue cependant, et ils jouissent par suite des propriétés de celles-ci sur cette étendue.

Ces propriétés sont : que tous les points de ces surfaces sont également éloignés du centre de gravité du globe ; que chacun de leurs éléments est perpendiculaire à la direction de la verticale du lieu considéré. C'est sur ces simples notions qu'est fondée la construction des niveaux.

Dans une certaine classe de ces instruments, l'horizontalité du plan de visée, est obtenue en disposant celui-ci perpendiculairement à la direction de la verticale.

Ce sont les niveaux à perpendicule.

Dans une deuxième classe, l'horizontalité de ce plan est donnée directement par la propriété que possèdent les fluides de tenir leurs surfaces horizontales.

Il y a à distinguer ici deux manières de diriger le plan de visée. Ou bien il sera dirigé suivant la surface du fluide, ou bien il sera dirigé parallèlement à cette surface quelle que soit sa nature.

Dans le premier cas on a le niveau d'eau et dans le second le niveau à bulle d'air ou plus exactement niveau à bulle.

C'est aussi sur ces propriétés remarquables que sont basés les clisimètres et les tachéomètres.

Quant aux baromètres c'est sur les relations d'altitudes et de pressions atmosphériques que sont fondés leurs emplois comme niveaux.

CHAPITRE Ier.

Niveaux à perpendicule.

49. — Certains niveaux à perpendicule sont connus depuis une haute antiquité en Orient.

Mais on n'a pas, à une époque aussi éloignée de nous, de renseignements sur les opérations de nivellement qui ont pu être exécutées avec les instruments qu'elle renferme.

Il faut arriver jusqu'à l'invention du niveau de l'abbé Picard, qui date de la fin du XVIIe siècle, avant de posséder des documents précis.

A partir de cette époque jusqu'au moment où M. *de Chézy* fit adopter, par la pratique, le niveau à bulle d'air, nous voyons que beaucoup de nivellements sont exécutés avec le niveau à perpendicule.

Nous citerons particulièrement, comme exemple, sous Louis XIV, les nivellements que *Picard* et son élève *Rœmer* exécutèrent dans le but de conduire les eaux au palais de Versailles.

Les plus importants qu'ils firent, avec le niveau de Picard, furent ceux de la Loire à Versailles ; de la forêt d'Orléans à Corbeil ; du point de partage du canal de Briare à la Loire ; d'Orléans à l'étang de Trappes ; de Rocquencourt à Versailles ; etc.

Aujourd'hui les instruments de cette classe ne sont guère employés qu'aux nivellements de reconnaissance. Leur peu de précision fait qu'on ne peut leur donner d'autres applications.

Si l'on fait une opération avec ces instruments il ne faut pas oublier que leur emploi peut être la cause d'erreurs considérables qu'on pourra limiter en opérant sur une faible étendue.

NIVEAU DE MAÇON.

50. — Le type classique des niveaux à perpendicule est le niveau de maçon.

Il se compose en général de trois règles (de bois ou d'un métal) assemblées de manière à constituer un triangle isocèle, figure 6.

Les deux côtés, AB et AC de ce triangle, sont prolongés de manière que leurs deux extrémités, B et C, soient dans un même plan perpendiculaire à la ligne AD abaissée du sommet A sur le milieu du côté EF.

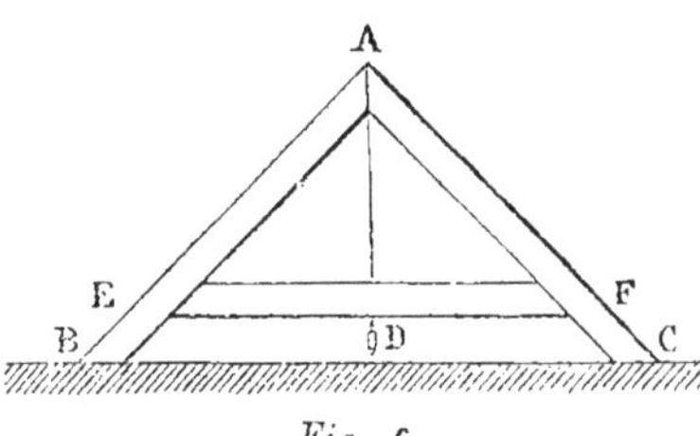

Fig. 6

Cette ligne, marquée seulement en A et D sur le triangle, est appelée ligne de foi.

Si la ligne BC, qui rencontre les deux côtés AB et AC, forme avec ceux-ci deux angles, B et C égaux, elle sera parallèle au troisième côté EF.

Il en résulte que si l'on fixe un fil à plomb AD en A, libre de ce mouvoir, il pourra prendre diverses positions par rapport au côté EF ; ou plus exactement celui-ci pourra s'incliner plus ou moins par rapport à la direction invariable de celui-là pour un même lieu du globe.

Si ce fil à plomb, qui est dirigé suivant la verticale, couvre la ligne de foi, le côté EF lui sera perpendiculaire et se trouvera par conséquent horizontal comme aussi le plan passant par B et C qui lui est parallèle.

51. — Nous ferons remarquer que le niveau dont nous parlons peut affecter d'autres formes triangulaires.

Ainsi il peut avoir la forme d'un triangle quelconque à la seule condition que les extrémités de deux de ses côtés soient dans un plan perpendiculaire à la ligne de foi.

Supposons, figure 7, que les trois triangles BAE, BAF et BAC aient les extrémités B, E, F et C de leurs côtés dans un même plan

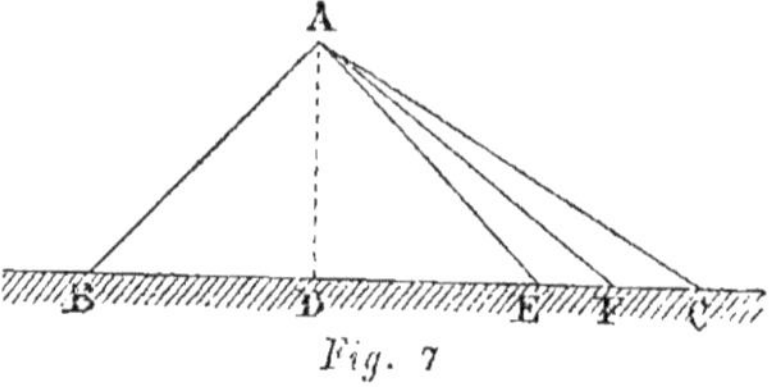

Fig. 7

perpendiculaire à la ligne de foi AD. On voit, à la seule inspection de la figure que, si la ligne de foi est couverte par le fil à plomb, le plan BC, qui lui est perpendiculaire, sera nécessairement horizontal.

52. — Une autre forme de niveau de maçon actuellement très-employée dans le rayon de *Paris* est celle représentée par la figure 8.

On a ici quatre pièces de bois ou de métal, AB, CD, AC, BD, assemblées à angles droits, formant un système rectangulaire facile à construire.

Pour trouver la ligne de foi de cette forme de niveau il suffit de fixer le fil à plomb au point G, milieu de AB, puis de placer

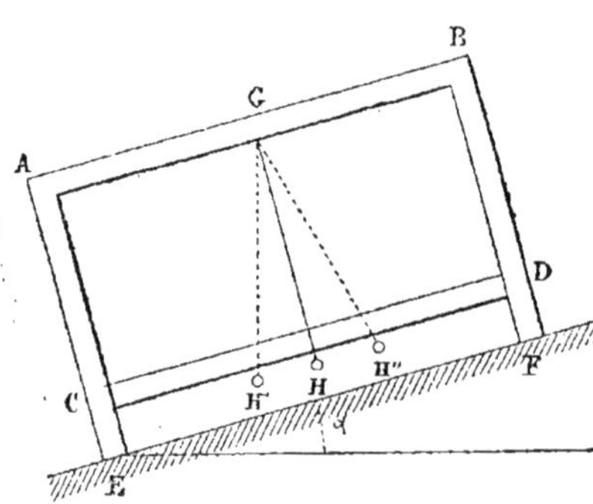

Fig. 8

l'instrument sur un plan EF incliné d'un angle quelconque, α, sur l'horizon. L'opération serait plus rapide par l'emploi d'un plan horizontal, mais on ne l'a que rarement à sa disposition. Dans la position représentée par la figure, le fil à plomb, toujours dirigé suivant la verticale, prendra la direction GH'.

Si on retourne le niveau bout pour bout de manière que le point G continue à occuper sa position première et que le point F soit à la place du point E, le fil à plomb, qui n'aura pas cessé d'être dirigé verticalement, prendra, sur la figure, la direction GH'.

La ligne de foi sera suivant la bissectrice GH, de l'angle H'GH', si le niveau est bien contruit ; c'est-à-dire si les deux pieds E et F sont bien dans un même plan perpendiculaire à la direction du fil à plomb.

Pour s'assurer de cette condition on relève le plan EF (représenté par le bord d'une règle) jusqu'à ce que le fil à plomb couvre la ligne de foi, puis on retourne le niveau bout pour bout sans changer le plan de position. Si dans cette dernière situation la ligne de foi est couverte par le fil à plomb l'instrument est exact.

Au contraire s'il y a une déviation du fil à plomb par rapport à sa position première, le niveau est inexact et il faudra le rectifier en limant le pied le plus long jusqu'à ce qu'on obtienne la coïncidence parfaite de la direction du fil à plomb dans deux positions inverses de l'instrument.

Nous vérifierons de la même manière les instruments représentés par les figures 6 et 7.

Le procédé de vérification dont nous venons de faire usage repose sur le *principe du retournement* que nous emploierons régulièrement pour juger de l'exactitude de tous les instruments de nivellement.

Le niveau de maçon sera d'autant plus exact, toutes choses égales d'ailleurs, que ses côtés seront plus longs, car les amplitudes des oscillations du pendule seront plus visibles.

53. — Nous n'avons rien à dire ici de son emploi en construction.

Nous devons indiquer seulement qu'il peut être directement employé à faire des nivellements de quelques mètres comme le montre la figure 9.

A cet effet, on emploie deux règles :

L'une d'elles de 2 à 6 mètres de longueur sert à recevoir le niveau.

On la fait baisser ou hausser dans le plan vertical jusqu'à ce que son bord supérieur soit horizontal : ce qui aura lieu lorsque le fil à plomb couvrira la ligne de foi.

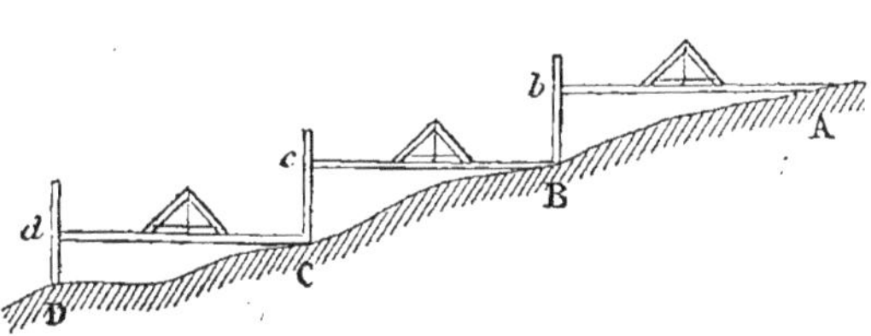

Fig. 9

L'autre règle est divisée en mètres et centimètres, et sert à mesurer l'élévation de la première au-dessus du sol.

Dans notre exemple, la différence de niveau des deux points A et D sera exprimée par la somme des cotes élémentaires, ou par Bb + Cc + Dd.

NIVEAU DE CHARPENTIER.

54. — Le niveau dont se servent les charpentiers est semblable au niveau de maçon, et on peut également faire avec lui des nivellements de quelques mètres.

NIVEAU DE PAVEUR ET DE POSEUR.

55. — Les niveaux de paveur et de poseur ne diffèrent, en général, des précédents que par l'addition d'une règle fixe ou mobile servant de semelle au système triangulaire ou rectangulaire que nous avons décrit.

Cette règle, d'une longueur plus ou moins grande, est absolument nécessaire pour régler les assises de pierres des constructions ou des pavés des rues.

Comme elle est disposée perpendiculairement à la ligne de foi, il en résulte que lorsque celle-ci est couverte par le fil à plomb, libre de se mouvoir, ses faces supérieures et inférieures, parfaitement planes et parallèles, se trouvent dans deux plans horizontaux parallèles.

CHOROBATE.

56. — L'idée de se servir du niveau à perpendicule pour faire des nivellements se trouve encore dans le chorobate autrefois employé par les Romains.

Vitruve nous a laissé une description incomplète de cet instrument dans ses *Dix Parties de l'architecture*, livre 8ᵉ, chapitre 6ᵉ.

Voici la traduction que nous devons à l'obligeance de notre ami, M. P. Mouillefert, professeur de sylviculture à l'école de Grignon, actuellement délégué de l'Académie des Sciences à la station viticole de Cognac :

« Le chorobate se compose d'une longue règle d'environ 20 pieds qui porte à ses deux extrémités deux branches de même hauteur et fixées sur la règle à angle droit ; le tout est porté sur des pivots situés entre les extrémités le long de la règle. Au sommet de chaque branche est fixé un fil à plomb, et lorsqu'il descend également le long des deux, on a le niveau.

» Dans le cas où le vent empêcherait de se servir du fil à plomb l'instrument porte en outre, sur sa face supérieure, un canal long de 15 pieds, large d'un doigt et haut d'un pouce dans lequel on peut mettre de l'eau.

» Lorsque celle-ci s'élève également dans chaque extrémité on a le niveau. »

NIVEAU ALBERTI.

57. — Une autre disposition du niveau à perpendicule paraît être due à l'architecte Alberti, qui aurait imaginé de suspendre, par des cordes, une règle de bois munie de pinnules.

Celle-ci, suspendue en son centre de gravité, pouvait librement osciller dans le plan vertical et se mettre horizontale sous l'action de son propre poids. Pour avoir la différence de niveau, entre deux points, avec cet appareil, il suffisait de diriger un rayon visuel par les pinnules disposées dans un plan parallèle à la règle.

Puis, en plaçant verticalement une règle graduée sur les points nivelés, on pouvait lire l'intersection du plan de visée avec celle-ci, exprimer leurs cotes et conclure de leur différence, la différence de niveau de ces points.

LIBRA.

58. — L'emploi de la balance, (Libra) pour faire des nivellements, paraît remonter à une époque éloignée de nous.

Suivant *Perrault* on en faisait usage chez les Romains du temps d'*Auguste*.

Aujourd'hui, encore, les fontainiers d'Orient s'en servent pour l'établissement de conduites d'eau. Le fléau de la balance, exactement équilibré par lui-même ou par des poids, place sa face supérieure dans un plan horizontal suivant lequel on peut diriger les rayons de visées.

On a aussi placé des pinnules ayant leurs croisées des fils dans un plan parallèle à la face supérieure du fléau pour guider les rayons visuels avec plus d'exactitude.

Comme les instruments précédents la balance manque de précision ; et il est impossible de l'employer à faire une opération de nivellement d'une certaine importance.

NIVEAU DE PICARD.

59. — Nous arrivons au niveau de l'abbé Picard qu'il a décrit dans son Traité du nivellement.

L'instrument consistait dans une boîte assemblée à angles droits sur une lunette d'approche.

La boîte, d'une assez grande longueur, renfermait un pendule qui se trouvait ainsi à l'abri des courants d'air.

A cause de sa grande longueur celui-ci avait des amplitudes d'oscillation très-visibles au moindre mouvement de la lunette dans le plan vertical.

Ce système de croix était supporté par une charpente, un peu compliquée, remplissant l'office du trépied actuel.

Pour faire une opération de nivellement simple, avec l'instrument, il suffisait de le mettre en station, à égale distance des deux points nivelés, et de manière que le fil à plomb couvre bien la ligne de foi, tracée à l'intérieur de la boîte et visible extérieurement.

Dans cette situation l'axe de figure de la lunette se trouvant horizontal il suffit de diriger un rayon visuel par celle-ci après l'avoir centrée et d'exprimer sa hauteur au-dessus de chaque point nivelé à l'aide d'une mire. Ce niveau, autrefois célèbre, ne présente plus aujourd'hui qu'un intérêt de curiosité.

Il était très-embarrassant et par conséquent peu portatif.

De plus il pouvait se déranger facilement et n'était pas d'une grande précision.

NIVEAU HUYGENS.

60. — Huygens, en reprenant l'idé de l'architecte Alberti, a construit un niveau d'une vérification facile et d'une certaine précision.

L'instrument consistait en une lunette suspendue à une espèce de charpente formant trépied.

Cette lunette, libre de se mouvoir, se mettait horizontale sous l'action de son propre poids.

Pour augmenter la précision et la stabilité de celle-ci, dans le plan horizontal, on la chargeait aussi de contre-poids suspendus en son centre.

NIVEAU ROEMER.

61. — Rœmer, élève de Picard, est aussi l'inventeur d'un niveau à perpendicule, à lunette, plus léger et par conséquent plus portatif que celui de son maître.

Son instrument consistait dans une boîte renfermant la lunette et assemblée d'équerre à une pièce de bois portant le fil à plomb.

Le tout était porté par une charpente légère.

Suivant l'ingénieur en chef *Girard* :

« C'est à la difficulté d'adopter des lunettes au niveau d'eau qui a fait que *Picard*, *Huygens* et *Rœmer* imaginèrent à la fin du XVIIe siècle leurs niveaux à perpendicules qui ont tous également pour objet de rendre horizontal l'axe optique d'une lunette à l'aide d'un fil à plomb qui y est attaché » (1).

---

(1) *Moniteur* du 30 décembre 1805.

NIVEAU PARA.

62. — L'abbé Para du Phanjas a apporté divers perfectionnements au niveau de Picard qui ont eu pour but de le rendre plus portatif.

NIVEAU GRIBEAUVAL.

63. — Gribeauval a également amélioré le niveau de Picard et en a fait, avec l'auteur précédent, un instrument qui fut exclusivement employé jusqu'au perfectionnement du niveau à bulle d'air par de Chézy. Ce niveau diffère de celui de Picard par la disposition du support consistant en une espèce de lanterne légère supportée par trois pieds.

NIVEAU SUISSE.

64. — Dans les montagnes de la Suisse on emploie un niveau qui consiste en une lunette suspendue en son centre de gravité.

Une tige d'acier, terminée par une sphère de cuivre, est assemblée perpendiculairement à la lunette suivant son axe transversal.

L'ensemble est suspendu, par une disposition analogue aux balances, à un pied d'équerre par l'intermédiaire d'une tige d'acier recourbée.

Lorsque l'instrument est en station, la tige d'acier se place verticalement sous l'action du poids de la sphère métallique et par suite l'axe optique de la lunette se trouve horizontal.

NIVEAU MAYER.

65. — *M. Mayer,* géomètre en chef à *Carlsruhe,* est aussi l'inventeur d'un niveau, à perpendicule à lunette, très-portatif dans les vallées et les montagnes abruptes. Suivant M. Debauve, M. Stœklin, ingénieur en chef des ponts-et-chaussées, en a obtenu d'excellents résultats pour les études de reconnaissances dans les Vosges.

NIVEAU BERTREN.

66. — M. Bertren, ingénieur des chemins de fer russes est l'inventeur d'un niveau aussi simple qu'ingénieux.

Il consiste en un pendule assemblé d'équerre à un plateau dont la face supérieure forme miroir. Cet ensemble est librement suspendu à un genou de Cardan supporté par un trépied.

Lorsque l'instrument est en station, le pendule se dispose verticalement ; par suite la partie supérieure du plateau se place dans un plan horizontal, et le rayon visuel est dirigé suivant le plateau.

Cet appareil permet d'opérer rapidement et avec une certaine précision lorsqu'on fait de petites stations comme dans les pays accidentés où il convient particulièrement.

Niveaux à réflexion.

67. — Les niveaux à réflexion sont aujourd'hui très-nombreux ; mais comme ils ne sont pas précis on ne peut les employer qu'à des nivellements de reconnaissance.

L'invention de ces instruments daterait du XVIIe siècle.

NIVEAU CŒSENAS.

68. — *Riccioli* attribue à un auteur du nom de *Scipio Claramontius Cœsenas* la construction du premier niveau à réflexion.

L'instrument consistait, comme aujourd'hui, dans un miroir parfaitement plan et qui, libre de se mouvoir, se disposait verticalement sous l'action de son propre poids.

NIVEAU MARIOTTE.

69. — *Mariotte*, dans son traité de nivellement de 1672, décrit un niveau à réflexion dont il est l'inventeur qui est aussi simple qu'ingénieux.

Il consiste en un canal de bois enduit de cire. Les bords latéraux étaient hauts d'environ $0^m,10$ tandis que les bords transversaux n'avaient que quelques centimètres pour faciliter la direction du rayon de visée.

En plaçant de l'eau dans ce canal celle-ci pouvait s'élever un peu au-dessus des bords transversaux, grâce à la cire qu'elle ne pouvait mouiller. Si on regarde un objet au-dessus de la surface horizontale on le verra au-dessous à une distance égale que l'on pourra exprimer à l'aide d'une mire.

C'est sur ce fait initial qu'est basé le principe de cet instrument.

Mais les inconvénients inhérents à ce système n'ont pas permis que son emploi se répandît.

NIVEAU BURREL.

70. Le colonel *Burrel*, officier distingué du génie, a repris, vers 1826, l'idée de l'emploi du principe de la réflexion pour effectuer des opérations de nivellement.

Depuis lors beaucoup de modifications ont été apportées à cet instrument par cet auteur et par un grand nombre d'opticiens.

L'appareil se compose, en principe, d'un petit miroir suspendu librement de manière que, sous l'action de la pesanteur, il puisse placer ses faces dans des plans verticaux.

Si, dans cette situation, on dispose un objet à une certaine distance du miroir on le voit dans celui-ci par réflexion à une distance égale à celle à laquelle il se trouve situé réellement.

La ligne qui le joint au miroir et à son image, étant perpendiculaire à celui-ci, se trouve nécessairement horizontale. C'est sur cette propriété qu'est basé l'emploi de cet instrument comme niveau.

Le miroir forme un petit rectangle d'environ 10 millimètres de large sur 15 millimètres de longueur. Il est ordinairement double et enchâssé entre deux pièces de cuivre qui lui servent de contrepoids, pièces qui sont indispensables pour qu'il puisse se placer facilement suivant la verticale.

Tout cet ensemble est suspendu au haut d'une boîte cylindrique en cuivre par une suspension de Cardan.

La boîte, ordinairement d'une longueur de $0^m,10$ à $0^m,12$,

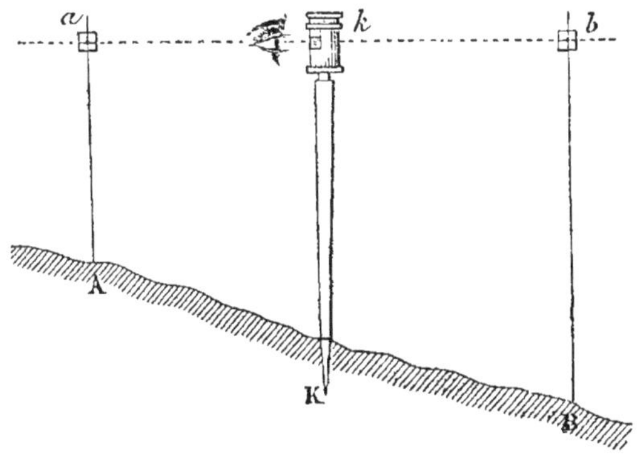

Fig. 40

porte intérieurement une douille destinée à recevoir un pied d'équerre à l'aide duquel on installe le niveau en station.

Soit à déterminer la différence de niveau de deux points A et B

figure 10. On place l'instrument en K à égale distance des points nivelés de manière que le miroir soit vertical; ce qui se vérifie par une ouverture pratiquée dans la boîte cylindrique qui le renferme.

On regarde le point A en disposant le miroir de son côté et en lui tournant le dos.

Alors on fait hausser ou baisser le voyant jusqu'à ce que son centre soit à la hauteur de l'axe de l'œil qui comme lui est visible dans le miroir.

Dans cette situation le rayon lumineux ak, qui joint le voyant au miroir, est horizontal.

On peut donc exprimer la cote aA du point A. La cote bB du point B serait exprimée de la même manière.

De la différence des cotes on conclut la différence de niveau entre A et B.

Niveau à perpendicule de nivellement.

71. — Le seul niveau à perpendicule qui soit encore employé pour faire du nivellement est celui représenté par la figure 11.

Il consiste en une règle bien droite montée sur un genou à coquille terminé par une douille.

Sur cette règle se place à demeure un niveau à perpendicule.

Pour que l'instrument soit exact, le bord de la règle doit être

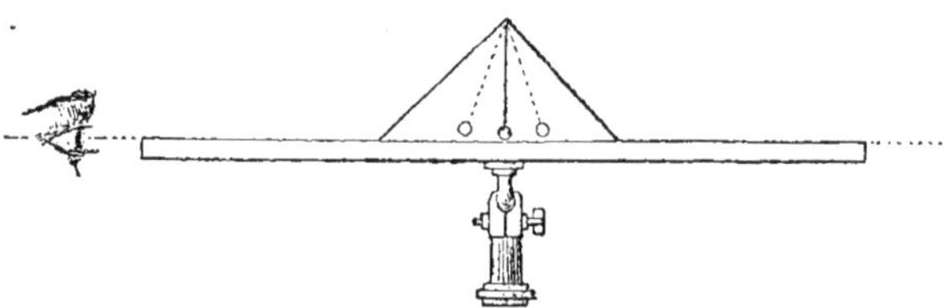

Fig. 11

dans un plan perpendiculaire à la verticale dont la direction est donnée par le fil à plomb.

Si l'on prend le niveau de la forme d'un triangle isocèle, le bord de la règle doit former des angles égaux avec les deux côtés égaux qu'il rencontre.

La règle est horizontale lorsque le fil à plomb, qui est fixé au sommet du triangle, couvre la ligne de foi située au milieu de la base de celui-ci. Tout le système repose sur un trépied qui sert à mettre l'instrument en station.

Lorsqu'on veut opérer, il suffit de diriger un rayon visuel sur la face supérieure de la règle disposée horizontalement.

Il est à remarquer qu'on aura une précision d'autant plus grande que celle-ci sera plus longue et que le sommet du triangle sera plus éloigné de la base. La plus grande longueur de la règle matérialise pour ainsi dire plus lontemps le rayon visuel et permet de le diriger plus sûrement. La plus grande hauteur du triangle, et par suite la plus grande longueur du pendule, rend les petites amplitudes d'oscillations de celui-ci plus visibles.

Lorsque l'instrument doit se mouvoir dans un tour d'horizon, c'est-à-dire lorsqu'il doit tourner autour de son centre de station, la petite tige qui supporte la sphère doit toujours avoir son axe vertical. Il est indispensable que cette condition soit remplie pour que les différentes positions de la règle se trouvent dans un même plan horizontal.

Quelquefois la règle porte des pinules pour augmenter la précision du rayon de visée.

Dans certains instruments cette règle est même supprimée et remplacée par une lunette.

Malgré ces perfectionnements, le niveau à perpendicule n'aura jamais la précision du niveau à bulle d'air et à lunette ; et il ne peut être employé que dans de petites opérations ou pour des nivellements de reconnaissance.

Ajoutons qu'on doit souvent vérifier l'instrument par le procédé du retournement, car il est exposé à se déranger.

Nous n'insisterons pas davantage sur sa description et son emploi qui n'ont rien de difficile à comprendre.

CHAPITRE II.

Niveaux d'eau.

72. — Le niveau d'eau est sans contredit le plus populaire des instruments de nivellement.

On ne possède pas de renseignemets précis sur son origine qui doit remonter à une époque éloignée de nous.

Toutefois elle ne paraît pas être antérieure au siècle d'Auguste.

Nous voyons en effet, qu'à cette époque, on se servait du chorobate comme niveau d'eau lorsque le vent dérangeait le fil à plomb ainsi que nous l'avons dit en parlant de cet instrument comme niveau à perpendicule.

On a dû faire ensuite un canal de bois séparé du chorobate, que l'on remplissait d'eau et qui était employé directement comme niveau en prenant les cotes à ses extrémités à l'aide de règles ; ou bien on dirigeait des plans de visées parallèlement à la surface du liquide pour prendre ces cotes à une plus grande distance.

On a été amené ensuite (suivant M. Breton) à couvrir ce canal dans toute sa longueur à l'exception de ces deux extrémités auxquelles on a dû donner la forme de godets.

L'eau versée dans ce canal venait affleurer aux bords des godets, après la mise en station, et l'on pouvait ainsi diriger le plan de visée suivant deux surfaces horizontales.

La difficulté de maintenir l'eau dans le canal, à cause des oscillations de l'instrument, a conduit nécessairement à augmenter les dimensions des godets.

Mais comme il fallait encore que l'eau arrivât à leurs bords supérieurs, pour diriger le rayon de visée, on avait toujours l'inconvénient d'ajouter de l'eau chaque fois qu'on en perdait par le dérangement du niveau.

Le premier problème à résoudre pour perfectionner cet instrument était naturellement indiqué ; mais avant d'arriver à la solution il s'est écoulé bien des années.

Un jour, enfin, les godets sont remplacés par des fioles de verre transparentes (vers le milieu du xviie) par un inventeur dont le nom est toujours resté inconnu et le niveau dit à fiole des anciens auteurs fut inventé.

A partir de ce moment tous les constructeurs s'emparèrent de son idée et apportèrent au niveau d'eau des perfectionnements successifs.

D'abord on diminua ses dimensions et on le rendit ainsi plus portatif.

Ensuite son support formé primitivement d'une charpente grossière fut amélioré en le rendant plus léger et plus simple.

Tous ces perfectionnements avaient simplifié l'instrument, mais en revanche sa précision avait diminué.

La surface de l'eau dans les fioles en formant des ménisques, par attraction réciproque, rend la direction des plans de visées incertaine. Cet inconvénient fait que le niveau d'eau ne peut être regardé comme un instrument précis.

Toutefois, l'emploi des obturateurs dont nous parlerons plus loin corrige en partie ce défaut.

NIVEAU D'EAU A PINNULES.

73. — Diverses tentatives ont été faites dans le but de faire disparaître l'inconvénient que nous venons de signaler. On a d'abord essayé d'employer des pinnules fixées sur des anneaux mobiles embrassant les fioles. L'une de ces pinnules portait un petit trou circulaire servant d'oculaire et l'autre deux fils disposés en coordonnées rectangulaires ; en sorte que lorsque l'une était verticale, l'autre était horizontale.

Lorsque l'instrument était en station et contenait de l'eau aux deux tiers des fioles il suffisait d'amener l'oculaire et le fil horizontal à la hauteur des surfaces supérieures ou inférieures des ménisques et de diriger le plan de visée qui devait se trouver horizontal. Malheureusement on ne pouvait juger qu'à l'œil si l'oculaire et le fil horizontal étaient bien dans le même plan que la surface de l'eau et il en résultait toujours une certaine inexactitude d'appréciation variable suivant la vue de l'opérateur. Par cette modification de l'instrument on n'avait donc rien ajouté à sa précision.

NIVEAU LAHIRE.

74. — De Lahire adopta une autre disposition qui consistait a faire flotter les deux pinnules dans l'intérieur du niveau contenant de l'eau ou tout autre liquide. Son niveau était formé de deux espèces de réservoirs à sections rectangulaires réunis par deux tubes de communication. Les pinnules, étant de hauteurs égales, présentaient toujours l'oculaire et le fil horizontal parallèlement à la surface de l'eau, ou horizontalement. Par suite le rayon de visée se trouvait ainsi toujours dirigé dans un plan horizontal. Cet instrument présentait une précision de beaucoup supérieure à celle des niveaux d'eau antérieurs. Toutefois sa construction un peu compliquée comme aussi la difficulté de son emploi, ont fait que son usage ne se répandit pas dans la pratique.

NIVEAU DE MARIOTTE.

75. — Un autre instrument déduit du même principe a été inventé par Mariotte.

Il consiste en une lunette portée par une espèce de petit bateau flottant à la surface d'un liquide renfermé dans un récipient supporté par trois pieds. La lunette est reliée au bateau par l'intermédiaire d'un axe qui est assemblé d'équerre avec eux. Lorsque le récipient contient de l'eau, l'axe de la lunette se trouve ainsi parallèle à la surface et par conséquent horizontal. La construction de l'instrument ne présente aucune difficulté.

Il est seulement à regretter que son transport ne soit pas commode.

NIVEAU AMICI.

76. — *Amici* a repris cette idée de *Mariotte* et construit un niveau plus simple et plus portatif.

Il consiste en une lunette d'acier de $0^m,04$ à $0^m,06$ de longueur portée sur une petite calotte sphérique, de même métal, flottant sur du mercure. La simplicité et le petit volume de cet instrument le rendent léger et portatif.

Cependant il manque de précision et il est plus élégant qu'utile.

NIVEAU BLONDAT.

77. — Le niveau Blondat consiste dans un tuyau flexible de toile doublée intérieurement de caoutchouc. Ce tuyau est maintenu dans une forme cylindrique par une spirale de fer étamé. Il est d'un diamètre intérieur de $0^m,014$ et d'une longueur de 50 mètres. Il se termine à ses extrémités par des fioles de verre sans fond. Lorsque les deux extrémités de l'instrument sont redressées et qu'il est rempli d'eau, celle-ci se met en équilibre et la surface supérieure des deux ménisques se trouve sur le même plan horizontal si les diamètres intérieurs des verres sont égaux. Les deux tubes verticaux sont enchâssés dans des règles de bois divisées en mètres, centimètres et millimètres ; et on peut (l'instrument étant en station) exprimer avec elles la différence de niveau.

Si ces règles, indispensables pour maintenir et protéger les fioles de verre, n'étaient pas divisées il suffirait pour obtenir les cotes, d'appliquer une mire à chaque extrémité.

C'est un instrument précieux pour faire des nivellements dans les carrières, les mines, les forêts, et en général dans tous les endroits obscurs et hérissés d'obstacles. Malheureusement il se transporte difficilement d'une station à une autre ; et de plus, son prix est assez élevé.

NIVEAU MORIN

78. — Le niveau de M. le général Morin est formé d'un tuyau de caoutchouc vulcanisé reliant deux fioles de verre.

Lorsqu'il est rempli d'eau jusqu'aux deux tiers de la hauteur des fioles on peut prendre, à l'aide de deux mires, la hauteur du sol aux ménisques et exprimer la différence de niveau entre deux points séparés par un obstacle. Cet instrument, d'une grande simplicité, est surtout précieux pour le tracé des courbes horizontales autour d'une forteresse en permettant de franchir facilement les murs.

NIVEAU DEBAUVE.

79. — M. *Debauve*, ingénieur des ponts et chaussées, décrit, dans son *Manuel de l'ingénieur* (géodésie, nivellement, levé des plans) un niveau, qu'il a inventé, ayant les avantages du niveau Blondat sans en avoir les inconvénients.

A l'une des extrémités d'un tuyau de 50 mètres plein d'eau il place un tube rempli de mercure, et à l'autre extrémité une boule remplie d'eau.

Le tube contenant le mercure présente une graduation de 0.074 par mètre exprimant le rapport entre les poids spécifiques du mercure et de l'eau. La boule à eau et le tube à mercure, qui sont fermés, présentent des soupapes indispensables pour que la pression atmosphérique puisse s'exercer.

M. Debauve a mesuré avec cet instrument de grandes différences de hauteur, et il a fait « d'une seule station, et en peu de temps, des profils en travers très-compliqués. »

Nous pourrions encore parler d'autres dispositions de niveau d'eau qui dérivent toutes plus ou moins de celles que nous venons d'examiner.

Ce que nous avons dit suffit au point de vue historique.

Niveau d'eau actuel.

80. — Le niveau d'eau actuel, qu'il nous reste à examiner, donne des résultats remarquables entre les mains des personnes habiles.

Le projet des nivellements du canal du Centre (de la Saône à la Loire) a été exécuté entièrement avec cet instrument.

Busson-Descars, que l'on peut considérer comme l'un des praticiens les plus habiles, a fait avec lui des quantités considérables de nivellements pendant les vingt années passées par lui à l'é-tranger.

81. — Le principe de ce niveau repose sur les lois de l'hydrostatique que nous rappellerons succinctement :

1° Si, sur une portion plane d'un liquide, on exerce une pression, elle se transmet dans tous les sens sans altération à toute portion de paroi plane de même surface (Pascal).

2° Dans tout le liquide en équilibre, la pression est la même dans tous les sens autour d'un point.

Supposons donc deux vases communiquants A et B (fig. 12), qui contiennent le même liquide (de l'eau par exemple).

Pour qu'il y ait équilibre, il faut : 1° Que les surfaces libres du

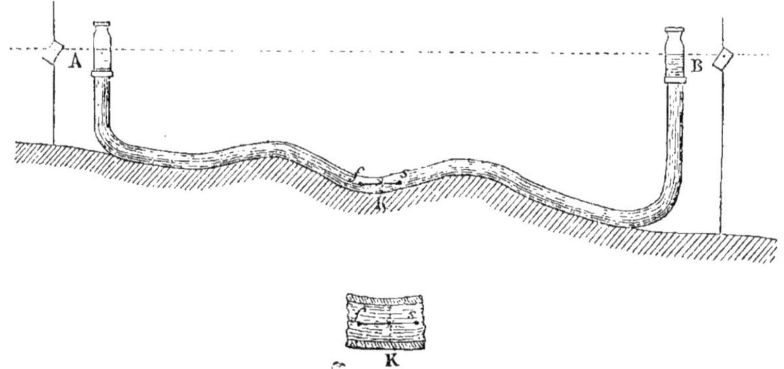

Fig. 12

liquide soient planes et horizontales ; 2° que ces mêmes surfaces soient dans un même plan.

La première condition est facilement démontrée par le raisonnement suivant : Si la surface libre du liquide n'est ni plane ni horizontale mais affecte une forme curviligne quelconque, figure 13, on voit en prenant une molécule, M, quelle est sollicitée par son poids, P, et par les attractions moléculaires.

Toutes les observations démontrent que celles-ci agissent pour

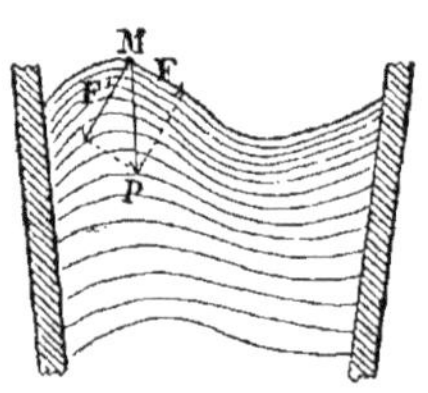

Fig. 13

chaque molécule dans une sphère d'action d'un rayon infiniment petit ayant pour centre le centre de la molécule.

Or, pour la molécule, M, comme pour toutes celles qui appartiennent à la même surface, cette sphère doit être regardée comme une demi sphère dont la surface libre se confond avec le plan tangent en ce point M. Par suite la résultante des actions du liquide sur la molécule ne peut être que perpendiculaire à cette surface.

Comme la direction de cette résultante est celle de la pesanteur (la verticale) il en résulte que la surface doit être horizontale.

Autrement si elle ne l'était pas on pourrait toujours décomposer le poids, P, en deux forces F et F, dirigées l'une suivant la surface liquide et l'autre normalement à cette surface.

La composante, F, dirigée suivant la surface aurait pour effet constant d'amener toutes les molécules dans un même plan horizontal.

82. — Pour démontrer maintenant que les deux surfaces A et B, de la figure 12, sont dans un même plan, faisons une section en K.

En supposant que les molécules de cette section se solidifient pour un instant, nous remarquons que, si nous prenons un élément de surface, les pressions f et s, qui agissent sur ses faces sont égales et opposées. Chacune de ces pressions est exprimée par le poids d'une colonne liquide ayant pour base l'une des faces de l'élément considéré et pour hauteur la hauteur de l'eau dans l'un des vases communiquants. Or les deux faces de cet élément sont égales ; donc il faut que les hauteurs des colonnes liquides soient égales aussi.

Il en résulte, par conséquent, que les deux surfaces libres du liquide dans les deux vases communiquants sont dans un même plan, lequel est horizontal puisqu'il est perpendiculaire à la direction de la résultante générale des actions de la pesanteur sur les molécules liquides.

83. — Le niveau d'eau, dans sa forme simple, figure 14, représente deux vases communiquants assemblés à angles droits avec un tuyau cylindrique en fer-blanc ou en cuivre maintenu à peu

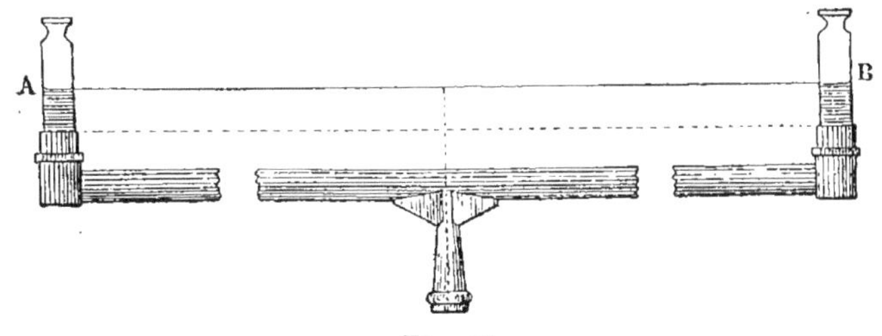

Fig. 14

près horizontal à l'aide d'une douille conique qu'il porte en son milieu et qui peut recevoir la tige verticale d'un trépied.

Ces vases communiquants construits en verre, sont les fioles du niveau.

Lorsque l'instrument est rempli d'eau jusqu'aux deux tiers de la hauteur des fioles celle-ci se met en équilibre sous l'action de la pesanteur et place ses deux surfaces A et B de niveau sur le même plan A B.

Si donc on fait tourner le niveau de 360° autour de la verticale passant par l'axe de figure de la douille, et de manière que les colonnes d'eau aient toujours leurs hauteurs à peu près égales, on aura décrit un même plan horizontal dans toutes les positions.

Ce plan pourra être prolongé en dirigeant des rayons de visées tangentiellement aux surfaces des ménisques et son intersection avec une mire placée verticalement sur différents points du sol permettra d'exprimer la différence de niveau de ces points par la comparaison des cotes obtenues.

Deux inconvénients spéciaux à ce niveau l'ont fait abandonner.

En premier lieu le mode d'assemblage des fioles sur le tube qui était toujours la cause de fuites après un certain temps de service.

Les fioles entraient dans une partie verticale du tube à frottement doux et étaient luttées dans cette position avec du mastic ou de la cire.

Le second inconvénient, plus important encore que le premier, consiste dans la fixité de la douille. Lorsqu'on veut mettre l'instrument en station on perd beaucoup de temps ; il en est de même lorsqu'on veut lui faire faire un tour d'horizon. En supprimant ces inconvénients on a été amené à la construction du niveau d'eau actuel.

84.— Ce niveau, représenté par la figure 15, se compose aussi, dans son ensemble, de deux fioles de verre assemblées à angles droits aux extrémités d'un tube de fer-blanc ou de cuivre portant, en son milieu, une douille à genou pouvant se fixer sur un pied à trois branches.

Les fioles ont en moyenne de $0^m,125$ à $0^m,145$ de hauteur pour un diamètre extérieur de $0^m,03$ à $0^m,045$.

Quelquefois elles sont graduées comme les burettes afin de voir la hauteur des colonnes d'eau.

Le verre avec lequel elles sont construites doit être très-transparent et d'une forte épaisseur afin de pouvoir résister aux chocs auxquels le niveau est si souvent exposé.

Elles sont terminées à la partie supérieure par un orifice étroit afin d'empêcher, autant que faire se peut, l'introduction de l'air donnant toujours, par les grands vents, une oscillation de l'eau qui est un inconvénient spécial au niveau d'eau.

Leur partie inférieure est assemblée avec le tuyau d'une manière étanche; et elle est facile à monter et démonter.

A cet effet, le verre est enchâssé dans une partie de métal cylindrique d'un diamètre un peu supérieur et qui est terminée par une portion filetée pouvant se visser sur le tuyau.

Le joint est fait à l'aide d'une virole de cuir gras avec laquelle aucune fuite n'est possible si elle est bien serrée.

Les fioles doivent avoir des diamètres égaux et réguliers, c'est-

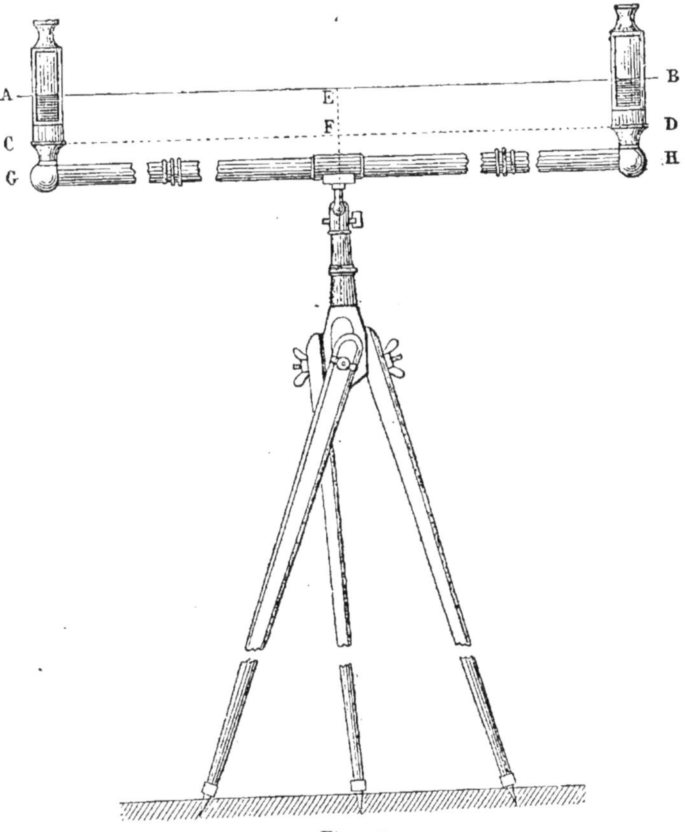

Fig. 15

à-dire être des cylindres parfaits, afin que les ménisques ou onglets que forme l'eau, avec sa surface, par attraction pour le verre, soient de même épaisseur.

En outre cette égalité des diamètres est indispensable pour que le plan horizontal déterminé par les ménisques reste le même dans un tour d'horizon.

Lorsque l'eau contenue dans le niveau est claire, on ne peut distinguer nettement les surfaces des ménisques qui semblent se confondre avec le verre sur une épaisseur indéterminée.

De là une incertitude dans la direction du plan de visée et par suite des erreurs qui peuvent bien se compenser quelquefois mais qui, la plupart du temps, s'ajoutent.

Il est nécessaire alors de colorer l'eau avec une matière colorante quelconque ou bien d'employer les obturateurs dont l'invention est due à l'ingénieur Michelotti et qui sont représentés sur les fioles de la figure 15.

Ces appareils consistent dans des enveloppes cylindriques en métal échancrées latéralement pour laisser voir la portion de la surface supérieure du liquide nécessaire pour diriger le plan de visée.

Noircis intérieurement les obturateurs donnent un reflet à l'eau qui tranche beaucoup mieux sur le verre.

On peut également les peindre de couleurs différentes suivant la vue.

Si l'opérateur a le soin de placer son œil à $0^m,60$ à 1 mètre de distance du niveau il verra les ménisques se dessiner nettement et pourra diriger ses rayons visuels avec plus de précision.

Le tuyau du niveau est un cylindre d'une longueur de $1^m,20$ à $1^m,40$ en moyenne et d'un diamètre intérieur pouvant varier de $0^m,015$ à $0^m,035$.

La dimension de $0^m,015$ doit être considérée comme minimum, car au-dessous l'eau se mouvrait lentement et l'équilibre serait long à se faire.

Ce tuyau est formé de trois parties pénétrant l'une dans l'autre à frottement dur.

C'est une disposition nécessaire pour transporter l'instrument en voyage. Il suffit, en effet, de désassembler toutes ses parties et de les placer dans une boîte disposée pour les recevoir.

Au milieu du tuyau vient s'adapter la douille dont la première partie est une petite tige terminée par deux sphères engagées l'une dans un renflement et l'autre entre les deux coquilles maintenues par une vis.

La première disposition permet au niveau de se mouvoir dans un plan horizontal autour de l'axe de la tige supposé vertical. La seconde, connue sous le nom de genou à coquille, facilite tous les mouvements dans le plan vertical et le plan horizontal.

La deuxième partie de la douille, de forme conique creuse, reçoit la tige du trépied dont les trois branches mobiles peuvent être fixées dans une position déterminée par des vis de pression.

La disposition du genou à coquille, qui est une amélioration considérable sur le niveau à douille fixe, puisqu'elle permet une mise en station rapide, était encore incomplète.

En effet, les mouvements de l'instrument dans le plan horizontal faisaient perdre beaucoup de temps pour serrer et desserrer les coquilles.

Par la disposition que nous venons de décrire cet inconvénient se trouve supprimé.

85. — Lorsqu'on veut se servir de ce niveau on le remplit d'eau jusqu'à la moitié ou aux deux tiers de la hauteur des fioles (celles-ci ayant leurs axes verticaux).

Pendant cette opération il est nécessaire de prendre la précaution d'incliner le tube en bouchant la fiole inférieure avec le pouce et de lui donner quelques légères secousses pour faire sortir les bulles d'air qui restent engagées avec l'eau.

L'instrument est placé sur le trépied dont les branches sont écartées et enfoncées dans le sol pour lui donner de la stabilité.

On lui fait faire ensuite un tour d'horizon, c'est-à-dire un tour entier autour de l'axe de la tige du trépied, afin que dans toutes les positions la hauteur des colonnes liquides reste égale dans les fioles.

Cette condition est indispensable pour que les plans de visées ne cessent de se confondre en visant tangentiellement aux ménisques dès que les oscillations sont arrêtées.

Lorsqu'on veut faire une nouvelle station, on bouche le goulot de l'une des fioles avec le pouce de la main gauche, puis de la main droite on soulève le trépied portant le niveau et le transport s'effectue ainsi rapidement.

Si la station nouvelle est éloignée il est préférable de boucher les fioles avec des bouchons que les niveaux d'eau doivent toujours posséder; et l'on peut porter ainsi, séparément, le niveau et son trépied.

Toutes les visées doivent être faites d'une même station par la même personne; car deux opérateurs, pour diriger les rayons visuels, prennent très-rarement les mêmes points des ménisques.

Ces différences dans les manières de viser s'accentuent, surtout, lorsqu'il fait du vent.

La vue se fatigue vite, puis l'eau agitée vient encore augmenter l'incertitude où l'on est déjà de préciser la surface des ménisques.

Cette agitation de l'eau peut être diminuée de temps à autre en appliquant le doigt sur l'un des goulots des fioles, ou bien en plaçant, sur ce goulot, une pièce de monnaie.

86. — Enfin on la supprime complétement en réunissant les fioles par un tube de caoutchouc ou de gutta-percha. Suivant les saisons on devra prendre certaines précautions. En été, on devra, pour chaque station, opérer rapidement afin d'éviter que le plan horizontal ne s'abaisse par l'évaporation de l'eau.

Si cet abaissement avait lieu par une fuite il est clair, dans ce cas, qu'une réparation serait indispensable avant d'entreprendre toute opération.

Nous ajouterons que dans une même station la hauteur du plan de visée ne doit pas changer par fuite ou accident quelconque.

En hiver, lorsque la température s'abaisse fortement, il peut y avoir une congélation de l'eau toujours facile à éviter en y ajoutant de l'alcool ou un liquide alcoolique.

87. — Si toutes les précautions, dont nous venons de parler, pour la mise en station, ont été observées, on peut considérer que le plan horizontal AB, de la figure 15, déterminé par la surface supérieure des deux colonnes liquides, sera invariable de hauteur dans une même station et pour une direction quelconque.

Pour le démontrer il suffit d'observer que la surface libre du liquide ne descend pas au-dessous de CD dans un tour du niveau autour de l'axe de la tige du trépied et que la partie CGHD contient toujours la même quantité d'eau.

Par conséquent les deux colonnes liquides, variables dans les différentes situations, donnent une somme de volumes qui est toujours la même.

Leurs bases, qui sont les sections droites des fioles, sont égales, par suite leurs hauteurs doivent donner une somme constante dont EF est la moitié, comme étant une partie du prolongement de l'axe du trépied intercepté par le plan horizontal AB et par le plan CD qui peut ne pas être nécessairement horizontal.

La ligne EF est invariable parce que le point F ne peut changer de position.

Par suite le point E est toujours à la même hauteur et tous les plans horizontaux qui passent par ce point se confondent nécessairement et se réduisent en un seul.

Si les diamètres des fioles sont différents les plans horizontaux déterminés par les deux surfaces supérieures des colonnes liquides ne peuvent se confondre, en un seul dans un tour d'horizon décrit par l'instrument, que dans le cas où l'axe de révolution serait constamment vertical. Cette condition ne peut se réaliser mathématiquement en pratique, car l'instrument se place toujours plus ou moins obliquement.

88. — Il en résulte encore alors un autre inconvénient dû à cette obliquité même.

Soient (fig. 16), AB l'axe du tube principal, supposé horizontal, AC et BD les axes des deux fioles et CD la ligne de niveau déterminée par les surfaces des colonnes liquides.

Soient, en outre, KJ une position inclinée du tube et KH, IJ les axes inclinés des fioles.

Si nous menons du point E, milieu du tube, la ligne EF, parallèle à AC et EG parallèle à KH, nous aurons dans le rectangle ACDB (1re position du niveau) : AC + BD = 2 EF ; et dans le trapèze JIHK (2e position du niveau) JI + KH = 2 EG.

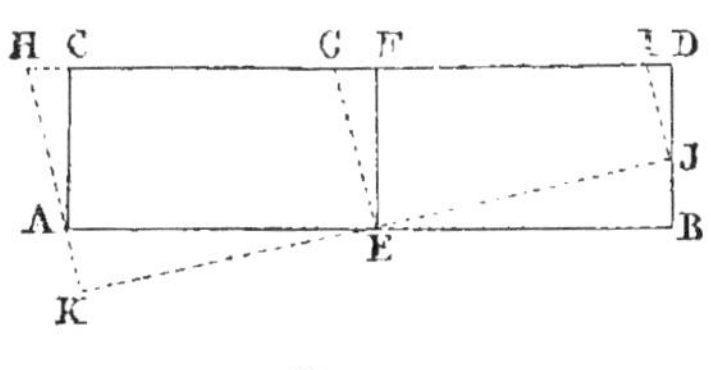

Fig. 16

Dans les différentes positions du niveau l'eau formera autant de cylindres de mêmes diamètres et dont les volumes seront entre eux comme les axes.

Par conséquent le volume des deux colonnes liquides, dans la première position, sera à ce même volume, dans la deuxième :: AC + BD : KH + IJ :: 2 EF : 2 EG :: EF : EG.

Mais EG, comme oblique, est plus grande que EF; d'où il résulte que pour arriver à la première ligne de niveau CD les fioles exigeront plus d'eau dans la deuxième position (inclinée) que dans la première (horizontale). Par suite, il y aura une différence d'attraction de l'eau pour le verre et réciproquement, laquelle aura pour effet de placer les surfaces des ménisques sur deux plans horizontaux distincts.

89. — Pour terminer ce que nous avons à dire du niveau d'eau, il nous reste à faire voir l'influence du défaut de précision des plans de visées sur les opérations.

Supposons que ces plans diffèrent des plans horizontaux de la quantité h dans la distance, d, des deux axes des fioles. Ils s'écarteraient de la quantité H à la distance D.

En effet, les deux triangles rectangles, de la figure 17, étant semblables, on a la proportion : $\dfrac{d}{h} = \dfrac{D}{H}$; d'où $H = \dfrac{hD}{d}$.

Si l'écart h du plan horizontal au plan de visée atteint 1/2 millimètre il y aura une erreur de 1 centimètre sur une distance égale à vingt fois la longueur un mètre du niveau. Pour une longueur de 1^m,25 on commettrait l'erreur de 1 centimètre à 25 mètres.

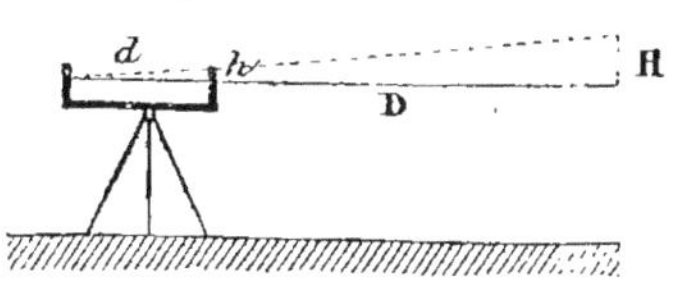

Fig. 17

Cette démonstration indique que l'instrument ne permet de faire que de courtes stations que l'on peut fixer à un maximum d'environ 40 mètres pour des opérations ordinaires. Si, au contraire, les opérateurs ont une bonne vue les stations pourront atteindre 50 à 60 mètres avec assez d'exactitude.

Une observation dont il faut toujours tenir compte est la suivante : Si le nivellement doit être fait avec précision on devra répéter souvent les stations, ou ce qui revient au même on leur donnera des longueurs d'autant plus faibles qu'on voudra obtenir plus de précision.

En résumé le niveau d'eau sans être précis, n'en est pas moins un instrument très-précieux qui peut toujours être employé aux besoins ordinaires de la topographie lorsqu'il est entre les mains d'opérateurs habiles.

NIVEAU A MIRE FIXE ET A PIED MONTANT ET DESCENDANT.

90.— Un perfectionnement du niveau d'eau, d'une certaine importance, pour les nivellements en pays peu accidentés, consiste en un pied dont la tige, portée par une crémaillère, peut être abaissée ou élevée par l'intermédiaire d'une roue dentée à manivelle.

La mire, pour un pareil niveau, consiste en un jalon cylindrique peint en blanc, rouge et noir de $0^m,50$ en $0^m,50$. Les cotes sont obtenues par une lecture faite directement sur la tige du niveau graduée à cet effet.

L'emploi de cet instrument ne fatigue point l'opérateur qui n'est plus obligé de faire des signes par gestes ou bien de parler au porte-mire.

NIVEAU D'EAU A DOUBLE TUBE

91.—Enfin une amélioration très-utile, pour les pays accidentés et où l'eau serait rare, consiste à relier les deux goulots des fioles du niveau d'eau ordinaire par un tube supérieur parallèle au tube inférieur.

Ce tube établissant la communication de l'air entre les fioles, les surfaces de l'eau se placent dans le même plan horizontal.

L'appareil se démonte pour recevoir le liquide ; et lorsqu'il est remonté celui-ci ne trouve aucune issue pour sortir.

On peut transporter ainsi le niveau d'une station à l'autre sans se préoccuper de son eau dont la quantité reste toujours constante.

CHAPITRE III.

Niveaux à bulle (1).

92. — Le niveau à bulle est un instrument précieux dont l'invention a fait faire un progrès immense à la science du nivellement.

A l'origine sa construction présentait une grande difficulté.

Mais aujourd'hui, grâce au progrès de la science et de l'industrie, il est construit rationnellement et il atteint un haut degré de perfection.

C'est à Thévenot (Melchisédec) que l'on doit l'invention du niveau à bulle.

La première description qu'il fit de cet instrument fut insérée dans le numéro du journal des *Savants* du 15 novembre 1666.

Mais Thévenot, qui était d'une grande modestie, ne signa point son article.

Ce n'est que quinze années plus tard, environ, qu'il se fit connaître dans son recueil de voyages formant un volume in-8 imprimé en 1682.

La description de cet instrument fut envoyée à la société royale de Londres et à l'accademie del Cimento de Toscane qui apprécièrent tout le mérite de l'invention.

Robert Hooke, professeur anglais, s'empressa de signaler à ses compatriotes l'avantage de son emploi pour les opérations de nivellement.

Malheureusement l'art de travailler le verre, encore dans l'enfance, ne permit pas de construire l'instrument avec précision et alors il ne put être vulgarisé pendant un siècle environ.

Jusqu'en 1768, époque à laquelle l'ingénieur français *de Chézy* inventa son niveau, indiqua le moyen de travailler le verre et de construire rationnellement le niveau de Thévenot, il y a eu une quantité considérable d'inventions qui ne présentent aujourd'hui qu'un intérêt historique.

De 1770 à 1820 le niveau à bulle et à lunette de Chézy fut presque exclusivement employé.

---

(1) Nous écrivons niveau à bulle et non niveau à bulle d'air parce que la bulle est exceptionnellement formée d'air. Le plus généralement elle est formée d'un mélange d'air et de vapeur d'alcool ou d'éther.

Toutefois à la même époque le constructeur anglais *Ramsden* fit un niveau également à bulle et à lunette qui eut un succès égal à celui de Chézy duquel il ne diffère que par de très petits détails de construction.

Mais ces deux niveaux avaient l'inconvénient de demander des rectifications constantes lorsqu'on opérait.

En 1820 l'ingénieur français *Egault* supprima en partie ces inconvénients en proposant le niveau et la méthode qui portent son nom.

Son instrument est devenu classique et il est encore très-répandu aujourd'hui.

Trois constructeurs ont cherché à l'améliorer.

Le premier, *Lenoir*, à l'époque du plus grand succès du niveau d'Egault, a construit un instrument, connu sous le nom de niveau cercle, formant un type bien distinct et qui à permis à M. *Bourdaloue* de faire des opérations considérables et d'une grande précision.

Le deuxième, *Brünner*, qui fût employé il y a quelques années au bureau des longitudes, a amélioré le niveau d'Egault en lui empruntant ce qu'il avait de meilleur.

En s'inspirant aussi du niveau de Chézy et de Ramsden il a pu construire un instrument à lunette tournante qui a eu un grand retentissement dans ces derniers temps.

Le troisième constructeur, *Gravet*, a fait un niveau dit à bulle indépendante qui est encore un perfectionnement heureux du niveau d'Egault.

On peut dire que ce dernier instrument, construit aujourd'hui par *Tavernier-Gravet* résume, avec celui de *Brünner*, tous les progrès réalisés dans la construction des niveaux.

Dans cette historique des niveaux à bulle le nom de M. Bourdaloue ne saurait être oublié.

Cet ingénieur célèbre, dans la pratique et la théorie du nivellement, a fait de grands perfectionnements à la construction primitive du niveau-cercle ; et il est, en outre, l'inventeur d'un niveau qui rappelle celui d'Egault à sièges plats et lunette à prismes carrés, mais qui en diffère par des dispositions spéciales.

Enfin, pour terminer, il reste à indiquer le *tachéomètre* (de *métrein* mesurer et de *tachéos*, rapidement).

Cet instrument n'est, autre chose, qu'un *théodolite* perfectionné par M. *Porro*, officier supérieur du génie en Italie et par M. *Moinot*, ex-ingénieur au chemin de fer d'Orléans.

Son emploi, qui a donné naissance à la *tachéométrie*, inventée par le premier auteur et propagée par le second, donne une grande facilité dans les études en permettant de faire en même temps le levé des plans et le nivellement.

Description du niveau à bulle simple.

93. — L'organe essentiel, du niveau à bulle, consiste, figure 18, en un tube de verre cylindrique, AB, présentant une courbure régulière dans le sens de sa longueur de manière que, les extrémités étant placées suivant un plan horizontal, le milieu se trouve plus élevé.

Ce tube fermé hermétiquement à ses deux extrémités, contient un liquide très-mobile, à toutes les températures, qui ne le remplit pas entièrement afin qu'il reste un petit espace renfermant un mélange d'air et de vapeur formant une bulle, forcément raccourcie, qui se meut à la partie supérieure.

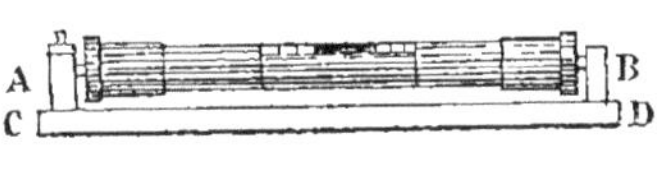

Fig. 18

Pour le protéger contre les chocs directs et rendre son usage plus commode, cet organe est placé dans une enveloppe de cuivre échancrée à la partie supérieure pour laisser voir la bulle. Ses extrémités sont, en outre, reliées à deux montants, AC et BD, fixés à une règle de métal CD.

Pour les opérations de nivellement cet ensemble de pièces, auquel on a ajouté un système de pinnules ou une lunette, repose sur un bâtis dont les dispositions varient avec les niveaux.

Une échelle de divisions gravée (sur le verre ou sur son enveloppe) symétriquement au milieu du tube, permet d'apprécier les déplacements du centre de la bulle.

Théorie.

94. — Voici maintenant la théorie.

La bulle, par sa composition, étant d'une densité bien moins grande que celle du liquide, se tient nécessairement à la partie supérieure de celui-ci ; et leurs deux surfaces de contact sont horizontales en vertu du principe d'équilibre des surfaces des corps fluides.

Lorsque les extrémités de la génératrice inférieure du tube sont horizontales la bulle occupe, comme dans la figure 18, la partie la plus élevée de la courbure qui se trouve au milieu de la longueur.

Dans cette situation le plan tangent au tube, au point central de la bulle, est horizontal et la règle CD est disposée parallèle à ce plan par l'opération du réglement.

En d'autres termes, l'horizontale de la bulle est sa tangente lorsqu'elle est entre ses repères.

Dans un bon niveau l'axe optique doit être mathématiquement parallèle à l'horizontale de la bulle.

Réglement du niveau.

95. — Le réglement de l'instrument se fait par la méthode du retournement.

A cet effet, il est muni d'une vis A et d'une charnière B qui le relient aux montants et à la règle CD. Celle-ci est disposée sur une autre règle bien dressée et suffisamment rigide horizontale ou non. On fait monter ou descendre l'une de ces extrémités lentement jusqu'à ce que la bulle s'arrête entre ses repères gravés à égale distance du point milieu de la génératrice supérieure du tube.

Si dans cette position, de la règle rendue fixe, on retourne le niveau, bout pour bout, la bulle doit revenir entre ses repères, sinon on l'y ramène à l'aide de la vis de rappel A que l'on tourne jusqu'à ce que la bulle soit exactement à sa première position ; puis on note le nombre de tour qu'il a fallut faire pour obtenir ce résultat.

On fait, ensuite, la moitié du nombre de tours en sens contraire et le niveau est réglé, car la bulle ne doit marcher que de la moitié de l'écart observé au retournement puisqu'elle se déplace d'un espace double de l'erreur commise.

Pour plus d'exactitude, on recommencera l'opération que nous venons de décrire jusqu'à ce que la bulle revienne exactement entre ses repères par le retournement.

L'instrument ainsi réglé, on ne touche plus à la vis de rappel ; et il suffit, pour s'en servir, d'amener la bulle entre ses repères afin de rendre la règle CD horizontale. Alors en dirigeant un rayon visuel, suivant sa direction, on pourra, en lui faisant faire un tour d'horizon, engendrer un plan horizontal par rapport auquel on déterminera et comparera la verticale de deux ou plusieurs points du sol et faire ainsi un nivellement. On peut aussi s'en servir directement pour mettre un billard horizontal ou bien pour remplacer le niveau de maçon ou de charpentier dans les constructions.

Variation de longueur de la bulle.

96. — Le liquide renfermé dans le niveau doit être très-mobile et ne pas se congéler par les plus grands froids.

On choisit, à cet effet, l'alcool ou l'éther.

Sous l'influence de la température, le liquide se contracte en hiver et se dilate en été.

La bulle varie alors de dimensions : elle est petite en été et grande en hiver.

D'après cette observation deux repères de la bulle seraient insuffisants. On devra marquer sur la partie supérieure du tube des divisions (exprimant des centimètres) en nombre égal à gauche et à droite du centre de station de la bulle lorsque le tube est horizontal. Les divisions, que l'on prolonge jusqu'à l'enveloppe ou étui de métal, sont numérotées à partir du centre. Chacune d'elle est en outre subdivisée en trois sous-divisions dont les dimensions, assez grandes, permettent une lecture plus rapide, en pratique, que si elles étaient divisées par millimètres ou par deux millimètres. Avec ces dispositions on trouve toujours facilement les repères de la bulle quelle que soit sa longueur.

Sensibilité du niveau.

97. — La sensibilité de ce niveau, c'est-à-dire l'arc dont se déplace la bulle pour une inclinaison d'une seconde, est d'autant plus grande que la courbure du tube est moins prononcée.

Elle peut s'exprimer par le déplacement qu'éprouve la bulle pour une inclinaison de la tangente en son point milieu, lequel est aussi celui de l'arc déterminé par l'intersection du plan vertical avec le tube de verre qu'il divise, en deux parties égales symétriques, dans le sens de la longueur.

En appelant x le déplacement de la bulle, pour une seconde d'inclinaison, et R le rayon de courbure on a : $\dfrac{x}{R} =$ cos. 1' = Tang. 1' = Arc. 1'.

D'où $x = R \times$ arc. 1'.

Exprimant maintenant l'arc d'une seconde en se rappelant que $\pi = \dfrac{C}{2\,R}$, ou $\pi = C$ dans un cercle dont le diamètre est égal à l'unité, on aura alors : $\pi = 180° = 648000$ secondes ; d'où Arc 1' $= \dfrac{\pi}{648,000} = 0,00000487$.

Si donc l'on veut que le déplacement de la bulle, correspondant à une inclinaison d'une seconde, soit de $0^m,001$, on n'a qu'à construire un niveau ayant un rayon de courbure R $= \dfrac{0^m,001}{0,00000487} = 206^m,25$.

Ce rayon de courbure considérable peut être obtenu en suivant les principes de construction enseignés par de Chézy.

On cite même un niveau de 619 mètres de rayon construit par le constructeur Fortin.

Toutefois, les niveaux à grands rayons de courbure, dépassant 80 mètres, ne sont guère employés que dans les observatoires. Sur le terrain, des instruments à si grands rayons ne pourraient être utilisés à cause de la mobilité extrême de la bulle. On se contente généralement de donner 15 à 20 mètres de rayon aux niveaux les plus perfectionnés, destinés au nivellement. Si l'on dépassait beaucoup cette dimension la bulle deviendrait folle ; il faudrait passer un temps considérable pour l'amener à stationner entre ses repères.

Détermination du rayon de courbure.

98. — La détermination du rayon de courbure pouvant présenter un certain intérêt nous allons indiquer la manière d'y procéder. S'il s'agit d'un niveau à bulle simple, à règle ou à pinnules, on fera usage de la formule précédente.

On dispose l'instrument sur une règle bien droite inclinée d'un certain nombre de secondes sur l'horizon que nous désignons par n ; puis on mesure le déplacement, x, de la bulle. Le rayon R est alors l'inconnue de l'équation $X = Rn.$ arc. $1'$.

$$\text{D'où } R = \frac{x}{n \text{ arc. } 1'}$$

Si le niveau est à lunette on fera usage de la formule suivante qui donne des résultats suffisamment exacts. La lunette ayant son axe optique et son axe de figure parallèles au plan tangent, au milieu de l'axe transversal compris entre les repères de la bulle, on installera l'instrument en station et horizontalement; puis l'on prendra une cote sur une mire située à une distance connue.

En inclinant ensuite la lunette, et par suite tout le système d'une certaine quantité, ou prendra une nouvelle cote.

La différence de ces deux cotes, ou leur écart, correspondra à un certain nombre de divisions parcourues par la bulle. Alors en appelant D la distance du niveau à la mire, h l'écart des deux cotes, n le nombre des divisions parcourues par la bulle et R le rayon de courbure, on a sensiblement :

$$\frac{R}{n} = \frac{D}{h} \text{ ; d'où } R = \frac{nD}{h}$$

Supposons que l'on ait D $= 100$ mètres, $h = 0^m,15$, $n = 0^m,03$, on aura :

$$R = \frac{0,03 \times 100}{0,15} = \frac{3}{0,15} = 20 \text{ mètres.}$$

Construction du niveau.

99. — Par les principes que de *Chézy* a enseignés, l'art de travailler le verre est devenu familier aux artistes et la construction du niveau à bulle se fait aujourd'hui couramment.

On employait autrefois les tubes courbés par la pression, à la faveur du ramollissement du verre, ou sous l'action de leurs propres poids en les suspendant horizontalement par leurs extrémités. De pareils moyens de construction donnaient généralement des courbures irrégulières ayant pour conséquence de faire allonger la bulle plus d'un côté que de l'autre sous l'influence de la température.

Il en résultait ainsi que, déplacée de ses repères, elle faisait croire à un défaut de règlement du niveau tandis que celui-ci n'avait pas cessé d'être réglé et disposé horizontalement. Le déplacement de la bulle par l'irrégularité de courbure était inversement proportionnel à son rayon.

Le procédé de construction de l'ancien directeur de l'école des ponts-et-chaussées, aujourd'hui seul employé, consiste à user le tube intérieurement suivant le sens longitudinal.

A cet effet, on se sert d'une tige de métal, recouverte d'émeri, que l'on frotte contre le verre jusqu'à ce que celui-ci soit suffisament rodé.

On fait ensuite la graduation des repères de la bulle, puis on ferme une extrémité et on remplit le tube d'alcool ou d'éther qui ne se congèlent pas par les basses températures et qui ont l'avantage de donner une bulle épaisse et raccourcie dont on distingue facilement les bords. Après avoir fermé l'autre extrémité on soumet le niveau à l'éprouvette ; c'est-à-dire qu'on le dispose sur une sorte de règle à laquelle on donne à l'aide de vis micrométriques, des inclinaisons connues afin de reconnaître si la courbure est régulière et la sensibilité de la bulle suffisante.

On recommence l'opération du rodage autant de fois qu'il est nécessaire, et aussitôt que l'on a atteint la sensibilité (1) que l'on recherche, on ferme définitivement le tube et on le soumet une dernière fois à l'éprouvette. Avant la fermeture définitive, le constructeur doit prendre la précaution de donner à la bulle des dimensions assez grandes pour qu'elle chemine facilement.

L'expérience a appris qu'elle devait avoir au moins 0,02 de longueur lorsqu'elle est exposée au soleil. Lorsqu'elle a une

---

(1) Cette sensibilité pouvant toujours être exprimée et vérifiée par la formule donnée plus haut.

longeur plus petite elle devient paresseuse ; c'est-à-dire que le frottement contre le verre et l'adhérence du liquide l'empêchent de se mouvoir librement.

Enfin le niveau doit avoir, avec une courbure très-régulière dans le sens longitudinal, une autre courbure non moins régulière dans le sens transversal ; car la moindre inclinaison dans ce dernier sens peut avoir une grande influence sur les indications de l'instrument.

NIVEAU A BULLE ET A RÈGLE.

100. — La plus simple forme des niveaux à bulle, qui ait été d'abord employée aux opérations de nivellement, est celle de la figure 18 dont la règle métallique CD allongée, de manière à lui donner une longueur totale d'un mètre au moins, sert de guide au rayon de visée.

Cette règle, et avec elle le niveau qu'elle supporte, était disposée sur un système de charpente lui servant de support, puis plus tard sur un pied de forme variable.

Pour trouver la différence de niveau entre deux points a et b, il suffisait d'installer l'instrument en station à égale distance de ces deux points et d'appeler la bulle entre ses repères.

Alors la règle (horizontale si le niveau est réglé) servait de directrice au rayon de visée dirigé sur une mire placée successivement sur chacun des deux points.

On comprend qu'un pareil instrument était loin d'offrir beaucoup de précision. En supposant qu'il fut parfaitement réglé et la bulle entre ses repères, le rayon de visée n'en était pas moins toujours dirigé avec incertitude suivant la règle.

Toutefois, un pareil niveau pouvait donner encore une approximation suffisante pour de petites opérations de peu d'importance, telles que celles faites par les maçons, terrassiers, fontainiers, etc.

NIVEAU A BULLE ET A PINNULES.

101. — Le premier perfectionnement du niveau primitif décrit a consisté à lui donner plus de légèreté et à faire que la direction du rayon de visée soit moins incertaine.

L'instrument que l'on a alors construit, et qui est encore employé de nos jours est représenté par la figure 19.

Il consiste en une règle métallique **AB** portant le niveau **EF** et aux extrémités de laquelle s'élèvent deux montants **AG** et **BH** munis de pinnules permettant de diriger un rayon visuel, parallèle à l'horizontale de la bulle.

Cette règle est reliée par l'intermédiaire d'une vis, **L**, et d'une

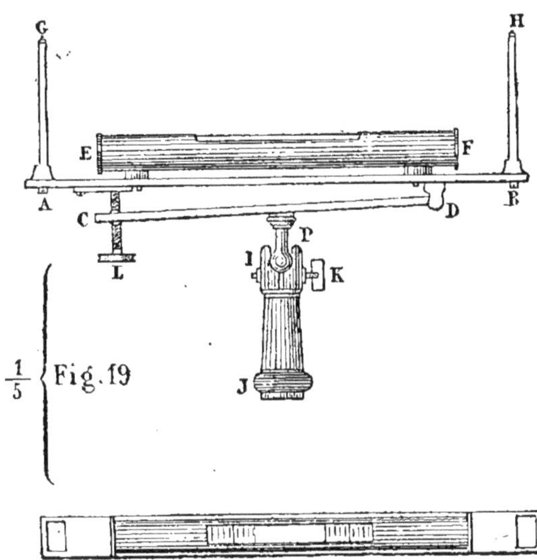

$\frac{1}{5}$ Fig. 19

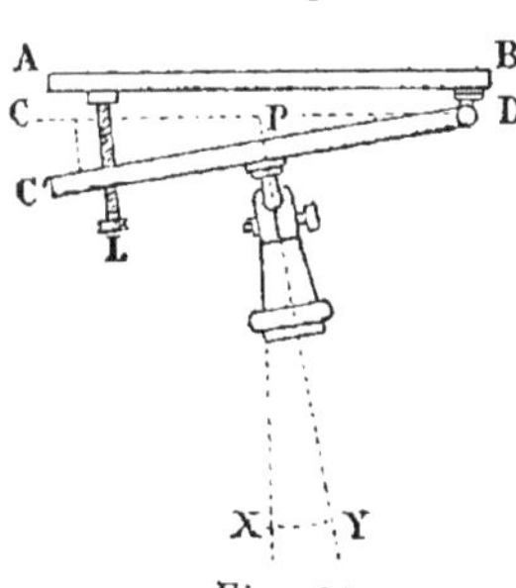

charnière, **D**, à une autre règle de métal **CD** portée par une douille **IJ**, à genou, qui permet de fixer l'instrument sur un trépied.

Cette disposition offre l'avantage, lorsque l'axe de la douille est à peu près vertical, de permettre d'amener rapidement la bulle entre ses repères à l'aide de la vis.

102. — Lorsque l'axe de la douille est vertical, et les deux règles **AB** et **CD** parallèles, la bulle doit être entre ses repères si le niveau est bien réglé.

Réciproquement lorsque l'axe de la douille **P**, qui est perpendiculaire à la règle **CD**, est oblique à la verticale, la bulle ne reste pas entre ses repères et on l'y ramène alors avec la vis **L** qui, en agissant sur la règle **CD**, lui fera décrire un angle **CDC'** (avec sa position parallèle à **AB**) qui

Fig. 20

est égal à l'angle **XPY** formé par l'axe du pivot et la verticale passant par son sommet.

La figure 20 montre, en effet, que les deux angles CDC' et XPY sont égaux comme ayant les côtés perpendiculaires.

103. — Les pinnules des deux montants portent deux fils très-déliés qui se croisent à angles droits.

De plus chacune d'elles est munie d'une plaque de métal percée d'un trou circulaire contre lequel s'applique l'œil.

On a ainsi le moyen de donner au rayon de visée, une précision plus grande que si on le dirigeait directement suivant la croisée des fils.

Chaque plaque est mobile autour d'un axe et vient s'appliquer à son tour, suivant le besoin, contre une saillie qui la maintient en place lorsque l'on veut viser.

Alors dans cette position l'axe du trou circulaire se confond avec la ligne qui joint la croisée des fils des deux pinnules.

Si cette ligne est parallèle à la tangente de la bulle le rayon visuel dirigé suivant sa direction, sera horizontal.

Mise en station.

104. — Lorsqu'on veut se servir de ce niveau on le dispose en station, solidement, de manière que l'axe de la douille paraisse, à l'œil, à peu près vertical.

Ensuite on agit sur la vis L de manière à l'appeler entre ses repères où elle doit se maintenir pendant tout le temps qu'on opère.

Si l'instrument a été bien réglé la ligne de croisée des fils se trouve horizontale et le plan de visée passant par cette ligne, qu'il contient tout entière, permet de connaître la hauteur relative de deux ou plusieurs points du sol.

Vérification.

105. — Les erreurs inhérentes à ce niveau sont assez nombreuses et elles sont, en général, impossible à supprimer.

Celles qui sont dues au défaut de réglement font seules exception. Pour les reconnaître il faut, avant de commencer une série d'opérations, faire la vérification, c'est-à-dire s'assurer si la croisée des fils des pinnules est bien parallèle à l'horizontale de la bulle.

On dispose, à cet effet, le niveau horizontalement à une distance de 35 mètres environ d'un point inébranlable.

Après avoir fixé un piquet dans le sol, suivant la direction de la verticale, passant par l'axe de la douille, on prend différentes cotes sur le premier point et sur ce piquet en inclinant de plus en plus l'instrument. Il est clair que si celui-ci est exact les différences des premières cotes doivent être égales aux différences correspondantes des secondes.

Si cette égalité des différences n'existe pas on règle la croisée des fils des pinnules en les élevant ou en les abaissant jusqu'à ce qu'on soit arrivé à trouver les différences des cotes égales.

106. — Une cause d'erreur de ce niveau provient de ce que le rayon de visée ne se trouve que rarement perpendiculaire à l'axe du pivot du genou; et il en résulte qu'en dirigeant différents plans de visées d'une même station ceux-ci peuvent ne pas être parallèles, c'est-à-dire qu'en d'autres termes ils pourront être plus ou moins inclinés les uns sur les autres.

Il est donc important de reconnaître cette cause d'erreur afin de l'éviter autant que possible.

Pour cela, d'une même station, et après avoir mis le niveau horizontal, on prend une cote directement sur un point situé à sa portée maximum, de 35 mètres environ.

On le retourne ensuite bout pour bout, puis on appelle la bulle entre ces repères afin de prendre une nouvelle cote par retournement.

Les deux cotes trouvées doivent être égales si le rayon de visée est perpendiculaire à l'axe du pivot du genou.

S'il n'en est pas ainsi c'est qu'il y a une croisée des fils plus haute que l'autre.

Par conséquent le premier rayon de visée se trouve d'une hauteur trop élevée qui est juste égale à la hauteur dont se trouve moins élevé le second rayon. La cote vraie serait égale à la moyenne arithmétique des deux cotes obtenues.

Le niveau est rectifié en abaissant la plus haute croisée et en élevant la plus basse jusqu'à ce qu'on n'obtienne plus de différence entre deux cotes prises par retournement.

107. — Il est facile de faire voir que lorsque l'axe du pivot du genou, P fig. 19, n'est pas vertical la hauteur des plans de visées varie avec son inclinaison.

En effet, appelons X la hauteur de l'axe du genou, α son angle d'inclinaison sur la verticale et R la longueur de l'axe prolongé jusqu'au sol.

Nous aurons : $\dfrac{X}{R} = \text{Cos. } \alpha$; et $X = R \times \text{Cos. } \alpha$.

Si nous faisons $R = 1^m, 30$ et $\alpha = 1°$, nous aurons : $X = 1^m,30 \times \text{Cos. } 0,9998477 = 1^m, 299$.

C'est donc un abaissement de 1 millimètre.

Pour une inclinaison considérable de 5° nous aurions un autre abaissement de 6 millimètres, etc.

Les erreurs croissent donc rapidement avec l'inclinaison de l'axe du pivot de la douille sans qu'il soit possible de les éviter.

Toutefois la disposition de la douille de la fig. 19 modifie un peu ces erreurs en les diminuant.

108. — Lorsqu'on vise différents points d'une même station, dans un tour d'horizon, on est obligé d'appeler la bulle entre ses repères pour chaque cote à déterminer et on incline presque toujours avec ce niveau les divers plans de visées les uns sur les autres.

On a fait depuis un certain nombre d'années un niveau à pinnules à vis calantes permettant de corriger en partie le défaut de précision de l'instrument.

Mais quelque soin que l'on prenne et quelque facilités que l'on ait de disposer verticalement l'axe du pivot (et dans ce cas l'axe de la douille) on y arrive rarement d'une manière absolue. En principe pour diminuer les erreurs à chaque mouvement du niveau dans une station il faut tenir toujours l'axe du pivot vertical et maintenir constamment la bulle entre ses repères.

109. — Une autre cause d'erreur, non moins importante, est due à l'impossibilité matérielle de diriger un plan de visée parfaitement horizontal par des pinnules.

Les fils ayant nécessairement une certaine épaisseur obligent les rayons à se diriger tangentiellement et par suite l'erreur de visée croit rapidement avec la distance des points nivelés (voir *niv. d'eau*).

Enfin, à toutes ces causes d'inexactitudes on doit encore ajouter celle résultant de la difficulté de bien régler l'instrument.

Portée du niveau.

110. — Les défauts, nombreux, du niveau à bulle et à pinnules, font qu'il n'est guère supérieur au niveau d'eau.

On doit limiter ses portées à 35 ou 40 mètres, afin de diminuer autant que possible les erreurs qui leur sont toujours proportionnelles.

Pour les erreurs provenant du manque de précision dans la direction du plan de visée, elles s'expriment par les relations déjà expliquées figure 17.

En appelant d la distance entre les deux pinnules, h l'erreur commise dans la direction du plan de visée, D la distance du niveau à la mire et H l'erreur totale commise sur la mire, on a :

$$H = \frac{hD}{d}.$$

Quant à l'erreur qui résulte de l'impossibilité matérielle de disposer le plan de visée horizontal, alors même qu'il a été réglé, c'est-à-dire disposé parallèle à la tangente de la bulle, on l'obtient par la formule suivante : $x = \dfrac{Dd}{R}$.

La figure 21 montre que x est l'erreur affectée par les coups de niveau, D la distance du niveau à la mire, d l'erreur commise dans l'appréciation de la position de la bulle et R le rayon de courbure du niveau.

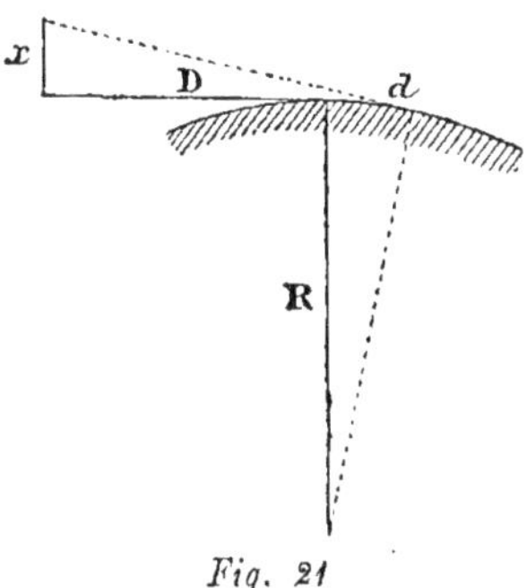

Fig. 21

Les niveaux actuels étant construits avec une courbure de 15 à 20 mètres de rayon, si on les emploie avec leur portée maximum de 50 mètres, on aura : $x = \dfrac{50 \times d}{15} = 3 + \dfrac{1}{3} d$, ou $2 + \dfrac{1}{2} d$ si la courbure du niveau a 20 mètres de rayon.

Pour un défaut maximum, d, d'appréciation de la position de la bulle exprimé par $0^m,0005$, on aurait une erreur égale à $0^m,0016$ dans le premier cas et de $0^m,0012$ dans le second.

Niveau à bulle et à lunette

111. — L'emploi de la lunette pour diriger le rayon de visée a été on ne peut plus heureux.

Outre qu'on assure avec précision la direction de ce rayon, on augmente la puissance de la vue d'une manière considérable. Les progrès de la construction du niveau à bulle et à lunette ont été très-laborieux.

Ce n'est qu'après l'invention de bien des systèmes, aujourd'hui oubliés, qu'on est arrivé à la forme actuelle qui donne un haut degré de précision dans les opérations de nivellement les plus délicates.

Nous ne ferons par ici l'histoire de tous les niveaux à lunette, qui présenterait cependant un grand intérêt. Notre cadre ayan des dimensions forcément restreintes, nous nous contenterons de décrire les dispositions les plus remarquables; c'est-à-dire celles qui sont les points culminants de la longue phase par laquelle est passée la construction de l'instrument.

A défaut d'une classification méthodique des divers essais exécutés nous suivrons l'ordre d'invention. Toutefois, avant de commencer cette étude, nous croyons devoir rappeler les principes de l'optique qui servent de base à la construction des lunettes.

Optique.

112. — Nous n'avons à nous occuper ici que de la réfraction de la lumière et des lentilles convergentes.

On a fait sur la lumière deux hypothèses qui ont reçu : l'une, le nom d'hypothèse de l'émission due à *Newton* et l'autre, le nom de l'hypothèse de l'ondulation dont la première idée aurait été émise par *Descartes* et développée par *Huygens*.

La première hypothèse admet que tous les corps lumineux envoient dans toutes les directions de l'espace des particules d'une substance impondérable et insaisissable au sens du toucher.

Cette substance traverse les corps dits transparents et est arrêtée par les corps opaques.

Lorsqu'elle pénètre au fond de l'œil, elle y produit l'impression lumineuse.

La deuxième hypothèse assimile la lumière à un mouvement vibratoire, d'une grande rapidité, dont le centre d'ébranlement aurait pour siége tout corps lumineux.

Ce mouvement donné aux molécules d'éther qui remplissent l'espace se transmet par les ondulations de celles-ci avec une vitesse regardée comme infinie par rapport aux phénomènes terrestres et que l'on a estimée être de 77,000 lieues de 4 kilomètres à la seconde.

Cette hypothèse des ondulations est la seule admise aujourd'hui.

113. — 1re *Loi.* Lorsque la lumière est émanée d'un même corps, son intensité, pour des surfaces égales, varie en raison inverse du carré de la distance.

2e *Loi.* Dans un milieu homogène elle se meut en ligne droite du point émis au point transmis.

La véritable direction serait celle de la droite joignant ces deux points, laquelle représente la direction du rayon lumineux.

Ce principe de la propagation rectiligne est la base de la théorie des ombres comme celle de la formation des images.

3e *Loi.* Lorsqu'un faisceau lumineux arrive sur un corps il se divise en trois parties : l'une est absorbée, la seconde est réfléchie ou renvoyée et la troisième est réfractée ou déviée de sa direction en traversant le corps.

Nous ne dirons rien de la première.

Quant à la seconde partie elle obéit à deux lois.

1° Le rayon réfléchi reste toujours dans le plan d'incidence.

2° L'angle d'incidence est constamment égal à l'angle de réflexion.

La troisième partie nous intéresse particulièrement pour l'étude de la lunette des niveaux.

Elle obéit aussi à deux lois :

1° Le rayon incident et le rayon réfracté sont dans le même plan normal à la surface de séparation ;

2° Le rapport des sinus des angles de réfraction et d'incidence est constant pour une incidence quelconque, et variable avec la nature des milieux.

C'est-à-dire que l'on a : $\dfrac{\text{Sin. } i}{\text{Sin. } r} = n$ (n, est l'indice de réfraction du corps par rapport au milieu extérieur).

On en déduit sin. $i = n \times$ sin. r.

L'indice de réfraction est toujours plus petit que 1 lorsque le premier milieu est moins dense que le second.

Il résulte de cette observation qu'un rayon lumineux qui pénètre dans le verre se rapproche de la perpendiculaire à sa surface au point où il pénètre.

Lorsqu'il en sort, au contraire, il s'éloigne de la normale à la seconde surface au point de sortie.

114. — Supposons qu'un rayon lumineux après avoir traversé l'air rencontre un corps quelconque.

Si l'on appelle rayon incident la portion du rayon lumineux située dans l'air et rayon réfracté son prolongement dans le corps, on nommera : 1° angle d'incidence l'angle formé par le premier rayon et la perpendiculaire à la surface du corps au point de réfraction; 2° angle de réfraction l'angle formé par le rayon réfracté et la perpendiculaire à la surface ou point où il sort.

On remarquera : 1° que l'angle de réfraction varie avec l'angle d'incidence ; mais que les sinus de ces angles conservent toujours le même rapport; 2° si le rayon lumineux suit un chemin inverse (ou passe d'un corps dans l'air) la position relative des rayons reste identique.

115. — Dans les raisonnements que nous venons de faire nous n'avons pas tenu compte de la réfraction atmosphérique. Nous avons admis que l'air est de densité uniforme ; mais cela n'est pas exact.

Un rayon lumineux ne peut le traverser en ligne droite que lorsque le corps lumineux est situé sur la même verticale que l'observateur.

Toutes les fois que ce rayon est oblique l'inégalité de densité des couches d'air lui fait décrire une courbe dent la flèche est tournée vers le bas.

Il en résulte que lorsqu'un observateur regarde un corps à travers l'air, son rayon visuel est nécessairement dirigé suivant la tangente, à l'élément de la courbe la plus rapprochée de l'œil, et par conséquent il voit ce corps plus haut qu'il n'est en réalité.

116. — Considérons maintenant une plaque de verre dont les faces forment un angle (fig. 22).

On voit que si elle est rencontrée par un rayon lumineux, les deux parties extérieures de celui-ci forment un angle ouvert dans le même sens que celui formé par les faces du verre.

La figure, en effet, montre que le rayon incident R'I qui rencontre la plaque P en I' la traverse suivant IN' pour suivre la direction N'F' au dehors.

Cette simple observation explique les propriétés de divergence et de convergence des lentilles.

La propriété de divergence, qui appartient aux lentilles divergentes a pour objet de faire diverger les uns des autres les rayons qui les traversent.

Quant à la propriété de convergence, appartenant aux lentilles convergentes, elle a pour effet de faire converger l'un vers l'autre deux rayons lumineux à leur sortie des lentilles.

Les lentilles convergentes sont les seules employées dans les niveaux.

Elles comprennent trois variétés, savoir : la lentille *bi-convexe* c'est-à-dire terminée par deux surfaces convexes ; la lentille *plan-convexe*, qui est terminée par une surface plane et par une surface convexe ; et le ménisque convergent ou la lentille termi-

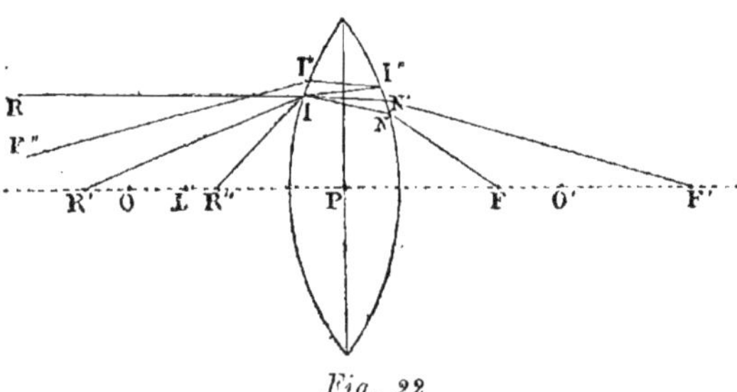

Fig. 22

née par une surface convexe d'un rayon moindre et une surface concave d'un rayon plus grand.

Toute lentille convergente tend à ramener vers son axe principal les rayons lumineux qui la traversent.

117. — Nous allons maintenant examiner l'une de ces lentilles représentée par la forme bi-convexe (fig. 22), dont les deux surfaces ont respectivement pour centres O et O' situés sur l'axe principal OO' de la lentille.

Si le point lumineux qui éclaire est à une grande distance, comme celle de la terre au soleil par exemple, tous les rayons lumineux peuvent être regardés comme parallèles. Soit un faisceau lumineux dont la direction est représentée par RI.

Les rayons après avoir traversé la lentille suivant IN prendront la direction NF pour venir se croiser au point F où se forme l'image du point lumineux.

Ce point F est appelé le foyer principal.

Si la distance du point lumineux diminue de manière que ce point soit situé en R', par exemple, les rayons lumineux se croisent encore de l'autre côté de la lentille au point F'.

Il importe de remarquer que plus le point lumineux se rapprochera plus le foyer s'éloignera.

En faisant que le point lumineux se rapproche encore jusqu'en L à une distance LP = PF les rayons réfractés seraient parallèles et leur foyer situé à l'infini à gauche. En supposant que le point lumineux se rapproche encore jusqu'en R' les rayons réfractés divergeront vers la gauche et convergeront vers la droite et le foyer se trouvera en F'.

Dans ce cas l'image formée en F" prend le nom d'image virtuelle, tandis qu'on appelle image réelle celle qui est formée, par rapport à la lentille, de l'autre côté du point lumineux.

L'image virtuelle ne change pas la position du point lumineux, tandis que l'image réelle le présente renversé.

118. — Tout ce que nous venons de dire du point lumineux s'applique entièrement à un objet ; c'est-à-dire que les relations de distance de l'objet à la lentille et à son image virtuelle ou réelle sont les mêmes.

Cependant il n'est pas inutile de faire remarquer les relations réciproques des distances de l'objet à la lunette et de celle-ci aux images virtuelles ou réelles.

Si on appelle distance focale la distance de l'image à la lentille, on remarquera qu'en ce qui concerne l'image virtuelle, une très-petite différence dans la distance de l'objet en produit une très-grande dans la distance focale.

Au contraire, pour l'image virtuelle la distance focale varie très-peu tant que l'objet est plus éloigné que dix fois PF de la lentille au foyer principal.

Cette distance PF, pour les niveaux, est comprise entre $0^m,30$ et $0^m,60$. Par conséquent ce n'est qu'au-dessous d'une distance de 3 à 6 mètres de l'objet à la lentille qu'un petit écart donnerait une grande variation dans la distance focale.

119. -- Voyons maintenant en quoi consiste une lunette de niveau et comment elle fonctionne.

Elle est essentiellement composée de deux lentilles bi-convexes ou convergentes, o et o' (fig. 23). L'une d'elles, o, est tournée vers les objets et reçoit le nom d'objectif ; l'autre, o', se place près de l'œil de l'observateur et s'appelle oculaire.

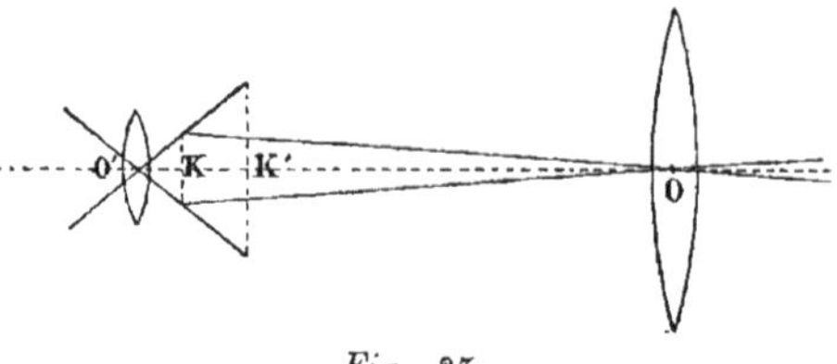

Fig. 23

Lorsque l'objectif est dirigé vers l'objet l'image réelle de celui-ci vient se former en K dans une situation d'autant plus rapprochée du foyer principal de la lentille, o, que l'objet est plus éloigné, ainsi que nous l'avons expliqué plus haut.

Si on place l'oculaire à une convenable distance de l'image, K, on aperçoit à travers une image virtuelle K′ de l'image réelle.

La dernière image, pour être nettement aperçue, doit être placée, par rapport à l'œil, à une distance o'K qui dépend de la vue de l'observateur.

Cette distance est environ de $0^m,30$ pour une vue ordinaire ; mais elle est plus petite pour les myopes et plus grande pour les presbytes.

Il est à remarquer que l'image virtuelle K′ représente l'image réelle K de l'objet sans que la position de celle-ci soit changée.

Or l'image réelle K est renversée, par conséquent l'image virtuelle K′ se trouve également renversée.

Cela explique comment avec les deux lentilles bi-convexes des niveaux on voit toujours les objets renversés.

Cette particularité ne présente aucune difficulté, et on s'y habitue bien rapidement.

Pour favoriser la vision, l'image réelle K, produite par la lunette, doit être la plus grande et la plus nette possible, et le rapport des deux images le plus considérable : pour atteindre ce résultat la lunette doit avoir un oculaire à court foyer et un objectif à foyer le plus long possible.

Le court foyer de l'oculaire, pour une même distance o'K′ de l'image K′ rend le rapport $\dfrac{K'}{K}$ le plus grand possible en diminuant la distance o'K.

L'allongement du foyer de l'objectif, au contraire, accroît les dimensions de l'image K.

En principe une lunette longue est plus puissante qu'une lu-

nette courte ; car la grandeur du foyer de son objectif est proportionnelle à sa longueur.

Examinons la composition complète d'une lunette de niveau et
la manière de préciser la direction du rayon de visée.

La figure 24 représente à l'échelle de $\frac{1}{6}$ la coupe longitudinale
d'une lunette d'un niveau que possède l'école de Grignon.

Elle se compose d'un long tube de cuivre ABCD, portant à
l'une de ses extrémités l'objectif o, maintenu dans un anneau

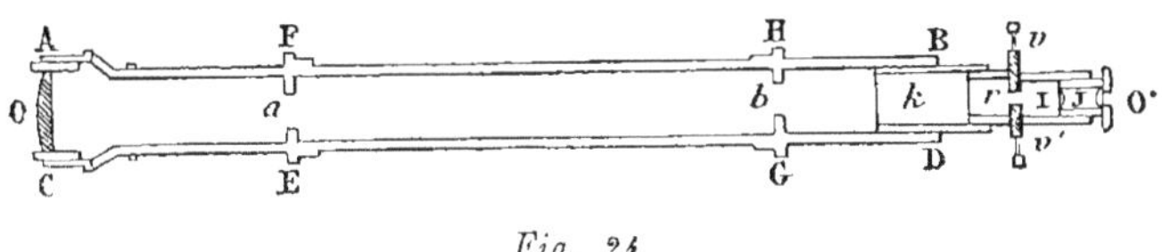

Fig. 24

vissé au tube, et à l'autre extrémité un autre tube k qui le pénètre.

Celui-ci sert à mettre la lunette au point, et il est pénétré par
un troisième tube ri, qui porte le réticule ou porte-fils r.

Enfin ce dernier en reçoit un quatrième ij, qui porte l'oculaire
composé de deux lentilles plan-convexes i et j, produisant le
même effet qu'une seule bi-convexe.

Le tube principal porte deux anneaux EF et GH, par lesquels
la lunette repose sur ses étriers.

Ces anneaux doivent être à surfaces parfaitement régulières,
et leurs axes doivent se confondre avec l'axe de figure de la lunette.

Quant aux fils du réticule, il est nécessaire qu'ils soient d'une
grande finesse.

On emploie des fils de certaines araignées ou des fils de vers à
soie.

Lorsqu'on veut se servir de l'instrument, l'objectif est dirigé
sur l'objet, et l'œil est appliqué en o', derrière un petit trou circulaire pratiqué dans une rondelle qui porte le premier oculaire.

Ce trou est un des premiers points de la ligne de visée.

Un deuxième point est donné par la croisée des fils.

A cet effet, le réticule ou porte-fils r, porte une rondelle sur la
face antérieure de laquelle sont fixés deux fils, à angles droits,
avec de la poix.

La rondelle est maintenue dans le tube sous la pression de
quatre vis dirigées dans la direction des fils ; et elle peut se
mouvoir dans un plan perpendiculaire à l'axe longitudinal de la
lunette.

Deux vis sont visibles en v et v', et les deux autres perpendiculaires à leur direction ne peuvent s'apercevoir dans la figure.

En agissant sur les quatre vis on peut donc amener la croisée des fils sur une même ligne (que le trou de l'oculaire), qui se confonde avec l'axe de figure de la lunette.

Cette opération, qui a reçu le nom de centrage de l'instrument, doit toujours être faite avant d'exécuter toute opération importante de nivellement.

Nous verrons plus loin comment elle s'exécute (voir règlement du niveau à bulle et à lunette).

Lorsque la lunette est centrée il faut encore que la croisée des fils soit visible en même temps que l'image de l'objet ; ce qui exige que celle-ci soit dans le même plan que les fils.

Pour apercevoir nettement les fils on fait jouer l'oculaire ij dans le tube ir ; et pour amener l'image dans le plan de ceux-ci on enfonce ou on tire plus ou moins le tube K suivant la distance de l'objet et la vue de l'observateur.

Enfin, pour éviter que les rayons dispersés, par l'oculaire, ne forment des franges colorées, autour de l'image, on a disposé dans le tube ABCD deux obturateurs a et b, percés de trous d'un diamètre plus petit que celui du tube.

NIVEAU A BULLE, A LUNETTE ET A GENOU.

120. — Le premier système de niveau à bulle et à lunette, qui ait été construit, a dû être une imitation du niveau primitif à bulle et à pinnules où les pinnules étaient remplacées par une lunette à réticule dont l'axe optique avait une direction quelconque par rapport à la tangente de la bulle.

Puis plus tard on supprima ce défaut de parallélisme de l'axe optique et de la tangente de la bulle ainsi que le règlement difficile et la mise en station longue et délicate.

Il fallait vérifier et rectifier à chaque instant l'instrument pour être sûr de ne pas faire d'erreurs trop considérables ; ce qui ne pouvait avoir lieu qu'avec beaucoup de difficultés puisqu'il n'était pas à visuelles réciproques.

Avant d'arriver à la disposition que représente la figure 25, qui est encore actuellement employée, on a dû faire beaucoup d'inventions plus ou moins ingénieuses dont nous ne pouvons nous occuper ici.

Le niveau à bulle, à lunette et à genou, actuel, consiste en une règle CD, de cuivre généralement, qui porte le niveau XY d'une part, et d'autre part deux montants CI et DJ, terminés en forme de fourches pour recevoir la lunette AB.

Cette première règle est fixée à une autre PE qui relie tout ce système à la douille GF par l'intermédiaire d'un genou F et de deux plaques circulaires : l'une MM′ intimement liée au genou et l'autre NN′ mobile autour de l'axe de celui-ci.

Mise en station.

121. — Lorsqu'on veut mettre l'instrument en station on le dispose sur un trépied solidement, et à égale distance des deux points à niveler (l'axe de la douille GF étant à peu près vertical et l'axe de la lunette dans la direction du premier point).

Ensuite, en saisissant le niveau, avec les mains, on le fait osciller, dans le plan vertical, d'un mouvement prompt, par l'inter-

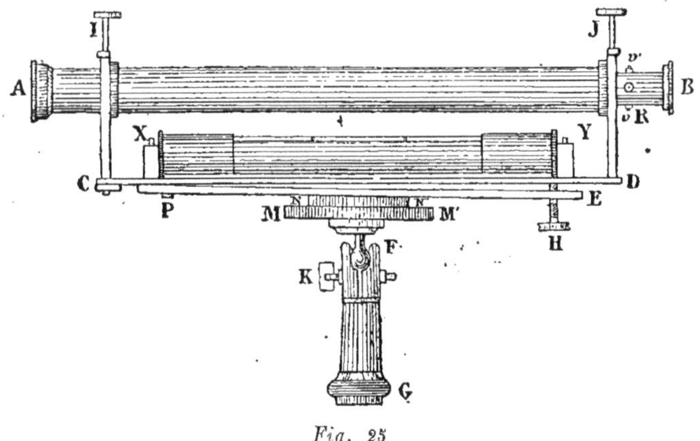

Fig. 25

médiaire du genou F, jusqu'à ce que la bulle soit à peu près entre ses repères, puis on serre la vis K.

On complète le règlement de la bulle en agissant sur la vis H, qui permet d'élever ou d'abaisser, par un mouvement lent, l'instrument dans le plan vertical jusqu'à ce que la bulle soit exactement entre ses repères (voir *niveau à bulle et à pinnules*).

Alors le niveau est en station et, s'il est bien réglé, c'est-à-dire si la lunette a été centrée et si l'axe optique est parallèle à l'horizontale de la bulle, on pourra opérer un nivellement entre deux ou plusieurs points.

La lunette ayant été dirigée de manière que son objectif A reçoive les rayons de l'objet, l'image renversée de celui-ci viendra se former à une distance du réticule qui dépend de celle de l'objet à la lunette.

On agira sur l'oculaire B, de manière à apercevoir directement la croisée des fils, puis, sur le tube R (portant l'oculaire et le réticule, et qui joue dans le tube AR) jusqu'à ce qu'on aperçoive nettement l'image qui doit coïncider avec la croisée des fils.

Si cette dernière condition est remplie on verra, en regardant par le trou de l'oculaire, aussi obliquement que possible, dans plusieurs directions, que l'image reste toujours dans le plan des fils.

Si, au contraire, elle ne restait pas dans cette position, il faudrait agir sur le tube de l'oculaire, de manière à l'y amener ; et alors seulement on pourra viser définitivement le voyant de la mire et prendre note de la cote.

Pour le deuxième point, de la même station, on opérerait de même en faisant tourner tout l'appareil dans sa direction ; ce qui est on ne peut plus facile puisque la plaque circulaire NN' fixée à la règle PE, est mobile autour de l'axe du pivot.

Si dans cette évolution la bulle a été dérangée de ses repères on l'y ramène à l'aide de la vis H.

Alors le nouveau plan de visée se confondra avec le premier à la condition que le genou F soit resté à la même hauteur ; et la nouvelle cote que l'on prendra, comparée à la première, permettra d'exprimer la différence de niveau entre les deux points.

Nous supposons, pour l'opération que nous venons de faire que le niveau a été réglé ; mais il peut arriver qu'il n'en soit pas ainsi.

Il faut donc procéder à la vérification et à la rectification de l'instrument.

Vérification et rectification du niveau.

122. — 1° *Centrage de la lunette.* Tous les constructeurs habiles font des niveaux où l'axe de figure de la lunette est parallèle à l'horizontale de la bulle ; mais en général il leur est plus difficile de faire que l'axe optique soit parallèle ou se confonde avec l'axe de figure.

En effet, l'axe optique étant déterminé par le centre optique de l'objectif et la croisée des fils, il est extrêmement difficile de placer le premier point sur l'axe de figure puisqu'il faut construire des lentilles dont les centres de courbures soient sur cet axe.

En général ce centre optique des lentilles de l'objectif est situé à une distance infiniment petite de l'axe de figure.

En outre la croisée des fils n'est pas toujours située non plus sur l'axe de figure.

Il en résulte qu'un rayon visuel, dirigé suivant le centre optique de l'oculaire et la croisée des fils, peut être plus ou moins incliné par rapport à l'axe de figure.

Par conséquent lorsque, d'une même station, on vise un même point de la mire en faisant tourner la lunette sur elle-même, ou, ce qui revient au même, autour de son axe longitudinal, on voit que la croisée des fils ne se confond pas avec ce point dans une deuxième, une troisième position, etc ; c'est-à-dire qu'en général cette croisée des fils correspond à différents points de la mire ou de l'objet que l'on regarde ; et on a alors différentes cotes tout-à-fait inexactes.

Pour un tour complet de la lunette autour de son axe de figure, les différentes positions de l'axe optique décrivent un cône de révolution dont le sommet est près de l'oculaire et la base sur le voyant de la mire où elle pourrait laisser la trace d'un cercle dont le centre serait sur l'axe de figure prolongé de la lunette.

Il importe donc de rectifier la lunette ou plutôt de la centrer en agissant sur les vis du réticule de manière à amener la croisée des fils dans une position telle que l'axe optique donne toujours le même pointé lorsque la lunette est retournée sur elle-même.

Pour procéder à cette opération du centrage, on fait placer une mire à une distance égale à la portée du niveau, puis on dispose l'un des fils du réticule horizontal.

On dirige ensuite un rayon visuel sur la mire en faisant hausser ou baisser le voyant jusqu'à ce que le fil soit sur le même plan que sa ligne de foi horizontale dont on note la cote.

Alors on fait décrire à la lunette un angle de 180° autour de son axe de figure, et si, dans cette position nouvelle, on aperçoit le fil sur le même plan que la ligne de foi horizontale de la mire, c'est-à-dire que si on obtient la même cote, la lunette sera centrée par rapport à ce fil.

Si, au contraire, la seconde cote diffère de la première, on devra agir sur les vis du réticule qui correspondent à ce fil jusqu'à ce qu'il n'y ait plus de différences entre deux positions contiguës du retournement de la lunette. On arrive rapidement à trouver cette position du fil si l'on remarque que la cote vraie que l'on devrait obtenir est égale à la moyenne arithmétique des deux cotes de la mire.

Il suffit donc d'amener le centre du voyant à cette cote moyenne et d'agir sur les deux vis du réticule, qui correspondent au fil jusqu'à ce que celui-ci soit sur le même plan que la ligne de foi horizontale.

L'opération étant terminée pour le premier fil, on procède de la même manière pour le second.

Mais nous ferons remarquer qu'on ne sera assuré d'un centrage parfait qu'autant qu'on aura fait plusieurs vérifications de suite, qui, toutes, ne doivent donner aucune différence dans les cotes obtenues.

Si, par le centrage que nous venons de faire, le centre optique des lentilles de l'oculaire se trouvait sur l'axe de figure, la croisée des fils s'y trouverait aussi ; et alors l'axe optique se confondrait avec l'axe de figure de la lunette.

Généralement, au contraire, le centre optique des lentilles (de l'objectif et de l'oculaire) n'est pas sur l'axe de figure ; et lorsqu'on fait tourner la lunette centrée autour de celui-ci l'axe optique décrit un cône de révolution dont le sommet rencontre l'axe de figure prolongé.

Il en résulte ordinairement qu'un centrage ne peut être fait que pour une seule distance, tandis qu'avec un instrument parfait il suffirait de faire un seul centrage.

D'où cette conséquence qu'il faudrait faire, avec un niveau ordinaire, autant de centrages que de distances différentes auxquelles on opérerait.

Mais heureusement que nous venons d'indiquer plus haut le moyen d'obvier à un inconvénient si grave pour un grand nombre de niveaux.

Ce moyen consiste à prendre comme cote vraie celle obtenue par la moyenne des deux cotes prises : la première directement et la seconde après avoir fait faire à la lunette une révolution de 180° autour de son axe de figure.

123. — 2° *Rendre l'axe de révolution ou de figure de la lunette parallèle à l'horizontale de la bulle.*

Lorsque la lunette a été centrée il ne reste plus, pour opérer avec certitude, qu'à rendre l'axe de figure de la lunette parallèle à l'horizontale de la bulle.

Lorsqu'on aura obtenu ce résultat cet axe se trouvera horizontal dès que la bulle sera entre ses repères.

On dispose, à cet effet, le niveau en station à une distance d'un point (où on place une mire) égale à sa portée moyenne.

L'axe de la douille GF (figure 25), étant à peu près vertical et dans le prolongement de celui du pivot, F, on appelle la bulle entre ses repères à l'aide de la vis H ; puis on dirige la lunette sur la mire afin de prendre une cote.

Ensuite on fait décrire un angle de 180° à l'instrument autour de l'axe du pivot de manière à placer l'oculaire dans la direction de la mire ; puis on retourne la lunette bout pour bout sans changer ses génératrices qui touchaient le fond des collets.

Lorsque la bulle a été rappelée entre ses repères, on prend une nouvelle cote qui doit être égale à la première si les génératrices de la lunette sont horizontales dans les deux positions ;

si non, c'est qu'il y a un collet des montants plus bas que l'autre.

Alors on procède à la rectification en agissant sur une vis placée sur l'un des deux collets, vis que l'on monte ou que l'on descend jusqu'à ce qu'il n'y ait plus de différence entre deux cotes obtenues comme nous venons de le dire.

Cette opération, comme la précédente, est abrégée en prenant la moyenne cote et en amenant la vis presque sans tâtonnement à la hauteur qu'elle doit avoir ; ce que l'on voit aussitôt que la croisée des fils rencontre la cote moyenne que marque la ligne de foi horizontale du voyant.

Nous ferons observer que cette rectification ne sera tout-à-fait exacte qu'autant que l'horizontale de la bulle et l'axe de figure de la lunette soient dans un même plan ou dans deux plans parallèles.

Lorsque le constructeur n'a pas satisfait à cette condition, le niveau peut donner des résultats d'autant plus inexacts que l'axe de figure et l'horizontale de la bulle seront plus concourants.

124. — 3° *Erreur provenant de l'inégalité des anneaux de la lunette.*

Il pourra arriver que malgré tout le soin qu'on aura apporté à rectifier la lunette, on ne puisse obtenir de résultat exact.

Cela pourrait tenir à l'inégalité des diamètres des anneaux de la lunette ; et alors il importe de savoir s'en rendre compte.

Il est évident que, si cette cause d'erreur existe, l'opération du centrage et celle du parallélisme de l'axe de figure et de l'horizontale sont complétement fausses, puisque nous avons supposé que l'axe de figure de la lunette était parallèle aux génératrices par lesquelles celle-ci repose sur ses étriers ; en d'autres termes que ces génératrices appartenaient à un cylindre de révolution.

Si les diamètres des anneaux sont inégaux, les génératrices de contact appartiennent à un cône de révolution, et alors prolongées elles rencontrent l'axe de figure.

Il résulte donc de ce défaut de construction que l'instrument est tout-à-fait impropre à niveler malgré les deux premières rectifications.

Le constructeur devra corriger cette différence de diamètre des anneaux.

On reconnaît facilement l'inégalité des diamètres par l'opération que nous allons expliquer.

Après avoir vérifié et rectifié le niveau comme nous l'avons dit, on le place en station à égale distance de deux points X et Y, situés par rapport à lui à une portée moyenne ; puis on prend une cote sur chacun d'eux afin d'avoir leur différence de niveau.

On porte ensuite l'instrument au-dessus de l'un des points X, par exemple, pour le mettre de nouveau en station.

Deux nouvelles cotes sont prises : l'une sur le point Y comme précédemment et l'autre sur le point X en mesurant directement à l'aide d'un fil à plomb, ou de la mire, la distance verticale de l'oculaire à ce point.

La différence des deux nouvelles cotes devra être égale à la différence des deux précédentes si les diamètres des anneaux sont égaux ; s'il en est autrement c'est qu'il y a inégalité entre ces diamètres. Il est sous-entendu que les deux dernières cotes obtenues seront rectifiées par rapport à l'erreur de sphéricité du globe et à l'erreur due à la réfraction atmosphérique. Pour les deux premières cotes cette rectification n'est pas nécessaire puisqu'elles sont annulées par la mise en station à égale distance des deux points nivelés.

Si nous appelons r le rayon du premier anneau, $(r+k)$ le rayon du second, d la distance entre les milieux des deux anneaux, on aura l'inclinaison α de l'axe de figure sur l'horizon égale à $\frac{k}{d}$, ou

$$\text{tang. } \alpha = \frac{k}{d}$$

Pour une distance D du niveau à la mire l'erreur totale E sera exprimée par la formule : $E = \frac{k}{d} \times D$.

Soit D $=$ 100 mètres; $d = 0^m,30$ et $k = 0,0001$.

On aura une erreur $E = \dfrac{0,0001}{0,30} \times 100 = 0^m,033$.

Cette erreur est considérable pour la différence supposée des rayons des anneaux.

On peut voir qu'en admettant qu'elle soit cinq ou dix fois plus petite elle donnerait encore une erreur totale qu'on ne pourrait négliger.

Il faut donc de toute nécessité corriger la différence des diamètres.

S'il arrivait par hasard que cette différence fut très-faible on pourrait la déterminer par mètre de longueur et en tenir compte dans les opérations de nivellement.

A cet effet, il suffirait de diviser l'erreur totale par la distance horizontale qui sépare le niveau de la mire.

NIVEAU DE CHÉZY.

125. — C'est à partir de l'invention du niveau de Chézy que le niveau à bulle est devenu un instrument pratique.

Les dispositions ingénieuses adoptées par l'ancien directeur de l'école des ponts et chaussées ont été le point de départ des niveaux à bulle actuels perfectionnés. Aussi est-il important de connaître ses dispositions avant d'étudier celles qui vont suivre.

Le niveau de Chézy, représenté par la figure 26, se compose d'une lunette AB portant un niveau CD auquel elle est liée par une charnière C et une vis D. Cette lunette repose sur deux étriers portés par deux montants égaux à fourchette, EG et FH fixés aux extrémités d'une règle métallique EF.

Tout cet ensemble est supporté par une espèce de triangle métallique EIJF évidé qui peut se mouvoir autour d'un point P de la tige PK.

Celle-ci est composé de trois parties PL, OR et VR.

La première de ces parties, PL, est formée de deux plaques métalliques parallèles laissant un passage entre elles par lequel

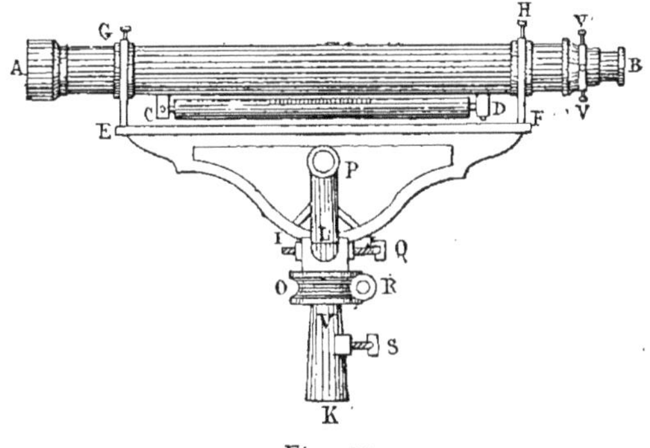

Fig. 26

la courbe du triangle EIJF peut librement se mouvoir à la main, avec tout le système supérieur, pour mettre l'instrument en station. Le mouvement qu'on peut ainsi imprimer a reçu le nom de mouvement prompt.

Pour compléter la mise en station on donne un mouvement lent à l'aide d'une vis, QJI, qui s'engrenne, avec le triangle métallique, tangentiellement à sa courbe.

La deuxième partie, OR, est un tambour cylindrique à gorge qui s'engrenne avec une vis R.

Cette disposition a pour effet (l'instrument étant dirigé par un mouvement prompt à la main dans la direction de l'objet, en le faisant tourner autour de l'axe PK) de compléter la direction par un mouvement lent.

La troisième partie VR, est une douille conique se fixant sur

un trépied, et pouvant librement faire un tour d'horizon avec
tout l'instrument.

Mise en station.

126. — Pour mettre le niveau en station on le dispose d'abord
sur son trépied sur lequel on le fixe par la vis S, puis on porte
l'ensemble à égale distance des deux points que l'on doit niveler
de manière que l'axe du pivot PK soit à peu près vertical ou que
le tambour OR soit horizontal. On dirige ensuite l'objectif dans
la direction de l'un des points en faisant tourner tout l'appareil
à la main autour de l'axe K, puis on agit sur la vis R pour compléter le mouvement.

Après cela la bulle est appelée entre ses repères en faisant mouvoir, à la main, dans le plan vertical, d'abord d'un mouvement
prompt, le triangle EIJF entre les joues de la tige PL ; puis à l'aide
de la vis IJQ d'un mouvement lent. Dans ces conditions, si la lunette a été centrée et si son axe de figure est parallèle à la tangente de la bulle, on peut prendre la cote du premier point.

Pour avoir la cote du second il suffit de tourner l'oculaire de
la lunette dans sa direction sans changer la position du pivot et
d'appeler la bulle entre ses repères.

Vérification.

127. — La vérification et la rectification du niveau de Chézy
ont lieu suivant les principes que nous avons précédemment indiqués.

Nous n'avons qu'à résumer ce que nous avons dit à ce sujet.

1° *Centrage de la lunette.* Le centrage de la lunette ou le réglement de la croisée des fils du réticule se fait en agissant sur
les quatre vis : V, V', V' et V" jusqu'à ce que la lunette retournée
plusieurs fois sur elle-même dans ses supports, supposés fixes,
et ayant un fil horizontal, donne un point d'intersection du plan
de visée sur le voyant d'une mire, ou sur un objet, qui soit toujours le même.

2° *Rendre l'axe de figure de la lunette parallèle à l'horizontale
de la bulle.* Lorsque l'opération qui consiste à disposer parallèlement l'axe de figure de la lunette et la tangente de la bulle a
été faite, il suffit de mettre la bulle entre ses repères pour que
l'axe de figure se trouve horizontal.

On s'assure que l'axe de figure et la tangente de la bulle sont
parallèles en plaçant le niveau en station à une distance d'un
point égale à sa portée moyenne.

Après avoir appelé la bulle entre ses repères on prend une cote sur ce point.

Ensuite, on fait décrire un angle azimutal de 180° au niveau ; c'est-à-dire qu'on dirige l'oculaire dans la direction du point et l'objectif du côté de l'observateur. Alors on retourne la lunette bout pour bout et on rappelle la bulle entre ses repères.

Il est évident que si les génératrices de contact des anneaux de la lunette contre les étriers étaient de niveau, et par suite parallèles à l'horizontale de la bulle, dans la première position elles s'y trouveront encore dans la seconde ; et le deuxième pointé donnera une cote égale à la première.

S'il en est autrement il faut corriger l'erreur (qui est égale à la moitié de la différence des cotes) en agissant sur les vis de rectification.

Notre raisonnement s'applique au cas où les anneaux de la lunette ont les mêmes diamètres, s'il n'en était pas ainsi il faudrait absolument faire rectifier les anneaux par le constructeur ainsi que nous l'avons dit précédemment.

NIVEAU DE RAMSDEN.

128.—*Ramsden*, constructeur anglais, ne peut être oublié dans l'histoire des niveaux.

Il a construit, à l'époque de l'invention du niveau de *Chézy*, un instrument qui a eu un brillant succès et qui ne diffère de celui de *Chézy* que par des détails.

La douille, qui reçoit un trépied, commence immédiatement au-dessous de l'axe de rotation, P, de la figure 26.

Elle porte deux branches latérales dont les extrémités sont traversées par deux vis qui, s'appuyant sur la règle EF, permettent de la disposer horizontalement en la faisant mouvoir autour de l'axe P.

Une autre différence qui existe entre cet instrument et le précédent, c'est qu'il n'a pas le mouvement azimutal lent.

NIVEAU D'EGAULT ET MÉTHODE DES COMPENSATIONS.

129. — Avant l'invention du niveau d'Egault et de sa méthode des compensations on ne pouvait obtenir, par les instruments décrits, que des approximations dans les opérations de nivellement.

Deux difficultés principales s'opposaient à l'obtention d'instruments offrant un certain degré de précision.

La première difficulté consistait dans le rodage des fioles des niveaux, difficulté qu'on a complètement surmontée aujourd'hui.

Plusieurs constructeurs cherchèrent à se dispenser du rodage des fioles et construisirent des systèmes de niveau très-différents et aujourd'hui complétement disparus.

Lenoir, entre autres, eut l'idée de disposer transversalement sur la lunette un petit niveau à bulle qui permettait de ramener, facilement dans sa position normale, l'horizontale du niveau placé sous la lunette et dont la fiole pouvait n'être régulière que dans le sens longitudinal.

Les autres dispositions principales adoptées par les constructeurs consistèrent dans l'emploi de moyens de colage permettant de rendre le pivot central de l'instrument vertical et par suite la lunette horizontale.

Le niveau était alors tantôt fixé au bâti, tantôt placé sur la lunette.

La deuxième difficulté qui s'opposait à ce qu'on obtînt une certaine précision dans les opérations de nivellement provenait de ce que la lunette se décentrait assez vite dans la pratique ; et en outre, qu'elle ne pouvait être centrée que pour une distance donnée.

Pour s'en servir, on devrait toujours la placer à la même distance des points nivelés, pour laquelle elle était centrée ; ou bien la centrer pour chaque nouvelle distance.

De plus, le parallélisme de l'axe de figure de la lunette et de la tangente à la bulle ne se maintenait pas longtemps par suite du jeu que pouvait prendre les vis de serrage.

Celles-ci sont soumises, comme tout l'instrument, à des vibrations provenant des mises en stations successives ainsi que des chocs donnés par imprudence.

Il fallait donc procéder souvent à de nouvelles rectifications.

Telle était la position de la question du nivellement par le nivau à bulle vers 1820.

130. — On doit à M. *Egault*, ingénieur en chef des Ponts-et-Chaussées d'avoir résolu, vers cette époque, cette question en proposant le premier une méthode, dite des compensations, ou des observations compensées, dont le principe réside dans le niveau lui-même.

Lorsqu'on dispose l'axe de figure de la lunette parallèle à la tangente de la bulle on prend deux cotes : l'une avant et l'autre après que l'instrument a été retourné bout pour bout.

En prenant la demie somme de ces deux cotes, on a la cote vraie qui serait obtenue par un niveau rectifié.

De même lorsqu'on centre la lunette on a aussi deux cotes :

l'une avant et l'autre après une rotation de 180° autour de l'axe de figure.

La moyenne arithmétique de ces deux cotes correspond également à la cote exacte obtenue par une lunette centrée.

Il résulte de ces observations que, pour employer, toutes choses égales d'ailleurs, un niveau à bulle et à lunette avec certitude d'obtenir des résultats précis, il suffira de prendre la moyenne arithmétique des quatre cotes qui correspond aux quatre coups de niveau que nous venons de rappeler.

131. — Outre cette méthode, M. Egault est l'inventeur d'un niveau devenu classique.

Il consiste (fig. 27), en une lunette AB reposant, par ses deux anneaux, sur des étriers EG et FH assemblés normalement à la règle de métal EF.

Celle-ci porte, en outre, le niveau à bulle CD par l'intermédiaire d'une charnière DF et d'une vis de rappel CE fixées sur

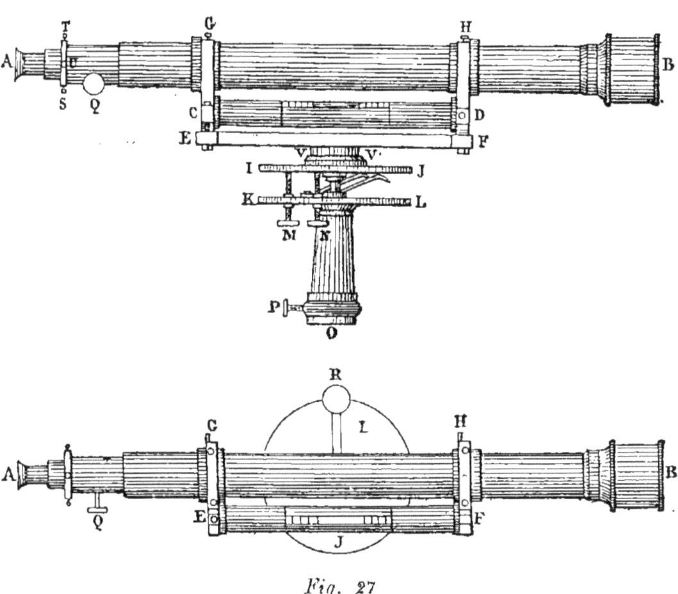

Fig. 27

deux prolongements E et F ainsi que la figure le montre en plan.

La règle est reliée normalement à un pivot VV' qui porte un plateau circulaire IJ.

Tout cet ensemble qui est mobile, à la main, dans le plan horizontal et mobile dans le plan vertical par l'intermédiaire de deux

6

vis M et N et de deux ressorts qui leur correspondent, est supporté par la douille ON qui est rendue fixe sur le trépied et à laquelle est adapté un autre plateau circulaire KL.

Nous ajouterons que l'un des étriers EG est fixe et l'autre FH est mobile par l'intermédiaire de la vis F. Cette disposition permet de placer l'axe de figure de la lunette parallèle à la tangente de la bulle en l'élevant et en l'abaissant.

Quant au niveau, on le règle à l'aide de la vis E ; c'est-à-dire qu'on l'élève ou qu'on l'abaisse jusqu'à ce que la tangente de la bulle soit parallèle au plateau *ij*.

La lunette porte une vis Q qui, en agissant sur une crémaillère, permet de placer facilement l'oculaire au point.

Elle est maintenue sur ses étriers par deux arrêts que portent ses colliers et qui ne lui permettent pas de glisser dans le sens de son axe longitudinal.

Quant au mouvement qu'elle peut prendre autour de son axe de figure, il est limité aussi par deux arrêts, portés également par ses anneaux, et disposés à angles droits dans la direction des fils du réticule.

Ces arrêts viennent butter contre des vis portées par les étriers et qui peuvent être réglées de manière qu'avec un certain contact avec ceux-ci, l'un des fils du réticule soit horizontal ou perpendiculaire au pivot VV', et l'autre fil vertical.

Deux fermoirs G et H, maintenus par des vis de pression, la retiennent sur ses étriers.

Enfin, une autre vis de pression P, pénétrant la douille, sert à fixer l'instrument sur le trépied.

Mise en station.

132. — Lorsqu'on veut mettre l'instrument en station on le dispose à peu près à égale distance des deux points soumis au nivellement, de manière que le goujon du trépied, qui est reçu dans la douille ON, ait à peu près son axe vertical.

Ensuite on agit sur les vis calantes M et N, situées aux extrémités de chaque ressort, de manière à rendre le pivot VV' vertical.

Alors, si l'instrument est réglé, la règle EF et l'axe de figure de la lunette AB sont perpendiculaires à l'axe du pivot et parallèles à la tangente de la bulle. Le pivot VV' est rendu vertical de la manière suivante : on amène la règle EF au-dessus de l'une des vis calantes sur laquelle on agit jusqu'à ce que la bulle soit entre ses repères.

On fait décrire ensuite à la règle un angle de 180° autour du pivot et si la bulle revient entre ses repères on a une preuve que l'horizontale de la bulle est perpendiculaire à l'axe du pivot sans que pour cela celui-ci soit nécessairement vertical.

La règle EF doit être ramenée au-dessus de la deuxième vis calante que l'on tourne jusqu'à ce que la bulle soit entre ses repères.

Maintenant pour opérer il suffit, si la lunette est centrée, d'amener l'un des fils du réticule horizontal et de viser la mire placée successivement sur chacun des points à niveler.

L'horizontalité de l'un des fils est obtenue en agissant sur les vis buttoirs des étriers jusqu'à ce que l'on ait une même cote sur une mire verticale en visant successivement par les extrémités de ce fil et par son milieu la ligne de foi horizontale du voyant qu'il devra entièrement couvrir.

Régler et rectifier le niveau.

133. — Nous venons de supposer que l'instrument est réglé, c'est-à-dire que l'axe de figure de la lunette, son axe optique et le plateau mobile IJ sont parallèles et qu'ils se meuvent dans des plans horizontaux lorsque le dernier est horizontal.

Mais il arrive souvent que le réglement de l'instrument n'a pas été fait, ou bien que s'il a été exécuté il se soit dérangé.

Il importe de savoir régler le niveau et de le rectifier.

134.—1° *Rendre l'horizontale de la bulle parallèle au plateau mobile IJ.*

L'instrument est installé en station comme nous l'avons dit, c'est-à-dire que l'axe de la douille et l'axe du pivot sont disposés à peu près verticalement, à l'œil, sur le trépied solidement fixé sur le sol.

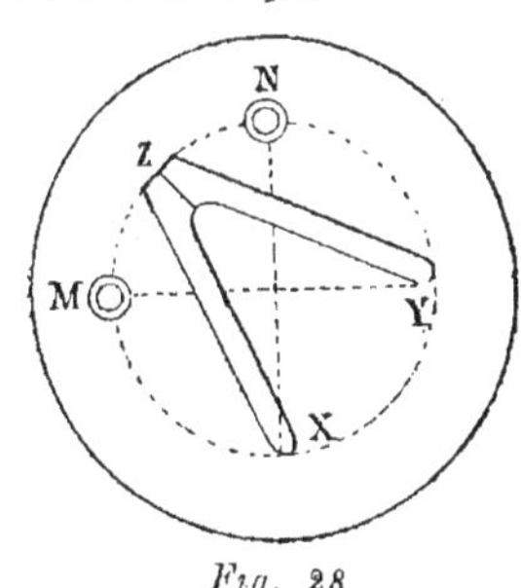

Fig. 28

Puis la règle EF est dirigée au-dessus de la première vis calante M et du ressort correspondant ZY (fig. 28).

Si la bulle ne se trouve pas immédiatement entre ses repères, on l'y amène en tournant plus ou moins la vis M.

On fait décrire ensuite à la lunette un angle de 180° autour de l'axe du pivot; c'est-à-dire qu'on la retourne bout pour bout.

Si dans cette position la bulle ne revient pas entre ses repères, l'instrument n'est pas réglé.

En amenant la règle au-dessus de la deuxième vis calante N et du deuxième ressort ZX on voit de même que la bulle ne revient pas entre ses repères.

Alors on règle l'instrument en agissant sur les deux vis à caler M et N (fig. 27) et sur la vis EC de réglement du niveau, de manière à faire parcourir la moitié de l'écart avec les deux premières et l'autre moitié avec la dernière.

On continuera à agir ainsi en disposant la règle dans les positions décrites jusqu'à ce qu'on obtienne toujours la bulle entre ses repères dans ces positions.

Alors on aura deux droites concourantes du plateau horizontales et par suite le plateau sera dans le même plan que ces droites.

Le même procédé de rectification serait employé pour d'autres dispositions différentes du niveau d'Egault.

135. — 2° *Rendre l'axe de figure de la lunette parallèle au plateau supérieur disposé horizontalement.*

A cet effet, on vise avec la lunette, lorsque la bulle est entre ses repères, une mire placée à une distance égale à la portée du niveau ; puis on prend note de la cote.

On fait décrire ensuite un angle de 180° autour du pivot à la partie supérieure de l'instrument, portée par le plateau IJ ; puis on retourne la lunette bout pour bout.

La bulle est rappelée entre ses repères, si elle s'en est déplacée ; et on lit de nouveau la cote sur la mire, qui doit être égale à la première, si l'axe de figure est parallèle au plateau horizontal.

S'il y a une différence entre les deux cotes obtenues, c'est que les génératrices inférieures, de la lunette, qui reposent sur les étriers ne sont pas horizontales, ou, ce qui revient au même, que l'un des collets des étriers est plus haut ou plus bas que l'autre.

On corrigera ce défaut en agissant sur la vis F de l'étrier FH que l'on montera ou descendra jusqu'à ce que l'on n'ait plus de différence entre les deux cotes.

Alors l'axe de figure de la lunette sera parallèle au plateau IJ et par suite il sera horizontal.

136. — 3° *Centrage de la lunette.* Le plateau supérieur étant horizontal et par suite l'axe du pivot vertical, on dispose l'un des fils du réticule horizontal.

Puis on fait placer une mire à une distance égale à la portée du niveau, et on lit la cote marquée par le fil horizontal.

On retourne ensuite la lunette de 180° autour de son axe de figure, et on prend une nouvelle cote qui doit être égale à la première si la lunette est centrée.

Si les deux cotes obtenues sont différentes on corrige la moitié de l'écart en agissant sur le réticule TUS.

Ce centrage de la lunette pour le fil horizontal, se répète pour le fil vertical en visant un fil à plomb placé sur une mire.

Alors la lunette est complètement centrée et le niveau est définitivement réglé.

Chaque fois qu'on achètera un instrument neuf, ou bien que l'on emploiera un instrument vieux, on fera les mêmes vérifications et les mêmes rectifications s'il y a lieu.

Emploi de la méthode d'Egault.

137. — Quelles que soient les précautions que l'on prenne, le niveau ne reste pas réglé et de plus la lunette ne se trouve centrée que pour une distance donnée.

La méthode d'Egault permet de parer au défaut de parallélisme entre la tangente de la bulle et l'axe de figure de la lunette, ainsi qu'au défaut de centrage.

Nous avons exposé plus haut le principe de cette méthode qui consiste à donner quatre corps, sur le point à niveler, qui correspondent aux quatre positions de la lunette exigées pour le centrage et pour le réglement du parallélisme de la tangente de la bulle et de l'axe de figure.

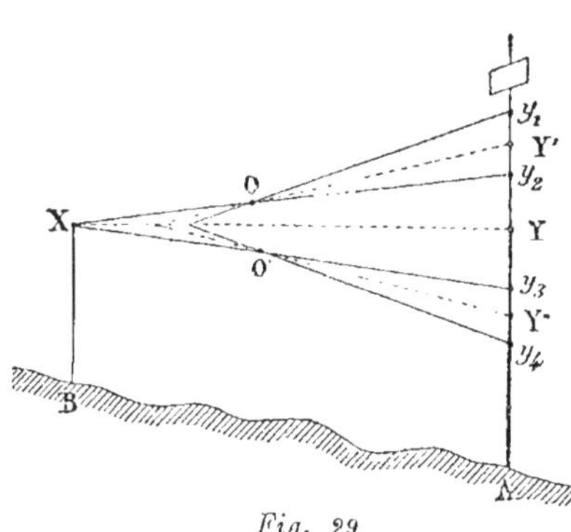

Fig. 29

L'instrument est installé en station avec les précautions d'usage.

On place verticalement une mire sur le point A (fig. 29), et la lunette est dirigée sur ce point.

L'axe de figure de celle-ci prendra la direction OY'; et l'axe optique, qui ne coïncide pas avec lui en général, prendra la direction Oy_1.

On lira alors la cote Ay_1.

En retournant la lunette de 180° autour de son axe de figure, l'axe optique prendra la direction Oy_2.

La moyenne de ces deux cotes, qui serait celle d'une lunette centrée avec une seule observation, est égale à AY'.

On fait décrire ensuite à tout le niveau un angle de 180° autour de l'axe du pivot, puis on retourne la lunette bout pour bout, de manière à ramener l'oculaire près de l'œil de l'observateur.

Alors la bulle étant rappelée entre ses repères, l'axe de figure prend la direction O'Y', symétrique de sa première position OY" par rapport à l'horizontale XY ; et l'axe optique prend la direction $O'y_3$.

On a une troisième cote Ay_3.

Enfin, en faisant décrire à la lunette un angle de 180° autour de son axe de figure, l'axe optique prend la direction $O'y_4$, et on a une quatrième cote égale à Ay_4.

La moyenne de ces deux dernières cotes, qui est égale à AY″, serait donnée directement par un niveau réglé.

On remarquera que les angles que font les rayons de l'axe optique avec l'axe de figure dans la première position, sont égaux à ceux que ces mêmes rayons font dans la seconde position avec la direction symétrique de ce même axe optique.

Il résulte de ces observations que la moyenne arithmétique AY, qui serait obtenue directement par un niveau bien réglé et bien centré serait donnée par les trois formules suivantes :

$$AY = \frac{Ay_1 + Ay_2 + Ay_3 + Ay_4}{4} = \frac{Ay_1 + Ay_4}{2} = \frac{Ay_2 + Ay_3}{2}.$$

Ainsi, pour exprimer la cote cherchée du point A, il suffira de prendre la moyenne des quatre observations ou bien de prendre la moyenne de la première et de la quatrième, ou de la deuxième et de la troisième.

Ordinairement on prend de préférence la moyenne de la première et de la quatrième cote ; ce qui permet de ne donner que deux coups de niveau pour les obtenir.

Le premier coup de niveau est donné lorsque l'instrument est en station et la lunette dans une position où l'un des fils du réticule est horizontal.

Pour le deuxième coup, on fait décrire au niveau un angle de 180° autour de l'axe du pivot, puis on retourne la lunette bout pour bout après lui avoir fait décrire un angle de 180° autour de son axe de figure.

Que le niveau soit ou non réglé et centré, on devra toujours prendre la moyenne entre la cote première et la cote quatrième.

Cette manière de procéder est suffisamment exacte quoique ne présentant pas rigoureusement une aussi grande précision que celle qui consiste à prendre la moyenne des quatre cotes ; mais en revanche elle a l'avantage d'être beaucoup plus expéditive.

Nous ferons remarquer que nos raisonnements ne s'appliquent qu'aux niveaux bien construits ainsi que nous l'avons dit ailleurs.

Pour les instruments qui auraient des défauts de construction, les moyens de vérification que nous avons indiqués seraient insuffisants ; le constructeur doit les revoir.

Le système de niveau d'Egault que nous avons représenté (fig. 27) est un des types primitifs.

Il a reçu différentes modifications.

On a substitué aujourd'hui au calage à deux vis et à deux ressorts, un calage à trois vis disposées en triangle équilatéral qui n'est pas susceptible de se déranger. Il est plus commode et est regardé comme le meilleur.

Pour quelques niveaux d'Egault on a adopté le calage à deux vis et à deux charnières.

Pour d'autres on a pris le mode de calage à quatre vis qui demande beaucoup de temps pour la mise en station.

Portée du niveau d'Egault.

138. — Outre l'avantage de donner une grande précision dans les opérations de nivellement, le niveau d'Egault permet d'opérer rapidement avec de grandes portées.

Toutefois, celles-ci ne doivent guère dépasser 100 mètres au maximum.

Les portées de 60 mètres conviennent mieux, car on n'est plus sûr d'obtenir une cote exacte.

L'erreur que l'on peut commettre dans la position de la tangente de la bulle donne un écart de cote sur la mire qui croît assez vite avec la distance.

En effet, en appelant d l'erreur d'appréciation de la tangente de la bulle, R le rayon de courbure du niveau et D la distance du niveau à la mire, l'écart X ou l'erreur totale sur la mire sera donnée par la formule $X = d \times \dfrac{D}{R}$.

Si $d = 0^m,0003$, R $= 20$ mètres et D $= 100$ mètres, l'erreur

$$X = \frac{0,0003 \times 100}{20} = 0,0015.$$

En ne donnant au niveau qu'une portée de 60 mètres et admettant toujours l'écart considérable $d = 0^m,0003$, l'erreur sur la mire serait plus petite qu'un millimètre.

Lorsque le niveau est bien construit on peut, à la rigueur, opérer avec des portées doubles, c'est-à-dire de 120 mètres et faire ainsi des stations de 240 mètres.

NIVEAU DE LENOIR OU NIVEAU CERCLE.

139. — Généralement les auteurs qui ont écrit sur le niveau cercle, à l'exception de *L'Espinasse*, attribuent à *Lenoir*, constructeur habile, l'invention de ce niveau.

Suivant l'auteur que nous venons de citer cet instrument aurait

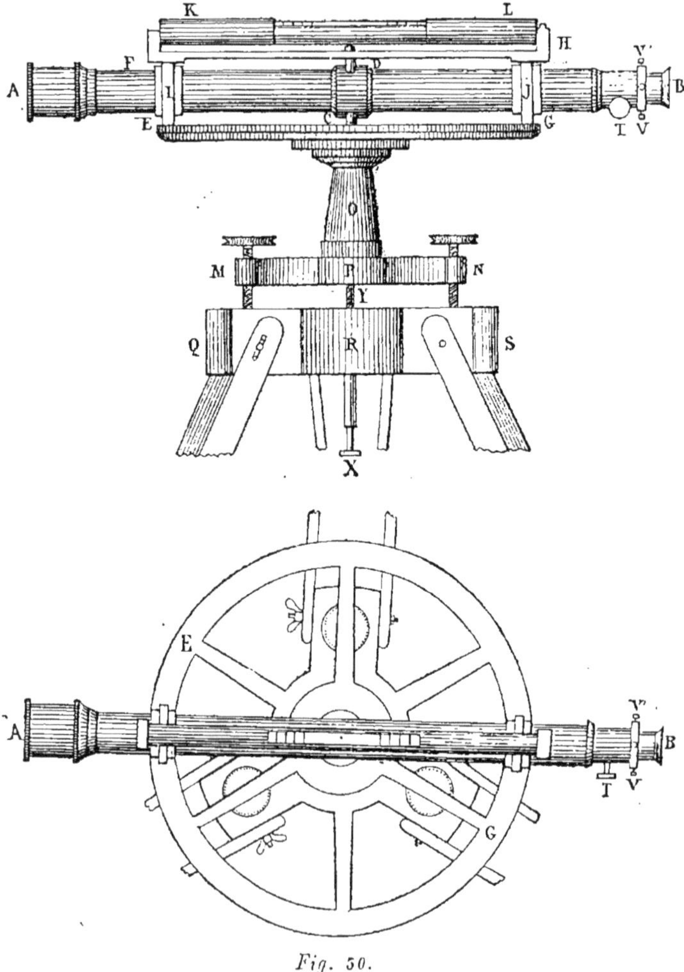

Fig. 50.

été inventé par Bellerie et perfectionné par Lenoir, à l'époque du plus grand succès du niveau d'Egault.

Il existe plusieurs systèmes du niveau Lenoir.

Il y en a un, entre autre, qui ne diffère que très-peu du niveau d'Egault.

L'axe de rotation, qui traverse un manche cônique, est amené dans la position verticale, par l'intermédiaire de quatre vis calantes agissant contre lui à angles droits.

Mais l'instrument de Lenoir qui est devenu classique, et connu sous le nom de niveau-cercle, consiste (fig. 30), en un niveau placé au-dessus d'une lunette qui peut se mouvoir sur un plateau rendu horizontal, et à la face supérieure duquel son axe de figure est parallèle.

Deux parties ayant des fonctions bien distinctes composent le niveau.

La première qui est fixe sur le trépied, mais pouvant se mouvoir dans le plan vertical, comprend le plateau circulaire ECG relié à une colonne cônique OP. Celle-ci est fixée sur une base à trois branches aux extrémités desquelles sont trois vis M, P et N dont les axes sont aux sommets d'un triangle équilatéral.

La deuxième partie, qui est mobile dans le plan horizontal et dans le plan vertical, se compose de la lunette AB et du niveau KL.

La lunette est fixée à deux prismes carrés I et J par lesquels elle repose ou se meut sur le plateau.

Le niveau repose aussi, par l'intermédiaire de sa règle FH, sur les prismes sans y être adhérent.

Un goujon C, fixé au plateau et pénétrant dans une crapaudine pratiquée dans la lunette, permet de maintenir celle-ci dans la même position par rapport à l'axe de la colonne lorsqu'elle décrit un tour d'horizon, c'est-à-dire qu'il empêche un glissement longitudinal. Un autre goujon D fixé à la lunette et pénétrant dans la règle FH du niveau maintient aussi celui-ci dans la même situation par rapport au même axe de la colonne.

L'instrument repose sur un trépied QRS auquel on le fixe par une vis à ressort XY.

Mise en station.

140. — La mise en station se fait avec les précautions d'usage. Le niveau est installé à égale distance de deux points dont on veut connaître la différence de niveau, de manière que l'axe de la colonne OP paraisse à peu près vertical à l'œil.

Alors si l'instrument est réglé, c'est-à-dire s'il est centré et si la tangente de la bulle est parallèle au plateau et à l'axe de figure de la lunette, il suffira d'amener la bulle entre ses repères en agissant sur les vis M, P et N.

Le plateau sera horizontal et l'axe de figure de la lunette, en décrivant un tour d'horizon, se mouvra dans un plan parallèle à sa surface supérieure.

Ce plateau est rendu horizontal soit en plaçant le niveau directement sur sa surface supérieure après avoir enlevé la lunette, soit en le laissant sur celle-ci dans la position indiquée par la figure 30.

Dans les deux cas on l'amène d'abord dans une situation parallèle à deux vis calantes M et N par exemple, puis on appelle la bulle entre ses repères.

Ensuite on le place dans une position perpendiculaire à la première, correspondant à la troisième vis calante P et on appelle la bulle entre ses repères.

Le plateau, ayant alors deux génératrices concourantes de sa surface dans un même plan horizontal, a nécessairement cette surface dans ce même plan.

Nous ajouterons que cette horizontalité du plateau n'est pas obtenue d'un seul coup ; il faut en général faire plusieurs tâtonnements.

Après avoir rendu l'un des fils du réticule horizontal on dirige définitivement la lunette dans la direction de l'un des points à niveler en la faisant glisser sur le plateau par l'intermédiaire de ses prismes.

Il ne reste plus qu'à agir sur la vis T qui fait mouvoir une crémaillère fixée à l'oculaire afin de disposer celui-ci au point, c'est-à-dire d'amener l'image dans le plan des fils du réticule.

Alors il ne reste plus qu'à lire la cote du premier point.

Celle du second point serait prise de la même manière.

Réglement et vérification.

141. — L'hypothèse du réglement du niveau que nous venons d'admettre a besoin d'être vérifiée. Pour qu'on soit sûr d'opérer avec précision il faut : 1° Que la tangente de la bulle, placée entre ses repères, soit parallèle au plateau ; 2° que la lunette soit centrée ; 3° que les prismes soient de même hauteur.

Le parallélisme de la tangente de la bulle et du plateau se vérifie en plaçant le niveau sur le plateau dans la direction de l'une des vis calantes en ayant soin de disposer la bulle entre ses repères.

En le retournant bout pour bout dans le même azimut la bulle doit revenir entre ses repères, si non on l'y rappelle en agissant moitié sur la vis calante et moitié sur la vis de réglement du niveau.

Cette première opération faite, le niveau est placé dans la direction des deux autres vis calantes et la bulle rappelée entre ses repères.

Le plateau se trouve alors parallèle à la tangente de la bulle, c'est-à-dire horizontal.

Toutefois, pour être complètement assuré que cette condition existe entièrement, on devra renouveler plusieurs fois l'opération que nous venons d'indiquer.

Le centrage de la lunette se fait comme pour le niveau d'Egault.

L'instrument étant en station, et la mire placée à une distance égale à sa portée, on appelle la bulle entre ses repères. Une première cote est prise dans la position de la lunette où le fil horizontal du réticule couvre la ligne de foi de niveau du voyant.

Après avoir fait décrire un angle de 180° à la lunette autour de son axe de figure, sans déplacer le niveau de sa position, on prend une deuxième cote sur le même point.

Si ces deux cotes sont égales, la lunette est centrée.

S'il n'en est pas ainsi, on prend la moyenne qui est la cote de la lunette centrée.

Connaissant cette cote il est facile de la repérer sur la mire et d'amener, en agissant sur les vis V, V', V", V'" du réticule (fig. 30), chaque fil de celui-ci sur une ligne de visée passant par le centre optique des lentilles de l'oculaire, la croisée des fils et la cote moyenne.

Dans le cas d'un niveau bien construit cette ligne de visée (axe optique) serait parallèle à l'axe de figure.

Il suffirait de disposer celui-là horizontal pour que celui-ci fût aussi dans ce plan ou dans un plan parallèle.

Mais cette condition de bonne construction est rarement remplie.

Nous avons expliqué comment, avec la méthode d'Egault, on peut opérer avec exactitude à l'aide de mauvais niveaux.

Les deux vérifications que nous venons d'indiquer seraient illusoires si les prismes I et J étaient inégaux. Il faut toujours vérifier si la condition indispensable d'égalité de ces prismes existe.

Pour cela le niveau est monté comme l'indique la figure 30, c'est-à-dire la lunette posée sur le plateau ECG et le niveau KL par dessus et reposant sur les prismes I et J.

Le plateau est amené dans un plan horizontal en appelant la bulle entre ses repères.

On retourne ensuite la lunette bout pour bout dans un plan vertical pour la placer dans le même azimut ou sur les mêmes parties du plateau.

Dans ce retournement de la lunette le niveau, qui a dû être enlevé, doit être replacé dans la même situation.

Alors si la bulle revient entre ses repères c'est que les prismes ont des hauteurs égales, sinon on a un indice que l'un d'eux est plus élevé et on le reconnaîtra par le mouvement de la bulle dans sa direction.

Il faudra diminuer la hauteur du plus élevé ou bien parer à ce vice de construction par des procédés de nivellement.

Pour corriger la hauteur du prisme le plus élevé, il suffira de s'adresser au constructeur ou bien on use soi-même ce prisme en le frottant avec du papier à l'émeri fin disposé sur une glace bien polie.

Le premier procédé de nivellement employé pour parer à ce vice consiste à placer le niveau toujours à égale distance des points à niveler, afin que l'erreur puisse s'annuler.

Cette erreur se produisant dans le même sens sur les deux cotes obtenues, n'influe pas sur leur différence.

Il est difficile de s'astreindre à ce moyen de correction.

Un autre procédé consiste à se rendre compte de l'erreur commise par unité de distance.

Alors à chaque opération on corrige la cote proportionnellement à la distance du niveau à la mire.

On détermine, comme nous l'avons dit ailleurs, l'amplitude d'erreur par unité de longueur en disposant le niveau au milieu de la distance qui sépare deux points peu éloignés pour éviter les erreurs dues au niveau apparent et à la réfraction atmosphérique. Supposons 70 mètres la distance de ces points.

On place la mire successivement sur chacun d'eux et on relève leurs cotes avec le plus grand soin.

Leur différence exprimera de combien l'un est plus élevé que l'autre.

Le niveau est porté ensuite sur l'un des points ; et on prend deux nouvelles cotes : l'une avec la mire sur le deuxième point et l'autre en mesurant directement la hauteur du premier point au centre de l'oculaire.

La différence de ces deux nouvelles cotes serait égale à la première différence trouvée si les prismes avaient des hauteurs égales.

Si elles sont inégales la différence des deux différences exprime l'erreur totale pour une distance de 70 mètres.

Observations compensées.

142. — Quel que soit le soin apporté dans les vérifications et les rectifications, comme dans la mise en station, on ne peut jamais être assuré d'une exactitude absolue qui ne peut du reste pas être matériellement obtenue.

Aussi est-il important d'employer toujours pour ce niveau, comme pour les précédents, la méthode des observations compensées (méthode d'Egault).

On peut faire quatre lectures de cotes pour chaque point, savoir : l'une avant et l'autre après le retournement de 180° de la lunette autour de son axe de figure, la troisième après le retournement immédiat du niveau à bulle et la quatrième après avoir fait décrire à la lunette un angle de 180 autour de l'axe de figure.

La moyenne de ces quatre cotes exprime la cote exacte.

Généralement, comme pour le niveau d'Egault, on se contente de deux cotes, savoir : la première prise dans l'une quelconque des quatre positions et la quatrième obtenue en faisant décrire à la lunette 180° autour de son axe, puis en retournant le niveau bout pour bout et rappelant la bulle entre ses repères.

Portée du niveau.

143. — La portée de ce niveau dépend de la puissance de la lunette. On nivelle facilement des points éloignés de 100 à 150 mètres de l'instrument.

Celui que représente la figure 30 a une lunette de 0^m,50 de long et il peut atteindre des portées de 350 mètres.

Il vaut mieux, pour éviter l'influence des causes d'erreurs, s'en tenir à des portées beaucoup plus faibles, ne dépassant pas 150 mètres.

Avantages et inconvénients.

144. — Le niveau de Lenoir est un type de bon instrument, très-simple et très-commode, pour les opérateurs peu exercés. M. Bourdaloue a fait avec lui des opérations de nivellement considérables et d'une grande justesse.

Sa construction primitive présente cependant quelques inconvénients.

D'abord, il offre une certaine difficulté de transport d'une station à l'autre puisqu'il est en plusieurs pièces.

Ensuite le plateau se déforme et sa surface supérieure ne reste plus dans le même plan. Primitivement, la lunette avait une faible portée et les moyens de calage et de fixation avec le trépied étaient défectueux.

La plupart des améliorations actuelles sont dues à M. Bourdaloue.

NIVEAU A CUVETTE.

145. — La figure 31 représente le niveau-cercle perfectionné actuel que l'on peut appeler niveau à cuvette.

La partie mobile de l'instrument se compose de la lunette ab fixée à ses deux prismes.

Le niveau kl repose sur ceux-ci, par l'intermédiaire de la règle fh.

Deux goujons c et d, fixés l'un au fond de la cuvette et l'autre à la lunette, empêchent tout mouvement longitudinal de celle-ci et du niveau dans un tour d'horizon.

La partie fixe comprend une cuvette eog dont le bord présente une surface annulaire eg sur laquelle se meut la lunette. Cette

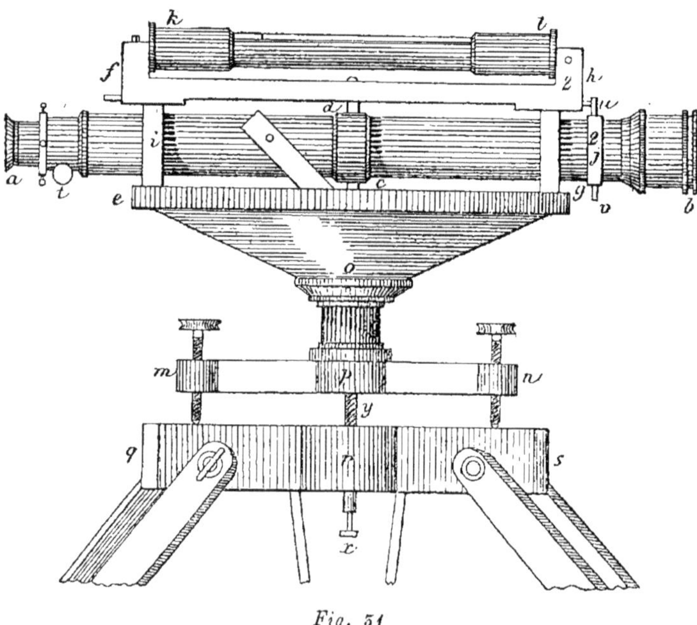

Fig. 31

cuvette est fixée à la colonne OP terminée par une base à trois branches portant des vis calantes, m, p et n.

La colonne se fixe au plateau du trépied q, r, s par une vis à ressort xy.

La lunette porte une vis, *t*, qui agit sur une crémaillère faisant mouvoir l'oculaire pour la mettre au point.

En outre, deux fourchettes *v* et *u* sont fixées à cette lunette pour recevoir entre leurs branches deux goujons adaptés à la règle *fh*, ce qui permet d'arrêter celle-ci, et, avec elle le niveau, toujours dans la même position.

Des gros chiffres marqués sur les prismes permettent de trouver rapidement la position de la lunette ou du niveau dans le retournement.

Les moyens de mise en station, de règlement et de vérification sont les mêmes que ceux décrits pour le précédent système.

L'avantage principal et caractéristique de ce niveau consiste dans sa cuvette qui ne peut se déformer comme le plateau.

C'est un instrument excellent et très-élégamment construit. Pour éviter qu'il ne s'oxyde il est complétement nickélisé.

La lunette du modèle que représente la figure 31 a 0^m,50 de longueur.

Elle est très-puissante et peut donner des portées de 400 mètres au maximum.

Toutefois, il convient de ne pas dépasser, en moyenne, de 120 à 130 mètres pour des raisons déjà expliquées.

NIVEAU BOURDALOUE.

146.— M. Bourdaloue, qui a consacré une grande partie de sa vie à la question pratique du nivellement en France, a amélioré beaucoup d'instruments et est l'inventeur, en outre, d'un niveau qui porte son nom et décrit dans le 3e volume du *Nivellement général du département du Cher.*

Le lecteur, désireux de connaître cet instrument pourra consulter l'ouvrage que nous venons d'indiquer.

Nous ne croyons pas nécessaire d'en donner ici le dessin et la description.

C'est un niveau de grande dimension et le constructeur Tavernier-Gravet, entre autres, le fabrique aujourd'hui avec beaucoup de soin.

Il ressemble en principe au niveau d'Egault. Toutefois il en diffère par des dispositions spéciales établissant nettement qu'il n'est pas une imitation de ce dernier.

NIVEAU BRÜNNER.

147. — Le niveau Brünner, qui a eu un grand retentissement, résume, avec celui de Gravet, tous les perfectionnements faits dans ces dernières années.

Il se compose de deux parties : l'une mobile dans le plan vertical adaptée au trépied; et l'autre mobile aussi dans le plan horizontal et dans le plan vertical reliée à celle-ci.

La première comprend une règle, ou traverse, assemblée normalement au pivot qui se termine par une base à trois branches portant trois vis à caler comme dans le niveau-cercle.

La deuxième se compose d'une lunette posée sur des étriers invariablement fixés à une règle reliée à celle de la partie fixe par une charnière et une vis. Le système de la bulle est complètement indépendant de cet ensemble.

Il repose sur les prismes-supports, ou étriers, par l'intermédiaire de deux pieds évidés embrassant les convexités qu'offrent ceux-ci.

Cette disposition permet de retourner la bulle bout pour bout indépendamment de la lunette; ce qui revient au même puisque l'axe de figure de celle-ci est parallèle à la tangente de la bulle.

Pour opérer avec l'instrument il suffit de le régler et le centrer d'après les principes que nous allons reproduire pour le niveau de Gravet, puis de le disposer en station avec la bulle entre ses repères.

On prend alors une cote dans l'une des quatre positions de la lunette où l'un des fils du réticule est horizontal, puis on fait décrire à celle-ci un angle de 180° autour de son axe de figure et on retourne la bulle bout pour bout dans le même azimut.

On rappelle la bulle entre ses repères et on prend une seconde cote.

Si la première cote est A et la seconde B, la cote vraie sera égale à la moyenne de ces deux cotes ou $\dfrac{A+B}{2}$

On pourrait opérer en prenant la moyenne des quatre cotes obtenues, savoir : deux dans la première position de la bulle et deux après son retournement bout pour bout.

Mais la méthode de la moyenne des deux cotes est beaucoup plus rapide et donne lieu à des dérangements beaucoup moins fréquents.

NIVEAU DE GRAVET A BULLE INDÉPENDANTE.

148. — Le niveau à bulle indépendante de Gravet, construit aujourd'hui par Tavernier-Gravet, résume en lui tout ce que les niveaux précédemment décrits ont de plus parfait. On peut le considérer comme représentant tous les progrès réalisés jusqu'à ce jour dans la construction des niveaux à bulle d'air.

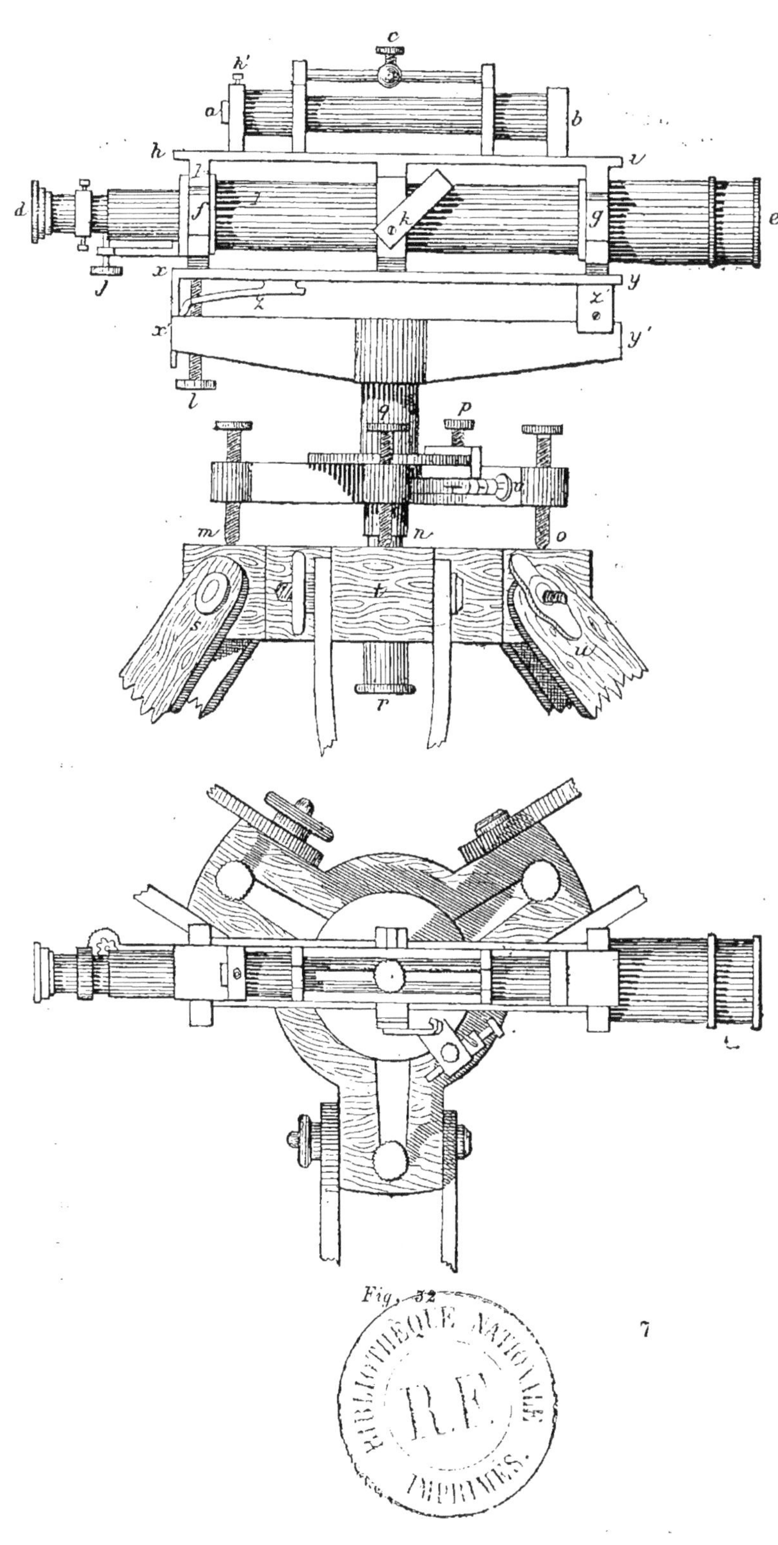

Fig. 52

Il est d'une grande simplicité et tous ses organes offrent, par leur disposition, une agréable harmonie qui lui donne un cachet particulier d'élégance. Pour le préserver de l'oxydation tous les organes sont nickélisés.

Il consiste, figure 32 (1), en une lunette, *de*, posée sur deux étriers *f* et *g* qui sont invariablement fixés à une première règle ou traverse *xy*.

Celle-ci est reliée à l'aide d'une vis *l*, d'un ressort *z* et d'une charnière *z'*, à une autre règle *x' y'* fixée normalement au pivot *q*, qui repose sur le trépied *s*, *t*, *u*, par une base à trois branches qui ont leurs extrémités traversées par les trois vis calantes *m*, *n* et *o*.

Le pivot *q*, et avec lui tout ce qu'il supporte, peut tourner à la main autour de son axe de figure et être maintenu dans une position donnée à l'aide d'une vis de pression *p*.

Lorsque le mouvement qu'on doit imprimer à ce pivot doit être infiniment petit, on le produit à l'aide d'une vis *v*.

Un ressort à vis *r* qui traverse le trépied relie celui-ci au niveau lorsqu'on veut installer l'instrument en station.

Le niveau à bulle, *ab*, repose sur les convexités des étriers par l'intermédiaire de deux pieds évidés que porte la règle *hi*.

Ce niveau est maintenu sur la lunette et l'ensemble du bâti par un système de charnière à fermoir *k* qui lui empêche tout mouvement longitudinal, mais lui permet et lui facilite son retournement bout pour bout lorsqu'on le soulève par le bouton *c*.

Nous allons maintenant nous occuper du réglement à exécuter lorsqu'on veut faire usage de cet instrument.

A cet effet nous reproduisons les instructions du constructeur qui sont aussi complètes qu'on peut le désirer.

149.—1° « *Régler la bulle d'air, c'est-à-dire rendre son horizontale parallèle au plan de ses lignes d'appui sur les anneaux de la lunette.*

On met la lunette dans ses étriers, et l'on place la bulle sur les anneaux de la lunette; le fermoir *k* reste ouvert. On amène tout l'appareil dans la direction de l'une des vis calantes *n*, par exemple, et on la fixe dans cette position au moyen de la vis de pression *p*.

Ceci fait on appelle la bulle entre ses repères avec la vis *n*; puis, sans déranger la lunette et l'instrument, on soulève le niveau et on le retourne bout pour bout. Si la bulle revient entre ses repères, le niveau est réglé; sinon on corrige l'écart de la

---

(1) Nous devons le dessin de l'instrument à M. Courtois, élève de l'école de Grignon, auquel nous sommes heureux de témoigner notre vive gratitude.

bulle moitié à l'aide de la vis k' du niveau et moitié à l'aide de la vis calante n.

On recommence cette opération jusqu'à ce que la bulle ne se déplace plus par le retournement.

150. — 2° « *Rendre l'axe du pivot de l'instrument perpendiculaire à l'horizontale de la bulle.*

L'instrument restant dans la position indiquée ci-dessus, et la bulle étant réglée, on appelle celle-ci entre ses repères.

On corrige la moitié de son déplacement à l'aide de la vis l et l'autre moitié avec la vis calante n. On répète cette opération jusqu'à ce que le retournement de 180° autour de l'axe de pivot de l'instrument ne produise plus aucun déplacement de la bulle.

Ce résultat est facilement obtenu, d'ailleurs, à l'aide de deux traits gravés, l'un sur la règle inférieure fixe $x'y'$, l'autre sur un appendice de la règle supérieure mobile xy. Ces deux traits sont en coïncidence lorsque le pivot et l'horizontale de la bulle sont perpendiculaires entre eux.

151. — 3° « *Rendre l'axe du pivot vertical.* On dirige la lunette parallèlement à la ligne qui passe par deux des vis calantes m et o, et l'on appelle la bulle entre ses repères à l'aide de ces vis en les manœuvrant simultanément et en sens contraire ; puis on fait tourner l'instrument de 90° autour de son axe, de manière à disposer la lunette dans la direction de la troisième vis calante n, sur laquelle on agit alors pour amener la bulle entre ses repères.

Cette opération, répétée plusieurs fois, assure la verticalité de l'axe.

L'instrument étant réglé conformément aux indications qui précèdent, la bulle doit rester entre ses repères dans tous les azimuts où, du moins, ne s'en écarter que d'une quantité extrêmement petite.

Il est d'une exécution plus rapide de procéder simultanément aux opérations 2 et 3.

Cette dernière opération terminée, l'instrument est calé et l'axe ne cessera d'être vertical qu'autant que l'on manœuvrerait l'une des trois vis calantes m, n et o, ou que le pied de l'instrument viendrait à être dérangé.

Il s'ensuit que les déplacements qu'éprouvera la bulle après qu'on aura donné un premier coup de niveau, et lorsqu'on voudra diriger la lunette dans différents azimuts, proviendront uniquement de ce que l'horizontale de la bulle aura cessé d'être perpendiculaire à l'axe du pivot.

Dès lors c'est à l'aide de la vis l seulement que l'on devra ramener la bulle entre ses repères.

152. —4° « *Rendre un fil horizontal*. L'axe du pivot étant vertical et la bulle réglée, on amène un des taquets d'arrêt de la lunette en contact avec la vis qui lui correspond, et l'on vise un point qui tombe sous le fil horizontal.

Si cette horizontalité existe, le même point doit rester toujours sous le fil lorsqu'on fait tourner l'instrument autour du pivot sans que ce point sorte du champ de la lunette.

S'il n'en est pas ainsi, on modifie la position du fil au moyen des vis placées sur la règle supérieure et sur lesquelles viennent butter les taquets.

153. —5° « *Centrer la lunette par rapport au fil horizontal*. Ce centrage existe lorsqu'un même point se trouve sur le fil, après que l'on a tourné la lunette de 180° autour de son axe de figure.

Si le centrage n'existe pas, il faut déplacer le fil horizontal en agissant sur le réticule.

On peut opérer exactement avec cet instrument sans le régler ni le rectifier.

On prend une première cote correspondante à une position quelconque de la lunette et du niveau, après avoir au préalable appelé la bulle entre ses repères ; pour prendre la deuxième cote on soulève la bulle, en la saisissant par le bouton *c*, pour la retourner bout pour bout et la replacer sur la lunette.

On fait tourner cette dernière de 180° autour de son axe de figure, et l'on rappelle la bulle à l'aide de la vis *l*.

La moyenne des deux cotes ainsi obtenues est exempte de toute erreur autre que celle qui pourrait provenir de l'inégalité des anneaux de la lunette.

Comme on le voit, l'instrument est disposé de telle manière que, pour opérer, *la lunette ne doit jamais être enlevée ni retournée bout pour bout*, ainsi que l'on y est forcé dans les anciens modèles de niveau. »

Afin d'éviter que l'on se trompe dans le double retournement, M. Gravet a eu l'heureuse idée d'inscrire à 180° l'un de l'autre, sur la lunette, les chiffres 1 et 2 placés à droite et à gauche, près de l'oculaire.

Pour qu'il n'y ait pas d'erreur commise, il suffit que les mêmes chiffres soient à côté les uns des autres.

L'instrument est à grande portée ; mais, toutefois, il convient de ne pas dépasser 120 à 130 mètres.

NIVEAU DE BIANCHI.

154. — Pour terminer la série des niveaux à bulle ordinaire que nous avons cru devoir examiner, nous décrirons un niveau

du système d'Egault perfectionné (fig. 33), que possède l'école
de Grignon et qui est construit par Bianchi.

C'est un instrument d'une grande dimension, qui porte un

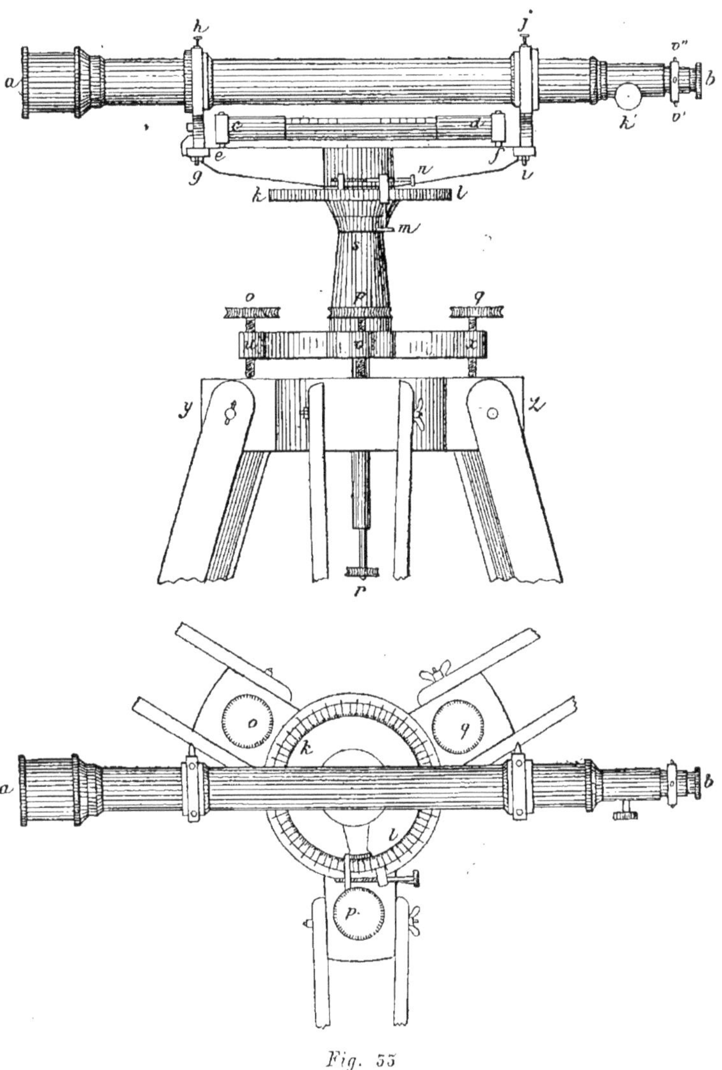

Fig. 55

limbe gradué permettant de faire le levé des plans en même
temps que le nivellement.

C'est à cause de ce double usage que nous le décrivons.

Il se compose de deux parties : l'une fixe sur le trépied, mais mobile dans le plan vertical autour de son axe de figure, et l'autre mobile dans le plan horizontal et le plan vertical avec la première partie.

La partie fixe, dont l'axe peut être rendu vertical, se compose d'un limbe gradué, kl, et d'un pivot, s, terminé par une base à trois branches, u, v, x, traversées par trois vis calantes, o, p, q.

Cet ensemble repose sur le trépied yz par l'intermédiaire de celles-ci et y est fixé à l'aide d'une vis à ressort r.

La partie mobile comprend la règle ou traverse, ef, qui porte le niveau cd et la lunette ab par l'intermédiaire de deux montants gh et ij.

Mise en station.

155. — Si l'instrument est réglé il suffit de disposer l'axe du pivot vertical pour que celui de la lunette soit horizontal.

A cet effet, on place le niveau en station avec les précautions ordinaires, l'axe de son pivot à peu près vertical ; puis on amène la lunette dans la direction d'une des vis calantes et on appelle la bulle entre ses repères.

On fait décrire ensuite à la lunette un angle de 90° autour de l'axe du pivot pour la placer dans une direction parallèle aux deux autres vis calantes, et on appelle la bulle entre ses repères.

Si, dans ces deux positions de la lunette, la bulle se maintient bien entre ses repères, l'axe du pivot est vertical et l'axe de figure de la lunette horizontal, puisque la base comprend deux génératrices concourantes horizontales et que cette base est perpendiculaire au pivot.

On est obligé de répéter plusieurs fois l'opération décrite avant d'obtenir le résultat cherché.

L'axe de la lunette, dans un tour d'horizon, décrira à la main, d'un mouvement prompt, un plan horizontal ; et on le maintiendra dans une position donnée par la vis de pression m.

Lorsqu'on voudra lui imprimer un mouvement lent on agira sur la vis n.

La surface du limbe étant du même coup rendue horizontale on pourra faire en même temps que le nivellement, le levé du plan par l'un des procédés employés avec les goniomètres que nous avons décrits dans notre *Traité du levé des plans*.

Vérification et rectification.

156. — Les moyens de vérification et de rectification sont les mêmes que ceux du niveau d'Egault proprement dit à trois vis calantes.

Comme nous n'avons pas parlé de ces moyens nous allons les décrire ici.

1° *Régler la bulle ou disposer sa tangente perpendiculaire à l'axe du pivot.*

Pour cela on dirige l'axe de la lunette dans la direction de l'une des vis calantes, p, par exemple, et on appelle la bulle entre ses repères.

On retourne ensuite la lunette bout pour bout; et si la bulle revient entre ses repères la condition cherchée existe.

Au contraire, si elle ne revient pas on l'appelle en agissant sur la vis calante p et la vis de réglement du niveau de manière à faire parcourir la moitié de l'écart pour chacune d'elle.

On fait une opération analogue par rapport aux deux autres vis calantes.

Ces opérations seront recommencées jusqu'à ce que la bulle ne se déplace plus par le retournement.

2° *Rendre l'axe de figure de la lunette parallèle à la tangente de la bulle et par suite perpendiculaire à l'axe du pivot.*

Le niveau est placé en station à égale distance de deux points (distance égale à sa portée moyenne).

On appelle la bulle entre ses repères, puis on prend une cote sur le premier point.

L'instrument est tourné de 180° autour de l'axe du pivot et la lunette retournée bout pour bout dans le même azimut, puis la bulle est rappelée entre ses repères.

Une nouvelle cote est prise dans cette position sur le même point.

Cette cote devra être égale à la première si l'axe de figure de la lunette et la tangente de la bulle sont parallèles.

S'il n'en est pas ainsi on corrigera la moitié de l'écart en agissant sur l'une des vis g ou i des étriers. Nous admettons, bien entendu, que les diamètres des colliers de la lunette sont égaux; s'il en était autrement il faudrait rectifier le plus grand comme nous l'avons dit précédemment.

3° *Rendre le pivot vertical.* Pour rendre le pivot, s, vertical, il suffit d'amener la lunette dans deux positions perpendiculaires au-dessus des vis calantes et d'agir sur celles-ci jusqu'à ce que la bulle reste toujours entre ses repères.

4° *Rendre un fil du réticule horizontal et centrage de la lunette par rapport à ce fil.*

Lorsque la bulle a été réglée et que le pivot a été rendu vertical on amène un taquet d'arrêt de la lunette en contact d'une vis de buttée portée par l'un des montants.

Dans cette position de la lunette on vise un point qui tombe sous le fil supposé horizontal.

Alors si ce fil est réellement horizontal le point visé doit rester constamment sous lui en le regardant successivement par ses extrémités et par son milieu après avoir fait tourner la lunette de 180° autour de son axe de figure, ou bien après lui en avoir fait décrire un tour d'horizon autour du pivot.

Si la condition d'horizontalité n'existe pas on l'établit en agissant sur les fils du réticule.

Alors le centrage de la lunette existe par rapport à ce fil.

On la centrerait de même par rapport au deuxième fil.

La portée maximum de ce niveau peut atteindre 350 à 400 mètres; mais la portée moyenne dont on doit faire usage ne doit pas aller au-delà de 150 mètres.

Comme pour les instruments décrits on doit toujours l'employer en faisant usage de la méthode d'Egault.

CHAPITRE IV.

Clisimètres.

157. — La famille des clisimètres (1) est aujourd'hui très-nombreuse; mais nous n'étudierons dans ce travail que quelques-uns de ses principaux représentants.

Les clisimètres sont appelés aussi quelquefois clitomètres ou clinomètres; mais ils sont plus généralement connus sous les noms de niveaux de pente et d'éclimètres.

Ces instruments permettent de trouver directement les pentes par les angles de pente ou leurs tangentes.

---

(1) Nous donnons, avec MM. Salneuve et Breton, le nom de clisimètre au niveau de pente. Les deux mots grecs dont il est tiré signifié *pente* et *mesure* (mesureur de pente).

A cet effet, ils sont disposés de manière à diriger le rayon visuel obliquement à l'horizon.

Comme les niveaux proprement dits ils sont basés sur les propriétés du fil à plomb et des surfaces de niveaux.

Nous avons donc des clisimètres à perpendicule et des clisimètres à bulle.

NIVEAU DE MAÇON.

158. — Le niveau de maçon que nous avons décrit, comme niveau ordinaire, peut être employé comme niveau de pente.

Si l'on place d'abord ce niveau (fig. 34) sur l'horizontale *ef* le fil à plomb couvrira la ligne de foi *cd*.

En le disposant ensuite sur la règle *eg* inclinée d'un angle *a'* le fil à plomb prendra la direction *cd'* formant avec la ligne de foi

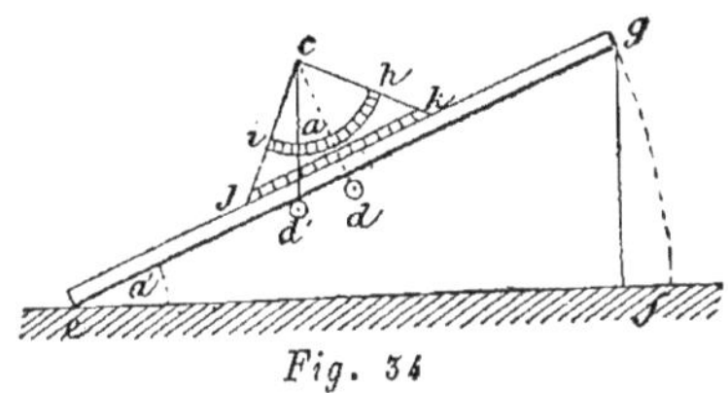

Fig. 34

un angle, *a*, égal à l'angle, *a'*, comme ayant respectivement leurs côtés perpendiculaires.

En outre, les deux triangles *cdd'* et *efg* étant rectangles sont par conséquent semblables; et par suite leurs côtés homologues sont proportionnels.

On a : $\dfrac{gf}{ef} = \dfrac{dd'}{cd}$. Mais ces rapports expriment les tangentes des angles *a* et *a*.

Si nous posons $cd = y$ et $dd' = x$, nous aurons : tang. $a' =$ tang. $a = \dfrac{y}{x}$

Pour avoir la différence de niveau, H, entre deux points situés à une distance D, on aura : $H = D \times \dfrac{y}{x}$.

D'après ces observations on pourra obtenir directement l'angle de pente en divisant l'arc de cercle *ih* en degrés et fractions de degré.

Ou bien encore on pourra marquer sur la base *Jk* du triangle *Jkc* les tangentes naturelles.

Pour l'arc du cercle et la base du triangle on fera deux graduations commençant au zéro de la ligne de foi et dirigées l'une de droite à gauche et l'autre de gauche à droite.

Lorsque la règle sur laquelle repose le niveau sera horizontale, le fil à plomb tombera sur le zéro de la ligne de foi.

Si on incline cette règle suivant une pente qu'on doit déterminer le fil à plomb tombera sur une division de l'arc de cercle exprimant l'angle en degrés et sur une division de la base exprimant ce même angle par sa tangente.

159. — L'instrument que nous venons de décrire ne peut donner la pente que des points éloignés de quelques mètres, puisque la règle doit avoir une longueur égale à la distance de ces points.

On a imaginé d'augmenter la portée de ce clisimètre par une disposition représentée par la figure 35.

Une règle *gh* porte deux pinnules par lesquelles on dirige le rayon visuel IJ.

Le niveau *abc* est fixé sur cette règle de manière que lorsqu'elle est horizontale le fil à plomb *cd* est vertical et réciproquement.

Tout cet ensemble repose sur un disque *op* portant un axe autour duquel il peut tourner librement.

Enfin une douille, *mn*, à genou permet de recevoir le goujon du trépied.

Pour se servir de l'instrument il suffit de le disposer en station sur l'un des deux points, A par exemple, dont on veut con-

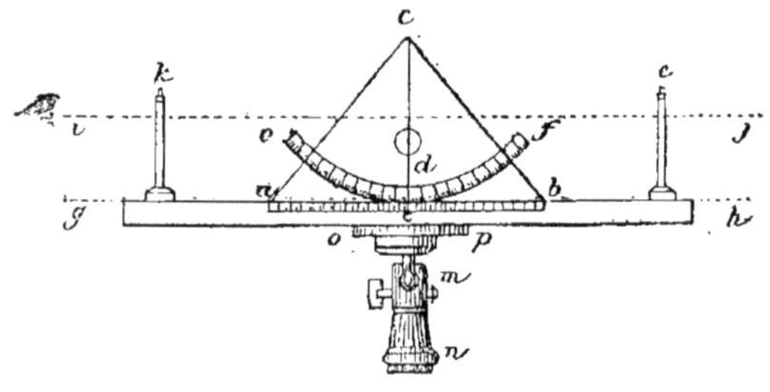

Fig. 35

naître la différence de niveau (ou pente) de manière que la pinnule-oculaire soit sur la verticale de ce point.

On prend ensuite sur la mire la hauteur de la croisée des fils de celle-ci et on fixe la ligne de foi du voyant à cette hauteur.

La mire est portée sur le deuxième point B sans déranger le voyant.

Alors on incline tout l'instrument, dans le sens ascendant ou descendant, par l'intermédiaire du genou jusqu'à ce qu'on aperçoive la ligne de foi du voyant par le plan de visée mené par les deux croisées des fils des pinnules.

Si le clisimètre a été bien gradué la division de la base sur laquelle tombera le fil à plomb indiquera la pente.

160. — La graduation se fait d'après les principes que nous avons exposés plus haut en déterminant exactement la différence de niveau entre deux points A et B.

Soit 1 mètre leur différence et 100 mètres leur distance ; ce qui fait une pente de 1 centimètre par mètre.

A cet effet, on place ce clisimètre en station sur l'un des points de manière que l'oculaire soit sur sa verticale et que le fil à plomb tombe sur la ligne de foi.

La hauteur de l'oculaire étant prise sur la mire on porte celle-ci sur le deuxième point, puis on vise la ligne de foi horizontale correspondante à cette hauteur.

Le fil à plomb vient battre contre l'arc et contre la règle de manière à former un angle avec sa première position qui est égal à l'angle de pente.

On divisera l'arc de cercle en degrés et la portion de règle ou de base, *ab*, du triangle *abc*, (fig. 35), comprise entre la ligne de foi et la dernière position du fil, en 100 parties égales aux tangentes ; et chacune de ces parties représentera 1 centimètre de pente par mètre sur le terrain.

Le reste de la base sera divisé en parties croissantes comme les tangentes.

Nous ferons remarquer que cette pente par mètre marquée ainsi sur la règle représente la tangente naturelle de l'angle de pente.

Vérification.

161. — Avant de se servir de ce clisimètre il faut le vérifier ; c'est-à-dire qu'il faut voir si le zéro de la ligne de foi est bien placé et si les divisions de la base sont exactes.

Pour cela on le place en station de manière que le fil à plomb couvre la ligne de foi, puis on vise un point éloigné.

L'instrument est retourné bout pour bout et le fil amené sur la ligne de foi.

Si dans cette position le rayon visuel, passant par la croisée des fils des pinnules et le point nivelé, couvre encore ce point le zéro de ladite ligne de foi est bien placé.

S'il y a un écart on placera ce zéro à la moitié de la différence observée sur la base et sur l'arc de cercle.

Quant à la graduation de la base du triangle on la vérifiera en répétant une ou plusieurs fois l'opération décrite.

On fera pour l'arc de cercle une opération analogue en visant successivement des angles différents et d'amplitudes connues.

Ces vérifications faites il reste à s'assurer si les croisées des fils sont dans un même plan perpendiculaire à la direction du fil à plomb (ou perpendicule), c'est-à-dire dans un plan horizontal lorsque l'instrument est en station.

Pour cela on dispose le clisimètre à égale distance de deux points avec le perpendicule sur la ligne de foi.

Une mire est portée successivement sur ces points pour obtenir la différence de leurs cotes.

Ensuite le clisimètre est disposé sur l'un des points de manière que la pinnule oculaire soit sur la même verticale que lui. La hauteur du point à l'oculaire est mesurée directement, puis la mire est portée sur le deuxième point pour obtenir une nouvelle cote.

La différence de ces deux dernières cotes doit être égale à la différence des deux premières.

S'il n'en est pas ainsi il faut partager la moitié de la différence en agissant sur la vis de réglement des pinnules.

162. — Cet instrument peut servir à trouver la pente entre deux points, ou bien à rechercher les tracés dont la pente est donnée.

La portée est très-faible : elle est égale à celle des niveaux à pinnules ordinaires.

En outre, il a l'inconvénient d'être peu exact puisqu'on ne peut préciser le position du fil à plomb sur les graduations à cause de l'absence d'un vernier.

Nous recommandons ce clisimètre à défaut de plus précis ; car il est commode et facile à construire.

Nous l'avons employé avec avantage pour la construction de chemins d'exploitation dans le Loiret.

Nous n'en disons pas davantage sur cet instrument; ce que nous avons dit suffit pour en faire comprendre la construction et l'emploi.

NIVEAU FABRE (ou niveau de l'Agronome).

163. — L'ingénieur en chef des ponts-et-chaussées Fabre, qui est l'auteur d'un traité remarquable du nivellement, a inventé un niveau qu'il a nommé niveau de l'*agronome*.

Nous parlerons de cet instrument à cause de son emploi en agriculture pour le tracé du fond des fossés de drainage et d'irrigation.

Il consiste (fig. 36), en un compas *abc* formé de deux règles de bois *ac* et *bc* de 1ᵐ,64 de longueur sur 0ᵐ,03 d'équarrissage qui sont assemblées à une troisième *hi* dont les points d'assemblage *h* et *i* sont situés à égale distance du point *c*.

Deux pointes *aj* et *bk* terminent le compas et deux semelles *a* et *b* limitent leur enfoncement dans le sol.

Une poignée *c* permet de faire mouvoir facilement l'ensemble.

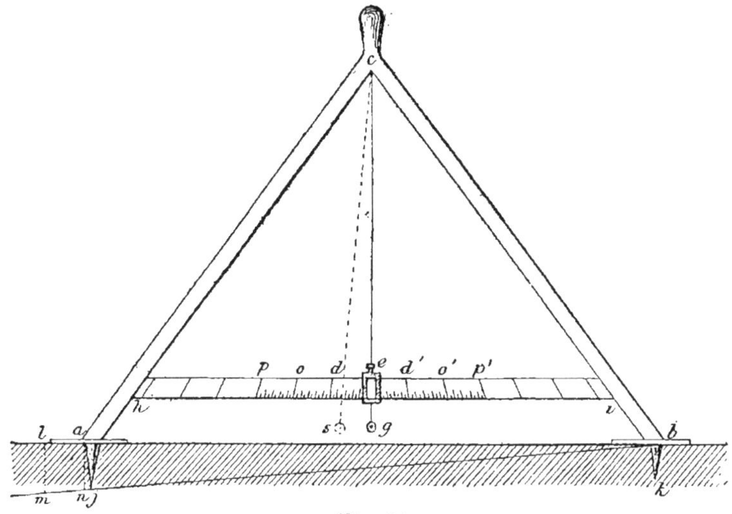

Fig. 36

Enfin un nonius *eg* donne le moyen d'apprécier la position du fil à plomb sur la traverse.

La longueur *hi* de celle-ci sera à *ch* ou à *ci* dans le rapport de 2 à 1,64, ou $\dfrac{hi}{ch} = \dfrac{2}{1,64}$

Les côtés *ac* et *bc* ayant 1.64 *ab* aura 2 mètres.

Si l'on se donne la longueur *ch* on déduit *hi* de l'équation.

On divise la traverse en deux parties égales afin que le fil à plomb *cg* couvre la ligne de foi lorsque les points *a* et *b* sont dans un même plan horizontal parallèle à la traverse *hi*.

On vérifie si cette condition est réalisée par le principe du retournement.

Graduation.

164. — La graduation de l'instrument, qui exige beaucoup de précaution, pour être bien exécutée, est très-simple dans son principe.

Les frottements étant inversement proportionnels à la section des canaux, plus la section de ceux-ci sera petite, plus la pente devra être grande.

On sait, par expérience, que cette pente doit être environ la 200ᵉ partie de la longueur pour les petits canaux, et qu'au fur et à mesure que la section augmente, elle doit en être la 250ᵉ, la 300ᵉ, la 350ᵉ, la 400ᵉ partie.

Ainsi on pourra donc se donner *à priori* la pente d'après ces observations.

Soit mb la longueur du fossé et lm la pente totale.

Lorsque la semelle, a, touchera le fond du fossé en nj le fil à plomb, qui avait la direction cg, lorsque la base ab était horizontale, prendra la direction cs et formera un angle dce égal à à l'angle lbm comme ayant leurs côtés perpendiculaires.

Remarquons que les triangles dce et lbm sont rectangles et qu'ils ont ainsi deux angles égaux.

Donc ils sont semblables, et par suite ils ont leurs côtés homologues proportionnels.

$$\text{On a :} \quad \frac{ce}{de} = \frac{bl}{lm} ; \text{d'où } de = \frac{lm}{bl} \times ce.$$

Il résulte de là que pour obtenir le point d par lequel passe le fil à plomb, pour une pente déterminée, il suffira de multiplier le rapport de la pente à la longueur horizontale, ou $\dfrac{lm}{bl}$ par longueur ce, qui est constante, comme exprimant la plus courte distance du point c au point e.

$$\text{Si le rapport } \frac{lm}{bm} = \frac{1}{200} ; \text{ on a : } de = \frac{ce}{200}$$

Ainsi en exprimant la 200ᵉ partie de ce et la portant de c en d on a le point d.

On trouverait de même d'autres points pour des pentes différentes, en posant $\dfrac{lm}{bm} = \dfrac{1}{250} ; \dfrac{lm}{bm} = \dfrac{1}{300} ;$ etc.

Usage.

165. — D'où il suit que pour faire usage de l'instrument on le fixera à l'origine du canal en le prenant comme un compas par la poignée c ; puis on l'inclinera par l'extrémité, a, jusqu'à ce que le fil à plomb tombe sur le rapport de pente adopté,

Soit $\dfrac{1}{200}$ ce rapport correspondant au point d par la position du fil à plomb et aux points *nj*, par la position de la semelle *a*.

En joignant le point *n* au point *b*, par la droite *bn*, on aura le premier élément du fond du fossé.

On trouverait de même un deuxième élément du fond en pointant le niveau de manière que la semelle *b* soit en *nj* et la semelle *a* en avant sur une ligne inclinée suivant la pente adoptée, laquelle ligne serait dans le prolongement de *bn*.

NIVEAU DE ROCHETTE.

166. — Le niveau de Rochette est un instrument d'un très-petit volume qui le rend facilement transportable.

Il donne des résultats assez précis pour les nivellements de reconnaissance ; mais il ne convient pas aux opérations ordinaires des nivellements topographiques.

Il consiste en un limbe gradué mobile autour de son centre dans une boîte qui le renferme.

Ce limbe porte un contre-poids qui donne une direction horizontale à la ligne de foi lorsqu'il est dressé verticalement.

Un système mobile de deux pinnules, porté par une règle, dirigée suivant un diamètre de la boîte, permet d'assurer la direction du rayon de visée.

Lorsque la ligne de foi du limbe se confond avec le rayon de visée, celui-ci se trouve horizontal.

Si ce dernier, dirigé sur un point remarquable, fait un certain angle avec cette ligne, on peut l'exprimer en degrés et fractions de degrés sur le limbe.

Ce qui permet, étant connue la distance du point remarquable à l'instrument, de calculer la pente totale par la simple résolution d'un triangle rectangle.

Soit *a* l'angle de pente, Y la pente totale et X la distance horizontale du centre de l'instrument au point, on a : $Y = X \times \tang. \, a$.

Quelques niveaux de Rochette portent une lunette à la place du système de pinnules décrit, lunette qui a l'avantage d'augmenter leur portée en même temps que leur précision.

NIVEAU A AIGUILLE-PERPENDICULE.

167. — On a fait un grand nombre de niveaux à perpendicule à aiguille ; mais tous sont basés sur le même principe.

Ils consistent, en général, en une aiguille libre de se mouvoir autour d'un axe horizontal.

Cette aiguille disposée verticalement est terminée à la partie supérieure par une flèche et à la partie inférieure par un contre-poids afin de lui faire jouer le rôle de pendule.

Parallèlement à l'axe de l'aiguille est un cercle gradué en degrés qui se place comme lui dans un plan vertical et qui est fixé à un système de pinnules ou à une lunette dont l'axe doit être perpendiculaire à celui de l'aiguille dans la position verticale; c'est-à-dire qu'il sera horizontal.

Tout cet ensemble est porté par un trépied.

Lorsqu'on dispose l'instrument en station, le cercle se trouve vertical et l'aiguille, qui est dans un plan parallèle, correspond à la ligne de foi tracée suivant l'un des diamètres (le diamètre vertical.)

Le système de pinnules est placé suivant le diamètre perpendiculaire (ou horizontal).

En inclinant ce système de pinnules on entraîne le cercle et on éloigne le zéro de la ligne de foi de la pointe de l'aiguille d'une amplitude qui correspond à l'angle de pente.

Si le niveau est bien construit et bien réglé, on reconnaît qu'il est en station lorsque la ligne de foi est couverte par l'aiguille.

Le règlement consiste à faire que les croisées des fils soient sur une perpendiculaire à la ligne de foi. Nous citerons entre autres clisimètres à perpendicule-aiguille, ceux de *Sourmille* et *Burnier*.

CLISIMÈTRE MAYER.

168. — Le niveau Mayer, dont nous avons dit quelques mots comme niveau à perpendicule ordinaire, est aussi employé comme niveau de pente.

Il consiste en deux cercles concentriques gradués portant suivant l'un de leurs diamètres un perpendicule à tige terminé à l'une de ses extrémités par un contre-poids, et à l'autre extrémité par une sphère qui se place librement sur une fourchette à double charnière fixée normalement au pied-support.

Une lunette portant à chaque extrémité un oculaire est fixée sur le même axe que les cercles autour duquel elle peut tourner librement.

Lorsque l'instrument est suspendu à son pied-support le perpendicule se place verticalement ainsi que les surfaces des cercles ; et la ligne de foi se trouve ainsi horizontale.

Alors en amenant le zéro de la lunette sur cette ligne de foi, perpendiculaire à l'axe du pendule, l'axe de figure de cette lunette se trouve horizontal et peut servir à diriger un rayon visuel pour trouver la différence de niveau de deux points lorsque l'instrument est placé entre ceux-ci.

Pour utiliser l'appareil, comme clisimètre, on le place sur la verticale de l'un des points en dirigeant la lunette sur l'autre point.

L'axe de figure de celle-ci forme, avec la ligne de foi horizontale, un angle, égal à l'angle de pente, dont on peut exprimer l'amplitude sur le limbe. Ce niveau peut être employé en le portant à la main, directement, ou bien, encore, en le fixant à un arbre; mais généralement son pied est une canne à coulisse qui peut s'allonger ou se raccourcir facilement.

Pour terminer les clisimètres, dérivant du perpendicule, nous citerons encore les niveaux à réflexion de *Bertren* et *Burrel* déjà décrits comme niveaux ordinaires.

NIVEAU A BULLE

169. — Le niveau à bulle simple, que nous avons décrit, peut être employé comme clisimètre ainsi que le montre la figure 37.

Lorsque ce niveau est placé sur une règle horizontale, xy, le centre de la bulle est au milieu de sa longueur en b.

Si on incline la règle dans la direction xy', de manière que le rayon visuel, dirigé suivant l'une de ses faces, rencontre un point plus ou moins éloigné du point x, le centre de la bulle vient en d.

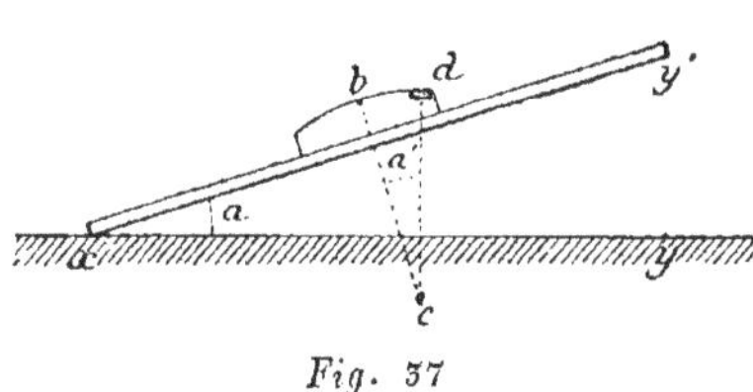

Fig. 37

En joignant ces centres b et d au centre c de l'instrument, les deux rayons bc et dc forment un angle a', égal à l'angle de pente, a, comme ayant respectivement leurs côtés perpendiculaires.

Il résulte de là que, si l'arc bd du niveau a été gradué, on pourra exprimer l'amplitude de l'angle de pente.

Mais on comprend que le niveau à bulle simple ne peut guère être employé, sous cette forme, que pour l'exécution de travaux d'art d'une faible étendue.

NIVEAU DE PENTE DE CHÉZY

170. — Le plus remarquable des clisimètres est celui qui a été construit par l'ingénieur de Chézy.

Il se compose, figure 38, d'une règle, ab, portant, en son milieu, un niveau à bulle, cd; et elle est surmontée à ses deux extrémités de deux pinnules, *ae* et *bf*, de même largeur mais de hauteurs inégales, assemblées à angles droits avec elles.

Cet ensemble est supporté par une règle, *gh*, reliée à la première par une vis, *g*, et une charnière *h*.

Le tout est porté par une douille *k* par l'intermédiaire d'un genou à coquilles.

Les deux pinnules servent à diriger le rayon visuel. La plus

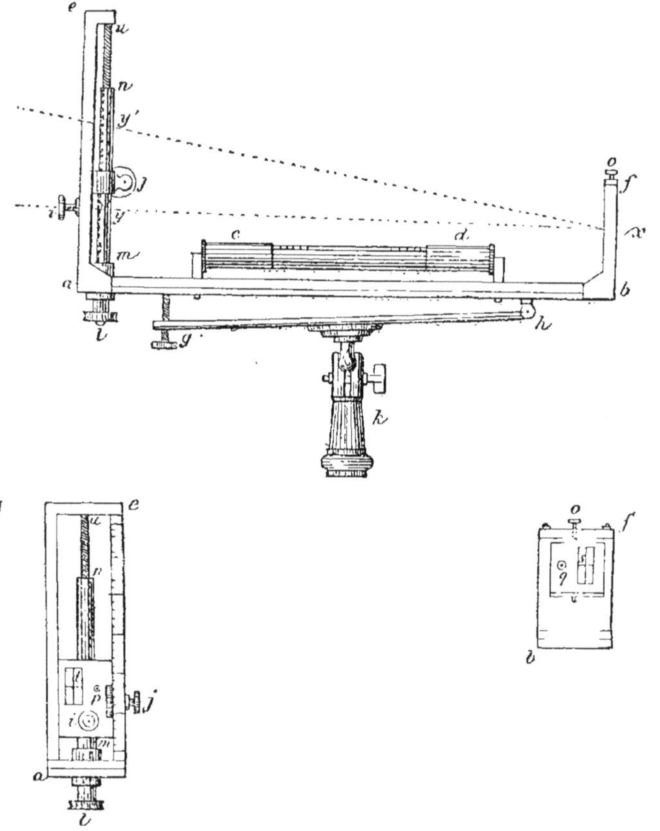

Fig. 58

grande se compose d'un cadre rectangulaire entre les deux montants duquel se meut un châssis à coulisse.

Lorsqu'on veut faire monter ou descendre celui-ci d'un mouvement rapide on agit, directement, avec la main, sur le bouton *i*.

Si, au contraire, on a besoin de le faire mouvoir lentement, on tourne la vis sans fin, *lu*, qui traverse un tube creux pouvant s'élever ou s'abaisser.

Avant de commencer le mouvement on a besoin de serrer, par l'intermédiaire de la vis J, deux brides fixées au châssis afin qu'elles embrassent le tube *mn*. Alors en agissant sur le bouton, *l*, on fait tourner la vis, *lu*, qui est prise, à ses deux extrémités, entre deux collets et se meut sur elle-même sans avancer, tandis que le tube, *mn*, s'élève ou s'abaisse en entraînant le châssis.

Celui-ci porte un réticule, *t*, et un oculaire *p* placés à la même hauteur.

En outre une échelle est disposée sur l'un des côtés du cadre et un index placé à la hauteur de l'oculaire permet d'apprécier le déplacement du plan de visée.

La plus petite pinnule est aussi formée d'un cadre, *bf*, portant un châssis à coulisse, qui ne peut faire qu'un mouvement très-restreint d'élévation ou d'abaissement quand on a besoin de régler l'instrument. A cet effet il suffit d'agir sur la vis à ressort *o*. Cette pinnule porte, comme la précédente, une fenêtre à réticule, *s*, et un oculaire *q*.

Dans les deux châssis. les fenêtres et les oculaires sont disposés de manière que la croisée des fils de l'un corresponde au centre de l'oculaire de l'autre et réciproquement.

Les rayons visuels qui passent par les points *p* et *s*, d'une part, et *q* et *t*, d'autre part, se trouvent dans des plans verticaux et parallèles.

Mise en station.

171. — Si l'on suppose que l'instrument soit réglé, c'est-à-dire que la ligne de foi *ix*, passant par les deux zéros des deux pinnules, soit parallèle à la tangente de la bulle, on peut l'installer en station.

A cet effet, on le dispose sur l'un des points, A, par exemple, de manière que la bulle soit entre ses repères et l'oculaire par lequel on vise soit sur sa verticale.

Puis on prend, directement avec la mire, la cote de l'oculaire au-dessus de ce point A pour la porter sur le point B.

On agira ensuite sur le bouton, *i*, pour élever le châssis de la grande pinnule, d'un mouvement rapide, puis sur la vis, *l*, d'un mouvement lent, pour amener exactement l'oculaire *p* sur la ligne joignant le centre du voyant de la mire et la croisée, *s*, des fils de la petite pinnule.

Lorsque le point B est le plus élevé la grande pinnule est en avant, et s'il est le plus bas elle est placée près de l'œil de l'opérateur.

Soit xy le rayon horizontal passant par les zéros des pinnules, et xy' le rayon incliné sur l'horizontale aboutissant de l'oculaire p à la croisée des fils, s, et au centre du voyant.

Si nous posons ab ou $xy = x$; $yy' = y$, nous aurons la tangente de l'angle $yxy' = \dfrac{y}{x}$ qui exprime la pente par unité de longueur.

En représentant par n le nombre des divisions interceptées par l'écartement yy' des rayons, et par l la longueur d'une division, on a aussi tangente de l'angle $yxy' = \dfrac{nl}{x}$

Si l'on désirait exprimer la différence de niveau de deux points il suffirait de remarquer que les deux rayons de visées xy et xy' qui concourent au point x sont coupés par deux verticales représentées l'une par yy' et l'autre par la cote du point B diminuée de celle du point A.

On a ainsi deux triangles rectangles semblables, qui ont par conséquent leurs côtés homologues proportionnels.

Si nous appelons Y cette différence de niveau, et X la distance horizontale des deux points qui représentent les deux côtés coordonnés du grand triangle, puis nl et x les côtés correspondants du petit, on a : $Y = X \times \dfrac{nl}{x}$

Graduation.

172. — Examinons maintenant le procédé de graduation de l'échelle.

Il est évident, d'après ce que nous venons de dire, qu'il consiste dans l'expression du rapport constant $\dfrac{l}{x}$ pour un cas connu de la différence de niveau Y et de la base X exprimés à l'aide d'instruments autres que le clisimètre de Chézy. On peut encore procéder autrement.

Le niveau étant en station comme nous l'avons dit (la bulle entre ses repères) le rayon visuel xy, qui se trouve horizontal, pourra être incliné d'une quantité, i, par mètre (égale à la tangente de l'angle yxy') en lui donnant la direction xy'.

Alors on a $i = \dfrac{yy'}{xy} = \dfrac{nl}{x} = \tan yxy'$; et $yy' = xy \times i$.

Ainsi en se fixant la pente par mètre i, ou la tangente de l'angle d'inclinaison, il suffira de la multiplier par la longueur constante xy de l'écartement entre les pinnules pour avoir la hauteur yy' dont il faut élever le rayon pour obtenir l'inclinaison d'une ligne dont le premier élément serait xy'.

Soit comme exemple $i = 0,20$ et $xy = 0,30$.

On aura : $yy' = 0^m,20 \times 0^m,30 = 0^m,06$.

En divisant 0,06 en 200 parties on obtiendrait les millimètres d'inclinaison.

Pour compléter la graduation de l'échelle on continuerait ces divisions de y en m et de y' en n.

Mais les divisions de six centimètres en deux cents parties égales seraient très-petites et difficiles à apprécier à l'œil.

Aussi on se contente généralement de diviser $0^m,06$ en 40 parties égales donnant $0^m,005$ de perte par mètre ; puis on emploie un vernier pour exprimer les millimètres.

Vérification.

173. — Nous avons admis que le clisimètre était réglé, mais il peut arriver que le constructeur, chargé ordinairement de ce soin, ait oublié de le faire, ou bien que l'appareil se soit dérangé dans les opérations.

Il faut donc pouvoir le vérifier avant de s'en servir et le rectifier si cela est nécessaire.

A cet effet, on dispose le clisimètre en station et on appelle la bulle entre ses repères en agissant sur la vis du genou k et la vis à caler g.

On amène ensuite l'index sur le zéro du vernier de la grande pinnule, puis on dirige un rayon visuel par l'oculaire p et la croisée des fils s, ou par l'oculaire q et la croisée t.

Ce rayon prolongé doit couvrir un point, tel que le centre du voyant d'une mire, éloigné d'une distance égale à la portée de l'instrument.

En retournant le clisimètre bout pour bout et rappelant la bulle entre ses repères, le même point doit être rencontré par le rayon visuel.

S'il n'en est pas ainsi on corrige la différence observée par moitié en agissant sur la vis o du châssis de la petite pinnule et moitié par la vis g de calage.

On arrive plus vite à faire cette correction si, après avoir exprimé la différence, on place le voyant à la position moyenne qu'il doit avoir.

Il suffira, en effet, d'agir sur la vis o pour amener la croisée des fils, s, sur la ligne de l'oculaire, p, de la grande pinnule et du voyant.

Dans cette vérification il est nécessaire que l'axe de la tige k reste toujours vertical.

Usage.

174. — Le clisimètre de Chézy peut être employé à différents usages.

D'abord il peut servir à trouver la différence de niveau entre deux points.

On l'installe en station, comme nous l'avons dit : l'oculaire sur la verticale de l'un des points et la bulle entre ses repères. Puis on prend, à l'aide de la mire, la cote de ce premier point, et on la porte sur le second.

Il suffit de faire mouvoir le châssis de la grande pinnule jusqu'à ce que le plan de visée passant par la ligne ts, ou sa parallèle qt, rencontre le centre du voyant et toute la ligne de foi horizontale de celui-ci.

Alors en lit la pente sur l'échelle de la grande pinnule qui, multipliée par la distance, donne la différence de niveau cherchée.

L'usage le plus fréquent de l'instrument consiste à rechercher sur le terrain une suite de lignes dont la pente est donnée.

Pour cela il suffit de disposer la grande pinnule de manière que le plan de visée ait l'inclinaison adoptée ; puis on règle ensuite une mire en plaçant le centre de son voyant à la hauteur du fil horizontal de la petite pinnule ou du centre de son oculaire au-dessus du sol.

Alors on cherche, avec la mire, un point sur le terrain, tel que le rayon visuel passe par l'oculaire et le croisée des fils opposée et le centre du voyant ; puis on porte l'instrument sur ce point et on en détermine un autre de la même manière, et ainsi de suite.

Un troisième usage consiste à trouver la pente d'une droite.

Le niveau étant en station au-dessus du premier point on prend sa cote avec la mire, puis on porte celle-ci sur le deuxième point, sur lequel on dirige un rayon visuel en élevant (si celui-ci est au-dessus du premier) ou en abaissant (s'il est plus bas) le châssis mobile de la grande pinnule.

La division en face de laquelle s'arrête le zéro du vernier indique la pente de la droite.

Enfin, le clisimètre de Chézy, comme les instruments de ce genre, peut servir de stadia.

Il suffit de le placer en station sur un premier point, avec les précautions indiquées, puis de diriger un rayon visuel horizontal sur la mire placée au deuxième point et de prendre la cote.

Le rayon visuel est incliné ensuite suivant une pente donnée et dirigé de nouveau sur le même point afin d'obtenir une nouvelle cote.

La différence des deux cotes donne la distance cherchée en la divisant par la pente par mètre.

Le niveau de pente de Chézy est un instrument à faible portée à cause de l'emploi des pinnules pour diriger le plan de visée.

On ne peut guère dépasser avec lui une portée supérieure à 30 ou 40 mètres.

Il serait beaucoup plus précis s'il était à lunette.

On l'a amélioré seulement dans son moyen de calage.

Le genou a été remplacé par un système analogue au niveau d'Egault perfectionné.

NIVEAU DE PENTE DE LEFRANC.

175. — L'ingénieur en chef des ponts-et-chaussées, M. Lefranc, est l'inventeur d'un niveau de pente construit sur le même principe que le précédent, mais beaucoup plus simple.

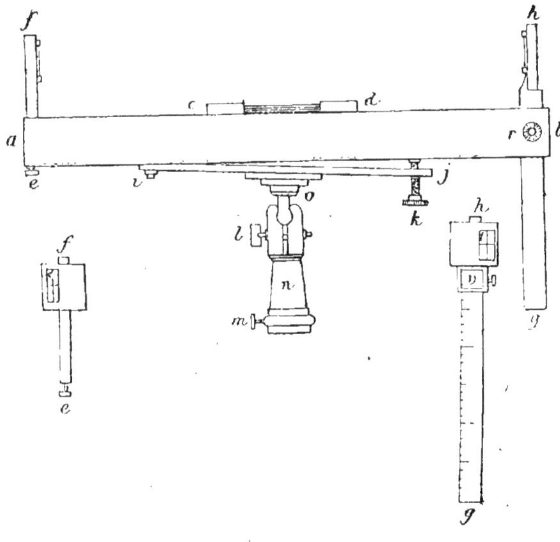

Fig. 59

La figure 39 le représente.

La règle *ab* porte le niveau *cd* en son milieu et deux pinnules *ef* et *gh* à ses deux extrémités.

Cette règle est portée par une autre en métal *ij* à laquelle elle est reliée par une charnière *i* et une vis *k*.

Cette dernière est fixée à un genou *o* porté par une douille *n*.

La règle *ab* est en bois comme les deux pinnules. Elle a environ 0ᵐ,50 de longueur sur 0ᵐ,045 de hauteur et 0ᵐ,025 de largeur.

Le niveau à bulle est disposé à sa partie supérieure dans une cavité pratiquée à cet effet.

La plus petite pinnule *ef* est fixée sur elle à demeure et ne peut recevoir qu'un léger mouvement d'élévation ou d'abaissement à l'aide de la vis *e* lorsqu'on veut régler l'instrument.

La grande pinnule *gh* est mobile dans une lumière pratiquée dans la règle où elle est maintenue dans une position quelconque à l'aide de la vis de pression *r*.

Elle porte l'échelle de pente gravée sur l'un des bords qui est muni d'un vernier fixe permettant d'apprécier jusqu'au demi-millimètre de pente.

La grande longueur de cette pinnule donne toute latitude pour exprimer d'aussi petites divisions.

Au lieu d'avoir un réticule, pour préciser la direction des rayons visuels, les pinnules ont leurs lignes de visée *st* déterminées chacune par deux droites (l'une horizontale et l'autre verticale) divisant en quatre parties égales deux très-petits rectangles tracés sur une feuille de laiton d'une faible épaisseur.

Deux des quatre rectangles sont évidés et les deux autres sont pleins.

Cette disposition permet d'apercevoir plus facilement et à de plus grandes distances les lignes de foi du voyant.

Le niveau de pente Lefranc est un instrument simple, très-léger et facile à construire et à réparer.

Il est plus précis que le clisimètre de Chézy et peut être employé avec plus de succès que lui aux mêmes opérations.

ALIDADE NIVELATRICE.

176. — L'alidade nivelatrice est usitée en topographie pour faire les nivellements et les levés expéditifs.

Elle est généralement à pinnules et à faible portée.

On en fait aussi beaucoup à lunette ; et celle que représente la figure 40 est à lunette-stadia.

Celle-ci se compose d'une règle de cuivre *ab* portant un niveau à bulle *c* et un support *jk* avec lequel elle est assemblée normalement.

Ce support porte à son tour la lunette *d c* et un arc de cercle *g h* gradué auquel elle est reliée par deux branches *m* et *n*.

La lunette est mobile autour du point *f* et est assemblée normalement à une tige *i* portant un vernier.

Mise en station.

177. — Lorsqu'on veut mettre l'instrument en station il est placé sur une planchette au-dessus de l'un des points A de manière que l'oculaire soit sur sa verticale et la bulle entre ses repères.

Alors si le zéro du vernier, *i*, correspond au zéro de l'arc de

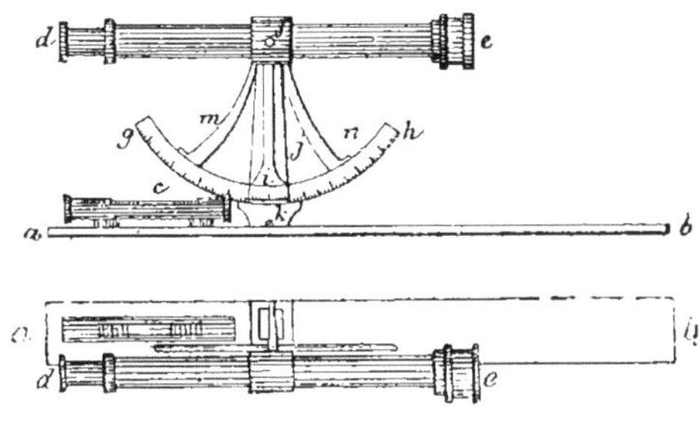

Fig. 40

cercle, *g h*, l'axe de figure de la lunette, *d c*, et l'axe optique sont horizontaux.

Après avoir pris la cote du point A avec la mire on porte celle-ci repérée sur le point B.

La lunette est dirigée sur cette dernière de manière que le plan de visée passe par la cote.

Celle-ci formera alors, sur un terrain incliné avec sa direction horizontale, un angle exprimé sur l'arc du cercle par l'écartement des zéros (du vernier et de cet arc).

La lunette donnera directement, avec sa stadia, la distance oblique des deux points ou la longueur de l'hypothénuse du triangle rectangle dont les deux côtés de l'angle droit sont : la distance horizontale et la cote du point B.

En appelant *y* cette cote, *r* la longueur de l'hypothénuse et α l'angle de pente trouvé,

Nous aurons : $\operatorname{Sin} \alpha = \dfrac{y}{r}$; d'où $y = r \sin \alpha$.

On remarquera que cette formule s'applique seulement au cas spécial de l'emploi de la lunette-stadia.

178. — Si la lunette employée ne donnait pas la distance des points il faudrait la déterminer à la chaîne.

Alors, au lieu de la mesurer obliquement, on exprime seulement sa projection horizontale que nous appelons x ; et on a :

$$\frac{y}{x} = \text{tang. } \alpha \; ; \; \text{d'où } y = x \text{ tang. } \alpha.$$

Si l'on connaissait l'altitude Y du premier point on en déduirait ainsi facilement Y' celle du second.

Remarquons, avant, qu'en général la cote h du premier point, ou sa distance verticale à l'oculaire, pourra être différente de la cote h' du second point.

On aurait alors : $Y' = Y - h' + h + x$ tang. α.

La graduation et le réglement se font d'après les principes que nous avons indiqués plusieurs fois pour les clisimètres précédents.

Cette alidade est un véritable instrument olométrique (qui mesure tout).

Cependant elle n'est pas sans reproche.

La nécessité de la placer sur une planchette ne permet pas un calage rapide à moins qu'elle ne possède un genou à la Cugnot.

BOUSSOLE NIVELANTE.

179. — La boussole nivelante, munie d'une lunette-stadia, peut être regardée comme l'un des clisimètres les plus précieux.

Elle consiste, figure 41, en une boussole ordinaire formée d'un cadre *abcd* portant un cercle gradué en degrés au centre duquel peut tourner librement une aiguille aimantée.

Deux niveaux *ef* et *gh* permettent de placer le cercle ou limbe, dans un plan horizontal.

Cet ensemble est porté normalement par une tige *t*, assemblée à la douille *u*, par un genou à coquille.

Les parties qui constituent le clisimètre proprement dit comprennent : 1° un arc de cercle gradué, *kl*, fixé au cadre de la boussole ; 2° un vernier, *m*, porté par une tige *mn* ; 3° une lunette, *ij*, fixée à la tige, *mn*. Cette tige et la lunette peuvent tourner librement autour du point *n* et s'incliner plus ou moins.

Elles sont maintenues dans une situation donnée, contre l'arc de cercle *kl*, à l'aide d'une vis de pression *p*.

Lorsqu'on veut les faire mouvoir, d'un mouvement rapide, on desserre la vis *p*, puis on les fait glisser à la main sur l'arc de cercle.

Quand, au contraire, on veut les déplacer lentement, de manière à leur faire parcourir un chemin angulaire très-court, on agit sur la vis o.

Lorsque l'instrument est réglé, la ligne de foi déterminée par le zéro de l'arc, kl, le zéro du vernier, m, et le point n, doit être parallèle à la tangente des bulles lorsque celles-ci sont entre leurs repères ; c'est-à-dire que la ligne de foi est horizontale.

Lorsque le zéro de l'arc kl ne se trouve pas sur cette ligne de foi, on l'y amène par un mouvement lent à l'aide de la vis v.

L'axe de figure de la lunette ayant été disposé parallèlement à la ligne, mn, du vernier, m, et du point de rotation, n, il suffira d'amener le zéro du vernier en face du zéro de l'arc, kl, pour que le plan de visée se trouve horizontal.

Si on monte ou descend le système, ij, et mn, le zéro du vernier s'éloignera du zéro de l'arc de cercle d'une quantité que l'on pourra exprimer en degrés.

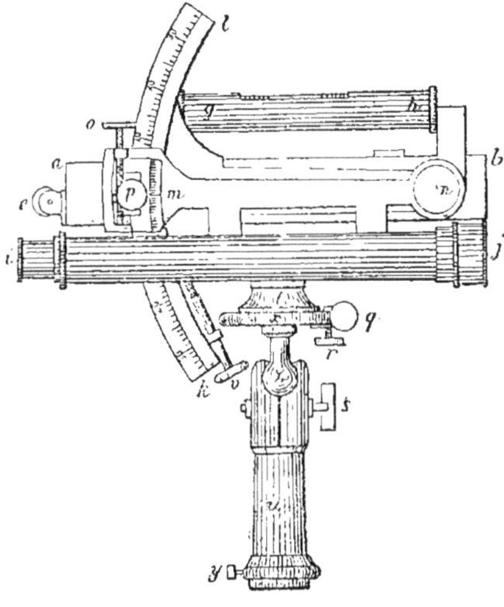

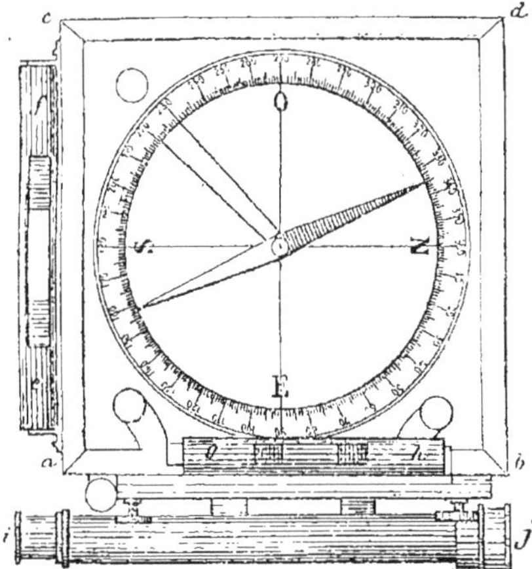

Fig. 41

Mise en station

180. — Lorsqu'on veut disposer l'instrument en station on le place sur un trépied de manière que l'axe de la douille soit à peu près vertical, et que l'oculaire, i, soit sur la même verticale que celle du premier point.

On serre la vis de pression y, pour maintenir l'appareil sur son pied, puis on appelle les bulles entre leurs repères en faisant pivoter, dans le sens vertical, tout l'ensemble autour du genou dont on serre les coquilles à l'aide de la vis s, lorsqu'on est sûr que la surface du limbe de la boussole est dans un plan horizontal.

On a soin avant de serrer définitivement cette vis, s, de faire faire plusieurs tours d'horizon à la boussole.

A cet effet, toute la partie supérieure au cercle x se meut à la main avec lui autour d'un axe xz d'un mouvement rapide à la main ou d'un mouvement lent à l'aide de la vis q, et lorsqu'on veut l'arrêter dans une situation quelconque, on serre la vis de pression r.

181. — *Manière de prendre la différence de niveau entre deux points.* La boussole étant placée en station sur le point A, on prend la cote h de celui-ci ou sa distance verticale à l'oculaire.

On porte ensuite la mire (qui est toujours une mire parlante dans cette occasion) sur le deuxième point B et on dirige sur elle un rayon visuel qui vient la rencontrer à une hauteur h' au-dessus du point.

Soient Y et Y' les altitudes du premier et du second point et X leur distance horizontale.

On aura, comme pour l'alidade nivelatrice :

$$Y' = Y - h' + h + X \tang \alpha.$$

La direction du rayon de visée est déterminée dans le plan horizontal par la boussole elle-même ; et on peut d'une même station mesurer la hauteur relative de plusieurs points ainsi que leur situation dans ce plan.

En d'autres termes on fait, à l'aide de la boussole nivelante, de la tachéométrie.

182. — *M. Laterrade,* ingénieur en chef des ponts-et-chaussées, a résumé, dans un mémoire qu'il a publié dans les *Annales des ponts-et-chaussées* de 1855, les avantages de l'emploi de ce clisimètre pour les opérations de détails.

Dans les terrains accidentés, la boussole nivelante permet de déterminer, à l'aide du nivellement par rayonnement ou par cheminement, le relief du sol en se dispensant de l'emploi des profils en travers.

En outre, on opère avec une économie de temps considérable, en faisant de la tachéométrie (ou le levé des plans et le nivellement en même temps). De plus, comme il n'est pas nécessaire, pour son emploi, de tracer des lignes droites, on est dispensé d'équerres et de jalons.

Ajoutons que ce clisimètre a une portée et une précision égales à celle des niveaux à bulle ; ce qui permet d'opérer très-rapidement et avec une grande exactitude.

Les erreurs que l'on peut commettre avec la boussole nivelante sont de trois sortes :

1° Celles provenant de l'inexactitude de l'instrument. Suivant les expériences de M. le lieutenant-colonel *Bichot*, publiées dans le *Mémorial de l'officier du génie*, ces erreurs auraient été, par kilomètre, avec un opérateur bien exercé, de 0ᵐ,30 et 0ᵐ,25 ; et avec deux opérateurs inégalement habiles, de 1ᵐ,33 à 0ᵐ,51.

M. Bichot assure qu'un opérateur ordinaire peut lire les angles horizontaux de la boussole avec une approximation de cinq minutes ; et il ajoute qu'un opérateur exercé obtient une approximation plus grande.

L'approximation de cinq minutes ne donne à 100 mètres qu'une erreur de 0ᵐ,15.

Ainsi, la boussole, comme on le voit, donne des résultats d'opération avec une exactitude très-grande.

2° Celles qui proviennent de la lecture des angles verticaux. Cette lecture se fait à une demi-minute près. Ce qui donne, pour une distance de 100 mètres, une erreur de 0ᵐ,015.

C'est une erreur négligeable pour les nivellements de détails.

3° Celles qui résultent de l'application des distances pour les cotes lues sur la mire parlante avec la lunette-stadia. Ces erreurs sont aussi peu considérables que celles qu'on fait par un chaînage direct bien exécuté.

Pour en donner une preuve, nous citerons quelques chiffres rapportés par M. Debauve, dans son *Manuel de l'ingénieur des ponts-et-chaussées* (nivellement).

DISTANCES trouvées au moyen des cotes lues par l'opérateur	DISTANCES trouvées au moyen des cotes lues par le lecteur	DISTANCES trouvées par le chaînage
2ᵐ.0	2ᵐ,0	2ᵐ,0
5ᵐ,1	5ᵐ,1	5ᵐ,0
10ᵐ,1	10ᵐ,1	10ᵐ,0
20ᵐ,2	20ᵐ,1	20ᵐ,0
50ᵐ,9	50ᵐ,7	51ᵐ,0
75ᵐ,0	75ᵐ,0	75ᵐ,0

CHAPITRE V

Les Baromètres.

183. — Le baromètre convient spécialement lorsqu'on veut connaître, en voyage, l'altitude des montagnes.

Pour le nivellement, au contraire, il ne doit être employé qu'exceptionnellement, lorsqu'on ne peut faire usage des niveaux ou des clisimètres.

Le principe de cet instrument repose sur la connaissance de la loi qui unit les hauteurs barométriques aux pressions atmosphériques.

C'est à l'immortel Laplace que l'on doit la connaissance de cette loi.

Ne pouvant la développer ici, nous renvoyons le lecteur aux travaux de Laplace, Babinet et du chef d'escadron Salneuve (voir plus particulièrement le *Cours de topographie et de géodésie* de ce dernier).

On sait que la pesanteur de l'air, soupçonnée par Aristote, fut prouvée par une expérience directe de Galilée ; expérience qui consiste à peser, dans un même ballon, de l'air ordinaire et de l'air comprimé.

Plus tard Toricelli, élève de Galilée, compléta la démonstration de celui-ci en prouvant, par expérience, que la pression atmosphérique était égale à une colonne d'eau de $10^m,4$, ou à une colonne de mercure de $0^m,760$ au niveau moyen de la mer.

Cette mémorable expérience de Toricelli, exécutée en 1643, fut répétée par Pascal en 1646 à Rouen ; et par son beau-frère Périer en 1648 sur le Puy-de-Dôme.

Cette dernière expérience de Périer prouva que la pression atmosphérique diminuait au fur et à mesure qu'on s'élevait; et que la hauteur barométrique était liée à l'altitude.

Voici la formule de Laplace dont on fait généralement usage :

$$X = 18393^m \left(1+0,002837 \cos. 2\, l \left[1 + \frac{2\,(T + t)}{1000}\right] \log \frac{H}{h}\right.$$

X est l'altitude cherchée, l l'altitude du lieu, T et t la température au pied et au sommet de la montagne, H et h la pression au pied et au sommet.

Lorsque l'altitude est inférieure à 1000 mètres, on peut se servir de la formule approximative de Babinet :

$$X = 1600 \, \frac{H - h}{H + h} \left[1 + \frac{2\,(T + t)}{1000} \right]$$

Au-delà de 1000 mètres d'altitude, elle ne peut donner que des résultats approchés.

Les données à introduire dans les formules doivent être déterminées avec soin.

Deux opérateurs sont placés, l'un en bas de la montagne et l'autre au sommet.

Ils notent, tous les quarts d'heure ou toutes les dix minutes, les indications du baromètre et du thermomètre.

Ils prennent ensuite la moyenne de ces observations déterminées en nombre plus ou moins grand suivant la régularité de marche des instruments.

On fait ordinairement de 10 à 12 observations pour une moyenne.

Pour éviter toutes erreurs dues aux variations de pressions atmosphériques et de température, on réunit plusieurs moyennes obtenues aux mêmes heures et à des jours différents.

Ce sont les moyennes de ces moyennes, seulement, qu'on introduit dans les formules précédentes.

Nous ajouterons que les instruments seront tenus à l'abri des courants d'air et comparés à l'avance de manière à être d'accord.

Les chronomètres des observateurs doivent être bien réglés pour que les observations puissent être faites aux mêmes heures convenues d'avance.

Outre les thermomètres, portés par les baromètres, on fait aussi usage des thermomètres libres afin d'obtenir une précision plus grande encore dans l'appréciation des températures.

On doit choisir de préférence le milieu de la journée et un temps calme pour faire les observations.

Les changements des températures sont alors moins brusques aux différentes hauteurs de l'atmosphère.

Enfin, il est indispensable d'opérer à l'ombre pour obtenir encore plus de régularité et de précision dans les résultats.

BAROMÈTRE DE FORTIN

184. — Le baromètre de Fortin, représenté par la figure 42, est dit à cuvette.

Il consiste en un tube ab et une cuvette ac, en verre, de formes cylindriques.

Le tube est entouré d'un cylindre de cuivre pour le protéger contre les chocs.

Il est fermé à l'une de ses extrémités et ouvert à l'autre.

On le remplit de mercure, puis on le retourne pour le plonger par son extrémité ouverte, dans la cuvette.

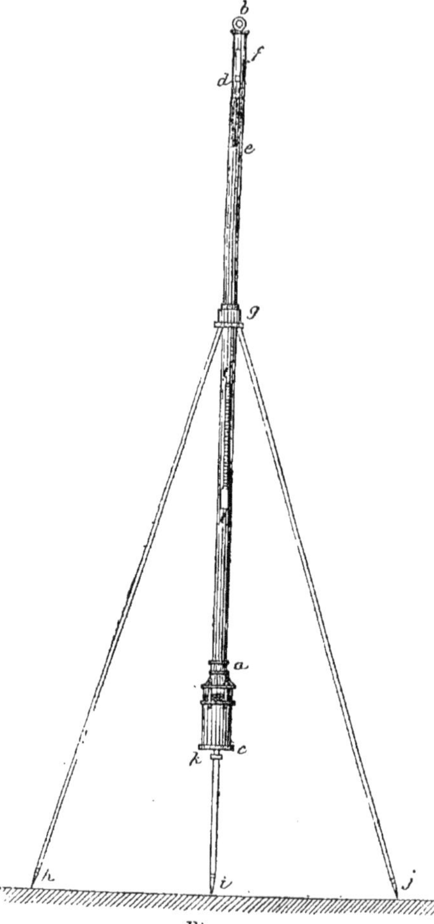

Fig. 42.

La colonne mercurielle s'abaisse dans le tube jusqu'à ce qu'elle soit en équilibre avec la pression atmosphérique.

Il reste un vide parfait dans la partie supérieure du tube qui permet à la colonne de s'élever sans résistance lorsque la pression de l'air augmente.

Une échelle a été graduée de bas en haut suivant la longueur de ce tube.

Le zéro de la graduation part d'une pointe d'ivoire, u (fig. 43), à l'extrémité de laquelle la surface du mercure doit toujours être amenée avant de faire la lecture de la hauteur de la colonne mercurielle.

A la partie supérieure deux échancrures opposées sont pratiquées dans l'enveloppe de cuivre afin d'apercevoir le sommet de cette colonne.

L'une de ces échancrures est visible en *ef* et elle reçoit un curseur, *d*, à vernier, permettant d'apprécier exactement la hauteur du mercure dans le tube à 1/10 de millimètre près.

Un thermomètre, *tt'*, est porté par l'instrument et sert à déterminer la température.

Tout cet ensemble est supporté par un genou de cadran, *g*, fixé à un trépied *ghij*.

Lorsque ce trépied est en station le baromètre se met de lui-même vertical.

La cuvette, représentée en coupe, par la figure 43, se compose, comme nous l'avons dit, d'un cylindre de verre, *vx*, fixé, d'une part, à sa partie supérieure à une monture métallique, *yz*, garnie intérieurement de bois de buis donnant passage au tube *a*, et fixé d'autre part, à sa partie inférieure, avec un autre tube de bois de buis, *ss'*, fermé par une peau de chamois *op*.

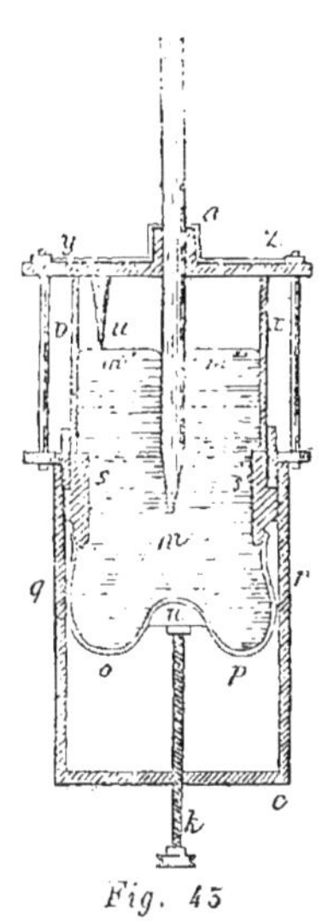

Fig. 43

Ce dernier tube de bois et le sac de peau sont, pour le préserver des chocs, entourés d'un tube cylindrique de laiton *qr* relié à la plaque *yz* par trois triangles, dont deux sont visibles en *v* et *x*.

Une vis *k* traverse le fond de ce dernier pour venir s'appuyer sur un disque de bois, *n*, fixé au fond du sac de peau.

En tournant cette vis, on fait monter ou descendre le mercure, *m*, dans la cuvette, de manière à amener sa surface, *m'm'*, jusqu'à la pointe d'ivoire, *u*, afin de pouvoir lire la hauteur de la colonne mercurielle.

Lorsqu'on veut transporter l'instrument d'un endroit à l'autre, on tourne cette vis *k* jusqu'à ce que le liquide remplisse complétement le tube et la cuvette.

Sans cette précaution le mercure, qui a une grande densité, produirait, par ses oscillations, la rupture des tubes de verre qui le contiennent.

Le transport de ce baromètre se fait ordinairement en le plaçant, avec son pied, dans un fourreau de cuir.

Lorsqu'on est arrivé sur le point où on doit déterminer la pression atmosphérique l'appareil est mis en station, puis la surface de mercure est amenée en contact avec la pointe d'ivoire.

Alors on pousse le curseur de manière à disposer son zéro au sommet de la colonne mercurielle, puis on lit la hauteur de cette colonne.

Dans les baromètres de Fortin bien construits, la pointe d'ivoire est placée de telle manière qu'aucune correction de lecture n'est nécessaire.

Quand il n'en est pas ainsi, la hauteur obtenue par une lecture directe doit être augmentée d'une correction de capilarité.

BAROMÈTRE DE GAY-LUSSAC.

185. — Le baromètre de Gay-Lussac est du genre des baromètres à syphon.

Il contient peu de mercure, et est, par cela même, d'un transport plus facile et d'un prix moins élevé que celui de Fortin.

Il consiste (fig. 44), en deux tubes de verre ab et cd disposés l'un au-dessus de l'autre et réunis par un tube capillaire e ayant pour but d'empêcher les bulles d'air de se loger dans la partie supérieure de l'instrument pendant son transport.

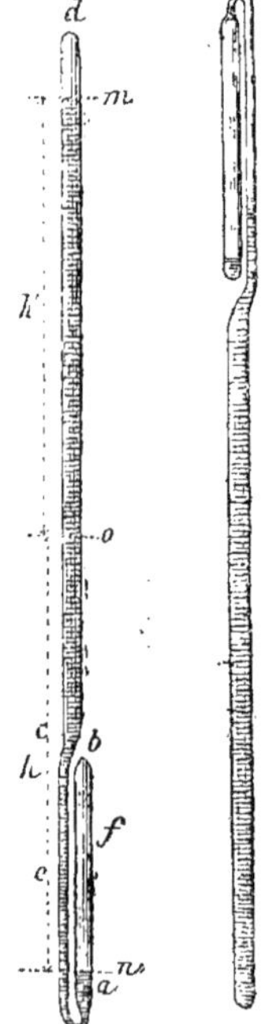

Au point f du tube, ab, est pratiqué un orifice permettant à la pression atmosphérique, sans laisser échapper le mercure, de s'exercer sur la surface, n, de celui-ci.

Lorsqu'on veut transporter le baromètre, on le retourne dans la deuxième position de la figure 44 avec le plus grand soin.

La plus longue branche contient alors beaucoup de mercure tandis que la plus petite n'en contient qu'une faible quantité.

On peut, ensuite, le transporter sans danger de le casser.

Pour s'en servir de nouveau, il suffit de le retourner dans sa position première avec les mêmes précautions.

Le tube de verre est enfermé dans un cylindre de laiton AB (fig. 45), pour éviter les chocs.

On dispose l'instrument en station en le suspendant à un genou de cadran, d, d'un trépied, $defg$.

Fig. 44

Deux fentes sont pratiquées, l'une à la partie supérieure et l'autre à la partie inférieure du tube de laiton, de manière à permettre de voir les hauteurs des colonnes de mercure dans les deux tubes de verre et de les mesurer à l'aide de deux curseurs à vernier c et c'.

Les hauteurs h et h' se comptent à partir du zéro commun jusqu'au niveau du mercure dans les deux tubes, ainsi que le montre la figure 44.

La hauteur totale de la colonne mercurielle est égale à la somme des hauteurs $h + h'$.

Si le zéro était placé au-dessous du niveau du mercure dans la petite branche, cette hauteur totale serait égale à la différence des hauteurs $h' - h$.

Ajoutons que l'instrument porte un thermomètre, tt, pour observer la température.

Enfin, lorsqu'on le transporte d'un endroit à un autre, très-éloigné, on le place dans un fourreau de cuir avec son trépied.

Ce baromètre a l'avantage de ne point exiger de correction de lecture si les diamètres des deux tubes sont égaux.

En revanche, on lui reproche de devenir inexact par suite de l'attraction de l'air pour le mercure dans la petite branche.

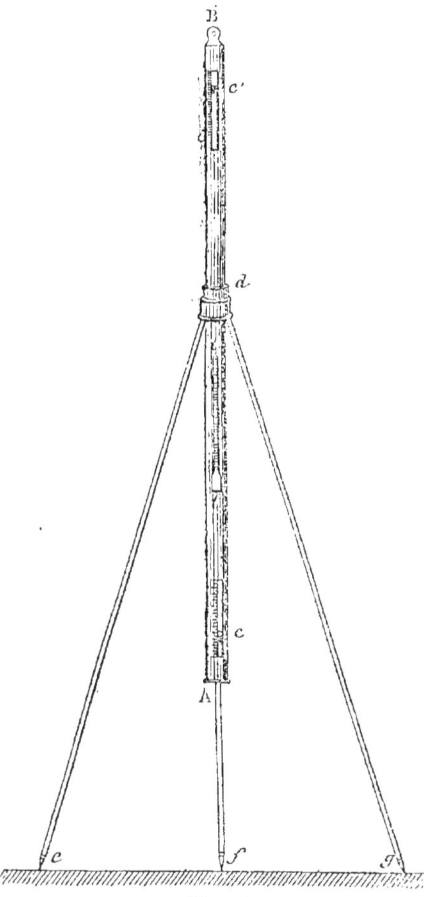

Fig. 45

AUTRES BAROMÈTRES PLUS PORTATIFS

186. — Les deux baromètres décrits ont les inconvénients communs d'être fragiles et assez embarrassants en voyage.

Aussi, on a essayé de les remplacer par d'autres instruments plus solides et plus faciles à transporter.

Le plus curieux de ces instruments est l'*hypso-thermomètre*. Il est basé sur cette propriété que la température de l'ébullition de l'eau est celle à laquelle sa vapeur a une tension égale à celle de l'atmosphère.

D'où il résulte qu'on peut connaître ainsi les pressions atmosphériques lorsqu'on sait à quelles températures l'eau, qui leur est soumise, peut bouillir ou bien quand on connaît celle de ses vapeurs.

Un autre instrument connu sous le nom de *sympiézomètre* de *Buntun* est basé sur la propriété que possède l'air confiné de varier de volume avec l'altitude où on le transporte.

En connaissant la loi qui relie cette variation du volume (suivant les altitudes) aux pressions atmosphériques on pourra donc déterminer celles-ci.

Le baro-thermomètre ou thermomètre barométrique de Wollaston permet aussi, en exprimant la température de l'ébullition de l'eau distillée sur un point remarquable, de connaître la pression atmosphérique et par suite l'altitude.

Enfin, nous citerons encore les baromètres anéroïdes qui peuvent se résumer dans le *baromètre Vidi* et dans le *baromètre Bourdon*.

Le baromètre *Vidi*, déjà ancien, consiste en un récipient cylindrique vide. La base supérieure de ce récipient est en métal flexible et porte une tige faisant corps avec un levier pivotant autour d'un point fixé à l'enveloppe du baromètre et relié à un ressort adapté à la boîte.

Si la pression atmosphérique fait plus ou moins fléchir la face supérieure du récipient, la tige indiquera, par les oscillations de son extrémité libre sur un cadran, la variation de cette pression.

Le cadran, pour être exact, doit être gradué avec soin.

Il faut qu'il exprime bien à quelle pression atmosphérique correspondent les oscillations de la tige.

On fait aujourd'hui des baromètres de ce genre sous le nom de baromètres *holostériques* très-commodes qui ont l'aspect et la grosseur d'une montre de chasse.

Le baromètre de Bourdon n'est pas autre chose que le manomètre de ce nom légèrement modifié.

Il consiste en un tube de section elliptique fermé à ses extrémités et complétement vide.

Il est à parois minces et très-élastiques.

On le fixe en son milieu à une pièce attenante à une boîte qui le renferme.

Les deux extrémités, qui sont libres, s'articulent par le moyen de deux bielles à un levier mobile, autour d'un axe, qui fait mouvoir une aiguille dont les extrémités glissent sur un cadran gradué.

Les pressions atmosphériques ont pour effet de faire rapprocher ses extrémités ou bien de les éloigner; et, par suite, de faire osciller l'aiguille sur le cadran. Si celui-ci est bien construit on obtiendra exactement la pression.

Tous ces instruments sont gradués par comparaison avec les baromètres de Fortin ou de Gay-Lussac.

L'accord continue entre eux pendant un temps plus ou moins long, après quoi il se modifie insensiblement.

Il importe donc que chacun de ces petits baromètres porte un moyen de le vérifier ou de l'étalonner.

Nous conseillons au lecteur, qui pourrait avoir besoin de plus de détails sur les baromètres, de lire le Cours de topographie et de géodésie du professeur *Salneuve*.

CHAPITRE VI

Le Tachéomètre (1).

187. — Le *tachéomètre* n'est pas autre chose qu'un théodolite auquel on a fait subir quelques modifications.

C'est *M. Porro*, officier supérieur piémontais, qui a, le premier, proposé l'emploi de cet instrument pour faire simultanément la planimétrie et le nivellement.

Le grand modèle olométrique, qu'il a fait construire, se compose essentiellement, comme le théodolite, de deux cercles gradués, l'un horizontal et l'autre vertical. Parallèlement à ce dernier se meut une lunette à réticule à stadia et tube anallatique.

La grande puissance de cette lunette donne aux lectures une précision qu'on ne peut obtenir avec les instruments ordinaires à stadia.

Le principe de l'instrument est simple.

« Les mesures, comme le dit M. Moinot, reposent sur la proportionnalité de deux triangles semblables.

« Le premier, dit triangle d'observation, a pour base l'écartement des fils d'une lunette et pour côtés adjacents les lignes menées des extrémités de cette base au point de croisement des images situé à l'intérieur.

« Le deuxième triangle, ou triangle observé, qui donne les

---

(1) Nous empruntons les idées exprimées dans ce chapitre au mémoire de M. Porro et à l'ouvrage de M. Moinot.

mesures cherchées, est le prolongement du précédent; sa base est appuyée sur les divisions d'une mire placée au point qui doit être relié à la station. »

M. Porro a décrit son instrument et exposé sa méthode (la *tachéométrie*) dans un mémoire inséré aux *Annales des Ponts-et-Chaussées* de 1852.

Son mémoire a eu un grand retentissement et est suivi des conclusions d'un rapport au *Ministre* des travaux publics, fait par une commission composée de MM. Mary, Lalanne, Grenet et de Sénarmont.

Le rapporteur, M. Lalanne dit que : « de toutes les opérations que les ingénieurs sont appelés à faire exécuter sur le terrain, le chaînage est sans contredit la plus fastidieuse, la plus pénible et celle qui comporte le plus de chances d'erreurs.

« En construisant une lunette micrométrique exempte de tous les défauts qui avaient empêché le procédé de la stadia de se développer, M. Porro a rendu aux opérateurs un service signalé. »

188. — La Commission propose au *Ministre* :

« 1° D'accorder son approbation aux instruments et procédés d'arpentage, de nivellement et de géodésie que lui a présentés *M. Porro* ;

« 2° De faire insérer le mémoire descriptif de M. Porro dans les *Annales des Ponts-et-Chaussées* et au moins par un exemplaire dans les *Annales des Mines*.

« 3° De faire déposer dans les collections de chacune des Ecoles des Ponts-et-Chaussées et des Mines un théodolite olométrique de la plus grande puissance avec ses accessoires, y compris la mire stadia, plus le système complet des appareils proposés à la mesure des bases ;

« 4° De commander trois autres théodolites de dimensions différentes, destinés à être suivis et étudiés par les ingénieurs ayant un grand nombre d'opérations à faire sur le terrain. »

189. — Malgré ce rapport et ces conclusions, l'heureuse idée de M. Porro ne s'est propagée que très-difficilement.

Aujourd'hui, grâce à *M. Moinot*, ancien ingénieur des études du réseau central de la Compagnie des chemins de fer d'Orléans, le tachéomètre est employé pour les études de projets de chemins de fer avec un grand succès.

Il a appliqué cet instrument, qu'il a beaucoup amélioré, à plus de 1,500 kilomètres de tracés de chemins de fer depuis 1855.

Il a formé des élèves qui propagent les principes de sa pratique; et il a publié un ouvrage, déjà à sa deuxième édition, ayant pour titre : *Levés des Plans à la stadia*, qui contribuera à la vulgariser.

Sur l'instrument *Porro* il s'exprime ainsi : « L'usage du tachéomètre m'a fait reconnaître bientôt que le modèle exécuté par M. *Porro* ne présentait pas toute la stabilité nécessaire pour les opérations d'une grande étendue. Afin de remédier à ce défaut, j'ai placé la lunette sur un théodolite ordinaire auquel on a fait quelques modifications et additions. En même temps, je me suis créé une méthode appropriée aux études de tracés, m'appliquant à réaliser le degré de précision requis en pareille matière. »

M. Moinot doit être regardé comme le véritable propagateur en France de l'instrument et de la méthode Porro.

190. — La figure 46 représente le tachéomètre Richer à une

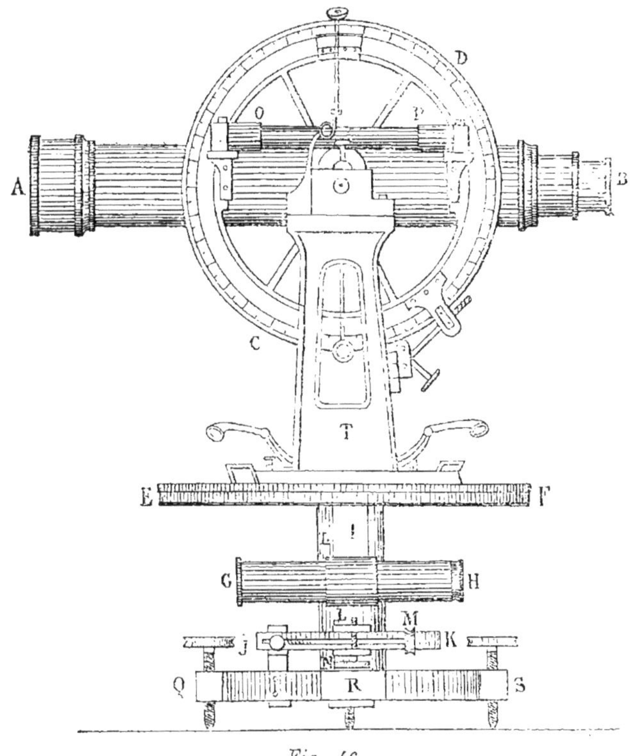

Fig. 46

assez grande échelle pour permettre de bien distinguer ses organes principaux.

La description de cet instrument suffira pour faire comprendre les autres systèmes.

Il se compose essentiellement d'une lunette d'observation, de deux cercles verticaux, d'un cercle horizontal, d'un déclinatoire tube, d'un niveau à bulle, d'une colonne verticale, de deux branches verticales, et enfin de loupes, verniers, vis de serrage, vis de règlement, etc.

Cette figure 46 a été dessinée d'après un dessin perspectif que nous devons à l'obligeance du constructeur, auquel nous sommes heureux d'exprimer ici tous nos remerciements.

Elle représente son grand modèle de tachéomètre.

Il a remplacé récemment la lunette chercheuse de M. Moinot par un déclinatoire tube. En outre, dans ses petits modèles le niveau à double face n'existe plus, puisqu'il n'est pas nécessaire.

Enfin, une amélioration importante, faite par cet habile et consciencieux constructeur, consiste dans le remplacement des fils d'araignée du micromètre par des divisions sur un verre de l'oculaire.

M. Richer construit trois modèles de tachéomètres.

Le grand modèle porte à 500 mètres ; le petit à 250 mètres, et le moyen à 300 mètres.

Lunette d'observation.

191. — La lunette d'observation AB est l'organe essentiel du tachéomètre.

Le micromètre est formé de cinq divisions gravées sur le verre, dont trois horizontales, situées à des distances égales et deux verticales très-rapprochées les coupant par leur milieu. Ces deux dernières servent à préciser le pointage.

Les divisions horizontales extrêmes permettent d'apprécier les distances, tandis que celle du milieu sert au pointage de la lunette.

Celle-ci contient un tube Porro, dit anallatique, permettant d'amener à son centre le commun sommet des triangles observés et d'observation et à les maintenir dans un rapport complétement indépendant du mouvement de l'oculaire.

Ajoutons que la stadia est à 0,005 par mètre.

Cercles verticaux et cercle horizontal.

192.—Le cercle vertical principal, CD, est divisé entièrement suivant le système de division centésimal qui se prête mieux que le système sexagésimal aux calculs logarithmiques.

A l'opposé de ce cercle, dans le grand modèle Richer, en est un autre vertical non divisé servant à équilibrer le tachéomètre.

Dans les petits modèles ce cercle n'existe pas.

Le cercle horizontal EF est disposé immédiatement au-dessous de la lunette d'observation, de telle manière qu'il ne puisse gêner celle-ci dans son mouvement vertical de rotation entre les cercles verticaux et les branches.

Ce cercle horizontal est aussi entièrement divisé suivant le système de division centésimal.

Ses divisions, comme celles du cercle vertical principal, ne sont faites que dans un seul sens, de gauche à droite, afin d'éviter les erreurs de lecture.

M. Richer a augmenté beaucoup son diamètre récemment, afin de faciliter la mesure des angles et de donner plus d'harmonie.

Boussole.

193.— Le nouveau modèle de tachéomètre a sa boussole disposée au dessous du cercle horizontal dans un tube GH. C'est un véritable déclinatoire fixé sous ledit cercle.

Sa fonction est d'orienter le tachéomètre.

Son aiguille est suspendue librement dans le tube GH.

L'objectif de celui-ci porte des divisions. Le zéro doit correspondre à la pointe de l'aiguille pour que le tachéomètre se trouve orienté. Alors la ligne de foi du cercle EF est dans le plan du méridien vrai, faisant l'angle de déclinaison avec l'aiguille.

Le tube GH a pour fonction de protéger l'aiguille, et en même temps de permettre d'amener celle-ci au zéro. Le cercle EF, le tube GH, le plateau JK et la colonne L sont solidaires. On fait mouvoir le tout d'un mouvement prompt à la main et d'un mouvement lent à l'aide de la vis M, puis on arrête par la vis de serrage N.

Niveau à bulle.

194.— Le niveau à bulle OP est situé sur la partie fixe du cercle vertical portant le vernier.

Il sert à mettre l'instrument en station et à rendre l'axe de la lunette horizontal lorsque le zéro du vernier correspond à 100 grades.

Pour les tachéomètres de grand diamètre on dispose un second niveau à double face sur le cercle vertical non divisé que l'on utilise pour faire des grandes opérations de nivellement.

Colonne verticale.

195. — La colonne verticale LL', qui porte tout l'instrument, est terminée par une base à trois branches QRS traversées à leurs extrémités par des vis qui servent à faire le calage sur le trépied.

Sur cette colonne verticale est fixé le cercle horizontal dont nous avons parlé.

Les deux branches verticales.

196. — Les deux branches verticales fixées à la colonne et au cercle horizontal portent les deux cercles verticaux et tous leurs accessoires.

L'une d'elles, T, est seulement visible en élévation dans notre dessin.

Lunette chercheuse Moinot.

197. — M. *Moinot* a disposé une lunette dite *chercheuse* au-dessous du cercle horizontal et à une certaine distance de la colonne verticale.

Cet organe, par l'emploi de la méthode de la répétition, permet d'obtenir les angles avec une grande exactitude.

Nous avons dit, plus haut, que M. Richer avait remplacé cette dite lunette par un déclinatoire GH. Son emploi rendrait difficile la position à occuper par la boussole.

Loupes, Verniers, Vis de serrage, etc.

198. — Le tachéomètre est muni de loupes, pour permettre une lecture facile des divisions des cercles.

Les verniers, comme pour tous les goniomètres, servent à apprécier les minutes.

Enfin, les vis de serrage, de règlement, etc., sont indispensables à la bonne manœuvre de l'instrument.

199. — RÉGLER L'INSTRUMENT. Avant d'employer le tachéomètre, il est indispensable de le bien régler.

Nous allons indiquer aussi brièvement que possible les divers règlements à exécuter.

200. — *Régler le vernier du cercle vertical.* Le règlement du vernier existe lorsque le fil axial de la lunette est horizontal et que le zéro dudit vernier correspond à l'origine de la division du cercle vertical qui est marquée 100.

On juge de l'horizontalité du fil axial en dirigeant un rayon visuel tangentiellement à ce fil, dont on note la hauteur, sur une mire parlante placée à une certaine distance.

Puis, en faisant faire la moitié d'une révolution à la lunette et au cercle horizontal, et avoir amené le zéro sur la division 300 du cercle vertical, on voit si le rayon visuel de nouveau dirigé (suivant le fil axial), sur la mire tombe à la même hauteur.

Si les deux cotes obtenues sont identiques, le vernier du cercle vertical est réglé.

S'il n'en est pas ainsi il suffira, pour obtenir le règlement, de prendre la moitié de l'écart des deux côtés et de diriger le rayon visuel sur la moyenne cote.

201. — *Régler le niveau.* La lunette étant dans la dernière situation décrite, il suffit, pour régler le niveau, de le retourner, bout pour bout, en s'aidant du cercle horizontal pour retrouver exactement sa position renversée.

Si la bulle revient entre ses repères, le niveau est réglé. S'il n'en est pas ainsi on corrige l'erreur en amenant la bulle à la moitié de l'écart à l'aide du support mobile de rectification.

202. — *Régler la boussole.* La boussole est réglée lorsque l'angle que fait l'aiguille avec la lunette, placée au zéro du cercle horizontal, est égal à la déclinaison magnétique du moment et du lieu où on se trouve.

Si cette condition n'existe pas, on corrige l'erreur en agissant sur une vis de rappel, de manière à déplacer le zéro de division de l'objectif (de la lunette renfermant l'aiguille), de la quantité nécessaire.

203. — *Régler le micromètre.* Régler le micromètre, c'est arrêter le rapport entre le triangle d'observation et le triangle observé.

Pour comprendre ce règlement le lecteur devra se rappeler le principe de la stadia et la construction de la mire parlante.

Nous renvoyons, pour la *stadia*, à notre *Traité du Levé des Plans* et pour la *mire parlante* à la description que nous en donnons plus loin dans ce travail.

Pour la stadia, il nous suffit de dire ici que la distance réduite à l'horizon se déduit de la formule suivante qui n'est qu'approximative :

$$K = D \times \sin^2 \beta.$$

K représente la distance horizontale réduite à l'horizon ; D, le nombre générateur ou la distance oblique déduite sur le micromètre de la portion de mire interceptée, généralement inclinée ; et β l'angle déterminé, en chaque station, par la verticale et l'axe optique de la lunette.

Quant à la mire parlante, dont se sert **M. Moinot**, nous dirons seulement que ses divisions, peintes de couleurs différentes, représentent, d'une manière très-visible, les centaines, les demi-centaines, les dizaines et les doubles unités.

On mesure, sur une partie de terrain à peu près horizontale, une base de 200 mètres à l'une des extrémités éclairée de laquelle on dispose la mire verticalement et à l'autre extrémité le tachéomètre.

La lunette d'observation de celui-ci étant dirigée, à peu près horizontalement, sur la mire, on observe, sur le micromètre, si les fils extérieurs embrassent bien sur celle-ci un nombre de divisions double du nombre de mètres de la base (1).

Ou bien encore, ce qui revient au même, on projette les fils extrêmes du micromètre sur la mire et on voit si leur projection embrasse bien 400 divisions de celle-ci.

Le micromètre est réglé, dans le premier cas, lorsque les fils embrassent 200 divisions sur le verre; et dans le second cas lorsque leurs projections contiennent, dans leur écartement, 400 divisions sur la mire qui correspondent à 200 mètres.

Si ces conditions ne sont pas remplies, il se trouve un écart en plus ou en moins qu'il faut corriger.

A cet effet, on démonte la lunette et on agit sur le tube qu'elle renferme pour éloigner ou rapprocher les fils du point anallatique jusqu'à ce que l'écart soit nul.

204. — *Régler la plongée verticale de la lunette d'observation.* La plongée verticale de la lunette d'observation est réglée lorsque son axe décrit un plan vertical.

Pour vérifier si cette condition existe, on peut, après avoir placé l'instrument en station, viser un point du sommet et du pied d'un édifice élevé qui soient situés sur la même verticale.

Puis, on fait décrire au cercle la moitié d'une révolution et à la lunette une bascule sur elle-même.

En visant de nouveau l'édifice, la plongée sera réglée si le rayon de visée tombe sur le même point du sommet et du pied du même édifice.

S'il y a un écart, on fait tomber le rayon de visée sur la moitié.

Mise en station.

205. — Le tachéomètre étant réglé, on le met en station avec les mêmes précautions que celles employées pour les niveaux à bulle et à lunette.

Le trépied, terminé par une base triangulaire, se place solidement, en écartant les pieds sur le sol, avec la surface supérieure de celle-ci à peu près horizontale.

---

(1) Le nombre de divisions est double du nombre de mètres parce que $0^m,50$ interceptés sur la mire correspondent à une base de 100 mètres.

Sur la base on dispose l'instrument où on le maintient par une vis à ressort.

On agit ensuite sur les vis de calage pour amener la bulle entre ses repères dans deux positions réciproquement perpendiculaires.

206.—Pour terminer ce que nous avons à dire du tachéomètre, nous citerons le *tachéomètre Berthaud* et l'*homolographe Peaucellier-Wagner*.

Les renseignements que nous pouvons donner sur le premier sont tirés d'une note du *Manuel de l'ingénieur des ponts-et-chaussées* de *M. Debauve* (1872).

Voici ce que ce savant ingénieur dit dans cette note :

« Dans les *tachéomètres* du système *Porro*, *l'angle diastimométrique* est constant ; la longueur interceptée sur la mire et lue par l'observateur est variable.

» *M. Berthaud*, conducteur des ponts-et-chaussées, a construit récemment un *tachéomètre* à angle *diastimométrique* variable, dans lequel la hauteur interceptée sur la mire est constante ; cet appareil, ingénieusement disposé, dispense de recourir à la lunette *anallatique*, qui est assez compliquée.

» Le réticule se compose d'un fil vertical et de deux fils horizontaux ; l'un est fixe et passe par l'axe optique de la lunette ; l'autre est mobile et reçoit son mouvement d'une vis de rappel.

» Cette vis agit elle-même sur un compteur adapté au corps de la lunette, et le compteur fournit les distances à un centimètre près.

» La mire spéciale de cet appareil porte plusieurs disques sur le centre desquels on aligne les deux fils du micromètre ; le fil fixe doit toujours bissecter le disque inférieur, et le fil mobile est aligné sur l'un ou l'autre des disques supérieurs suivant que la distance est comprise entre 0 et 100, entre 100 et 200, entre 200 et 400 et ainsi de suite.

» Cet appareil a le grand avantage de se prêter aux opérations de nuit plus exactement peut-être qu'aux opérations de jour, ce qui est utile dans les grandes villes, et pour les opérations géodésiques à longue distance; à cet effet, on se sert pour la mire de disques en verre coloré derrière lesquels on place de petites lanternes.

» Par suite des dispositions adoptées, les échelles logarithmiques sont devenues inutiles, ce qui est encore un avantage sérieux. »

207. — Dans la séance de l'*Académie des Sciences* du 2 mars 1874, *M. le général Morin* a présenté un appareil *homolographique*, destiné à substituer aux opérations habituelles de la topographie des procédés mécaniques, imaginés par *MM. Peaucellier* et *Wagner*, officiers supérieurs du génie.

Voici, d'après les comptes-rendus de l'*Académie des Sciences*, comment le savant *général, directeur du Conservatoire des Arts-et-Métiers*, s'exprime sur cet appareil :

« L'instrument que je suis chargé de soumettre à l'examen de l'*Académie*, et qui est décrit dans le mémoire que je dépose, offre le grand avantage de permettre, au moyen d'une simple visée sur une *stadia* à deux branches, de piquer mécaniquement sur une planchette la position horizontale du point occupé par la mire dans un rayon de 140 mètres et d'en lire immédiatement l'altitude.

» Il fournit donc à la fois la projection horizontale et le nivellement.

» Il est également propre aux opérations topographiques exécutées en stations et aux cheminements.

» La rapidité avec laquelle cet instrument permet d'opérer est telle qu'en terrain découvert, on a pu effectuer, par séances de six heures, le lever de 8 hectares, tandis qu'avec les procédés actuels, on n'en eût obtenu que deux sur le même terrain.

» Ces seuls résultats suffisent pour donner une idée des services que peut rendre un pareil instrument à un moment où il est question de refaire ou de compléter les opérations du cadastre.

» Le comité des fortifications a tellement apprécié l'utilité de l'*homolographe* de *MM. Peaucellier* et *Wagner*, qu'il a accordé à ces savants officiers le premier prix d'encouragement offert chaque année aux officiers du génie par le Ministre de la Guerre.»

CHAPITRE VII.

Les Mires.

208. — Les mires ont une fonction complémentaire de celle des niveaux. Elles servent à préciser, d'une manière exacte, la hauteur des plans de visées horizontaux dirigés, à l'aide de ceux-ci, au-dessus des points nivelés.

C'est-à-dire, en d'autres termes, que les mires servent à rendre visibles les verticales des points soumis au nivellement et à mesurer une portion de celles-ci comprise entre la surface du sol et les plans de visées.

On distingue deux espèces de mires : les mires à voyant et les mires parlantes.

Les unes et les autres sont très-nombreuses ; mais nous ne décrirons que les types principaux :

MIRE A VOYANT DE DEUX MÈTRES

209. — La mire à voyant la plus simple consiste en une règle de deux mètres.

Un voyant mobile portant un collier ou manchon, qui embrasse la règle, permet de connaître le point d'intersection du plan de visée sur la mire et, par suite, donne le moyen d'exprimer la cote cherchée.

La règle est construite en bois dur et est graduée en centimètres sur le dos.

Le zéro part de la partie inférieure terminée par un talon de métal portant une semelle qui se prolonge d'un décimètre d'un côté et de quelques centimètres de l'autre.

Ce talon à semelle, en s'appliquant sur le sol, donne une large base à la mire permettant de la disposer verticalement.

A la partie supérieure, la règle se termine par un ressort à arrêt, qui ne permet pas au voyant de dépasser la hauteur de deux mètres.

Ce voyant consiste en une pièce rectangulaire en carton, en bois ou en métal, de quelques millimètres d'épaisseur sur $0^m,15$ de hauteur et $0^m,20$ de largeur.

Il est peint dans le sens de sa longueur, moitié en rouge ou noir et moitié en blanc.

La ligne de séparation des deux couleurs, qui est la ligne de foi, doit être tracée normalement aux deux bords ; de telle sorte que lorsque ceux-ci sont verticaux cette ligne de foi se trouve horizontale.

Ce voyant peut aussi être divisé en quatre rectangles égaux, de couleurs différentes, par deux lignes perpendiculaires.

Il porte, sur son manchon, dans lequel la règle peut glisser, une petite échelle (1), d'un centimètre, divisée en millimètres, dont le zéro correspond au centre du voyant ou au milieu de la ligne de foi.

Lorsque, la mire étant verticale au-dessus d'un point, le centre du voyant est placé à la hauteur du plan de visée on fixe celui-ci à l'aide d'une vis de pression et on lit la cote en exprimant

---

(1) Le Nonius.

d'abord les mètres, puis les centimètres sur le dos de la règle et les millimètres sur la petite échelle.

Nous ne nous étendrons pas davantage sur cette mire.

Son plus grand inconvénient est d'avoir une faible hauteur qui a fait qu'elle a été généralement abandonnée.

MIRE A COULISSE, A VOYANT, DE QUATRE MÈTRES

210. — La mire à voyant la plus remarquable, employée généralement, est celle à coulisse développant 4 mètres, que nous

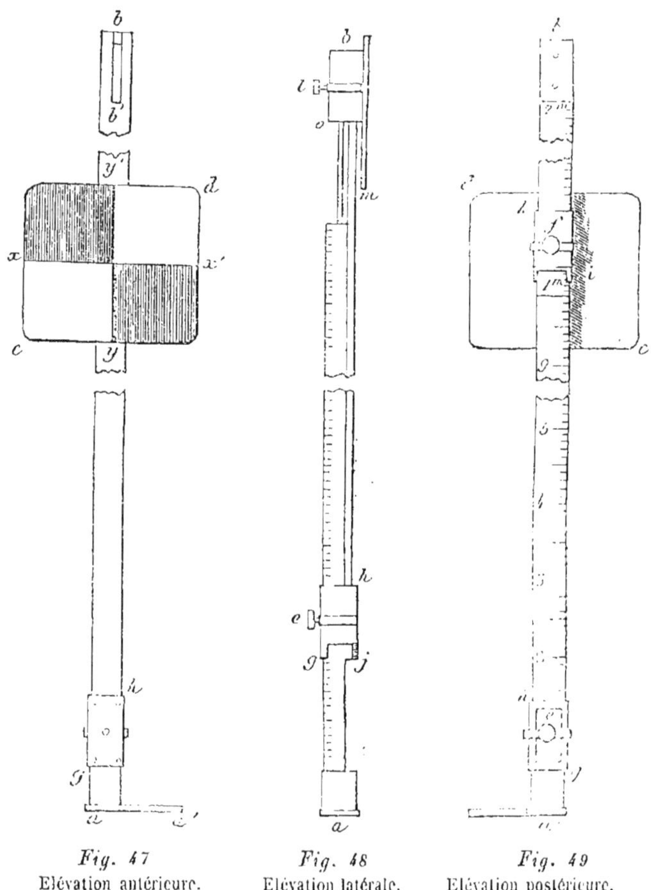

Fig. 47	Fig. 48	Fig. 49
Elévation antérieure.	Elévation latérale.	Elévation postérieure.

représentons, en élévation, sur trois faces par les figures 47, 48 et 49.

Cette mire se compose de deux règles en bois dur entrant à coulisse l'une dans l'autre.

L'une de ces règles, ab, dite fixe, porte une rainure, à double échancrure latérale, qui reçoit une languette, à double saillie portée par l'autre règle $jhmb$, dite mobile.

Lorsqu'on fait glisser la règle mobile, sur la règle fixe, on peut faire varier la longueur de la mire de 2 à 4 mètres.

Chacune de ces règles porte un talon ag et ob contre lesquels viennent butter leurs extrémités.

Le premier, dit talon inférieur, est terminé par une semelle, aa', servant à appuyer la mire sur le sol et à la maintenir plus facilement verticale.

La partie supérieure de la mire est terminée par un ressort à arrêt, bb', contre lequel vient butter le voyant lorsqu'il est à 2 mètres de hauteur.

Un collier ou manchon, gh, embrasse les deux règles. Il est fixé à la règle mobile et est traversé par la règle fixe.

Il facilite le glissement de la première et permet de la fixer à la hauteur voulue, par l'intermédiaire d'une vis de pression ou de serrage e.

Ce collier porte latéralement un nonius, j, divisé en millimètres pour déterminer exactement les cotes supérieures à deux mètres.

La règle est graduée, sur le dos et sur le côté, en mètres, décimètres et centimètres.

Pour apprécier les cotes inférieures à deux mètres, le collier, ik porte également un nonius.

Le zéro de la graduation de la règle fixe part de la face inférieure de la semelle aa'; et l'origine de la règle mobile est représentée sur le côté de la partie inférieure par le chiffre 2 mètres qui correspond au zéro du collier gh lorsque celui-ci repose sur le talon a.

Pour ne pas faire de confusion dans la lecture des cotes on a eu soin de ne numéroter que les mètres et les décimètres.

Quand celles-ci sont inférieures à deux mètres, on lit sur le dos de la mire jusqu'au zéro de l'échelle, i, du collier, ik.

Quand, au contraire, elles sont comprises entre deux et quatre mètres, on lit sur le côté jusqu'au zéro de l'échelle, j, du collier gh.

Le voyant, cd, de cette mire est généralement une plaque rectangulaire de tôle de $0^m,25$ de longueur sur $0^m,20$ de largeur.

Il est divisé, sur la face antérieure, en quatre rectangles égaux par la ligne xx' et yy' menées perpendiculaires à ses bords.

Lorsque la mire est disposée verticalement, la ligne yy' se trouve dans la direction du fil à plomb et la ligne xx' horizontale.

Cette dernière est la ligne de foi proprement dite.

Pour la rendre plus nettement visible, à une grande distance, on a peint en rouge deux rectangles, en diagonale, et les deux autres en blanc.

Le voyant est adhérent à un collier ou manchon, ik, librement traversé par le corps de la mire, et on peut le monter ou le descendre à volonté et le fixer à une hauteur indiquée, par le plan de visée, à l'aide d'une vis de pression, f.

Par derrière le collier, ainsi que nous l'avons déjà dit, se trouve graduée une échelle millimétrique dont le zéro correspond au centre du voyant qui est le point de mire ou le milieu de la ligne de foi.

Ce voyant convient particulièrement lorsqu'on veut opérer avec le niveau d'eau, et en général avec les niveaux à bulle à faible portée, car alors on aperçoit facilement la ligne de foi.

Mais lorsqu'on nivelle avec un niveau à lunette à longue portée, il présente l'inconvénient de ne pas être précis.

Les fils du réticule cachent une partie du voyant, et il est impossible de faire passer le plan de visée par la ligne de foi.

Cercle de Picard.

211. — Pour remédier à cet inconvénient, l'abbé Picard (1) a proposé de tracer au centre du voyant un petit cercle blanc, de $0^m,03$ de diamètre environ, entouré d'une bande rouge ou noire.

Lorsque les fils du réticule coupent bien l'image de ce cercle en quatre secteurs égaux, on est certain que le plan de visée horizontal, qui passe par la croisée des fils, aboutit bien au centre du voyant.

On voit facilement, avec un peu d'habitude, lorsque cette condition est réalisée.

Plusieurs essais ont été faits pour remplacer ce cercle de Picard ; mais aucun d'eux ne lui est supérieur.

On a construit notamment diverses formes de figures symétriques par rapport au centre du voyant, qui sont peintes de couleurs différentes.

Usage.

212. — Pour faire usage de la mire, on la dispose verticalement sur le point à niveler dont la distance au niveau ne doit pas dépasser sensiblement la portée moyenne de celui-ci.

---

(1) Astronome français dont nous avons cité les travaux sur le nivellement.

L'opérateur, chargé du nivellement, qui tient le niveau et qu'on appelle le niveleur, dirige alors un plan de visée sur la mire tenue par un aide appelé porte-mire.

Le niveleur voit assz facilement, avec un niveau à lunette, lorsque la mire penche à droite ou à gauche, car alors les fils du réticule rencontrent les lignes de foi de l'image du voyant obliquement.

Lorsqu'il emploie un niveau d'eau il peut aussi être assuré que la mire est verticale lorsque le plan de visée, passant par les ménisques des fioles, couvre bien la ligne de foi horizontale de la mire.

Le porte-mire arrive assez vite à disposer, à l'œil, son instrument vertical.

Lorsqu'il est inexpérimenté, on peut lui faciliter sa tâche par l'emploi d'un fil à plomb placé derrière la mire dans un espace ménagé à cet effet; et où il ne gêne point les mouvements du voyant.

Nous insistons sur la nécessité de tenir la mire verticale sur le point à niveler parce qu'on peut, sans cette précaution, commettre des erreurs appréciables pour des nivellements d'une certaine étendue.

Ces erreurs ont toujours pour effet de donner de trop fortes cotes puisqu'elles sont exprimées sur l'oblique, tandis que leurs grandeurs réelles sont représentées par les verticales des points nivelés comprises entre les plans de visées et le sol.

Le niveleur et le porte-mire étant placés, en général, à une certaine distance l'un de l'autre, ne doivent communiquer entre eux que par des signes.

Le second doit avoir les yeux constamment fixés sur le premier, dont le bras droit, à demi tendu horizontalement, est toujours prêt à lui faire signe, par un mouvement brusque, de la main, et proportionnel en étendue à celui que le voyant doit exécuter.

Lorsque la mire penche trop à droite ou à gauche, le niveleur fait avec sa main des signes en sens inverse de droite à gauche ou de gauche à droite.

Si le voyant est trop bas ou trop haut il fait des signes de bas en haut ou de haut en bas.

Lorsqu'il s'aperçoit que le plan de visée passe sur le point à niveler, à une hauteur supérieure à deux mètres, il porte la main sur la tête et l'élève plusieurs fois de suite pour avertir le porte-mire qu'il doit allonger la mire avec la règle mobile.

Enfin, lorsque la ligne de foi du voyant est arrivée à une hauteur telle qu'elle soit couverte par le plan de visée, le niveleur fait un mouvement brusque horizontal, à droite, de la main gauche et le porte-mire fixe le voyant par sa vis de serrage.

Mais dans cette fixation du voyant on peut abaisser ou élever la ligne de foi.

Aussi on doit toujours vérifier si le plan de visée, horizontal, passe bien par le centre du voyant en donnant un nouveau coup de niveau.

Alors seulement le porte-mire lit la cote, exprimée en mètres et millimètres, et l'annonce à haute-voie au niveleur s'il en est assez rapproché, sinon il s'avance vers lui d'une distance suffisante.

Nous ajoutons que la mire doit être tenue sur le point à niveler en posant le pied gauche sur la semelle ou pédale, si le sol est horizontal, puis la main du même côté est placée sous le voyant tandis que la droite est à la vis de serrage de celui-ci.

Si la cote a moins de deux mètres la vis, e, de la figure 49, est serrée et le voyant monté à la hauteur voulue en le faisant glisser sur les deux règles. Lorsqu'au contraire cette cote est comprise entre deux et quatre mètres, la vis, e, est desserrée et le voyant monté jusqu'à ce qu'il soit arrêté par l'arrêt, b, du ressort bb' de la figure 47.

Alors si le zéro de l'échelle du voyant correspond bien à la cote de deux mètres on maintient celui-ci dans cette position par la vis, f, de serrage de la figure 49; et on élève la règle mobile jusqu'à ce que le centre du voyant soit rencontré par le plan de visée, puis on serre la vis, e, définitivement après vérification.

MIRE PARLANTE.

213.—Les précautions, nombreuses, qu'il faut prendre, en employant la mire à voyant, ont été la cause première de l'invention de la mire parlante dont nous représentons un modèle simple par la figure 50.

Celle-ci a l'avantage de ne pas exiger d'intelligence de la part du porte-mire.

Elle est graduée, sur la face qui est tournée vers le niveleur, de telle manière que celui-ci puisse facilement lire la cote avec la lunette du niveau à bulle.

On a peu d'intérêt à l'employer avec les niveaux d'eau, les niveaux à perpendicule et les niveaux à bulle et à pinnules.

Il y a beaucoup de types de mires parlantes, que l'on appelle aussi quelquefois mires lectrices ; mais la mire parlante Bourdaloue, dont nous parlerons tout spécialement, est regardée comme la meilleure.

Elle consiste dans une règle de bois dur d'une seule pièce; ou bien elle est formée de deux parties pouvant se placer bout à bout et se replier l'une sur l'autre à l'aide d'une charnière que l'on rend fixe à volonté.

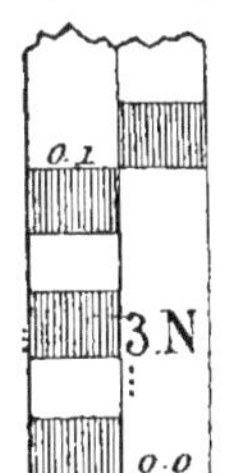

On peut aussi remplacer la charnière par un manchon embrassant les extrémités des règles mises bout à bout.

Ce manchon les maintient dans le prolongement l'une de l'autre par une vis de pression.

On donne à la mire parlante une hauteur qui varie de 2 à 6 mètres.

La hauteur de 4 mètres est généralement la plus commode. Avec cette dimension la mire est plus facile à employer par les grands vents, et donne plus de précision que les mires parlantes de 6 mètres, puisqu'on peut la tenir plus facilement dans la direction verticale sur le point à niveler.

La largeur de cette mire varie de 0^m,07 à 0^m,12 et son épaisseur de 0^m,02 à 0^m,025.

Elle porte sur sa face postérieure, à 1^m,50 de hauteur environ, une double poignée par laquelle le porte-mire la tient en station.

Sa verticalité, sur le point à niveler, est assurée à l'aide d'un fil à plomb placé aussi sur la face postérieure.

Graduation.

214. — Les divisions ont été faites assez hautes pour que les fils du réticule ne couvrent pas leurs images.

Si elles avaient été très-petites, comme des millimètres, par exemple, on aurait eu des erreurs de lecture proportionnelles à la distance de la mire au niveau.

Fig. 50
Base
de la mire

Ainsi pour une distance très ordinaire de 60 mètres le fil horizontal du réticule couvre une image de 1 millimètre 1/2 ; ce qui ne permet pas, dans ce cas, d'apprécier la cote à plus de 2 millimètres près.

La longueur d'un centimètre serait également trop faible.

On a cherché longtemps avant d'avoir trouvé une hauteur des divisions la plus convenable.

C'est à M. Bourdaloue que l'on doit d'avoir résolu ce problème après un bien grand nombre d'expériences.

Les hauteurs des divisions qui paraissent les meilleures sont de $0^m,02$ pour les portées ordinaires des niveaux à bulle, et de $0^m,04$ pour les grandes portées de ces niveaux.

Ces divisions sont groupées alternativement par cinq sur les bords de la règle; et forment ainsi des grands groupes, d'un ou deux décimètres, que l'on numérote par des chiffres renversés afin de les voir droits avec la lunette.

On a soin de faire que ces chiffres accusent une cote moitié moindre que celles des divisions de la mire en inscrivant O.O au premier décimètre, O. 1 au second et ainsi de suite.

Alors en lisant chaque cote avec la lunette on obtient une valeur double de sa hauteur réelle.

Il en résulte qu'en opérant par la méthode d'Egault, que nous avons exposée, on a la cote exacte en faisant l'addition des deux cotes lues.

Cette manière de procéder est beaucoup plus simple que d'additionner d'abord les deux cotes, et d'en prendre ensuite la moyenne.

Lecture.

215. — Lorsqu'on a une certaine habitude de la mire, la lecture des cotes se fait rapidement et avec une grande exactitude.

Il suffit pour cela de savoir qu'elles sont les combinaisons de groupes de deux chiffres que l'on peut faire pour un centimètre, ou dix millimètres, par exemple.

Ces combinaisons sont seulement au nombre de cinq, savoir :
$5 + 5$; $6 + 4$; $7 + 3$; $8 + 2$ et $9 + 1$.

Appliquant cette observation aux divisions de $0^m,02$ et $0^m,04$ des mires parlantes, considérées comme unités, on voit facilement sur quel groupe de chiffres et sur quel chiffre de ce groupe tombe le plan de visée. Supposons, comme exemple, que ce plan de visée partage le groupe $7 + 3$ d'une division de $0^m,04$ ou de 40 millimètres; c'est-à-dire qu'il laisse en dessous de lui les $\dfrac{7}{10}$ de la division.

On aura : $\dfrac{40 \times 7}{10} = \dfrac{280}{10} = 28$ millimètres qu'il faudra ajouter.

Si ce plan de visée partage le groupe $6 + 4$ d'une autre division de $0^m,02$ ou de 20 millimètres, on aurait de même :
$\dfrac{20 \times 6}{10} = \dfrac{120}{10} = 12$ millimètres à ajouter.

Ces deux exemples sont suffisants pour faire comprendre l'avantage de combinaisons aussi simples.

Pour faciliter la lecture entre les grandes divisions, en doubles décimètres, M. Bourdaloue fait une deuxième échelle, dite complémentaire, numérotée avec de petits chiffres en sens inverse de la première qui est marquée par de gros chiffres.

Le zéro de cette échelle commence en haut et la cote 3.N ou 3.9 se trouve en bas, pour une mire de 4 mètres, ainsi que l'indique la figure 50.

La graduation de cette échelle est également renversée afin de la voir droite.

Il résulte de cette disposition que lorsque le plan de visée rencontre la mire, on a deux moyens de connaître à quelle hauteur il se trouve au-dessus du point nivelé.

On lit d'abord l'échelle des gros chiffres graduée de bas en haut, puis ensuite on lit celle des petits chiffres.

En ajoutant les deux cotes lues elles doivent se compléter de manière à donner toujours 4 mètres dans le modèle dont nous parlons plus spécialement. Pour éviter les confusions, toujours faciles dans une lecture à grande distance, des chiffres 9 et 6, 5 et 3, M. Bourdaloue a remplacé le chiffre 9 par la lettre N et le chiffre 5 par la lettre V. En outre, pour faciliter la lecture des cotes, il a fait précéder, pour le premier mètre, chaque décimètre d'un zéro ainsi que le montre la figure ; puis sur chaque mètre il a placé des points en nombre égal au nombre des mètres.

Ainsi pour un mètre un point, 1 ; pour deux mètres deux points, 2 ; etc.

Avec ces précautions on voit immédiatement dans quel mètre et quel décimètre se trouve la cote.

Nous ajouterons que les divisions de la mire doivent être colorées franchement afin de bien les distinguer.

On les peint généralement les unes en rouge et les autres en blanc.

Suivant M. *Goulier* on devrait leur donner une longueur égale à trois ou quatre fois leur hauteur.

Les chiffres doivent être également très-visibles ; on les fait en noir, gros et pleins.

Usage.

216. — Lorsqu'on veut se servir de cet instrument, le porte-mire, le place, sur le point à niveler, de manière que la frette qui le termine repose sur le sol, puis il le redresse, en le saisissant par la double poignée, ponr l'amener dans une position verticale indiquée par le fil à plomb placé derrière.

Avec la frette posée sur le sol et la double poignée placée à la hauteur convenable, pour la prendre facilement, le porte-mire n'est jamais exposé à renverser la mire; c'est-à-dire à placer le haut en bas.

Alors le niveleur peut lire la cote directement et par retournement.

Supposons que le plan de visée, pour l'une des cotes, rencontre la mire entre la combinaison 8 + 2 de la deuxième division rouge du décimètre marquée 0.3. Si chaque division du double décimètre est de 0ᵐ,04, par exemple, que l'on compte pour 0,02, on aura d'abord deux divisions ou 40 millimètres auxquelles il faut ajouter : $\dfrac{20 \times 8}{10} = 16$ millimètres; ce qui donne $40 + 16 = 56$ millimètres.

Maintenant remarquons que le plan de visée, comme nous l'avons dit, rencontre le décimètre marqué 0.3 qu'il faut ajouter à 0ᵐ,056.

On a donc comme cote définitive :
0ᵐ,300 × 0ᵐ,056 = 0ᵐ,356 millimètres.

Avantages.

217. — L'emploi de la mire parlante se généralise de plus en plus pour les nivellements, importants, faits avec les niveaux à bulle et à lunettes, ou avec le *tachéomètre.*

On opère plus rapidement qu'avec la mire ordinaire; et le niveleur dispensé de faire des signes au porte-mire se fatigue beaucoup moins.

Ajoutons qu'on obtient des cotes plus exactes surtout pour les grandes distances.

En employant deux mires parlantes, placées simultanément sur deux points à niveler d'une même station, on double l'avantage d'une opération rapide en elle-même.

On acquiert rapidement l'habitude de s'en servir par quelques exercices préparatoires ; et nous ne saurions trop recommander son emploi aux jeunes gens qui étudient la topographie.

Ils y trouveront un intérêt particulier et feront une économie de temps considérable.

CHAPITRE VIII.

Objets divers de nivellement.

218. — Aux instruments que nous avons décrits, il faut encore ajouter ceux qui servent aux tracés des profils et à la mesure de leurs longueurs; c'est-à-dire les graphomètres, les théodolites, les cercles répétiteurs, les jalons, piquets, chaînes, rubans, stadia, etc.

Nous pensons qu'il serait inutile de répéter ici ce que nous avons dit de ces objets dans notre *Traité de levé de plans et de l'arpentage* auquel nous renvoyons.

Il nous suffira de dire que le choix à faire dépend de l'importance des opérations à exécuter.

Ainsi, pour des nivellements ordinaires, employés en agriculture (hydraulique agricole), les équerres, les graphomètres à pinnules, les chaînes, les jalons, etc., sont suffisants.

Au contraire, pour les nivellements des routes, des chemins de fer, des canaux, etc., on emploiera des graphomètres à lunettes, des théodolites, des rubans d'acier, des stadia, des jalons, des balises, etc.

En général, pour toutes les opérations considérables, devant être exécutées avec précision, on fera usage des instruments à grands diamètres et à lunettes.

Enfin, pour la topographie expéditive, on emploiera de préférence la stadia, les mires parlantes, etc.

Ajoutons que tous ces objets divers communs à la *Planimétrie* et au *Nivellement* sont nécessairement de première utilité.

L'ingénieur devra donc en faire un choix proportionnel à l'importance des travaux qu'il peut avoir à exécuter.

TROISIÈME PARTIE

Les Opérations de Nivellement

PREMIÈRE SECTION

GÉNÉRALITÉS

CHAPITRE Ier.

Considérations générales.

219. — Lorsqu'on connaît bien les principes généraux, qui forment la théorie, et les instruments principaux du nivellement, on doit seulement passer à l'étude des opérations. Les deux premières parties de notre travail forment, pour ainsi dire, une introduction à la troisième et à la quatrième partie que nous devons maintenant étudier.

Les opérations de nivellement sont extrêmement importantes à connaître.

Il importe que les commençants sachent bien les exécuter avant d'entreprendre un travail quelconque de nivellement.

A l'exception de MM. Fabre, A. Clerc, Breton, etc., les auteurs, qui ont écrit sur le nivellement, donnent très-peu de développement à cette partie.

En outre, aucune classification méthodique de ces opérations n'a encore (à notre connaissance) été suivie d'une manière rigoureuse dans l'enseignement malgré les ouvrages de MM. *A. Clerc* et *J.-F. Salneuve*. Il en résulte pour les commençants une certaine difficulté qu'ils ne peuvent vaincre qu'à la longue.

Nous nous sommes inspirés des travaux de ces deux derniers auteurs pour en proposer une que nous ne donnons que comme un essai.

Puissent les auteurs qui écriront après nous sur le nivellement en donner une plus parfaite.

CLASSIFICATION DES OPÉRATIONS DE NIVELLEMENT.

220. — La forme la plus rationnelle de classification est évidemment celle adoptée dans l'étude des sciences naturelles, où on admet la division en classes, genres, espèces, variétés et sous-variétés.

En partant de ce point de départ, il n'y a pas de difficultés sérieuses, à l'établissement d'une classification de nivellement, autres que celles de bien établir les divisions sur des caractères naturels.

Mais cette condition essentielle peut très-bien ne pas être toujours remplie à cause des difficultés inhérentes à la science qui nous occupe.

Nous admettons deux classes de nivellement, savoir : le nivellement régulier ou continu et le nivellement topographique.

La première s'exécute avec les niveaux ordinaires; et elle consiste dans la détermination directe des cotes des points nivelés par rapport aux plans de visées.

La seconde s'en distingue en ce que son exécution a lieu généralement avec les clisimètres ; et, par suite, les cotes des points nivelés ne sont déterminées que par les connaissances des angles de pente et des bases (ou distances horizontales des points).

La première classe comprend deux genres, savoir : le nivellement régulier simple et le nivellement régulier composé.

Ces deux genres ont chacun deux espèces que nous désignons sous les noms de nivellements réguliers, simples, élémentaire et général ; et de nivellements réguliers, composés, élémentaire et général.

Les deux premières espèces de chaque genre ont une variété seulement ; tandis que les deux dernières en ont plusieurs.

La classe du nivellement topographique a trois genres, savoir :

1er genre, nivellement trigonométrique comprenant deux espèces et six variétés ;

2e genre, nivellement barométrique ;

3e genre, nivellement tachéométrique.

Afin de rendre cette classification facile à comprendre, nous la mettons sous la forme du tableau suivant :

	CLASSES	GENRES	ESPÈCES	VARIÉTÉS	SOUS-VARIÉTÉS
Nivellement.	Régulier ou continu	Simple	Élémentaire de deux points.		
			Général	De plusieurs points dans une direction quelconque. Par rayonnement	
		Composé	Élémentaire dans une direction quelconque.		
			Général	Cheminement	Longitudinal. = Profil en long. Transversal. = Profil en travers. Polygone topographique. Dans une ou plusieurs directions.
				Rayonnement	Points cotés par plusieurs stations. Courbes de niveau.
	Topographique.	Trigonométrique	A petite portée	Système des sondes. Réciproque. Par profils en long et en travers. Par points cotés. Par courbes de niveau.	
			A grande portée	Par profils en long et en travers. Par points cotés. Par courbes de niveau.	
		Barométrique. Tachéométrique.			

DE L'ORDRE DANS L'ÉTUDE DU NIVELLEMENT.

221. — La pratique du nivellement embrasse un très-grand nombre d'opérations que nous devons examiner successivement dans des chapitres spéciaux.

Ordinairement on se dispense de les étudier toutes.

On se contente seulement d'apprendre à disposer les instruments en station ; puis on fait le nivellement simple et le nivellement composé.

Ces notions peuvent suffire à la rigueur pour permettre de faire des applications spéciales.

Mais cependant il est préférable, au point de vue de l'enseignement, d'étudier toutes les opérations dans un ordre méthodique.

Avant d'entreprendre toutefois cette étude, il importe qu'on connaisse bien les principes généraux du nivellement qui, à défaut de théorie, laissent dans l'esprit des notions indispensables pour les applications.

Ensuite les instruments doivent être étudiés dans leur ensemble aussi bien que dans leurs principes spéciaux.

Ceux dont on se servira de préférence, c'est-à-dire dont on aura fait choix doivent, en outre, appeler particulièrement l'attention.

On s'exercera avec eux sur le terrain dans l'ordre suivant que nous recommandons : les niveaux d'eau, les mires ordinaires, les niveaux à bulle, les mires parlantes, les clisimètres, les baromètres et les tachéomètres.

On fera ensuite choix du personnel et du matériel d'une expédition de nivellement dont la direction sera confiée à un chef spécial.

Celui-ci, après une reconnaissance du terrain prendra les dispositions en rapport avec les projets à exécuter.

Il choisira les instruments et étudiera la conduite des opérations dans différentes situations.

Ensuite, il exécutera les nivellements simples et les nivellements composés avec tous les développements qu'ils comportent.

Le passage du premier nivellement au second devra être bien compris avant d'entreprendre les nivellements longitudinaux et transversaux, par polygones topographiques et par rayonnement.

On s'exercera au nivellement suivant les systèmes des sondes et du nivellement réciproque.

Après ces exercices divers, sur le nivellement régulier, on passera au nivellement topographique dont le principe devra être bien compris. Il en sera de même des notions sur les pentes et les rampes.

On fera des exercices sur les plans cotés, avec les profils en long et en travers, ou les points cotés.

On déterminera des courbes de niveau sur ces plans.

Ou bien on tracera ces courbes sur le terrain pour les reporter sur le papier.

Les nivellements trigonométriques feront l'objet d'exercices nombreux.

On procédera de même pour les nivellements barométriques et pour la tachéométrie.

Nous développerons successivement ces divers exercices qui constituent la pratique du nivellement.

COMMENT UN POINT DE LA TERRE EST DÉTERMINÉ PAR RAPPORT AUX TROIS AXES COORDONNÉS DE L'ESPACE X, Y, Z.

222. — La détermination d'un point de la terre, par rapport à trois coordonnées X, Y, Z, constitue le problème général de la géodésie et de la topographie.

Si ces coordonnées sont : la longitude x, la latitude y, et l'altitude z, le problème est du ressort de la géodésie.

Au contraire, si l'une des coordonnées est l'altitude et les deux autres sont quelconques et déterminent la position du point sur un plan de projection, tangent à la surface horizontale, on fait de la topographie.

Ainsi les opérations de géodésie s'étendent sur toute la terre, ou seulement sur de grandes étendues ; tandis que la topographie est limitée, c'est-à-dire qu'elle n'embrasse qu'un lieu déterminé.

223. — La figure de la terre, qui peut être considérée comme celle d'un ellipsoïde, aplati vers les pôles et renflé à l'équateur, est engendrée par la révolution d'une demi-ellipse autour de son petit axe.

Les lignes de courbures de sa surface sont données par tous les plans que l'on suppose passer par l'axe des pôles, comme par tous ceux qui seraient normaux à cet axe.

Ces premiers plans donnent les méridiens et leur intersections, avec la surface de la terre, déterminent des lignes qui sont les méridiennes, dont les directions nous sont données, pour chaque lieu, en regardant l'étoile polaire.

Les seconds plans déterminent aussi des lignes courbes, par leurs intersections avec la surface de la terre, que l'on appelle parallèles.

On donne le nom d'équateur au plus grand de ces parallèles.

Un méridien est déterminé de position lorsqu'on connaît sa distance à un autre méridien pris pour origine comme celui de l'Observatoire de Paris marqué zéro.

On compte alors cette position de 0 à 180° vers l'ouest ou de 0 à 180° vers l'est.

Un parallèle est déterminé par la latitude, c'est-à-dire par l'angle formé par l'équateur et un rayon terrestre aboutissant au point considéré dudit parallèle.

De l'équateur aux pôles nord et sud, en suivant le même méridien, la latitude varie pour chaque direction suivie de 0 à 90°.

En résumé, lorsque la projection d'un point de la terre est

faite sur une surface de niveau, et qu'elle est connue de position par son méridien et par son parallèle, le point est lui-même connu de position sur la surface de projection.

Mais pour déterminer entièrement sa position dans l'espace il faut encore exprimer son altitude ou sa distance à la surface de niveau adoptée comme surface de comparaison.

Tel est l'objet et le but de la géodésie.

223 *bis.*—Si le point que l'on veut connaître de position appartient à une surface peu étendue, on le détermine d'abord par les deux coordonnées x et y de sa projection sur un plan, dit de comparaison ou de projection, nécessairement tangent à toute surface de niveau.

Cette première opération constitue la planimétrie que nous avons étudiée dans notre ouvrage sur le levé des plans.

Ce dernier point sera entièrement déterminé si on connaît sa cote, z, ou sa distance au plan de comparaison pris pour plan de projection.

C'est par le nivellement que ce dernier problème se trouve résolu.

Ajoutons encore que, quelquefois, au lieu de faire séparément la *planimétrie* et le *nivellement* on fait ces deux opérations simultanément comme dans la topographie expédiée et la tachéométrie.

OBSERVATIONS SUR LA PRATIQUE DU NIVELLEMENT.

224. — Les instruments employés doivent toujours être entretenus en bon état afin d'assurer un fonctionnement régulier de leurs organes.

Les parties qui fatiguent le plus, comme les vis, par exemple. doivent être l'objet d'une attention constante. Souvent, par l'usure, elles jouent librement dans leurs écrous; et elles peuvent être la cause d'erreurs plus ou moins grandes.

Lorsque les écarts de jeux ne sont pas trop grands, on peut les supprimer en trempant les vis dans un mélange de suif et de cire.

Au contraire, si ces écarts ont de grandes amplitudes il faut de toute nécessité remplacer les pièces usées.

Lorsqu'on opère par un temps humide on doit essuyer, avec soin, tous les organes; puis on graisse, les parties frottantes de métal, avec de l'huile de pied de bœuf de préférence, ou de l'huile d'olive épurée.

Il faut bien se garder de graisser les verres des niveaux d'eau pour éviter les franges qui se forment autour des ménisques. On doit les laver à l'eau alcoolisée.

Quant aux verres des lunettes ils peuvent être nettoyés en les frottant avec la peau de gant.

Lorsque ce moyen est insuffisant M. Breton donne le conseil de les frotter légèrement avec de la fleur de soufre, puis de les laver à l'alcool.

225. — Les niveaux sont généralement placés dans des boîtes, de construction solide, portant dans leur intérieur des cloisons découpées sur lesquelles on place les divers organes afin que, dans les transports, ils ne soient pas exposés à être détériorés par les chocs.

Pour les longs voyages on peut disposer des tampons de chiffons ou de papier dans la boîte et clouer sur les cloisons des morceaux de drap.

L'opérateur devra apprendre à placer et à enlever les niveaux de leurs boîtes ; ce qui exige par suite qu'il sache les démonter et les remonter.

Un ou deux exercices suffisent, en général, pour le mettre au courant des diverses manœuvres à faire.

226. — Avant de se servir d'un instrument on doit le vérifier et le rectifier par les procédés que nous avons indiqués, dans la deuxième partie, et auxquels nous renvoyons le lecteur.

Pour le niveau à bulle et à lunette on pourrait se passer, à la rigueur, d'une rectification en faisant usage de la méthode d'Egault; mais nous préférons la recommander afin d'opérer avec plus d'exactitude sur plusieurs points d'une même station.

Elle ne demande pas un emploi de temps considérable ; et il est rare qu'on soit obligé de la répéter souvent.

Si l'on doit exécuter un nivellement de précision, l'opérateur devra employer de préférence un niveau à lui appartenant.

L'expérience démontre, en effet, qu'il opère avec plus d'exactitude, puisqu'il connaît les défauts de l'instrument comme ses qualités.

S'il emploie d'autres instruments, il devra suivre, pour chaque coup de niveau, une marche méthodique s'il ne veut s'exposer à commettre des erreurs.

La méthode qu'il adoptera, dépendant essentiellement de la construction des instruments, devra être étudiée à l'avance.

Il serait difficile d'indiquer ici une règle unique à ce sujet.

227. — Si l'instrument a été réglé et rectifié, son attention devra se porter sur la mise en station toujours délicate à obtenir.

Puis il dirigera le plan de visée en se tenant dans la position, non forcée, d'un homme qui fait des armes ; c'est à-dire le corps effacé dans la direction de ce plan, les genoux pliés, les jambes un peu écartées.

La bonne portée moyenne du niveau d'eau étant de 25 à 30 mètres les stations auront 50 à 60 mètres.

Celle des niveaux à bulle étant de 100 à 120 mètres les stations ne dépasseront pas 200 à 240 mètres.

Le transport du niveau devra être fait de préférence par l'opérateur afin d'éviter les dérangements ou les accidents.

Lorsque le lecteur inspire confiance, on peut à la rigueur le lui confier.

Pendant les instants de repos le niveau doit toujours rester à proximité de l'opérateur, s'il veut éviter que les curieux ne viennent le déranger ou même le renverser par maladresse.

A l'heure des repos il est prudent de le renfermer dans sa boîte et de ne pas l'abandonner sur le terrain.

Nous n'avons rien à dire du porte-mire dont nous avons décrit les fonctions ailleurs (voir mires).

228. —L'influence de l'état de l'atmosphère, sur une opération de nivellement, doit être prise en très-sérieuse considération.

Lorsque le vent souffle avec une grande force, par exemple, il peut imprimer à l'eau, des niveaux d'eau, des oscillations telles qu'elles empêchent complétement de niveler. A cet inconvénient vient encore s'ajouter une très-grande fatigue de la vue.

Lorsque les amplitudes d'oscillation de l'eau ne sont pas trop grandes on peut les supprimer, en tout ou en partie, en appliquant une pièce de monnaie sur l'un des goulots des fioles.

Si l'on a seulement affaire à des coups de vent, il suffit d'appliquer le pouce sur l'un des goulots pendant qu'ils ont lieu.

Dans tous les cas le niveau d'eau devra être solidement disposé en station.

L'emploi des niveaux à bulle ne présente pas les mêmes inconvénients dans des circonstances analogues.

Ses dimensions restreintes, et son poids relativement grand, font que lorsqu'il est solidement disposé en station les bourrasques les plus fortes n'ont aucune prise sur lui.

Cependant lorsque les grands vents persistent on ne peut niveler également avec lui à cause d'une grande fatigue de la vue.

Aussi il convient, dans tous les cas de grands vents persistants, de cesser toute opération de précision.

229. — Les temps humides (de brouillards et de pluie) sont généralement très-incommodes.

L'eau s'introduit, dans les niveaux à bulle, entre les surfaces fruttantes qu'elle empêche de fonctionner régulièrement ; ou bien encore elle peut donner lieu à une inclinaison du plan de visée sur l'horizon en s'introduisant inégalement entre les supports de la lunette. Il est donc essentiel que toutes les parties frottantes de ces niveaux soient régulièrement essuyées lors des temps humides.

Lorsque les pluies sont persistantes toute opération de nivellement devient impossible.

Les temps froids sont très-avantageux pour les nivellements.

Au moment où ils ont lieu la campagne est plus accessible au niveleur.

Les champs débarrassés de leurs récoltes peuvent être facilement traversés. Les stations sont faites plus longues ; et les opérations s'exécutent plus rapidement.

On opère, en outre, avec plus de précision, car on n'est point gêné par une grande réfraction, ni par les branches et les feuilles des arbres.

Si on opère avec le niveau d'eau, par une basse température, on devra seulement prendre la précaution de mélanger à l'eau un peu d'alcool destiné à empêcher sa congélation.

230. — Dans la saison chaude de l'année les nivellements se font plus difficilement à travers les champs, dont on doit respecter les récoltes, et les forêts couvertes de feuilles.

En outre la réfraction atmosphérique varie beaucoup dans une même journée, à température variable, et elle peut donner lieu à des erreurs appréciables.

Il est convenable de s'abstenir de niveler au milieu de la journée, alors que le soleil est ardent.

Ajoutons, comme nous l'avons déjà dit, (voir niveau à bulle) que la chaleur agit sur la bulle du niveau et la dilate au point de la rendre très-sensible.

On perd alors beaucoup de temps à disposer l'instrument en station.

Un autre inconvénient, d'une forte chaleur du milieu de la journée et de la matinée, consiste dans une espèce d'ondulation fictive de la mire qui paraît avoir pour conséquence de donner de l'incertitude à la lecture de la cote.

On ne peut éviter cet inconvénient, pour une opération de précision, qu'en opérant le soir.

Enfin les rayons lumineux peuvent gêner beaucoup l'opérateur en arrivant directement sur l'objectif de la lunette, ou bien en frappant les fioles du niveau d'eau.

Dans le premier cas, le faisceau lumineux, abondant, reçu par l'objectif, et réfléchi sur l'œil, vient provoquer sur celui-ci une impression gênante pour l'opérateur.

Cet inconvénient est facilement supprimé en prolongeant la lunette par un tube, de carton ou de métal, qu'on doit exiger du constructeur lors de l'achat du niveau.

Dans le second cas les rayons lumineux, en frappant les fioles du niveau d'eau, produisent des reflets qui éblouissent l'opérateur et l'empêchent de bien distinguer les faces des ménisques.

De là incertitude dans la direction des plans de visées. Un pareil inconvénient ne peut être supprimé qu'en disposant un écran autour de chaque fiole.

Lorsque cette précaution est insuffisante, comme dans les pays crayeux de France ou sillonnés de murs blancs, etc., il faut suspendre le nivellement de 9 ou 10 heures du matin à 2 ou 3 heures du soir.

DEGRÉ DE PRÉCISION DU NIVELLEMENT.

231. — Nous ne saurions mieux faire, pour élucider cette question du degré de précision du nivellement, que d'avoir recours à la compétence de Busson-Descars et de Bourdaloue. Le premier auteur, qui a fait des nivellements considérables avec le niveau d'eau, admet, avec cet instrument, une tolérance d'erreur de $0^m,10$ à $0^m,12$ par myriamètre, soit $0^m,010$ à $0^m,012$ par kilomètre.

Les niveaux à perpendicules et à réflexion donnent sensiblement la même approximation.

Quant aux nivellements par le niveau à bulle, on a obtenu une précision vraiment remarquable. Ainsi M. Bourdaloue, en 1846, pour un tracé de 220 kilomètres de chemin de fer, entre Lyon et Avignon, n'a eu qu'une erreur totale de 0,017. Dans le traité intervenu entre lui et M. Talabot, pour les études du chemin de fer d'Avignon à Marseille, il s'engageait à niveler les grands repères avec une tolérance de $0^m,018$ par 50 kilomètres et de 0,05 pour les profils en travers.

Dans son grand nivellement général de la France la fermeture des polygones a eu généralement lieu avec une précision exprimée par $\dfrac{\sqrt{D}}{1000}$ (D exprimant le nombre de kilomètres nivelés).

Mais dans les petites opérations ordinaires ses erreurs commises étaient doubles.

232. — Les erreurs de nivellement sont de deux sortes, savoir : les erreurs systématiques et les erreurs fortuites.

Les premières se reproduisent régulièrement ou irrégulièrement à chaque station.

Ainsi, par exemple, en ne plaçant pas le niveau à égale distance des points nivelés, soit en montant soit en descendant une côte, on commet une erreur provenant des niveaux vrais sur les niveaux apparents. Celle-ci tient à ce que le niveleur veut aller vite en faisant de grandes stations, où les distances des points nivelés au niveau sont nécessairement inégales. Le remède existe, pour ce cas, dans la mise en station du niveau à égale distance des points nivelés.

Les erreurs fortuites peuvent avoir plusieurs origines. Lorsqu'elles sont dues à des accidents provenant d'un défaut du règlement du niveau, d'une mise en station défectueuse, d'une fausse lecture ou inscription des cotes, etc., on ne peut les éviter qu'en apportant la plus grande attention dans la manière de procéder.

Enfin il peut y avoir des erreurs fortuites malgré une grande habileté de l'opérateur; et nous venons d'indiquer dans quelles limites elles ont lieu pour des opérateurs tels que Busson-Descars et Bourdaloue.

CHAPITRE II.

Exercices préparatoires.

233. — Les exercices sur les instruments et les diverses opérations élémentaires, qui forment comme une introduction à la pratique, sont indispensables à connaître avant de se livrer au nivellement.

L'opérateur a besoin d'acquérir les connaissances techniques nécessaires à la bonne et prompte exécution des opérations les plus simples.

Il faut qu'il soit initié à la construction des instruments qu'il se propose d'employer; et les détails les plus minutieux de la pratique doivent lui être familiers. Nous renvoyons pour cette étude à la deuxième partie de notre travail, où le lecteur trouvera détaillées les observations que nous croyons cependant résumer ici.

EXERCICES SUR LE NIVEAU D'EAU.

234. — On apprendra à démonter, nettoyer et placer le niveau dans sa boîte. Puis on s'exercera à le monter et à s'assurer qu'il ne perd pas l'eau; on regardera si les fioles sont propres et si le genou fonctionne régulièrement. Il sera rempli d'eau jusqu'aux deux tiers de la hauteur des fioles en évitant qu'il ne renferme des bulles d'air qui disparaissent, du reste rapidement, en prenant la précaution d'incliner l'instrument en fermant l'un des goulots avec le pouce.

Si l'eau employée est limpide il est prudent de la colorer pour distinguer nettement les ménisques. Le trépied est disposé de ma nière à se trouver à égale distance des deux points nivelés.

Après avoir écarté sa base il est fortement enfoncé dans le so afin de lui donner beaucoup de stabilité. On place sur lui le niveau de telle manière que le goujon, qui est vertical, pénètre bien dans la douille. Alors on lui fait faire un tour d'horizon de manière à assurer, dans les fioles, une égale hauteur d'eau dans toutes les directions.

L'opérateur, dans la position déjà décrite, d'un homme qui fait des armes, place son œil à une distance du niveau égale à la longueur de son bras ; puis il dirige le plan de visée, tangentiellement aux deux ménisques, dans une direction extérieure ou en diagonale. Il fait amener le centre du voyant sur ce plan par des signes de la main, dont les amplitudes sont proportionnelles au chemin qu'il doit parcourir. Ces exercices de visées ne sauraient être trop multipliés pour habituer l'œil à viser juste et familiariser le porte-mire aux signaux.

On pourra ensuite entreprendre un nivellement sur une certaine étendue pour s'exercer aux changements de station.

Comme le but principal de ces exercices est d'apprendre à viser, on fera bien de niveler des contours fermés (ou périmètres de polygones) dont la somme algébrique, des différences de cotes, est toujours égale à zéro.

EXERCICES AVEC LA MIRE ORDINAIRE.

235. — Les exercices avec la mire ordinaire se font simultanément avec ceux du niveau d'eau.

Le porte-mire s'exerce : 1° à tenir la mire verticale sur diverses formes de terrain ; 2° à la manœuvre du voyant pour des cotes inférieures ou supérieures à deux mètres ; 3° à apprendre la lecture de celles-ci et leur inscription sur le carnet ; 4° à bien interpréter les signaux du niveleur ; 5° à placer la mire en station avec exactitude et célérité.

EXERCICES SUR LE NIVEAU A BULLE ET A LUNETTE.

236. — Les divers systèmes de niveaux à bulle et à lunette étant nombreux, on devra faire une étude spéciale de l'instrument qu'on aura à sa disposition. Il est presque superflu d'ajouter que cette étude devra être minutieuse et prolongée aussi longtemps qu'il sera nécessaire pour que l'opérateur soit complétement familiarisé avec le niveau. Généralement le niveleur comprend à première vue son instrument ; mais il est bien rarement de suite en état d'entreprendre, avec lui, un nivellement de précision.

Les exercices particuliers auxquels il devra se livrer consistent : 1° à placer le niveau dans sa boîte aussi bien qu'à l'en sortir ; 2° à le disposer en station après avoir examiné si tous les organes fonctionnent régulièrement ; 3° à disposer la lunette au point pour une distance donnée de la mire ; 4° régler la bulle d'air, c'est-à-dire rendre son axe horizontal parallèle au plan de ses lignes d'appui, 5° à rendre l'axe du pivot de l'instrument perpendiculaire à l'horizontale de la bulle ; 6° à rendre l'axe du pivot vertical ; 7° à rendre un fil horizontal ; 8° à centrer la lunette par rapport à un fil horizontal ; 9° à vérifier si les anneaux de la lunette sont égaux et apprécier l'erreur qui pourrait résulter de leur inégalité ; 10° à déterminer la sensibilité de la bulle et la grandeur du rayon de courbure du niveau ; 11° à rechercher l'erreur résultant du défaut de règlement de la bulle et de centrage de la lunette ; 12° à s'exercer sur la méthode d'Egault pour éviter les erreurs ; 13° enfin, à faire des exercices nombreux sur des contours polygonaux fermés. (Voir niveaux à bulle.)

EXERCICE SUR LA MIRE PARLANTE.

237. — Le porte-mire devra s'habituer à tenir la mire parlante bien verticalement. En outre il se familiarisera aux signaux de l'opérateur. Par les grands vents son attention devra se porter constamment sur le fil à plomb qui doit toujours battre contre l'instrument. Les exercices de lecture des cotes se feront par l'opérateur et le lecteur jusqu'à ce qu'ils soient assurés de lire rapidement et juste.

Enfin le porte-mire, généralement éloigné du niveleur, devra acquérir une certaine habitude du nivellement pour savoir où placer sa mire. (Voir mire parlante.)

EXERCICES SUR LES CLISIMÈTRES.

238. — Les clisimètres, qui sont très-nombreux, exigent, comme les niveaux à bulle, des études spéciales pour chaque système.

On a d'abord à faire la vérification et la rectification s'il y a lieu. C'est-à-dire qu'on s'assurera que le plan de visée se trouve bien horizontal lorsque l'index correspond au zéro.

S'il n'en est pas ainsi on devra rectifier l'instrument.

On s'exercera ensuite à rechercher les pentes des droites dirigées suivant les axes des chemins, canaux, etc.

Ou bien on exécutera des tracés de projets dont les pentes sont données.

Un troisième exercice pourra consister dans la recherche de la différence de niveau de deux points à la manière des niveaux.

Enfin le quatrième exercice, intéressant, est celui où le clisimètre peut être employé comme stadia (voir clisimètres).

EXERCICES SUR LES BAROMÈTRES.

239. — Les baromètres de Fortin et de Gay-Lussac étant des instruments classiques on connaît toujours les divers exercices appliqués au nivellement que l'on peut faire avec eux.

Si on a des systèmes spéciaux on a besoin de les étudier avant de se livrer à des opérations de nivellement.

Ainsi, par exemple, si l'on fait usage de l'hypso-thermomètre on se rappellera qu'il est basé sur cette propriété que la température de l'ébullition de l'eau est celle à laquelle sa vapeur a une tension égale à celle de l'atmosphère ambiante.

Si l'on emploie le baromètre Buntum on se souviendra que son principe est fondé sur la propriété que possède l'air confiné de varier de volume suivant l'altitude à laquelle il est transporté.

Enfin si l'on emploie le baromètre Vidi il suffira de se rappeler qu'il est fondé sur ce principe que si l'on fait le vide dans un récipient à base supérieure mobile portant une aiguille, celle-ci fléchira proportionnellement à la pression atmosphérique.

Quant au baromètre Bourdon on le comprendra bien vite puisqu'il est fondé sur le même principe que le manomètre du même auteur.

EXERCICES SUR LE TACHÉOMÈTRE.

240. — On apprendra à monter et à démonter le système que l'on aura à sa disposition.

Puis on s'exercera à le régler et à le disposer en station. Les exercices sur son emploi viendront ensuite. On fera des opérations à petites et à grandes portées avec moyen de vérification, puis on s'assurera du degré de précision avec lequel on opère.

Comme on a affaire à un instrument un peu délicat on ne saurait trop prolonger les exercices avant d'entreprendre une opération de tachéométrie utile.

(Voir tachéomètre et homolographe).

CHAPITRE III.

Personnel et matériel d'une expédition de nivellement.

241. — Suivant qu'on aura à faire des nivellements ordinaires ou des nivellements de précision le personnel de l'expédition devra être composé différemment.

Pour les nivellements ordinaires il suffit que l'expédition soit constituée par un opérateur responsable et un porte-mire.

Si on emploie le niveau d'eau l'opérateur aura à le transporter et à l'installer en station ; puis à tenir le carnet et à diriger son aide, qui est chargé de porter la mire, sur les points à niveler et de lire les cotes.

Si on fait usage du niveau à bulle à lunette et de la mire parlante, le niveleur aura encore les mêmes fonctions venant s'ajouter à la lecture des cotes sur la mire.

En prenant celle-ci suivant la méthode d'Egault (dite méthode des compensations), on opèrera avec une précision suffisante pour les petites opérations.

Mais l'expédition de nivellement ainsi composée opère lentement ; et on ne peut guère espérer entreprendre des nivellements de précision importants sans pertes de temps considérables.

Nous ne parlons pas du chaînage qui pourra être fait par l'opérateur et son porte-mire s'il s'agit d'une opération tout à fait restreinte.

Si, au contraire, le nivellement a lieu sur une certaine surface de terrain l'opérateur pourra s'adjoindre deux chaîneurs qui procèdent avec toutes les précautions décrites dans notre *Traité du levé des plans.*

242. — Pour les nivellements de précision (des repères ou de projets considérables), le personnel de l'expédition devra être composé comme l'a fait M. Bourdaloue pour son nivellement général de la France.

C'est-à-dire qu'il y aura un opérateur, un lecteur et deux porte-mires.

L'opérateur a la responsabilité de l'expédition ; c'est lui qui la surveille et la dirige.

Il est muni d'un carnet sur lequel il inscrit les cotes.

Le lecteur doit être une personne intelligente dont les fonctions consistent à transporter le niveau, à le disposer en station, à faire la lecture des cotes et veiller à ce que la bulle ne se dérange pas de ses repères.

Les porte-mires, munis chacun de mires parlantes et de fiches d'acier, qu'ils implantent, s'il y a lieu, dans le sol pour poser les instruments, sont des agents secondaires que l'on dresse à comprendre les signaux, à disposer leurs instruments en station et à reconnaître rapidement les points qui doivent être nivelés.

Le niveau étant disposé à égale distance des points nivelés par le lecteur de concert avec l'opérateur, celui-ci vise la mire arrière, lit la cote et l'inscrit sur son carnet pendant que celui-là veille à ce que la bulle ne se dérange pas.

Cette lecture et cette inscription de la cote sont faites à l'insu du lecteur.

Si la bulle se dérange pendant l'opération, le lecteur la ramène entre ses repères et le niveleur prend une nouvelle cote qu'il inscrit à la place de la première s'il a y une différence entre-elles.

Après cette opération le lecteur, à son tour, vise la même mire et note, en secret, la cote sur le carnet, disposé à cet effet, pendant que l'opérateur surveille la bulle afin de l'avertir aussitôt lorsqu'elle sort de ses repères.

Ce dernier annonce alors à haute voix et distinctement, par groupe de deux chiffres, la cote qu'il a obtenue.

Si elle diffère notablement de celle relevée par le lecteur, on biffe celle des deux qui paraît douteuse et on fait une annotation en regard dans une colonne spéciale du carnet.

On peut encore rectifier en lisant de nouveau la cote.

Nous ferons remarquer qu'on ne doit pas rechercher une concordance absolue des cotes qui serait difficile à obtenir.

M. *Breton* dit à ce sujet, dans son *traité du nivellement* : « Il paraît bien démontré qu'on ne gagne rien à recommencer pour une différence de deux unités sur le dernier chiffre, dès que la portée du niveau est d'une centaine de mètres. »

L'emploi de deux mires parlantes est le moyen le plus sûr de niveler rapidement et avec une précision remarquable.

On nivelle très-vite parce que l'on donne les coups de niveau arrière et avant dans un temps très-court ; et on nivelle avec plus de précision parce que, à cause de cette célérité, on évite les différences de réfractions atmosphériques dues à des différences de température.

Le nivellement de précision, exécuté par une brigade Bourdaloue, est fait trois fois plus rapidement fait que par un niveleur et son aide.

Ajoutons, en outre, que le coût par kilomètre n'est pas doublé et que toute erreur d'une certaine importance ne peut avoir lieu.

243. — Le matériel d'une expédition de nivellement dépend de l'opération à exécuter.

Dans tous les cas, on a un niveau et son pied, une mire et des objets accessoires.

S'il s'agit d'un nivellement ordinaire, l'expédition a un niveau d'eau ou un niveau à bulle avec son pied, une mire à coulisse, une bouteille d'eau colorée, une chaîne, des jalons, des piquets et une hachette-marteau.

Si l'expédition doit faire un nivellement de précision, on aura un niveau à bulle et à lunette avec son pied, sa boîte et son fourreau ; deux mires parlantes, une alidade à lunette montée sur un trépied, une hachette-marteau, un ciseau de tailleur de pierre, une chaîne ou ruban d'acier, un jeu de fiches avec sac de peau, des jalons et quelques piquets, etc. (le surplus nécessaire se trouvant généralement sur les lieux).

CHAPITRE IV.

Reconnaissance du terrain à niveler.

244.—Le terrain, sur lequel on doit étudier un projet de route, de canal, de chemin de fer, etc., devra être l'objet d'une reconnaissance destinée à éclairer le niveleur sur le trajet qu'il aura à parcourir entre les deux termes extrêmes.

Cette reconnaissance est de première utilité, et elle doit toujours être faite avant d'entreprendre un nivellement quelconque.

Le but qu'on se propose est complexe.

On doit d'abord voir si de grands obstacles existent, tels que : des terrains rocheux, couverts d'eau ou marécageux, des montagnes élevées, des vallées profondes, des propriétés clôturées, des terrains couverts d'industries, des villes ou villages, etc.

En principe tous ces obstacles peuvent être franchis avec des travaux d'art entraînant des dépenses plus ou moins grandes qui viennent augmenter les prix de revient.

Mais l'ingénieur doit, avant tout, tenir compte de la question financière dans l'exécution d'un projet ; par conséquent il devra faire en sorte d'avoir le moins possible de travaux d'art à exécuter.

La reconnaissance du terrain aura ensuite pour objet de fixer approximativement la direction générale que l'on devra suivre dans le nivellement dit de reconnaissance qui se fait quelquefois simultanément avec l'étude à vue du terrain.

Si l'on possède une carte topographique, la possibilité du projet sera plus vite reconnue et on pourra trouver une direction à suivre ne s'écartant pas sensiblement de la direction définitive.

En parcourant le terrain, avec les données de cette carte, on repèrera plus rapidement les principaux points de passage du nivellement.

Dans la plupart des projets les deux termes extrêmes du nivellement sont fixés de positions; ils répondent à une nécessité du moment ou de l'avenir.

Alors la reconnaissance du terrain aura pour objet de déterminer la direction la plus convenable qu'on devra suivre dans le nivellement qui devra relier les points de départ et d'arrivée du projet.

Le nivellement de reconnaissance, suivant la direction reconnue et fait à zéro ou à une pente donnée, fixera sur la possibilité dudit projet.

Lorsque les deux termes extrêmes du nivellement ne doivent pas aboutir nécessairement à deux points fixés d'avance, on a une plus grande latitude dans l'étude et le tracé.

Si l'on doit, sur une certaine surface, faire du drainage et de l'irrigation, ou bien si l'on veut faire le levé topographique d'un terrain plus ou moins étendu, la reconnaissance se réduira à reconnaître les principales stations et les principaux points remarquables.

245. — Nous distinguerons trois espèces de reconnaissances, savoir : les reconnaissances de premier ordre ou de haute précision ; les reconnaissances de deuxième ordre ou de précision et 3° les reconnaissances de troisième ordre ou de détails.

Les premières ont lieu lorsqu'on doit faire de grands nivellements géodésiques destinés soit à la construction de cartes, soit à l'établissement de grands projets de canaux ou de chemins de fer (exemple du canal de Suez et du chemin de fer du Pacifique à l'Atlantique).

C'est surtout pour ces grandes opérations que les reconnaissances du terrain acquièrent de l'importance ; on peut dire même qu'elles sont en raison directe des projets.

Généralement elles doivent être répétées plusieurs fois. On examine d'abord les points culminants du terrain ; et sur un croquis à vue on indique leur situation relative. Ensuite une ou plusieurs reconnaissances sont faites pour reconnaître et noter les principaux points du projet dont on peut déterminer rapidement la situation relative à l'aide de puissants théodolites.

Les reconnaissances de second ordre, ou de précision, s'appliquent à tous les projets de travaux publics et topographiques, tels que : routes, canaux de navigation, canaux d'irrigation, chemins de fer, cartes topographiques, etc.

Pour les canaux on fixe ordinairement les termes extrêmes; et alors la reconnaissance du terrain consiste spécialement à déterminer la direction à suivre, qui soit la meilleure entre ces points ; c'est-à-dire le plus économique et dont le prix de revient soit le moins élevé par kilomètre.

Le double nivellement qu'on exécute ensuite permet de voir si le premier terme est plus haut que le second pour un canal d'irrigation ; ou bien s'il n'est pas plus bas pour un canal destiné à la navigation.

Pour les routes et les chemins de fer (les termes extrêmes étant fixés approximativement) on a plus de latitude pour le tracé.

Sur un terrain accidenté on peut presque toujours trouver une direction, entre les deux points de départ et d'arrivée, qui donne le minimum des travaux.

Nous ne parlons, bien entendu, que des cas où les pentes ne sont pas excessives.

C'est généralement dans le sens général d'écoulement des eaux qu'on peut effectuer de semblables tracés ; c'est-à-dire suivant les vallées ou les coteaux contigus.

Mais en passant d'une vallée ou d'un bassin dans un autre il y a généralement de grands travaux d'art à faire, tels que des tunnels.

Dans les plaines et sur les plateaux le tracé ne présente de difficultés autres que celles provenant d'obstacles, tels que : marais, propriétés industrielles, villes, cours d'eau, etc.

Mais dans tous ces cas la détermination des points de passage d'un projet sont toujours faciles, même à travers les forêts.

Lorsqu'on doit exécuter des cartes topographiques, les reconnaissances consistent à déterminer les principaux points remarquables dans leur situation relative, et à vue, sur un croquis construit à grands traits.

Une bonne précaution dans ces opérations est de faire un canevas à l'aide du théodolite, du graphomètre répétiteur ou de la boussole.

Les reconnaissances de troisième ordre, ou des détails, n'ont pas une très-grande importance. Elles se font rapidement et à vue.

Dans quelques cas mêmes les projets ont si peu d'étendue qu'on peut se dispenser de reconnaître le terrain à l'avance, surtout s'il s'agit d'une plaine ou d'un plateau.

Mais, en général, si on doit faire un travail agricole (drainage, irrigation, conduite d'eau, chemins ruraux, etc.) il sera toujours nécessaire de bien reconnaître le terrain avant d'exécuter le nivellement.

CHAPITRE V.

Alignement, tracé et piquetage des projets de nivellement.

246. — Lorsque l'ingénieur connaît, par une reconnaissance, le terrain sur lequel il doit opérer, il faut encore qu'il précise la direction qu'il doit suivre.

S'il s'agit d'un nivellement de haute précision, les principaux points remarquables que l'on rencontre dans la direction générale du projet servent de repères et indiquent la marche à suivre dans le nivellement.

Ordinairement ces points sont des monticules élevés du sol, des vieilles tours, des clochers, des édifices publics, etc., qui se rencontrent assez facilement pour les nivellements de surfaces destinées à la construction de cartes.

Mais, en général, ils sont rarement situés suivant l'axe des projets de canaux ou de chemins de fer.

Alors, dans ce cas, on détermine la direction de l'axe du projet par rapport à ces points les plus rapprochés.

Ou bien on fait suivant la direction probable du projet une série de constructions (ou signaux) en charpente ou en maçonnerie du haut desquelles on opère.

Les premières, dont la hauteur dépend des obstacles du terrain, sont formées de quatre arrêtiers supportant une petite chambre servant d'observatoire.

Le toit de cette chambre est de forme pyramidale, et il porte sur ses faces des fenêtres que l'on peut fermer ou ouvrir à volonté.

Au point où l'axe vertical du signal rencontre le sol on place une borne entourée de charbon afin de la retrouver plus tard, après qu'il pourrait être démoli.

Les signaux de maçonnerie sont de forme conique et construits en pierres sèches.

Ils sont surmontés d'une construction cylindrique d'un plus petit diamètre sur laquelle on place l'instrument.

Le nivellement dont on fait usage est le nivellement géodésique, qui consiste dans la résolution d'une suite de triangles sphériques contigus.

247. — Les plus grands nivellements faits pour l'étude des projets aujourd'hui exécutés sont ceux :

1° Du canal de Suez par Bourdaloue ;

2° Du Mont-Cenis (Mont-Tabor), par MM. Mauss et Sismonda, Grattoni, Someillier et Grandis ;

Et 3° Du Pacifique à l'Atlantique par M. Thomas Judah.

C'est M. Talabot qui confia à M. Bourdaloue la mission de vérifier le nivellement de l'isthme de Suez, entre Golzoum et Tineck, fait par les ingénieurs qui accompagnèrent l'expédition d'Egypte à la fin du siècle dernier.

On sait que d'après ces ingénieurs, on conclut que la mer Rouge, à marée haute, était de $9^m,90$ plus élevée que la Méditerranée, et $8^m,12$ à la marée basse.

M. Bourdaloue, à l'aide du procédé de nivellement qui l'a rendu à jamais célèbre, prouva que cette différence de niveau n'existait pas et que par suite les deux mers étaient de niveau.

La conséquence d'un pareil résultat fut d'établir la possibilité d'exécution du projet de *canal dit de l'isthme de Suez*.

Ce gigantesque ouvrage, exécuté sous la direction de M. de Lesseps, est aujourd'hui livré à la navigation.

Gloire donc à MM. Bourdaloue et de Lesseps !

Nous ne pouvons entrer ici dans la recherche de sa meilleure direction par la reconnaissance du sol ni dans son tracé définitif.

Nous dirons seulement qu'un pareil travail a exigé de la part des ingénieurs beaucoup de sagacité à cause des grandes difficultés que présentaient et le climat et le sol.

248. — Le percement du Mont-Cenis, ou plutôt d'une montagne qui lui est parallèle (le Mont-Tabor) a exigé aussi de la part des ingénieurs beaucoup de travail à cause des difficultés considérables qu'ils ont rencontrées.

L'idée d'une pareille entreprise serait due à *Joseph Médail*, géomètre arpenteur, né au village de Bardonnèche.

Il était tellement convaincu de l'utilité qu'il y aurait à mettre l'Italie et la France en communication, par un chemin de fer traversant les Alpes, qu'il proposa au gouvernement Italien, en 1841, un projet de tunnel.

Le roi Charles Albert, frappé de cette proposition, chargea MM. *Mauss* et *Sismonda* d'étudier le projet.

Ces deux savants conclurent à la possibilité de son exécution.

En 1857, M. de Cavour s'entendit avec la compagnie du Victor-Emmanuel pour le percement du Mont-Cenis. L'ouverture du tunnel eut lieu le 31 août 1857; et son inauguration fut faite, 14 ans et 46 jours après, le 16 octobre 1871.

Voici en quels termes M. Sismonda (écrivant à feu M. Elie de Beaumont) annonce à l'Académie des sciences (séance du 20 mars 1871) le percement des Alpes.

« Le 28 décembre dernier a éclaté la dernière mine qui a mis en communication les deux portions du tunnel Alpin (Nord et Sud); elles se sont trouvées sur la même ligne et au même niveau; ce qui fait le plus grand honneur aux ingénieurs qui ont conduit ce grandiose et gigantesque ouvrage ».

Le premier soin des ingénieurs fut de fixer assez haut les deux extrémités du tunnel de manière à raccourcir le plus possible sa longueur.

Du côté de l'Italie, au sud, on choisit Bardonnèche, situé à 1291 mètres au-dessus du niveau de la mer.

Ce point convenait particulièrement pour commencer l'emplacement de l'une des ouvertures du tunnel.

Du côté de la France (au Nord) l'ouverture devait se trouver le plus haut possible ; et on la fixa près de Modane, à la cote 1163 mètres afin de raccorder facilement avec la station de Saint-Michel, appartenant à la compagnie P.-L.-M., et située à l'altitude 722 mètres ; ce qui donnait encore une différence de 441 mètres à racheter.

Il y avait encore une différence de niveau de 128 mètres entre les deux extrémités du tunnel distantes de 12,200 mètres.

Pour l'écoulement des eaux il fallait une double pente à partir du milieu du tunnel.

Du côté de l'Italie la pente fut fixée à $\frac{1}{2}$ millimètre par mètre, et du côté de la France à 0^m,022.

L'ouverture du tunnel devait avoir lieu des deux côtés en même temps afin d'accélérer le percement.

Les ingénieurs eurent à indiquer ou à jalonner extérieurement, sur la montagne, la trace du plan vertical passant par l'axe de la galerie. Ce n'était pas un travail facile à cause des accidents de terrains les plus variés dont le plus élevé au-dessus du tunnel atteint 1,600 mètres. Pour jeter ainsi sur la montagne une ligne imaginaire on procéda trigonométriquement par une suite de triangles contigus allant de Modane au sommet et de là à Bardonnèche. Après avoir répété un grand nombre de fois les opérations on acquit la certitude que certains points étaient dans le plan vertical passant par l'axe des deux ouvertures du tunnel.

Alors seulement on fixa un signal, dans ce plan, sur le point culminant.

Une autre question importante à résoudre était de fixer exactement la direction à creuser sous la montagne.

La moindre déviation pouvait amener à 6,100^m un écart considérable dans la jonction des deux sections.

La solution fut obtenue en construisant, sur les flancs opposés des vallées, des observatoires qui fussent dans le prolongement du tunnel.

Sur ces observatoires on plaça des puissants théodolites dont les axes des lunettes étaient dans le plan vertical comprenant le signal extérieur et l'axe de la galerie.

Les théodolites dirigés successivement sur le signal du sommet de la montagne et sur des lanternes placées au fond et dans l'axe du tunnel permettaient de diriger celui-ci avec la plus grande exactitude ainsi que l'établit la communication de M. Sismonda à l'Académie des sciences.

Outre que ces théodolites donnaient la direction de l'axe, ils guidaient aussi la pente constante pour chaque versant ; laquelle a été régulièrement suivie du reste à chaque avancement de la galerie.

Honneur à MM. Grattoni, Someiller et Grandis, les ingénieurs habiles qui ont su s'immortaliser en menant une si grande œuvre à bien.

249. — Le grand chemin de fer américain, qui met aujourd'hui en communication le Pacifique avec l'Atlantique, a exigé également un travail considérable pour les études préliminaires et son tracé définitif.

Sa longueur entre Sacramento et New-York n'est pas moins de 5,300 kilomètres.

L'étude du projet définitif a été faite en 1860 par Thomas Judah après une première étude préliminaire ordonnée en 1853 et 1854 par le Congrès.

Le 1er octobre 1861, M. Judah exposa son travail devant une société de capitalistes qui en adopta les conclusions tendant à la construction de la plus vaste ligne de chemin de fer qui existe aujourd'hui dans le monde.

Le 1er juillet 1862 le projet fut approuvé par le Président après avoir été adopté par le Congrès.

Environ sept ans après, le 10 mai 1869, ce chemin de fer gigantesque était livré à la circulation et le premier train partait de Sacramento pour New-York.

Décrire les difficultés énormes qu'il a fallu vaincre pour établir la direction de cette ligne et la jalonner définitivement serait impossible ici. Il nous suffira de rappeler que les études de 1853 et 1854, qui ont coûté deux millions de francs, forment treize gros volumes in-quarto accompagnés d'un nombre considérable de cartes et de plans.

250. — Nous arrivons aux tracés des nivellements de précision, ou de second ordre, qui sont du domaine de la topographie ordinaire.

Le principe de ces tracés (qu'il s'agisse de lignes droites ou de lignes courbes) est le même que celui que nous avons décrit dans notre traité du *Levé des Plans.*

Si les lignes ont une certaine longueur il faudra faire plus particulièrement usage du théodolite et du graphomètre répétiteur. On aura aussi un fil à plomb pour planter les signaux verticalement.

Les jalons dont on fera usage varieront en dimensions de 1 mètre 50 à **6** mètres de longueur suivant l'importance et la nature du tracé.

Ils doivent être peints par zones blanches et rouges. Pour de grandes lignes on fera usage des balises dont la hauteur dépendra des obstacles à franchir et de la longueur des tracés.

Ces balises, généralement montées sur des massifs de maçonnerie, consistent en de grandes perches de 8 à 20 mètres et plus de hauteur.

Elles sont en bois de pins, ou de sapins, et sont peintes par zones alternées, de rouge et de blanc, ayant une hauteur de un mètre chacune. Souvent, aussi, il convient de les peindre en noir, au sommet, sur une hauteur de $0^m,25$ à $0^m,30$. Ces différentes couleurs ont pour bon effet de permettre à l'observateur de voir plus distinctement ces balises servant de signaux à de grandes distances.

On leur ajoute encore, à leurs sommets, des drapeaux blancs ou rouges, ou bien des ballons d'étoffe que l'on remplit de fourrage (paille ou foin). Ces derniers sont préférables aux drapeaux.

Comme ils sont traversés, par le sommet du signal, suivant un de leurs diamètres, il en résulte qu'en les visant de loin on est assuré de diriger le plan de visée suivant l'axe vertical de la balise.

L'alignement d'un projet est déterminé, sur le sol, lorsque deux de ses points sont connus. Alors un troisième point en général, ou un nombre de points quelconque, peut toujours être placé dans le prolongement du plan vertical passant par les deux axes verticaux des balises.

De proche en proche on pourra ainsi prolonger le premier élément de la ligne dans le même plan vertical, ou bien dans des directions successives plus ou moins inclinées les unes par rapport aux autres.

Nous croyons devoir dire ici que les alignements, pour tracés de routes et chemins de fer, sont souvent faits (lorsque les points principaux sont donnés de position avec les lunettes) à l'aide de la vision directe.

Les conducteurs procèdent à cet effet de la manière suivante :

Pour prolonger l'élément AB d'une ligne, ils placent successivement l'œil, à droite et à gauche, à 0ᵐ,04 ou 0ᵐ,06 de la balise ou du jalon A et dirigent un rayon tangentiellement à B (qui est souvent très éloigné).

S'ils n'aperçoivent pas le point C (représenté aussi par un jalon ou une balise) après deux ou quatre visions latérales opposées, faites dans les conditions décrites, c'est que ce point est dans l'alignement AB.

On dira que l'alignement sera tracé lorsqu'on aura placé sur le terrain une série de balises, jalons, ou piquets indiquant sa direction.

Nous renvoyons au tracé des lignes décrit dans notre traité du *Levé des Plans* pour tout ce qui a rapport à ce paragraphe.

251. — Nous dirons seulement, ici, quelques mots du tracé des galeries souterraines ou tunnels.

Lorsque l'axe de ces galeries a été tracé sur le sol, et prolongé pour se raccorder à celui de la voie à ciel ouvert, il faut faire en sorte que le plan vertical, qui passe par la ligne tracée, se projette dans les tunnels.

Pour cela on peut procéder comme au Mont-Cenis, ou bien de la manière suivante :

Les ouvertures du tunnel étant précédées par des tranchées à ciel ouvert, il suffit de prolonger les axes de celles-ci dans la galerie à l'aide de fils à plomb, fixés à des pitons, vissés sur des piquets plantés à la voûte, qui, s'ils sont bien dans le plan vertical contenant l'axe du tunnel, permettent le creusement de celui-ci de proche en proche avec la plus grande régularité. L'attaque de la galerie peut ainsi se faire des deux côtés à la fois afin d'avancer plus vite le travail.

Pour accélérer encore le percement on creuse, sur l'axe ou à une certaine distance, des puits dont le fond est conduit à la profondeur du tunnel. On peut à l'aide de ces puits, plus ou moins nombreux, gagner beaucoup de temps.

Le percement d'un puits sur l'axe doit se faire avec la plus grande précaution.

On fixe d'abord à peu près l'emplacement qu'il doit occuper ; puis on établit près de cet emplacement un théodolite qui soit situé dans l'alignement de la galerie de manière que la croisée des fils du réticule couvre deux balises éloignées.

Alors, la lunette ayant son axe dans le plan vertical qui divise la galerie en deux parties symétriques, on fait placer dans ce plan deux points repères (deux bornes par exemple) à une certaine distance un peu plus grande que le diamètre du puits.

La surface supérieure de ces points, ou bornes, sera horizontale et elle portera une trace indiquant l'intersection du plan de l'axe avec elle.

Lorsqu'on voudra creuser le puits, on placera un cordeau couvrant les traces des bornes, puis on indiquera le centre et la longueur du diamètre aux extrémités duquel on fixera (et sur le cordeau), deux fils à plomb qui serviront de guide au fur et à mesure du creusement.

Quand la profondeur atteinte est suffisamment grande on descend dans le puits un appareil, qu'on appelle le cercle, dont on place les bords sur l'alignement des fils à plomb, puis on repère la position qu'il occupe par des piquets auxquels on suspend d'autres fils placés ainsi dans le prolongement des mêmes verticales.

On continuera de même pour une nouvelle profondeur.

Toutefois, il sera prudent de vérifier, par deux fils à plomb très-longs (pouvant aller du bord supérieur au fond), si les parois du puits sont bien verticales.

Lorsqu'on est arrivé à la cote du fond du tunnel on arrête le creusement et on dirige une galerie en deux sens opposés dont l'axe soit dans l'alignement des deux fils placés dans le plan vertical divisant la partie en deux parties symétriques.

Si le puits ne peut être établi sur l'axe comme cela arrive souvent dans les villes, on le creuse à une certaine distance de la même manière que le précédent ; puis on le rejoint au tunnel par une galerie dont la direction, par rapport à l'axe du tunnel, doit être exactement déterminée avec un goniomètre et sa longueur mesurée avec le plus grand soin.

Le puits creusé, à la profondeur voulue, on repère deux fils à plomb suivant la ligne connue de direction sur le sol par rapport à l'axe du tunnel (pour plus de détails, voir *Opérations sur le terrain*, par M. Brun).

Ces deux fils serviront à indiquer le premier élément de l'axe de la galerie qui doit rejoindre le tunnel.

Pour trouver le point de concours des deux axes, il ne suffira plus que de reporter la longueur, de cette galerie secondaire, déterminée sur le sol.

252. — Les tracés des projets de troisième ordre ou de détails n'ont qu'un faible intérêt.

Ils représentent, à une petite échelle, les tracés des projets de précision.

Nous n'avons rien de particulier à en dire ; l'opérateur saura toujours, suivant les circonstances, ce qu'il y aura à faire.

253. — Pour terminer ce chapitre il ne nous reste plus qu'à indiquer le piquetage du terrain.

Lorsque l'axe des projets a été tracé sur le sol, à l'aide de jalons ou de balises, on n'a indiqué que la direction générale que l'on doit suivre.

Le calcul, sur le carnet, ayant fait connaître toutes les cotes du profil du terrain, il sera nécessaire de repérer celui-ci par des piquets assez rapprochés pour permettre une bonne exécution des travaux.

Ordinairement les distances desdits piquets varient beaucoup suivant les projets.

Elles sont généralement de 5 et 10 mètres pour de petits projets et de 20, de 50 et de 100 mètres pour des projets considérables.

Ces piquets, qui sont en bois, ont généralement une longueur qui varie de 0^m,30 à 0^m,80 et un équarrissage de 0^m,05 à 0^m,10.

Ils sont quelquefois en fer pour les terrains pierreux et les routes.

On les enfonce verticalement dans le sol, et sur l'alignement, de manière à les laisser saillir de 0^m,10 au-dessus de sa surface, résultat qui est facilement obtenu à l'aide d'un repère fait à l'avance.

On les numérote par série de manière que chacun d'eux porte son numéro propre et celui de la série à laquelle il appartient.

Pour de petits projets on donne une longueur de 100 mètres aux séries, et il y a ainsi 20 ou 10 piquets dans cette longueur.

Les numéros sont alors écrits lisiblement : ceux de la série (plus gros) sur la face perpendiculaire à l'axe du projet ; et ceux des piquets (plus petits) sur le côté parallèle à cet axe.

Pour les grands projets les séries peuvent avoir une longueur d'un kilomètre ; et il y en a ainsi 50, 20 ou 10 dans la longueur.

Ils sont numérotés de la même manière, et les numéros sont marqués au fer rouge de préférence afin qu'ils puissent se conserver longtemps.

Tous les 500 mètres ou tous les kilomètres on aura des piquets repères recouverts de plaques de zinc dont les altitudes sont exactement déterminées.

Les piquets de bois pourront être cylindriques et les numéros seront alors placés sur une échancrure que l'on pratique de manière à obtenir une face plane. Les gros numéros, ou de kilomètres, sont placés en haut et les petits numéros, ou de série, en bas.

Un pareil classement des piquets permet de les retrouver facilement sur le sol et de connaître les cotes du carnet qui leur correspondent. En outre, si on a besoin de refaire un nivellement de vérification on aura le travail beaucoup abrégé.

Nous ne croyons pas qu'il soit utile d'insister sur la nécessité de bien placer l'axe de ces piquets à la distance que l'on aura adoptée.

DEUXIÈME SECTION

NIVELLEMENT RÉGULIER

CHAPITRE Ier.

Nivellement simple.

254. — Lorsque, sans changer le niveau de place, ou de station, l'on peut déterminer la différence de niveau de deux ou de plusieurs points, on donne à l'opération que l'on exécute le nom de nivellement simple.

Les deux points extrêmes de ce nivellement ne peuvent donc être situés à une distance supérieure à la portée des niveaux.

C'est, par conséquent, un nivellement toujours peu étendu. Une autre particularité consiste en ce que la différence des cotes des points extrêmes ne peut jamais dépasser la longueur totale de la mire.

Lorsque le cas extrême se présente l'une des cotes est égale au maximum de la hauteur de mire et l'autre cote égale à zéro.

Si ce nivellement simple doit avoir lieu seulement entre deux points, on dispose le niveau en station à peu près à égale distance de ces deux points sans qu'il soit nécessaire de le placer sur la même droite qui les joint.

Dans le cas où il comprend plusieurs points, situés en ligne droite ou aux sommets de figures polygonales contigus, le niveau est autant que possible placé dans une position centrale pour annuler les erreurs dues au niveau apparent et à la réfraction atmosphérique.

Nous distinguons, dans le genre nivellement régulier simple, deux espèces, ainsi que nous l'avons dit dans notre classification, savoir :

1° Le nivellement simple élémentaire ou de deux points; et 2° le nivellement simple général ou de plusieurs points dans une ou plusieurs directions.

Nivellement régulier simple élémentaire.

255. — Nous parlerons d'abord du nivellement simple de deux points A et B fig. 51, lequel n'est possible qu'autant que leur distance n'est pas supérieure à la portée du niveau employé, et que le plan de visée est au-dessus de ces points.

Le niveau (d'eau ou à bulle) est placé en station au point, K, intermédiaire entre A et B, avec les précautions déjà décrites (voir les instruments de nivellement, n°s 80, 101, 120, 129, 148, etc.).

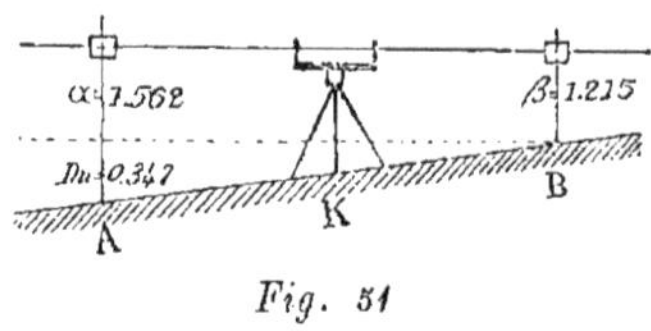

Fig. 51

Le niveleur (ou l'opérateur toujours responsable) fait placer la mire au point A, par le porte-mire (qui est son aide), de manière que l'axe de l'instrument soit sur la verticale de ce point :

Par des signaux (voir mires, n°s 210 et 213), le niveleur fait disposer le centre du voyant sur le plan de visée horizontal, puis le porte-mire lit la cote $\alpha = 1^m,562$, par exemple, qu'il a le soin d'énoncer assez haut pour que son chef l'entende et l'inscrive sur son carnet.

On vérifiera ensuite si cette cote est bien exacte en plaçant de nouveau la mire en station et en donnant sur elle un second coup de niveau.

Dans cette première vérification on aura soin, préalablement, de déplacer le zéro du *nonius* du voyant afin de mieux juger si la seconde lecture de cote diffère de la première.

Dans le cas d'une différence peu importante on prend la moyenne des deux cotes.

Si, au contraire, l'écart est considérable il faut savoir s'il ne tient pas à une irrégularité de réglement du niveau, ou à son instabilité dans la station ; ou bien encore à un défaut de vision du niveleur ou de verticalité de la mire.

La cause d'erreur, reconnue, sera corrigée et le nivellement recommencé sur le point A jusqu'à ce qu'on obtienne sa véritable cote par rapport au plan de visée.

Alors seulement le porte-mire va se placer en station sur le point B, sur lequel le niveleur donnera un coup de niveau ; et on obtient une cote $\beta = 1^m,215$ après vérification.

La différence de niveau entre le point A et le point B sera donnée par la formule générale $\alpha - \beta$ du professeur Salneuve.

En remplaçant les cotes par leur valeur et en appelant Dn la diférence de niveau, on aura :

$$Dn = 1^m,562 - 1,215 = 0^m,347.$$

Si on connaissait l'altitude du point A on en déduirait facilement celle du point B par une simple addition dans ce cas.

Quand il est nécessaire de connaître cette altitude de A on la détermine par un nivellement fait entre ce point et un repère connu.

Soit 100 mètres cette altitude de A ; celle de B sera donc $100^m + 0^m,347 = 100^m,347$.

256. — Par l'opération que nous venons de décrire nous avons donné un premier coup de niveau sur A que l'on appelle coup arrière, puis un second coup sur B que l'on appelle coup avant.

Nous ferons observer que ce n'est pas par rapport à la position du niveau qu'on distingue les coups de niveau comme les commençants sont disposés à le croire.

Ces deux dénominations viennent de ce que le porte-mire laisse derrière lui le premier point dans le cours de l'opération tandis qu'il chemine vers le second situé en avant.

Dans une station il ne peut jamais y avoir plus d'un coup de niveau arrière ; et c'est toujours le premier de cette station.

Il n'en est pas de même du coup avant. Il peut être seul comme dans l'exemple de nivellement simple élémentaire qui nous occupe ; ou bien il peut y avoir plusieurs coups avant, dans la même station, comme dans le cas du nivellement simple général.

257.—Le point le plus bas du nivellement simple (ou d'une station) est celui qui a la coté la plus forte ; et réciproquement le point le plus élevé est celui qui a la cote la plus faible.

La fig. 51, à sa seule inspection, démontre suffisamment l'énoncé de ces règles que l'opérateur doit bien posséder pour faire les calculs du carnet.

Il en résulte que les différences de niveau sont toujours positives (ou en montant) lorsque la cote avant est la plus faible ; et réciproquement qu'elles sont toujours négatives (ou en descendant) lorsque ladite cote avant est la plus forte.

258. — Voici maintenant la composition du carnet complet dans le cas où on emploie un niveau d'eau :

NIVELLEMENT SIMPLE DE DEUX POINTS (i)

Stations	Numéros des piquets	Distance des piquets	COUPS		DIFFÉRENCES		COTES par rapport au niveau de la mer	OBSERVATIONS
			Arrière	Avant	+	−		
1	2	3	4	5	6	7	8	9
K	A	»	1,562	»	»	»	100^m	
	B	50^m	»	1,215	0,317	»	100,347	

NIVELLEMENT SIMPLE DE PLUSIEURS POINTS DANS UNE SEULE DIRECTION (ii)

	B	»	1,325	»	»	»	100,347	Le point B est
	1	10^m	»	1,382	»	0,057	100,290	situé à 100,347
	2	17	»	1,439	»	0,114	100,233	au-dessus du
K'	3	23	»	1,497	»	0,172	100,175	niveau de la
	4	32	»	1,557	»	0,230	100,117	mer.
	5	42	»	1,611	»	0,286	100,061	
	A	50	»	1,672	»	0,317	100^m	

NIVELLEMENT SIMPLE PAR RAYONNEMENT (iii)

	A	35^m	1,625	»	»	»	100^m	
	1	30	»	1,582	0,043	»	100,043	40°
	2	26	»	1,434	0,191	»	100,191	55°
K"	3	40	»	1,358	0,267	»	100,267	45°
	B	34	»	1,278	0,347	»	100,347	40°
	4	36	»	1,380	»	0,215	99,745	50°
	5	32	»	1,500	»	0,125	99,875	65°

Une simple inspection du carnet (I) suffit pour comprendre de quelle manière les cotes sont inscrites et les calculs sont faits.

La colonne 1, sert à désigner la station ; la colonne 2, à inscrire les noms des piquets ou des points nivelés ; la colonne 3 à recevoir leur distance à l'origine ; les colonnes 5 et 6 à inscrire les coups de niveau arrière et avant ; les colonnes 7 et 8 à recevoir les différences des points nivelés ; la 8ᵉ à désigner l'altitude de chaque point ; et enfin la 9ᵉ à revoir les observations diverses que l'on peut avoir à faire.

259. — Il ne nous reste plus qu'à indiquer la vérification, de ce nivellement, qui est très-facile à faire.

On place le niveau dans une autre station en dehors du plan vertical AB, mais à peu près à égale distance des deux points A et B ; puis on fait un nouveau nivellement.

Si on obtient une différence de niveau égale à la précédente : c'est-à-dire de 0^m,347, on en conclut que la première opération a été bien faite.

S'il n'en est pas ainsi, et qu'il y ait une grande différence, il faut recommencer jusqu'à ce que l'on n'ait aucune différence dans les différences de niveau.

260. — Si le nivellement que nous venons d'examiner (au lieu d'être fait avec un niveau) était exécuté avec un clisimètre, toujours placé en station au point le plus élevé, il faudrait tenir compte, dans l'appréciation de la cote arrière, de l'erreur due au niveau apparent et à la réfraction; et faire la correction à l'aide de la table de haussement du niveau apparent (n° 34).

Nivellement régulier simple général.

261. — La deuxième espèce de nivellement régulier simple, dit régulier simple général, comprend deux variétés, savoir : 1° Le nivellement régulier simple de plusieurs points dans une direction quelconque; 2° Le nivellement régulier simple par rayonnement, ou dans plusieurs directions concourantes en un même point toujours occupé par le niveau.

La première variété est surtout employée pour connaître un profil point par point tel que le profil AB (fig. 51), par exemple, afin de pouvoir tracer, avec assurance, un projet de conduite d'eau ou de chemin.

On cheminera suivant ce profil pour y reconnaître les faîtes et les thalwegs du terrain (ou les bosses et les fonds) et on les marquera par des piquets.

Le niveau est ensuite mis, avec les précautions d'usage, en station au point, K', intermédiaire entre B et A. Puis on donne un coup de niveau arrière sur B et une série de coups avant, marqués par les piquets au nombre de cinq, par exemple, plus le point extrême A.

On vérifiera ce nivellement comme précédemment; et après avoir inscrit les cotes, il n'y a plus qu'à faire le calcul des différences de niveau comme l'indique le carnet (II).

On remarquera que ce nivellement que nous supposons fait en sens inverse du précédent vérifie celui-ci; et que les cotes extrêmes B et A s'échangent réciproquement en vertu des règles que nous avons énoncées.

262. — Le nivellement simple par rayonnement est aussi très-facile à exécuter.

Il a pour objet de faire connaître la hauteur relative de différents points compris dans le tour d'horizon d'un niveau.

On fait une station en k' (fig. 52), puis on porte le niveau en A pour prendre un coup de niveau en arrière; et successivement sur les points 1, 2, 3, B, 4 et 5 pour prendre des coups de niveau avant. On n'inscrit définitivement les résultats qu'après vérifica-tion ; et on fait les calculs com-me l'indique le carnet (III).

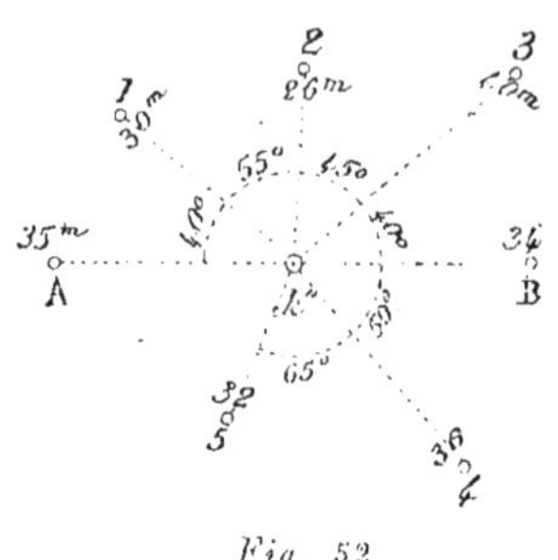

Fig. 52

Pour que ce nivellement puis-se être complet il faut encore connaître la longueur des rayons et les angles qu'ils forment entre eux, angles que l'on inscrit dans la colonne des observations.

Avec ces données on peut re-produire le dessin planimétrique coté du terrain et établir un projet.

CHAPITRE II.

Nivellement composé.

263. — Le nivellement composé diffère essentiellement du ni-vellement simple.

Il est le tout dont celui-ci est la partie.

C'est-à-dire qu'il est toujours formé d'une suite de nivellements simples rattachés les uns aux autres par l'intermédiaire des cotes, d'un même point, relevé de deux stations contigues.

Ce nivellement a lieu toutes les fois que les points à étudier sont situés à des distances supérieures à la portée du niveau ; ou bien, encore, lorsque les altitudes de ces points dépassent la lon-gueur maximum des mires.

Pour l'exécuter on est toujours forcé d'employer un plus ou moins grand nombre de plans de visées dont chacun correspond à une station ou à un nivellement simple.

Ces plans de visées successifs, pour qu'ils donnent un résultat utile, doivent nécessairement être rattachés les uns aux autres ; et ensuite à un plan de comparaison général, ou bien à une sur-face de niveau.

Ce dernier caractère du nivellement composé le distingue aussi spécialement du nivellement simple qui donne, lui, directement la cote de chaque point par rapport à un seul plan de visée.

En résumé, on peut dire que le nivellement composé est un nivellement à plusieurs stations, tandis que le nivellement simple est fait à l'aide d'une station unique.

Comme nous l'avons déjà dit, nous distinguons dans le genre nivellement régulier composé deux espèces, savoir :

1° Le nivellement régulier composé élémentaire dans une direction quelconque ; 2° le nivellement régulier composé général.

La première espèce doit nous occuper tout d'abord. Nous la distinguons spécialement de la sous-variété nivellement longitudinal ou par profil en long que nous étudierons après.

Par ce nivellement composé simple on désire connaître la différence de niveau des deux termes extrêmes ou d'un certain nombre de points intermédiaires.

D'où il résulte que chaque station doit comprendre seulement deux points.

Le relief du sol est connu à grands traits suivant une ligne magistrale droite ou courbe.

264. — Ces préliminaires établis il nous reste à étudier maintenant un cas de nivellement composé élémentaire quelconque représenté par la figure 53 par exemple.

Le problème qu'on se propose est de connaître les cotes 1, 2,

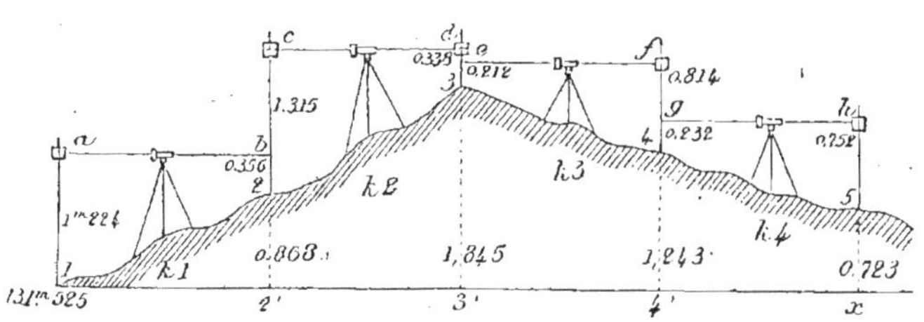

Fig. 53

3, 4 et 5, qui ont été déterminées de position et marquées par des piquets après une inspection du terrain.

Le niveau est placé successivement aux stations k_1, k_2, k_3, k_4.

Dans la première station k_1, la mire est disposée d'abord sur le point 1, puis ensuite sur le point 2 et on obtient la cote arrière 1 $a = 1^m,224$ et la cote avant 2 $b = 0^m,356$.

Dans la seconde station k_2, les cotes sont : arrière 2 $c = 1^m,315$ et avant 3 $d = 0^m,338$; et ainsi de suite.

Les stations sont faites comme s'il s'agissait d'autant de nivellements simples séparés ; et pour plus de simplicité nous avons supposé qu'elles ne comprennent que deux points correspondants : l'un au coup arrière et l'autre au coup avant du premier exemple de nivellement simple que nous avons déjà étudié.

On remarquera que l'opérateur, dans sa marche du point 1 vers le point 5, aura donné, pour chaque station, un coup arrière d'abord, puis un coup avant ensuite.

En d'autres termes tous les coups de niveau donnés dans le sens inverse de la marche sont arrière ; et tous ceux donnés dans le sens de cette marche sont avant.

Cela résulte, aussi, du reste, visiblement, de ce que nous avons dit sur le nivellement simple.

Enfin on peut encore distinguer ces coups de niveau en remarquant que tous ceux de rangs impairs sont arrière, tandis ceux de rangs pairs sont avant.

Ainsi les premiers coups des stations k_1, k_2, k_3, k_4, correspondants aux coups de niveau impairs 1, 3, 5 et 7, sont arrière; tandis que les deuxièmes coups de ces mêmes stations, correspondants aux coups de niveau pairs 2, 4, 6 et 8, sont avant. L'inspection de la figure 53 montre, du reste, suffisamment l'exactitude de ces observations.

265. — Examinons maintenant les règles de ce nivellement :

1° La différence de niveau des deux points extrêmes d'un nivellement composé, sur un terrain à surface irrégulière, présentant des thalwegs et des faîtes, est égale à la somme algébrique des coups arrière et avant compris entre ces points.

Le signe de cette somme fait voir lequel de ces points se trouve le plus élevé ou le plus bas.

2° Si le terrain est seulement ascendant, entre les deux points extrêmes, et qu'on chemine dans le sens de la montée, la différence entre la somme des cotes avant et la somme des cotes arrière exprime de combien l'un des points est plus élevé que l'autre ; c'est, dans ce cas, une différence positive.

3° Si le terrain est descendant, et que le nivellement ait lieu dans le sens de la descente, la différence de niveau des points extrêmes est égale à la somme des coups avant moins la somme des coups arrière ; la différence serait négative.

On observe que ces deux dernières règles se vérifient réciproquement si l'on chemine en sens inverse, puisque les cotes échangent mutuellement leurs noms.

4° Enfin, si l'on désirait connaître seulement la différence de niveau entre deux points quelconques d'un nivellement exécuté dans l'une des conditions ci-dessus, les trois règles énoncées s'y appliqueraient entièrement.

Nous pouvons résumer ces règles dans l'observation suivante faite par M. Breton :

Quel que soit le nombre des points d'un nivellement composé, s'ils sont seulement reliés deux à deux par un nivellement simple, en faisant la somme des cotes arrière et la somme des cotes avant il ne reste que deux cotes totales que l'on peut regarder comme les cotes arrière et avant d'un nivellement simple.

Alors la différence, de ces cotes totales arrière et avant, exprime de combien les points diffèrent d'altitude, exactement comme si l'on avait opéré avec un nivellement simple ; et le signe de cette différence indique lequel des deux points considérés est le plus élevé.

266. — En appliquant, de proche en proche à tous les points d'un nivellement composé, les règles que nous venons d'énoncer, on obtient le relief du sol chaque fois qu'il est nécessaire de le connaître.

Mais on remarquera que ce procédé est toujours long.

Aussi on lui en a substitué un autre beaucoup plus expéditif qui consiste à rapporter tous les points nivelés au même plan de comparaison ou mieux à une surface de niveau unique.

Ces points se trouvent ainsi connus par leurs altitudes dont la simple lecture donne immédiatement une idée du relief du terrain.

En outre, une simple soustraction suffit pour faire connaître la différence de niveau de deux points quelconques.

Lorsqu'il existe à proximité du théâtre du nivellement des points dont les altitudes sont connues, on les rattache à l'un de ses termes extrêmes.

Si, au contraire, il n'y a pas de repères connus de hauteur au-dessus du niveau de la mer, on se donne l'altitude de l'un des termes-limites du nivellement; ou mieux encore, on relie ce terme à un point remarquable inébranlable dont on fixe la cote arbitrairement.

Dans notre exemple de nivellement, de la figure 53, nous supposons que le point 1 est situé à $131^m,525$ au-dessus du niveau de la mer et nous rapportons ainsi, par rapport au plan horizontal $1\,x$, toutes les cotes des points nivelés comme l'indique le carnet ci-après.

267. — Nous supposons ici que le nivellement a été exécuté avec un niveau à bulle, dont on connaît le principe et le mode d'emploi (n° 92 à 156).

Il est, par conséquent, inutile de répéter ce que nous avons dit, soit par rapport au nivellement, soit par rapport à l'instrument.

Le carnet, en lui-même, ne présente aucune difficulté pour les commençants qui connaissent la méthode d'Egault (n° 137).

Stations	Numéros des points nivelés	Distance des piquets	Cotes lues	MOYENNES		DIFFÉRENCES		Ordonnées ou altitudes	OBSERVATIONS
				Arrière	Avant	+	—		
1	2	3	4	5	6	7	8	9	10
K₁	1		1,222 / 1,226	1,224				131,525	Le point 1 est situé à l'altitude 131,525.
			0,355		0,356	0,868			
	2	200ᵐ	0,357					132,393	
			1,312 / 1,318	1,315					
K₂	3	185ᵐ	0,337 / 0,339		0,338	0,977		133,370	
			0,211 / 0,213	0,212					
K₃	4	190ᵐ	0,813 / 0,815		0,814		0,602	132,768	
			0,231 / 0,233	0,232					
K₄	5	180ᵐ	0,751 / 0,753		0,752		0,520	132,248	
Vérification ..	Sommes.....			2,983	2,260	1,845	1,122		
	Différences égales			0,723		0,723		0,723	

Les colonnes 1, 2 et 3 ont la même destination que dans le
carnet précédent.

La colonne 4 sert à l'inscription des deux cotes de chaque coup
de niveau obtenues par la méthode d'Egault.

La moyenne de ces deux cotes s'inscrit dans les colonnes 5 et 6,
suivant que les corps de niveau sont arrière ou avant.

Les colonnes 7, 8, 9 et 10 sont destinées à recevoir les différences positives ou négatives, les attitudes ou cotes par rapport
au niveau de la mer et les observations.

On pourrait ajouter à ce carnet une 11ᵉ colonne dans laquelle
on inscrirait des croquis des points remarquables, des ouvrages
d'art, etc.

La vérification du carnet s'obtient en faisant la somme des
moyennes (arrière et avant) et la somme des différences (positives
et négatives).

Lorsque les différences de ces deux sommes sont égales entre elles et égales à la différence des altitudes des points extrêmes les calculs sont exacts.

267 *bis*. — On devra avoir soin de vérifier ensuite l'opération du nivellement en cheminant en sens inverse.

Alors si l'on trouve une différence de niveau, entre les termes extrêmes, qui soit égale à celle trouvée par le premier nivellement on en conclura qu'on aura bien opéré.

S'il y a une différence, très-faible, on prendra, comme bonne, la moyenne des deux résultats.

Si, au contraire, la différence trouvée est considérable, il faudra recommencer le nivellement jusqu'à ce que l'on trouve une différence nulle, ou très-faible entre deux opérations consécutives.

268. — Le report du nivellement sur le papier se fera de la manière suivante:

On choisira une échelle de base (ou des abscisses) en rapport avec le projet, puis une échelle des hauteurs (ou des ordonnées) qui soit dix fois plus grande.

On dessine à l'échelle adoptée la trace du plan 1 x, (fig. 53), passant par le point 1, sur laquelle les longueurs $1\text{-}2' = 200^m$, $2'\text{-}3' = 185^m$, $3'\text{-}4' = 190^m$ et $4'\ x = 180^m$ seront rapportées.

Aux points $2'$, $3'$, $4'$ et x on élève les ordonnées $2'\text{-}2$, $3'\text{-}3$, $4'\text{-}4$ et $x\text{-}5$ proportionnelles à leurs cotes $0{,}868$, $1{,}845$, $1{,}243$ et $0{,}723$.

En joignant les points 1, 2, 3, 4 et 5 par un trait continu on obtient le profil 1-2-3-4-5 comme le montre la figure.

Il pourrait arriver que dans un nivellement composé il y ait des points dont les altitudes soient inférieures à l'altitude du plan ou de la surface de comparaison.

On les distinguerait alors de ceux dont les cotes sont positives par le signe (-), indiquant qu'elles sont négatives.

269. — Si le nivellement devait être exécuté avec les clisimètres il ne présenterait d'autres particularités que celles de la correction de la cote obtenue à chaque coup de niveau.

Le clisimètre étant placé sur l'un des points (le plus élevé) il y aurait nécessairement une erreur de niveau apparent et de réfraction qu'on doit corriger.

Enfin, nous ferons remarquer que l'emploi de nivellements composés successifs, dans plusieurs directions, permettent de connaître les attitudes des différents points remarquables du sol et de construire des plans cotés.

On choisira, à cet effet, les points soumis au nivellement.

C'est-à-dire que les profils devront passer par toutes les dépressions et toutes les bosses un peu accentuées du terrain afin d'exprimer le mieux possible la forme de sa surface.

CHAPITRE III.

Nivellement longitudinal ou par profil en long.

270. — Le nivellement longitudinal a pour objet de faire connaître le relief exact du sol suivant une direction s'éloignant peu de l'axe du projet.

Il s'exécute généralement par stations successives comprenant chacune plus de deux points.

Il a pour conséquence obligée le nivellement transversal.

Il n'y a d'exception que pour les projets dont la direction de l'axe longitudinal est fixée d'avance.

Nous dirons un mot de cette exception au chapitre suivant.

L'emploi simultané de ces deux nivellements fait connaître le relief d'une surface sur une zone, plus ou moins étendue, sur laquelle on devra faire le tracé d'un chemin de fer, d'une route, d'un canal, etc.

Le nom de nivellement par *profil en long*, qu'on lui donne généralement, vient de ce que le résultat des opérations sert à la construction d'une figure suivant un plan vertical à laquelle on donne le nom de profil.

Celui-ci est toujours dessiné à une grande échelle. Il a pour abscisses les projections horizontales des distances mesurées ; et pour ordonnées les altitudes ou les cotes des points nivelés.

Par ce système on a l'avantage de comprendre rapidement, et à première vue, les inégalités du terrain ; et pour accentuer encore le relief on admet dans les services publics, comme nous l'avons déjà dit, que les ordonnées doivent être construites à une échelle dix fois plus grande que celle choisie pour les abscisses. On ne fait d'exception à cette règle que pour les profils des travaux d'art ou de certains points du terrain intéressants à bien connaître.

Dans ce cas il n'y a qu'une échelle pour les abscisses et pour les ordonnées. En résumé, le profil représente d'une manière générale une coupe du terrain faite par un plan vertical tracé suivant l'axe longitudinal d'un projet.

L'intersection de ce plan vertical avec le terrain donne une ligne polygonale représentant le relief de celui-ci.

Nous ferons remarquer que si le profil avait une certaine étendue la ligne polygonale-relief se confondait sensiblement avec une portion d'ellipse, génératrice de la figure de la terre.

Le nivellement qui nous occupe appartient, dans notre classification, à la classe du nivellement régulier, genre composé, espèce générale, variété cheminement et sous-variété longitudinal ou par profil en long.

Il ne saurait être confondu avec le nivellement composé avec lequel il a la plus grande analogie.

On le distingue spécialement, outre son caractère (déjà indiqué) d'exécution par stations de plusieurs points, en ce qu'il a pour objet de faire connaître le relief du sol, avec le concours des profils en travers, soit suivant une zone plus ou moins large, pour le tracé d'un projet, soit sur une surface quelconque, pour la construction d'un plan coté dont il sera parlé plus loin.

Le nivellement longitudinal doit être exécuté avec le plus grand soin.

On doit employer, à cet effet, les meilleurs instruments; car il importe que les profils en travers, qui le rencontrent généralement suivant une direction de 90°, soient, à leurs points de concours avec lui, exactement repérés.

Si l'on doit, plus tard, calculer le point de passage de l'axe d'un projet sur ces profils en travers (parce que le profil en long ne serait pas dans la véritable direction du tracé) on sera assuré d'opérer avec exactitude.

271. — Les profils en long doivent être tracés sur le sol par des alignements suivant le principe du tracé des lignes.

Leur direction est ordinairement indiquée par le projet qu'il s'agit d'étudier.

S'il n'en était pas ainsi il faudrait faire leurs tracés suivant des lignes ne s'éloignant pas sensiblement de la direction probable du projet de route, de canal, etc.

Le jalonnement du terrain exécuté, on doit procéder au piquetage.

Cette opération doit être faite avec soin, car, de son exécution, dépend la bonne ou mauvaise représentation du relief du sol.

Les piquets sont placés, dans l'alignement tracé, sur tous les points où l'inclinaison du sol change de direction : c'est-à-dire aux endroits déprimés ou élevés, ou aux fonds et bosses sensibles.

Si les profils en long sont employés concurremment avec les profils en travers, ce qui est le cas général, le piquetage ne se fait qu'à des distances régulières de 10, 20, 50 ou 100 mètres, etc., afin de construire plus facilement un dessin planimétrique.

Les piquets doivent être enfoncés profondément afin que les malfaiteurs ne puissent les enlever.

Ordinairement on fait en sorte que leurs têtes arrivent au niveau du sol.

Alors on se trouve dans la nécessité de les signaler par de petits jalons de bois brut.

En outre, on fait sur le sol quatre sillons rectangulaires, d'environ 0ᵐ,20 à 0ᵐ,25 de profondeur sur 0ᵐ,80 à 1 mètre de long, qui se coupent sur chaque piquet de manière à le retrouver facilement. On fait aussi des trous, à la place des piquets, que l'on a soin de remplir de charbon. Nous renvoyons au chapitre V des généralités sur les opérations du nivellement pour le tracé et le piquetage des grands projets.

Le chaînage peut se faire avant ou après le nivellement, ou en même temps, si l'expédition comporte deux chaîneurs.

Pour cet effet nous recommandons, de préférence à la chaîne, l'emploi du ruban d'acier avec lequel on mesure plus sûrement.

Nous n'avons rien à dire de l'opération en elle-même à laquelle on a été familiarisé par la planimétrie.

Nous rappellerons seulement la nécessité de tenir la chaîne bien horizontalement à chaque chaînée.

Afin de ne pas gêner cette opération du chaînage, le niveau sera disposé en dehors de l'alignement.

272. — Le nivellement longitudinal ou par profils en long devra être repéré avec le plus grand soin.

Les repères choisis doivent être facilement retrouvés. Ils porteront une marque telle qu'une croix, par exemple, sur laquelle la mire sera assise commodément dans les opérations et les vérifications.

Les repères choisis seront les points remarquables dont l'altitude est connue : les appuis de fenêtres, les seuils de portes, toutes les parties de maçonnerie saillantes et permanentes, le point de concours des axes des chemins, routes, etc.

Un nivellement longitudinal bien repéré peut être facilement vérifié.

En outre, on peut le rattacher à d'autres nivellements de la contrée pour le faire concourir avec eux à la construction d'une carte topographique.

Si le profil à niveler est considérable on a intérêt à le rattacher à tous les points remarquables situés à proximité de son parcours.

Il sera, par suite, nécessaire de faire des nivellements de détails, opération que l'on confie généralement à des personnes attachées à l'expédition.

Ces nivellements suppléent aux profils en travers souvent trop éloignés ou trop courts.

273. — L'exécution du nivellement longitudinal, ou par profil en long, se fait de la même manière que le nivellement composé, que nous avons décrit, avec cette différence que les stations comprennent généralement plus de deux points.

Les règles que nous avons indiquées pour celui-ci s'y appliquent entièrement si l'on remarque que les deux termes extrêmes de chaque station correspondent aux deux termes des stations du nivellement composé.

Il suffit donc, pour leur application, de comprendre seulement les deux termes extrêmes de chaque station.

D'où il résulte qu'en faisant ainsi abstraction des points intermédiaires des stations, les calculs du carnet s'effectuent comme pour le nivellement composé ainsi que l'explique notre carnet.

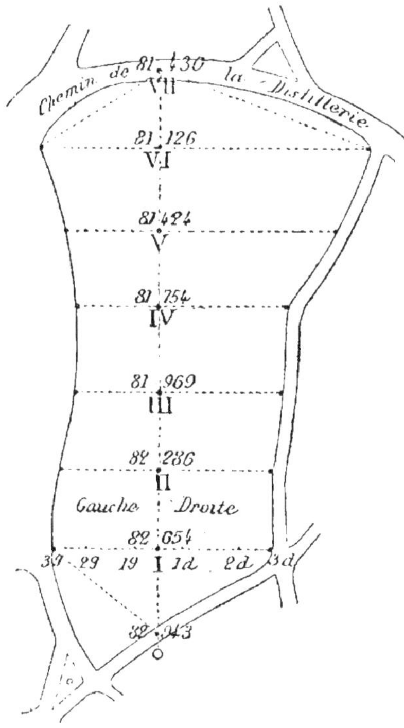

Fig. 54

La figure 54 montre le profil longitudinal *o*-VII coupé à angles droits par six profils en travers de mêmes noms que leurs points de concours.

Nous représentons une partie du jardin anglais de l'école de Grignon.

Le profil prolongé aboutirait, d'une part, dans l'axe de la porte de la salle d'étude de la 3ᵉ division et de l'autre au jet d'eau.

Le nivellement est fait du point *o*, situé sur l'axe de l'allée du post, en cheminant vers le point VII placé sur l'axe du chemin de la distillerie.

Le point zéro est repéré à l'observatoire de l'Ecole situé à 84ᵐ,600 au-dessus du niveau de la mer, d'après un nivellement que nous avons fait pour le relier aux repères du parc appartenant à la carte topographique de Seine-et-Oise.

Nous avons opéré, à l'aide du niveau à bulle, en faisant deux stations seulement comme le montre la figure 55.

Nous avons, dans la première station un A, coup de niveau arrière sur zéro de 0^m,884; des coups avant sur I de 1,170, sur II de 1,538 et sur III de 1,855.

Dans la seconde station B, il y a un coup arrière sur III de

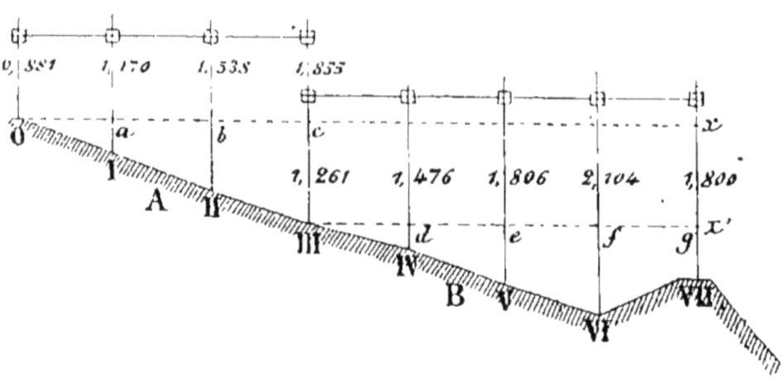

Fig. 55

1,261; des coups avant sur IV de 1,476, sur V de 1,806, sur VI de 2,104 et sur VII de 1,800.

Ces différents coups de niveau sont inscrits sur un carnet dont la forme la plus commode, pour les commençants, serait analogue à celle de la figure 54.

Le croquis coté parle mieux à leurs yeux, et nous le recommandons spécialement pour les premiers exercices du nivellement des profils. Nous avons souvent vu des élèves embarrassés, dans la tenue de leurs carnets, au début des nivellements de profils. Au contraire, lorsqu'ils font des croquis des opérations ils comprennent de suite.

Ces sortes de croquis-carnets peuvent varier beaucoup dans la forme. Mais, toutefois, on peut le rapporter à deux types bien distincts. Ou bien, le croquis-carnet représentera les opérations de nivellement en élévation (suivant des profils), ou bien, au contraire, il représentera ces opérations en projections horizontales ou en plan. C'est au niveleur à choisir la forme qu'il comprendra le mieux.

274. — Nous donnons ici une forme de carnet très-simple employée par les ingénieurs pour les nivellements de profils.

Ce carnet est tracé sur le recto et le verso d'un registre étroit et long. Il est d'une grande commodité pour l'inscription des cotes, pour les calculs et les croquis.

| | | | RECTO | | | | | | VERSO | |
Stations	Numéros des Piquets	Distance des Piquets	COUPS DE NIVEAU				DIFFÉRENCES		ORDONNÉES ou ALTITUDES	OBSERVATIONS	CROQUIS
			Arrière	Moyenne	Avant	Moyenne	+	−			
A	O		0,880 0,882	0,881					82.943	Le point O est relié à l'observatoire de Grignon situé à une altitude de 84^m,600.	Point O situé O. 1. 5 sur le point de concourt de l'axe de l'allée du poste et du profil
A	I	10 ^{m}			1,169	1,170		0,289	82,654		
A	II	2) ^{m}			1,171 1,537	1,538		0,657	82,286		
A	III	30 ^{m}	1,260 1,262	1,261	1,539 1,854	1,855		0,974	81,969		
B	IV	40 ^{m}			1,856 1,475	1,476		0,215	81,754		
B	V	50 ^{m}			1,477 1,805	1,806		0,545	81,424		Point VII situé sur 3^m . VII l'axe du chemin de la distillerie.
B	VI	60 ^{m}			1,807 2,103	2,104		0,843	81,126		
B	VII	70 ^{m}			2,105 1,799 1,801	1,800		0,539	81,130		
Sommes............			2,142		3,655			1,513			
Différences égales.....			1,513				1,513		1,513		

On remarquera que ce carnet ne diffère guère du précédent, destiné au nivellement composé, que par l'addition d'une colonne pour les croquis.

Cette colonne est indispensable ici parce qu'on doit dessiner tous les objets remarquables que l'on rencontre.

Le calcul de la différence des cotes est effectué d'après les principes déjà exposés dans les chapitres précédents.

Quant aux altitudes, elles sont calculées, pour chaque station, par rapport à la cote arrière qui indique la hauteur du plan de comparaison au-dessus du sol du premier point.

Ainsi, dans la station A, l'altitude de o étant de 82,943, celle du point I (situé 0^m,289 au-dessous), est de 82,943 — 0,289 = 82,654.

L'altitude du point II = 82,943 — 0,657 = 82,286 ; celle du point III = 82,943 — 0,974 = 81,969.

Ce dernier point devient repère pour la station B ; et le point IV a une altitude égale à 81,969 — 0,215 = 81,754 ; l'altitude de V = 81,969 — 0,545 = 81,424 et ainsi de suite pour les points VI et VII dont les altitudes sont 81,126 et 81,430.

Il est évident que si les différences étaient positives, au lieu d'être négatives, elles s'additionneraient au lieu de se soustraire.

La vérification des calculs s'obtient en faisant la somme des cotes et des différences extrêmes des stations.

Les différences de ces deux sommes doivent être égales. Ainsi, on a pour les moyennes arrières : 0,881 + 1,261 = 2,142.

Pour les moyennes avant 1,855 + 1,800 = 3,655.

D'où la différence 3,655 — 2,142 = 1,513.

Quant à la somme des différences positives elle est égale à zéro dans cet exemple ; celle des différences négatives = 0,974 + 0,539 = 1,513.

D'où 1,513 — o = 1,513 ; et 1,513 — 1,513 = o ; ce qu'il fallait faire voir.

Observons aussi que la différence entre les altitudes des points o et VII est égale à 82,943 — 81,430 = 1,513.

La lecture du carnet et l'inspection des figures 54 et 55 résument toute la théorie du nivellement longitudinal.

275. — Pour terminer, il ne vous reste plus qu'à indiquer la vérification de l'opération et la construction du profil sur le papier.

La vérification se fait en recommençant le nivellement une ou deux fois en sens inverse.

On est assuré d'avoir bien opéré lorsqu'on trouve les résultats concordants.

Si on obtient des différences, on prend des moyennes comme cotes définitives des points nivelés.

La construction du profil sur le papier s'obtient en rapportant le long de deux lignes droites horizontales ox et ox' (fig. 55), considérée comme la trace du plan de comparaison, les longueurs proportionnelles aux distances des points nivelés.

Sur les points de divisions de cette ligne, ou distances, on élève et on abaisse des perpendiculaires proportionnelles aux cotes.

Dans le cas qui nous occupe, le terrain descendant graduellement, les cotes a-I, b-II, c-III, d-IV, e-V, f-VI et g-VII sont toutes négatives.

En joignant par un trait continu les points O-I-II-III-IV-V-VI-VII, on obtient le profil que représente la figure 55.

La génération de celui-ci se conçoit facilement si l'on imagine qu'une droite perpendiculaire au plan de comparaison, et constamment égale à la différence des ordonnées ou altitudes, se meut d'un mouvement uniforme.

L'une de ses extrémités, toujours dans ce plan, engendre la ligne droite ox, tandis que son autre extrémité dessine le relief du sol suivant la direction choisie O-I-II-III-IV-V-VI-VII.

En d'autres termes, la droite génératrice engendre une surface cylindrique verticale dont la base supérieure est la trace horizontale ox du plan de comparaison et la base inférieure la ligne relief qui, sur le sol, joint les points nivelés.

On remarquera, d'après cette conception du profil, que le relief du terrain sera d'autant plus exactement représenté que les points nivelés seront plus judicieusement choisis.

CHAPITRE IV.

Nivellement transversal ou par profils en travers.

276. — Le nivellement transversal ou par profils en travers ne peut avoir lieu que concurremment avec le nivellement longitudinal ou par profil en long.

D'où il résulterait que nous aurions dû le décrire dans le chapitre précédent.

Si nous en avons fait un chapitre spécial c'est que des cas particuliers peuvent se présenter où le nivellement par profils en long seul doit être employé.

Ainsi, par exemple, si on veut rectifier les pentes d'une route, d'un chemin, d'un canal, etc., ou en général si la direction du projet est fixée d'avance, il suffira d'un nivellement longitudinal, ou par profil en long suivant l'axe, pour connaître entièrement la forme du terrain; et, par suite, on aura les données nécessaires pour faire un report sur le papier, et tracer, sur le dessin, le projet définitif.

Le nom de transversal comporte la définition même qu'on peut donner à ce nivellement qui nous occupe.

Il coupe où il rencontre généralement le nivellement longitudinal suivant la direction de la perpendiculaire.

Il est dit aussi par profils en travers parce que l'on construit, sur le papier, avec les données fournies par les opérations, des figures représentant les coupes verticales et transversales du terrain.

L'objet spécial de ce nivellement est de faire connaître le relief d'une zone du sol, plus ou moins large, suivant le profil longitudinal. On obtient par là plus de latitude dans le tracé du projet dont on peut calculer, avec plus d'assurance, les points de passage de l'axe sur une étendue plus ou moins grande.

Le nivellement transversal appartient à la classe nivellement régulier, genre composé, espèce générale, variété cheminement et sous-variété transversal ou par profils en travers.

Il a, comme le nivellement longitudinal, la plus grande analogie avec le nivellement composé proprement dit, mais il s'en distingue par son caractère spécial défini ci-dessus.

277. — Le nivellement par profils en travers est facile à exécuter parce qu'il a généralement peu d'étendue.

Il se fait d'une seule station pour les petits projets; et par deux ou trois stations pour les projets plus ou moins considérables.

Dans son exécution il faut adopter une marche méthodique, de manière à ne pas faire de confusion dans la position des points nivelés situés des deux côtés du profil en long sur une étendue en rapport avec le projet.

Un certain nombre de ces points est disposé à droite, un autre nombre à gauche. Si l'on exécute le nivellement du profil en travers de la droite vers la gauche ou de la gauche vers la droite, on devra suivre la même marche pour les autres profils.

En outre, on lèvera les profils séparément d'une seule ou de plusieurs stations successives.

On devra les rattacher avec soin au profil en long dont les points forment autant de repères pour eux.

Une bonne recommandation à faire aux commençants, que nous rappelons, est de dessiner ces profils et de mettre les cotes sur les points nivelés.

On se forme ainsi un carnet-croquis sur lequel on voit facilement la marche suivie.

278. — Le tracé des profils sur le terrain est des plus simples. Pour l'expliquer nous prendrons l'exemple de la figure 54. Sur chacun des points de profil en long, à l'exception des points extrêmes, on élève des perpendiculaires que l'on prolonge des deux côtés.

Sur ces perpendiculaires, dont la trace est indiquée sur le terrain par des jalons, on plante des piquets à tous les points où la pente change sensiblement ; c'est-à-dire sur les bosses et dans les fonds.

Les profils en travers portent les noms des points du profil en long, auxquels ils correspondent. Nous avons ainsi les profils en travers I, II... et VII. Si l'on se place au point I, du profil en long, de manière à avoir le point O derrière soi et le point VII devant, on aura une partie des profils en travers à sa droite et une autre partie à sa gauche.

On numérotera, d'après cette observation, les points du profil en travers à partir de l'axe, ou profil en long, ainsi que le montre le profil I (ou 3 droite — 3 gauche). Le point d'axe portera dans la série des points nivelés le nom de O (correspondant à tel point du profil en long).

Ce point d'axe déjà nivelé, dans le profil longitudinal, servira de repère à chaque profil en travers. C'est d'après son altitude qu'on pourra calculer les ordonnées de tous les autres points.

Dans notre exemple, de la figure 54, chaque profil est nivelé de la droite vers la gauche à l'aide de deux stations.

Les instruments employés sont le niveau d'eau et la mire ordinaire.

L'exécution du nivellement a lieu d'après les principes exposés pour le nivellement composé et le nivellement longitudinal. Nous n'avons pas à revenir ici sur ce que nous avons dit à ce sujet.

Il nous suffira de rappeler que le nivellement transversal est toujours facile à exécuter puisqu'il a, en général, un faible développement. Par suite, on peut employer pour son exécution, le niveau d'eau et la mire ordinaire.

Mais il y a de grandes précautions à prendre dans la marche de ce nivellement et dans la tenue du carnet pour l'inscription des cotes.

On devra toujours suivre le même ordre pour tous les profils. En général, on chemine toujours de la droite extrême vers la gauche extrême. Ainsi, dans l'exemple du profil I (fig. 54), on a marché de 3 d. vers 3 g.

279. — Voici maintenant le carnet complet pour les deux profils extrêmes, celui des profils intermédiaires étant semblable.

| Stations | Numéros des Piquets | Distance des Piquets | COUPS | | DIFFÉRENCES | | Ordonnées ou altitudes | OBSERVATIONS | CROQUIS |
| | | | Arrière | Avant | + | − | | | |
1	2	3	4	5	6	7	8	9	10

PROFIL nº I (Altitude sur l'axe 82^m,654).

Stations	Numéros des Piquets	Distance des Piquets	Arrière	Avant	+	−	Altitudes		
A	3 dr.	»	1,410	»	»	»	82,597		
	2 dr.	6,20	»	1,314	0,096	»	82,693		
	1 dr.	5,58	»	1,432	»	0,022	82,575		
	O	3,45	1,685	1,353	0,057	»	82,654		
B	1 g.	3,20	»	1,418	0,267	»	82,921		
	2 g.	6,95	»	1,075	0,610	»	83,264		
	3 g.	4,80	»	1,222	0,463	»	83,117		

PROFIL nº II (Altitude sur l'axe 82,286).

PROFIL nº III (Altitude sur l'axe 81,969).

PROFIL nº IV (Altitude sur l'axe 81,754).

PROFIL nº V (Altitude sur l'axe 81,424).

PROFIL nº VI (Altitude sur l'axe 81,126).

Stations	Numéros des Piquets	Distance des Piquets	Arrière	Avant	+	−	Altitudes		
A	4 dr.	»	0,865	»	»	»	81,967		
	3 dr.	8^m	»	1,055	»	0,190	81,777		
	2 dr.	7,10	»	1,551	»	0,686	81,281		
	1 dr.	6,40	2,042	1,840	»	0,975	80,992		
B	O	5,60	»	1,908	0,131	»	81,126		
	1 g.	3,60	»	1,680	0,362	»	81,354		
	2 g.	5,25	»	1,094	0,918	»	81,940		
	3 g.	7,60	»	0,562	1,480	»	82,472		
Sommes			2,907	2,402	1,480	0,975			
Différences égales.			0,505		0,505		0,505		

Une simple inspection suffira pour faire comprendre le mécanisme de l'inscription et le calcul des cotes.

On remarquera particulièrement dans la colonne 2 la manière dont les points sont inscrits.

Leur ordre d'inscription est le même que leur ordre de nivellement.

Dans la colonne 8 les altitudes sont calculées d'après les principes déjà exposés.

Ainsi pour un profil quelconque, le profil I, par exemple, on procède comme il suit :

On a l'altitude du point O = 82,654; on en déduit celle du point 3 droite qui est égale à 82,654 − 0,057 = 82,597 (cote de repère de la station A).

L'altitude du point 2 droite s'obtient en ajoutant à cette dernière la différence de niveau positive ou 82,597 + 0,096 = 82,693.

L'altitude 1 droite est donnée par une soustraction puisque sa différence de niveau sur 3 droite est négative ; on a : 82,597 — 0,022 = 82,575.

On procédera de même pour la station B en prenant pour repère de comparaison l'altitude du point O. Pour le profil VI le point O ayant une altitude égale à 81,126 on en déduirait d'abord l'altitude du point 1 droite qui est égale 81,126 — 0,134 = 80^m,992 ; puis l'altitude de 4 droite qui est égale à 80,992 + 0,975 = 81,967.

Ce dernier point, connu d'altitude, sert à calculer 3 et 2 droite en soustrayant leurs différences négatives.

Quant aux points 1, 2 et 3 gauche on détermine leurs altitudes en ajoutant les différences positives à l'ordonnée 80^m,992 du point de repère 1 droite.

Ces deux exemples suffiront pour expliquer tous les cas de calculs qui peuvent se présenter.

La vérification des nivellements se fait comme pour le profil en long, en opérant de nouveau en sens inverse.

280. — Il nous reste maintenant à construire les profils sur le papier en faisant choix d'une échelle des ordonnées ou hauteurs, dix fois plus grande que celle des abscisses ou bases.

Cette échelle est ordinairement de $\frac{1}{50}$, $\frac{1}{100}$, $\frac{1}{200}$ ou de $\frac{1}{500}$; ce qui correspond aux échelles de la planimétrie $\frac{1}{500}$, $\frac{1}{1000}$, $\frac{1}{2000}$, $\frac{1}{5000}$.

La figure 56 montre comment les divers profils en travers sont construits par rapport à un plan de comparaison horizontal passant par leurs zéros ou les différents points du profil en long, plan dont la trace est marquée par les lignes I-I-I ; II-II-II ; etc.

Sur ces lignes les distances sont rapportées à l'échelle adoptée et les ordonnées, élevées aux points de divisions, sont mesurées proportionnelles aux altitudes.

Soit, comme exemple, à calculer et rapporter l'ordonnée du point 3 gauche du profil I.

Le plan repère 1-1 passant par le point O (correspondant au point 1 du profil en long) est situé à 82,654 (voir carnet).

L'altitude du point 3 gauche étant 83,117, ce point se trouve situé plus haut de la quantité 83,117 — 82,654 = 0,463.

On porte ensuite cette différence de cote à l'échelle de $\frac{1}{100}$ sur l'ordonnée du point 3 gauche du profil I (fig. 56).

On calculerait et on rapporterait de même les ordonnées des points, 2 g, 1 g, etc. de ce profil ou de tout autre.

En examinant simultanément les fig. 54 et 56 on arrive à lire le relief de la surface du sol qui représente un thalweg, ou vallée, dont le fond est à peu près parallèle au profil en long et la pente dirigée dans le sens du point O vers le point VII.

On complétera encore la notion que l'on a de la surface en la considérant comme engendrée par une droite s'appuyant sur deux

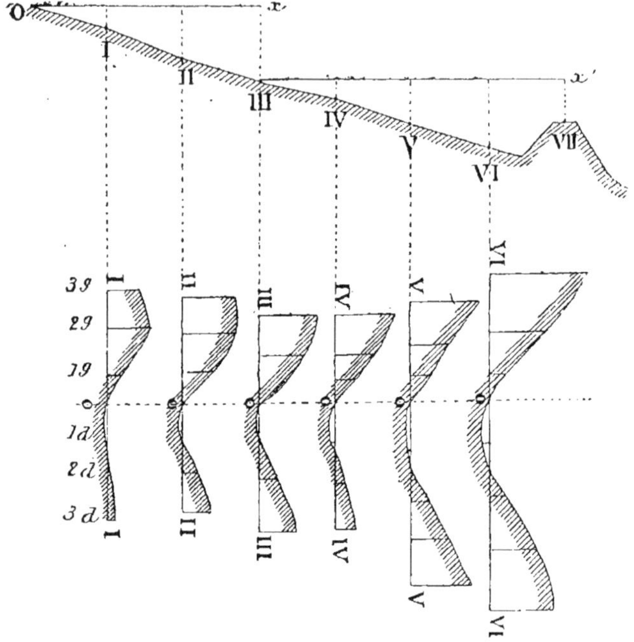

Fig. 56

profils en travers consécutifs et se mouvant d'un mouvement uniforme dans un plan vertical parallèle au plan du profil en long.

Il importe de remarquer, d'après cette observation, que l'on aura un résultat d'autant plus exact que les profils en travers seront plus rapprochés et les points nivelés bien disposés sur toutes les inflexions du sol.

L'emploi simultané des nivellements par profil en long et en travers sert aussi à la construction des plans cotés. Puis à l'aide de ceux-ci on peut représenter le relief du sol par courbes de niveau, ainsi que nous l'expliquerons.

En d'autres termes les trois modes de représentation du relief de la surface du sol (par profils, par plans cotés et par courbes de niveau) peuvent être obtenus par un nivellement longitudinal et une série de nivellements transversaux appliqués en même temps sur la même surface de terrain.

CHAPITRE V.

Nivellement par polygone topographique.

281. — Dans notre traité du *Levé des Plans* nous avons montré tout le parti que tire la planimétrie de l'emploi du polygone topographique.

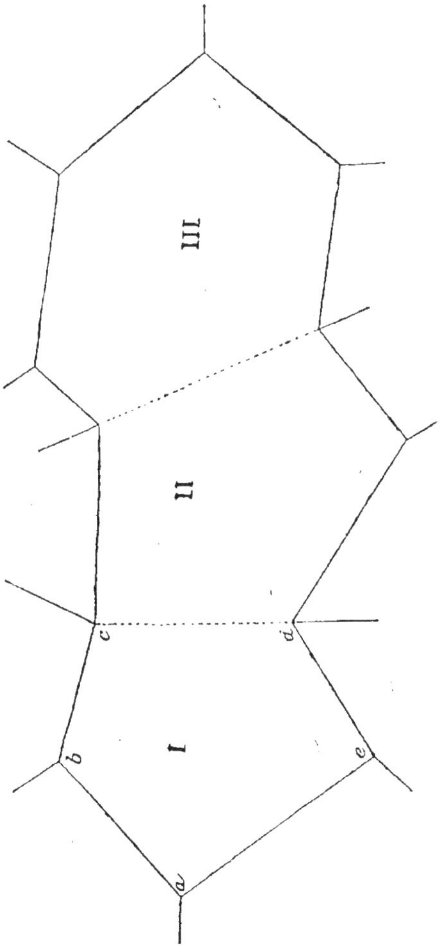

Cette figure temporaire, construite intérieurement ou extérieurement aux figures généralement recto-curvilignes de la nature, sert au levé de l'ensemble du terrain.

Le nivellement, pour connaître le relief du sol, fait aussi usage du polygone topographique de la planimétrie, ou bien d'un polygone analogue dont les sommets sont les points remarquables, ou des repères ayant une altitude intéressante à connaître.

Suivant l'étendue de la surface à niveler on fera un ou plusieurs polygones topographiques contigus formant une chaîne ou trame comprenant tous les points remarquables et tous les repères.

Le nivellement se fera en cheminant sur leurs périmètres d'après les principes du nivellement composé.

Fig. 57

Le point de départ devra être autant que possible un point dont l'altitude soit connue.

282. — Nous allons prendre un exemple pour expliquer la marche que l'on peut suivre.

On fera un croquis du canevas comme le représente la fig. 57. Cela est indispensable pour éclairer la marche de l'opération et pour reproduire un dessin sur le papier.

On pourra alors représenter le relief du sol soit par plan coté, soit par courbes de niveau.

Nous nous occuperons seulement du polygone topographique I.

Suivant son étendue, le nivellement se fera sur chacun de ses côtés d'une seule ou de plusieurs stations en observant les précautions et les règles d'usage.

Si les côtés ont des longueurs inférieures à 60 ou 65 mètres, par exemple, on fera usage du niveau d'eau et on obtiendra le carnet suivant, comprenant le périmètre a-b-c-d-e-a.

Stations	Numéros des piquets nivelés	Distances entre les piquets	COUPS		DIFFÉRENCES		COTES par rapport au niveau de la mer	CROQUIS et OBSERVATIONS
			Arrière	Avant	+	−		
A	a	»	1,525	»	»	»	100ᵐ	Le point a est situé à une altitude de 100ᵐ.
B	b	48ᵐ	1,740	1.200	0,325	»	100,325	
C	c	36	1,655	1,120	0,620	»	100,945	
D	d	52	1,035	0,995	0,660	»	100,605	
E	e	40	0,860	1.770	»	0,735	100,870	
	a	62		1.730	»	0,870	100ᵐ	
Sommes........			6,815	6.815	1,605	1,605		
Différences égales..........			0		0		0	

L'opération est exécutée entre deux sommets consécutifs par un nivellement simple.

Si les côtés du polygone avaient une plus grande longueur, on ferait sur chacun un nivellement à plusieurs stations. On remarquera qu'en cheminant de la gauche vers la droite, à partir du point a, par le chemin a-b-c-d-e-a, on a donné sur celui-ci un coup arrière au commencement et un coup avant à la fin, c'est-à-dire, en d'autres termes, qu'on a fermé le nivellement.

D'où on tirera cette conclusion que la différence de niveau doit être égale à zéro puisque le point a ne peut avoir changé de position; et que tout s'est passé comme si l'on avait fait un nivellement composé entre a et a sans passer par les points intermédiaires.

Le carnet montre que, dans l'exemple choisi, cette conclusion est vérifiée.

283. — Si la vérification de fermeture, comme on dit généralement, n'avait pas lieu, c'est que la différence trouvée aurait pour origine soit des fautes de nivellement, soit des erreurs de calculs.

Il faudrait alors vérifier le nivellement en le recommençant en sens inverse, si les erreurs sont de son fait.

Si le polygone a une certaine étendue, on pourra suivre la recommandation de M. le professeur Goullier, qui consiste dans le nivellement d'une traverse et d'une partie du polygone qui aboutit à ses extrémités.

Si les différences de niveau trouvées sont égales, c'est que l'erreur existe dans la partie non nivelée du polygone.

L'école d'application du génie et de l'artillerie tolère une erreur de 2 à 3 centimètres par 1,000 mètres par ses élèves.

Busson-Descars admet 10 à 12 millimètres pour la même longueur avec le niveau d'eau.

Lorsque l'erreur existe dans ces limites on la répartit sur chaque point nivelé proportionnellement à la différence d'altitude qui lui correspond.

Les observations faites sur le polygone I s'appliquent entièrement aux polygones II et III.

284. — Ce que nous avons dit de ce nivellement fait comprendre qu'il ne doit pas être confondu avec les nivellements déjà décrits.

Il est caractérisé par l'objet qu'on se propose et la marche que l'on suit.

L'ensemble des points ou des repères qu'il comprend forme un canevas de nivellement dont les détails peuvent être nivelés ensuite par d'autres méthodes.

Il doit toujours être accompagné d'un plan-minute, servant à éclairer la marche de l'opérateur.

Il appartient à la classe du nivellement régulier, genre composé, espèce générale, variété cheminement, sous-variété par polygone topographique.

Son emploi est surtout utile lorsqu'on veut connaître, dans son ensemble, le relief de surfaces de terrain considérables.

Par exemple, l'hydraulique agricole en tire le plus grand parti pour les études d'avant-projets de drainage et d'irrigation.

De même, le service du génie militaire en fait usage, soit pour le canevas des levés de fortifications, soit pour l'établissement d'ouvrages.

On dispose alors, en la renfermant, entre parenthèse, l'altitude ou cote de chaque point nivelé à côté de sa projection horizontale et on obtient ainsi un plan coté.

Les polygones topographiques, d'une certaine étendue, servent aussi de canevas aux plans cotés.

Alors, dans ce cas, les points de leurs sommets sont les repères des nivellements par rayonnement que l'on fait, à leur intérieur, pour connaître l'altitude de tous les points saillants ou déprimés qu'ils ne comprennent pas.

Ces polygones forment ainsi la traîne du nivellement par rayonnement des plans cotés.

CHAPITRE VI.

Nivellement par cheminement dans une ou plusieurs directions ou suivant des lignes magistrales ou des traverses.

285. — Nous distinguons ce nivellement par la manière dont il s'effectue suivant des grandes lignes d'opération.

Il a évidemment de l'analogie avec le nivellement longitudinal, mais il en diffère spécialement en ce qu'il ne sert pas à la construction d'un profil, mais bien à faire connaître l'altitude de certains points du sol dans une ou plusieurs directions.

C'est en définitif un nivellement composé d'une nature spéciale qu'on ne saurait confondre, toutefois, avec le nivellement composé proprement dit.

Il s'exécute par séries contiguës de nivellements simples, ou composés, suivant la longueur des lignes magistrales ou des traverses.

Si on doit exécuter plusieurs nivellements de cette espèce, sur une surface donnée, on a besoin de les rattacher les uns aux autres s'ils ne concouraient pas naturellement.

Son emploi est surtout utile lorsqu'on veut compléter la planimétrie par la connaissance des cotes de certains points choisis de préférence sur les lignes d'opération. Il est également très-utile dans les levés topographiques des fortifications, des mines, des villes et des points remarquables de la nature situés sur les lignes magistrales ou traverses.

Il appartient à la classe nivellement régulier, genre composé, espèce générale, variété cheminement dans une ou plusieurs directions.

Avant de l'exécuter il sera repéré sur des bornes, des seuils de portes et de fenêtres, des soubassements d'habitations, des points de concours d'axes de chemins ou de routes, des déversoirs, etc.

A défaut de ces repères on pourra prendre des piquets de la planimétrie, enfoncés profondément dans le sol, et situés sur les points de concours des traverses, afin de les retrouver facilement.

286. — Soit, comme exemple, à niveler les divers points des traverses de la figure 58.

On fera un nivellement simple ou composé entre 1 et 2, puis entre 2 et 3 , 3 et 4, etc.

Les résultats peuvent être inscrits directement sur les canevas, ou bien les altitudes sont calculées immédiatement pour éviter toute confusion ultérieure de lecture. On pourra aussi tenir un carnet de la même manière que pour le nivellement composé. La vérification se fera ensuite, soit par la fermeture des lignes déterminant des polygones topographiques, soit en recommançant le nivellement, soit enfin en le terminant à un repère aussi bien connu que le point de départ.

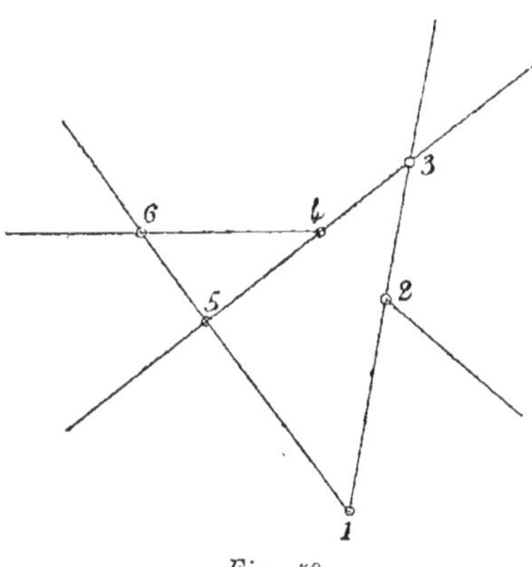

Fig. 58

Dans ce dernier cas la différence d'altitude des points extrêmes doit être égale à la différence de niveau totale obtenue par le nivellement. Lorsqu'on connaît, par celui-ci, les altitudes calculées par le carnet, des différents points nivelés, on peut se contenter de les rapporter sur le dessin à côté de leurs projections horizontales pour avoir un plan coté ; ou bien on détermine les courbes de niveau équidistantes représentant mieux le relief du sol à la vue et permettant un tracé plus rapide d'avant-projet.

Le nivellement qui nous occupe peut avoir pour objet, soit la construction d'un plan coté, soit le tracé des sections horizontales. Alors, les magistrales sont dirigées plus spécialement sur les *faîtes* et les *thalwegs* aussi bien que sur les points remarquables. Les nivellements par rayonnement que l'on exécute ensuite sont repérés sur ces magistrales qui servent de canevas.

CHAPITRE VII.

Nivellement par rayonnement et par points cotés, ou nivellement des détails. Plans cotés.

287. — Le nivellement par rayonnement a spécialement pour objet de faire connaître les cotes des points de détails compris soit dans les polygones topographiques, soit entre les magistrales, les traverses et les profils.

Généralement les quatre sous-variétés de nivellement par cheminement, que nous venons de décrire, embrassent d'assez grandes étendues de terrain et laissent nécessairement de côté des points qu'elles ne peuvent comprendre comme non situés sur leurs lignes d'opération.

C'est le nivellement par rayonnement qui permet de combler ces lacunes.

Il s'exécute par stations successives comprenant toujours plusieurs points dont le premier sert de repère.

Si on fait usage du niveau d'eau, ce qui est le cas général, les points nivelés ne peuvent être situés à une distance de plus de 30 mètres du centre de la station (n°s 80-89).

En employant des niveaux à bulle cette distance peut atteindre en moyenne 120 mètres et au maximum 200 mètres.

Ce nivellement ne peut être confondu avec celui par rayonnement simple ou à une seule station précédemment décrit.

En effet, son emploi ayant toujours lieu sur une étendue, qui dépasse la portée des niveaux, il faut nécessairement faire plusieurs stations successives et par suite il rentre nécessairement dans le genre composé.

Voici ses titres dans notre classification : classe nivellement régulier, genre composé, espèce générale, variété rayonnement, sous-variété points cotés par plusieurs stations.

Ainsi son nom serait d'après cela :

Nivellement régulier composé général par rayonnement et par points cotés.

288. — Nous allons montrer, par un exemple, comment il s'exécute.

La figure 59 représente le polygone topographique n° I et une partie du polygone n° II de la figure 58.

Le niveau est d'abord placé, à la station K, de manière que, dans un tour d'horizon, le plan horizontal qu'il décrit passe un peu au-dessus du point le plus élevé qu'on veut niveler.

On porte la mire sur le point repère a du polygone et on donne un coup arrière.

La cote lue est de $0^m,675$ par exemple.

Le point a ayant une altitude égale à 100 mètres, on en déduit celle du plan horizontal de comparaison du niveau qui est de $100 + 0.675 = 100,675$ (Voir carnet de nivellement par polygone topographique, n° 289).

C'est par rapport à cette dernière cote qu'on calculera toutes les autres des points nivelés de la station K ainsi que le montre le carnet.

La mire sera portée ensuite sur les points 1-2-3-4 et 5 et on aura ainsi des coups de niveau avant.

On remarquera que le point 5 est situé en dehors du polygone; cela suppose que c'est un point remarquable qu'on a intérêt à

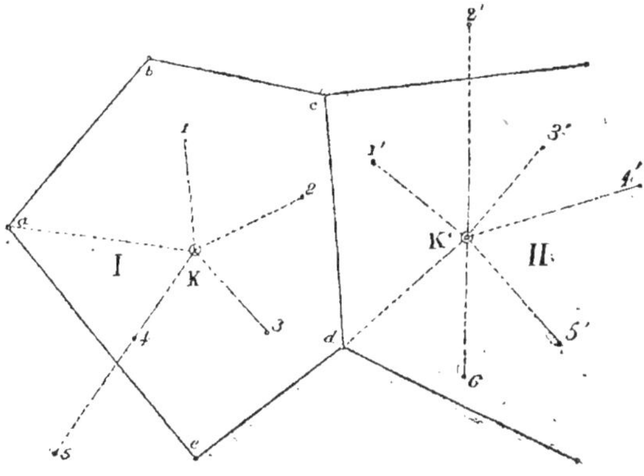

Fig. 59

relier au nivellement et qui peut servir à repérer d'autres nivellements en dehors du polygone topographique.

Le niveau est changé de station et porté en K'.

La mire est placée sur d, qui est un point repère, pour relier cette nouvelle station au polygone et par suite à la station K.

On obtient une cote arrière égale à 1,845.

L'altitude de ce point étant de 101,605, celle du plan horizontal, déterminé par le niveau, est de $101,605 + 1,845 = 103.450$.

On calculera par rapport à cette cote l'altitude de tous les points de la station K'.

289. — Voici maintenant le carnet avec la forme adoptée par l'école d'application du génie et de l'artillerie (Gouillier).

NIVELLEMENT DES POLYGONES TOPOGRAPHIQUES I ET II

INDICATION des points	HAUTEUR du voyant	COTES des points de repères	COTES du plan du niveau	COTES des points nivelés	OBSERVATION et DÉSIGNATION DES POINTS
1	2	3	4	5	6
a	0,675	100^m	100.675	»	Repère a, altitude 100^m Station K.
1	0,995	»	»	99.680	
2	1,350	»	»	99,325	
3	1,720	»	»	98.955	
4	1,415	»	»	99.360	
5	1,080	»	»	99,595	
d	1.845	101,605	103.450		Changement de station sur le repère d. Station K'.
1'	1.530	»	»	101.920	
2'	1.200	»	»	102.250	
3'	0.980	»	»	102.470	
4'	1,325	»	»	102.125	
5'	1.500	»	»	101.950	
6	1.720	»	»	101.730	

Il n'y a pas de colonne pour les distances des points nivelés parce qu'elles ont été déterminées par la planimétrie.

Les stations sont séparées par de gros traits horizontaux avec mention du changement en regard.

La colonne 1 sert à l'indication des points soumis au nivellement ; la colonne 2 reçoit les hauteurs du voyant lues sur la mire ; la 3° est destinée à la cote du point de repère de chaque station ; la 4° sert à l'inscription de la cote du plan du niveau ; la 5° est pour les cotes des points nivelés et enfin la 6° permet de recueillir les observations, les croquis, etc.

Veut-on calculer dans la station K l'altitude du point 3. On observera que la hauteur du voyant, correspondante, est de 1.720 qn'on retranche de la cote du plan du niveau 100.675 et on aura : 100.675 — 1.720 = 98.955.

S'il s'agit d'une cote de la station K' le calcul est encore le même.

On aura pour le point 5', par exemple : 103,450 — 1,500 = 101,950 ; et ainsi de suite pour tous les points nivelés.

Le nivellement se vérifie soit en le terminant à un repère connu d'altitude soit en le recommençant.

Ordinairement les erreurs ne sont pas considérables puisqu'on repère à chaque station, ou bien toutes les deux ou trois stations.

PLANS COTÉS.

290. — Les altitudes des points, que l'on aura obtenues, seront inscrites sur les dessins planimétriques et serviront à compléter les nivellements par polygones topographiques, par cheminement des magistrales et des traverses, ou bien par profils.

L'emploi simultané de ces derniers nivellements, combinés avec le nivellement par rayonnement, donne un moyen précieux de connaître entièrement le relief d'une surface de terrain quelconque, soit que l'on s'en tienne au plan coté que l'on obtiendrait, soit que l'on détermine, *à posteriori*, sur le papier, les courbes de niveau.

La construction d'un plan coté est on ne plus facile. Elle consiste à inscrire sur un dessin planimétrique du terrain nivelé, et à côté de leurs projections horizontales, les cotes des points remarquables.

Ces plans cotés représentent mieux, que les profils, les altitudes de certains détails (se décrivant bien par leurs projections horizontales), tels que : trottoirs, chaussées, écluses, canaux, ruisseaux, seuils de maisons, ouvrages d'art divers, etc.

Ajoutons, aussi, qu'ils sont très-utiles pour la représentation du relief des terrains plats ou couverts d'eau.

Les cotes sont inscrites entre parenthèses afin de ne pas les confondre avec les données fournies par la planimétrie.

Un inconvénient de ces plans c'est d'exiger un trop grand nombre de cotes pour représenter le relief du sol, et il en résulte ainsi de la confusion. En outre ce mode de représentation ne représente pas le relief d'une manière rigoureuse à la vue.

Toutefois, il a l'avantage de montrer, à grands traits, les altitudes d'ensemble des points remarquables, saillants ou en dépression.

La représentation du relief du sol par les plans cotés est d'un usage courant, soit dans le service des ponts-et-chaussées, soit dans le service du génie militaire, soit en hydraulique agricole.

Nous renvoyons aux applications pour expliquer l'usage qu'on peut en faire.

Nous dirons seulement, en terminant, pour résumer ce chapitre, que la construction des plans cotés exige toujours un plan-minute, un dessin planimétrique et l'emploi simultané des nivellements par rayonnement et par polygones topographiques, ou bien encore du nivellement par magistrales et traverses.

CHAPITRE VIII.

Nivellement par rayonnement et par courbes de niveau.

291. — Nous ne retiendrons du nivellement par courbes de niveau, dans ce chapitre, que ce qui a rapport au rayonnement.

Nous étudierons plus loin, et en détail, les propriétés remarquables des sections horizontales.

Le nivellement par courbes de niveau et par rayonnement est restreint à de petites surfaces; et il se distingue spécialement des autres procédés à l'aide desquels se fait le nivellement dit par sections horizontales.

Voici une classification de ces procédés qui montrera cette distinction :

Nivellement par sections horizontales.			
Par données du terrain.	Petites surfaces.	Rayonnement.	
	Grandes surfaces.	Profils. Polygone topographique. Cheminement des magistrales et des traverses.	
Par données du dessin	Grandes surfaces.	Profils.	
		Points cotés.	Polygones topographiques. Cheminement.

Les sections horizontales peuvent être tracées par les données fournies directement par le terrain, ou bien par les cotes d'un dessin.

Sur le terrain on peut avoir affaire à une petite ou à une grande surface.

Dans le premier cas le tracé des courbes horizontales par rayonnement est spécialement indiqué.

Il n'en est pas de même pour une grande surface où il est avantageusement remplacé par le nivellement par courbes de niveau, tracées à l'aide des cotes fournies par les profils, les polygones topographiques, le cheminement des lignes magistrales, des traverses ou des lignes de *faîtes* ou de *thalwegs*.

Le procédé général consiste alors essentiellement à faire passer une ou plusieurs courbes par les points cotés de même altitude ; ou bien à calculer leurs points de passage d'après les cotes connues.

Nous n'avons rien à dire ici du nivellement par les horizontales, tracées d'après les cotes d'un dessin ou d'un plan topographique, puisque nous devons en parler ailleurs.

292. — Dans notre avant-propos nous avons indiqué que les sections horizontales, ou courbes de niveau, étaient les intersections du sol par les surfaces de niveau. Dans la pratique ces lignes idéales ne sont pas autre chose que les intersections du terrain par les plans horizontaux que l'on prend équidistants sur la verticale du lieu.

Il ne peut y avoir d'erreur sensible à agir ainsi dans la limite des opérations ordinaires du nivellement.

Les plans horizontaux sont déterminés par les niveaux; et le tracé des courbes est indiqué avec le concours de la mire.

Un ensemble de courbes horizontales, tracées sur le terrain et rapportées sur le papier, représente fidèlement le relief de la surface nivelée.

Toutes ces lignes se projettent, sans confusion, sur le plan de projection et chacune d'elles représente une série contiguë de points au même niveau indiqués par une seule cote.

Quant aux points intermédiaires, à deux courbes, on les détermine facilement d'après cette observation que leurs distances à celles-ci sont proportionnelles aux altitudes.

Le relief de la surface du sol sera d'autant mieux représenté que les sections horizontales seront plus judicieusement espacées.

La surface de la zone de terrain, comprise entre deux courbes, pourra alors être considérée comme engendrée par une droite s'appuyant sur ces deux courbes et se mouvant d'un mouvement uniforme.

Pour une *équidistance* verticale donnée, des plans horizontaux, le terrain sera d'autant plus incliné que les courbes horizontales seront plus rapprochées ; et réciproquement d'autant moins incliné quelles seront plus éloignées ; c'est-à-dire que la pente est inversement proportionnelle à l'écartement des courbes.

Ainsi, en résumé, ce moyen de nivellement et de représentation du relief de la surface du sol est purement géométrique.

293. — Nous allons maintenant nous occuper de l'exécution, sur le sol, par rayonnement.

L'exemple de la figure 60, que nous allons décrire, suffira pour tous les cas où ce nivellement par rayonnement devra être employé.

Le niveau est installé en station au point *k* avec les précautions d'usage.

Si l'on possède, dans le voisinage, un point remarquable coté on repère ce nivellement sur ce point; et si l'on n'en possède pas on fixera arbitrairement l'altitude de la première courbe.

Nous supposerons ici qu'un certain point A nous soit connu ; et qu'il ait une altitude de 50^m,370.

Il reste ensuite à décider quelle sera l'*équidistance* verticale des plans horizontaux déterminant les courbes.

Elle devra toujours s'exprimer en nombres ronds ; et sera d'autant plus grande que le terrain sera plus incliné ; et réciproquement d'autant plus petite que celui-ci aura une pente plus faible.

Nous prendrons pour la figure 60 l'*équidistance* de 1 mètre.

La mire est portée sur le point A (fig. 60 et 61), puis on donne un coup de niveau.

La cote lue est de 1,425. Si l'on veut que l'altitude de la courbe *dbf* soit de 51^m elle se trouvera plus élevée que celle du point A de 51^m — 50^m,370 = 0^m,630 (fig. 61.)

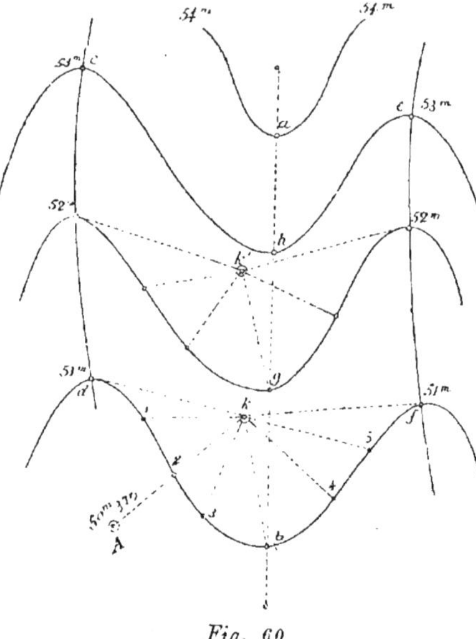

Fig. 60

Donc pour avoir les points de cette courbe, par rapport au plan actuel du niveau, il faudra retrancher cette différence de la cote lue ; d'où 1^m,425-0,630 = 0,795 (fig. 61).

Par suite l'altitude du plan de visée sera de 51^m + 0.795 = 51,795.

On abaissera alors le voyant à cette cote 0,795 et on promènera

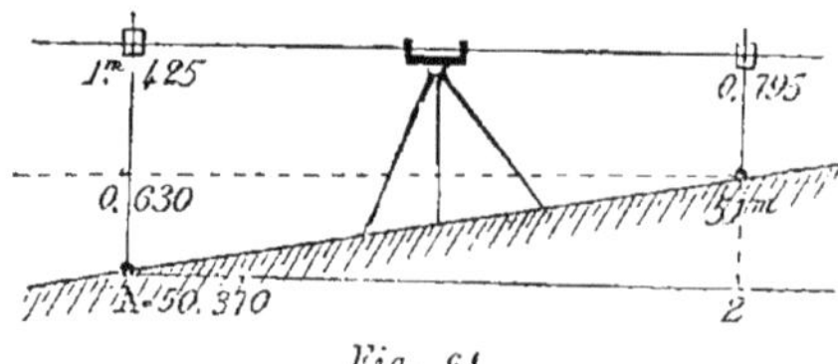

Fig. 61

la mire jusqu'à ce qu'on trouve un point 2 (fig. 60 et 61), où le centre du voyant soit rencontré par le plan de visée; ce point sera alors à l'altitude 51^m.

Puis on portera la mire vers la gauche sans déranger le voyant fixé à la même cote 0,795.

On donnera, sur elle, des coups de niveau en la tenant verticale.

Tantôt les plans de visées rencontreront la mire trop bas, alors il faudra l'élever sur le terrain ; tantôt ils la rencontreront trop haut, il faudra la descendre. On agira ainsi par tâtonnement jusqu'à ce que le plan de visée coupe la ligne de foi horizontale du voyant.

On obtiendra ainsi les points 1 et d à gauche et les points 3, b, 4, 5 et f à droite figure 60.

En joignant par un trait continu les points d-1-2-3-b-4-5 et f on obtient une courbe de niveau dbf dont l'altitude est de 51^m.

Un autre procédé consiste à déterminer les points de ladite courbe à des distances horizontales égales.

Pour cela il suffit de fixer l'extrémité d'une chaîne au point précédent et de décrire de ce point, comme centre, un arc de cercle sur lequel doit se trouver le point suivant de la courbe.

On procède de même de proche en proche pour tous les autres points.

Pour déterminer la deuxième courbe le niveau est placé en k' et la mire est repérée sur un point de la courbe dbf, le point d, par exemple.

La cote lue est de 1,845. Si on y ajoute l'altitude 51^m, et l'*équidistance* 1^m, on aura : 51^m + 1,845 + 1^m = 53^m,845 pour la hauteur du plan de visée de la station k'.

Mais la courbe à tracer a une altitude de 52^m ; c'est-à-dire qu'elle est située 1 mètre plus haut.

Donc il faut retrancher 1^m de la cote de mire pour avoir la cote du plan de visée de cette courbe.

On a alors 53^m,845 — 1^m = 52^m,845 ; c'est-à-dire que le zéro supérieur du *nonius* du voyant doit être à 0^m,845. En promenant la mire dans la direction de la courbe 52-g-52 on arrive à trouver, comme précédemment, tous les points de cette courbe.

On procéderait de même de proche en proche pour toutes les autres horizontales 53-h-53 ; 54-a-54, etc.

Le nivellement, ainsi exécuté, a besoin d'être vérifié. A cet effet, on peut faire directement des nivellements entre les points extrêmes des courbes ; puis d'autres nivellements entre les différents points de celle-ci et le point de repère A. Un autre procédé plus avantageux, pour le levé ultérieur des courbes, consiste à piquer celles-ci sur des lignes parallèles indiquées d'avance sur le sol.

294. — Les courbes de niveau, tracées sur le terrain, doivent être rapportées sur le papier. Pour cela il faudra en faire le levé. Toutes les méthodes de levé des plans peuvent être employées.

Toutefois, il est préférable de faire usage de la boussole, de la planchette et des coordonnés.

A la boussole, les éléments des courbes ont leurs directions déterminées par rapport au plan magnétique passant par l'axe de l'aiguille aimantée (libre de se mouvoir) et leurs longueurs mesurées à la chaîne.

On a ainsi un nombre de données suffisantes pour construire le dessin.

A la planchette le levé est on ne peut plus facile si on a eu le soin surtout de disposer, à 10 mètres les uns des autres, les points des courbes.

L'instrument est placé (fig. 62) dans une station telle qu'on puisse voir un grand nombre de points.

On fait porter une mire successivement sur les points d-1-2-3-b-4-5-f, de la courbe abf, afin de diriger, avec l'alidade, des rayons visuels od, $o1$, $o2$, $o3$, ob, $o4$, $o5$ et of que l'on trace sur le papier de la planchette AB. On prendra le rayon od à une échelle proportionnelle à od et on aura le point d' de la courbe ; puis on décrira un arc de cercle de ce point d', comme centre, et avec $d'1'$, comme rayon, qui soit proportionnel à $d1$. Cet arc viendra couper le rayon $o1$ en deux points, notamment le point 1′ et on aura ainsi ce point de la courbe qu'on reconnaîtra bien facilement.

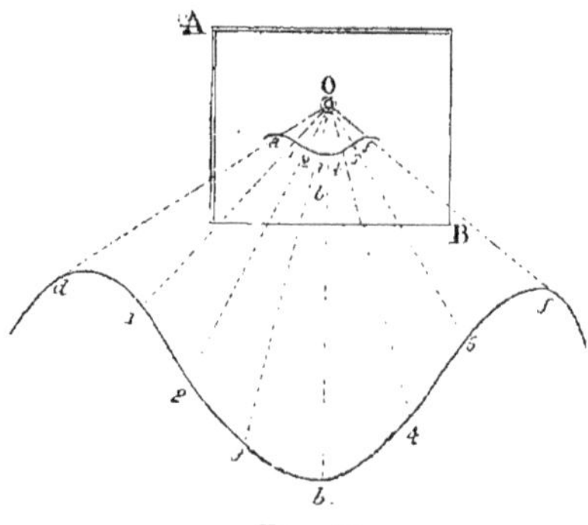

Fig. 62

On fera de même pour 2′, 3′, 4′ et 5′, et en joignant ces points deux à deux on obtiendra sur le papier la courbe d'-1′-2′-3′-b'-5′f' semblable à celle du terrain.

Si on n'avait pas pris de points situés à des distances égales, sur le sol, on en aurait été quitte pour mesurer chaque distance et de décrire des arcs de cercle de rayon qui leur soient proportionnels.

Dans ce dernier cas il serait préférable d'employer le levé par intersection évitant tous ces mesurages du terrain et du dessin.

Le levé par profils ou plutôt par coordonnées rectangulaires est très-simple et très-expéditif pour les grandes surfaces.

Il consiste à tracer, dans le sens de la plus grande longueur du terrain, une ligne (ou base, ou abscisse, ou profil en long) sur laquelle on élève des perpendiculaires que l'on prolonge des deux côtés (ce sont les ordonnées, ou hauteurs, ou profils en travers).

Dans le cas d'un terrain étendu, la base se trace sur un côté et les ordonnées sont dirigées dans un seul sens (celui des courbes).

La figure 63 montre cette base, ou abscisse, tracée suivant A B; et diverses ordonnées (CD, EF, GH, IJ, KL, MN) tracées à des distances égales (10 ou 20 mètres suivant l'étendue de la surface).

Sur AB, à partir de A, on mesure les distances des différents points des courbes ; puis sur les divers profils en travers CD, EF

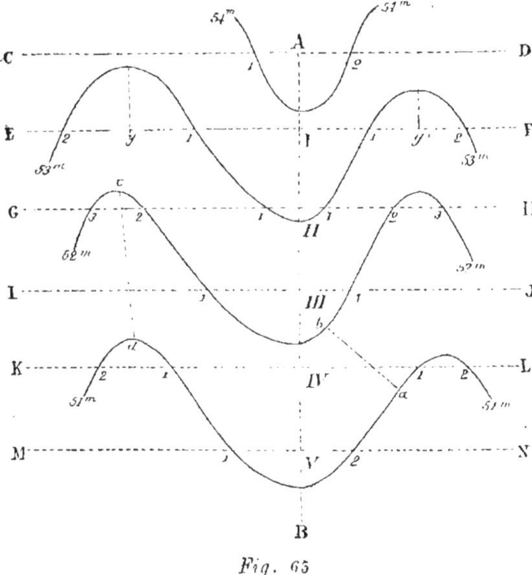

Fig. 63

etc., on mesure également les distances des points d'intersection en prenant pour origine le profil longitudinal et dans l'ordre des numéros des points d'intersection.

Si certains sommets de courbes se trouvaient éloignés des profils ils seraient relevés, par rapport à des ordonnées spéciales y et y', comme le montre la figure.

On possède ainsi toutes les données nécessaires au rapport du plan sur le papier.

Enfin un autre procédé, qui est une modification du précédent, consiste à faire une série de lignes en long et en travers déterminant des carrés par rapport auxquels les courbes sont déterminées.

On donne à cette manière d'opérer le nom de procédé des carrés.

Si le terrain était très-accidenté, il faudrait tracer des profils suivant les *thalwegs* et les *faîtes* afin de relever plus facilement les sommets des courbes.

295. — Il ne nous reste, pour terminer, qu'à examiner quel parti on peut tirer de ce nivellement par courbes de niveau rapportées sur le dessin.

En premier lieu on peut avoir besoin de connaître la pente du terrain en chaque point ; ou, ce qui revient au même, la tangente trigonométrique de l'angle que fait la surface du sol avec l'horizon. Pour résoudre cette question, il suffit d'observer que la distance de deux courbes, sur le dessin, est représentée en projection horizontale, et que leur distance verticale est leur différence de niveau.

Ainsi, en considérant les courbes 51^m et 52^m, de la figure 63, aux points a et b, par exemple, on voit leur distance horizontale égale ab et leur distance verticale égale $52^m - 51 = 1$ mètre.

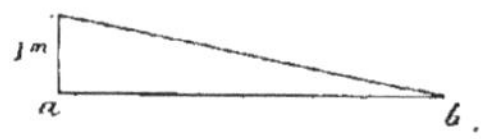

Fig. 64

Ces deux longueurs représentent les deux côtés d'un triangle rectangle (fig. 64), dont ab est la base et 1 mètre la hauteur.

La pente par mètre $= \dfrac{1^m}{ab}$.

En supposant l'échelle de $\dfrac{1}{1000}$ à la figure 63, ou de 1 millim. par mètre, $ab = 12$ mètres. Par suite, la pente $= \dfrac{1}{12} = 0^m,0833$.

L'angle d'inclinaison correspondant $= 4°,46'$.

Si on considère ces mêmes courbes aux points c, d, la pente $\dfrac{1}{cd} = \dfrac{1}{19} = 0,05789$, et l'angle correspondant $= 3°,10'$.

Ces deux résultats vérifient l'observation faite que la pente, entre deux courbes, est d'autant plus grande qu'elles sont plus rapprochées et que la réciproque est également vraie.

Un autre problème qui peut se présenter, c'est de tracer une courbe intermédiaire.

Mais nous sortirons du nivellement par rayonnement et par courbes de niveau en donnant la solution ici ; nous renvoyons à l'étude des sections horizontales.

Il en est de même pour le tracé d'un canal ou d'une route suivant une pente donnée.

CHAPITRE IX.

Nivellement par le système des sondes.

296. — Lorsqu'une surface de terrain est immergée, on ne peut en faire le nivellement par les procédés ordinaires.

On se sert de la surface même de l'eau, comme plan de comparaison, pour remplacer le plan de visée des niveaux, et d'une sonde, pour suppléer à l'emploi de la mire qui ne peut avoir lieu que dans les endroits peu profonds.

Le nom de ce nivellement lui vient de ce que, pour l'exécuter, on fait un véritable sondage.

La sonde employée est un fil à plomb (composé de sa ligne et de son plomb) dont le poids est proportionnel aux profondeurs que l'on doit atteindre.

La forme du plomb est tantôt cylindrique, tantôt cônique ou en tronc de cône pour les sondages des lacs, des rivières, etc.

Pour les sondages marins elle est celle d'un tronc de pyramide dont la base présente un creux, de $0^m,04$ à $0^m,06$ de profondeur, destinée à recevoir du suif qui doit, en ramenant à la surface des débris terreux ou rocheux, éclairer sur la nature du fond.

La profondeur des mers est extrêmement importante à connaître pour la navigation, surtout aux environs des côtes.

Grâce à nos savants ingénieurs hydrographes, des cartes marines bien faites éclairent chaque jour la marche de notre marine. Le génie militaire, le corps des ponts-et-chaussées, les ingénieurs civils et agricoles ont besoin à chaque instant de connaître la profondeur et la forme du fond des lacs, des étangs, des rivières, etc.

Le nivellement qui nous occupe appartient à la classe du nivellement régulier, genre composé, espèce générale, variété système des sondes. Son caractère spécial, indiqué plus haut, ne permet pas de le confondre avec aucun autre système.

297. — Son exécution ne présente en général de difficultés que pour trouver la position des points nivelés sur la carte ou sur le plan. C'est par la méthode des alignements qu'on arrive, pour les petites surfaces, à bien préciser cette position.

En mer on se sert fréquemment de trois sectants qu'on dirige, en même temps, du point de sondage sur trois points connus de la côte visés deux à deux.

Les angles relevés servent, au moyen des segments capables,
à déterminer la position du point nivelé.

Quand le nivellement se fait assez près des côtes on place
deux observateurs sur un terrain élevé et à une distance connue.

Le canot, qui porte l'expédition du nivellement, est surmonté
d'un drapeau mobile que l'on hisse, chaque fois que l'on jette le
plomb, pour avertir les observateurs de la côte de relever les
angles formés par la base du terrain et les plans de visées allant
de ses extrémités au point nivelé sur lequel ils se coupent.

On résout ainsi un triangle dont on connaît la base et deux
angles.

Les différentes cotes obtenues par le sondage doivent être rapportées au niveau moyen de la mer afin de pouvoir les comparer
avec avantage; puis elles sont inscrites sur les cartes marines dans les positions indiquées par les opérations décrites.

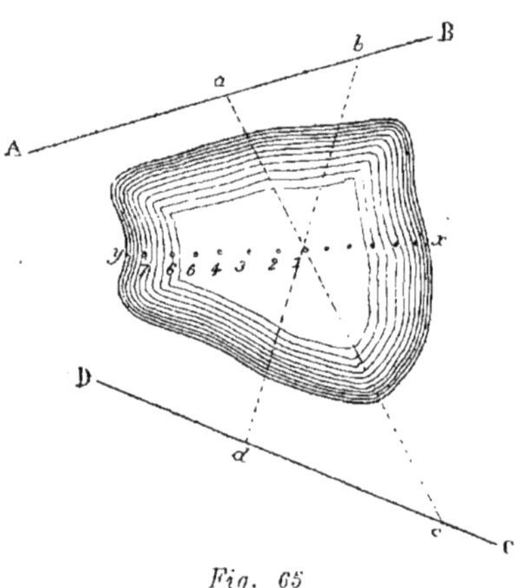

Fig. 65

298. — S'il s'agissait du nivellement, par ce système des sondes, d'un lac, d'un étang, etc., à exécuter suivant la ligne xy de la figure 65, on opérerait par un procédé analogue au suivant :

Deux observateurs seraient placés sur le terrain, et chemineraient l'un dans la direction d'une ligne AB et l'autre dans la direction d'une
autre ligne CD.

L'expédition de nivellement montée sur un canot se dirigerait
suivant la ligne xy à niveler.

Chaque fois que le fil à plomb est jeté un signal avertit les observateurs qui marchent pour s'aligner chacun sur le point nivelé et
sur un point de la ligne parcourue.

Si le canot jette le fil à plomb au point 1, le premier observateur marchera suivant AB, à partir de A, jusqu'au point a, qui devra être dans l'alignement du point 1 et du point c de l'autre
ligne CD. Le deuxième observateur partira de C et ira vers D pour
s'arrêter en d dans l'alignement $d1b$ (le point d étant le point
fixe de AB). Alors les deux alignements ac et bd se coupent au
point nivelé 1 et sont repérés ou mesurés sur AB et CD.

On pourra donc construire sur le dessin la position du point 1 et inscrire sa cote. On procédera de même pour les points 2, 3, 4, etc., de l'alignement xy.

Si aucun point fixe n'avait existé sur AB et CD, l'un des observateurs aurait marché de A en a et l'autre de C en c de manière à former l'alignement a-1-c ; puis le premier aurait continué de a en b et le second de c en d pour avoir la ligne b-1-d.

En repérant les deux alignements obtenus, on construit de même la position du point 1 de la ligne xy.

299. — Enfin si l'on veut niveler un cours d'eau par les sondes, on peut agir suivant un seul profil en travers ; ou bien suivant un profil en long et divers profils en travers.

Le profil en long est dirigé suivant l'axe et les profils en travers sont tracés sur lui en coordonnées rectangulaires.

Suivant un profil quelconque, peu étendu, on indique la direction à suivre par un cordeau portant des marques numérotées tous les mètres ou à des distances plus petites ou plus grandes suivant le besoin.

Alors un homme chemine le long de ce cordeau soit dans l'eau, soit sur un bateau ; et il prend, à l'aide de la mire, les cotes aux différents points marqués pendant que l'opérateur tient le carnet.

Si le profil a une grande longueur, et que le cours d'eau soit profond, les points nivelés, à l'aide du fil à plomb, jeté d'un canot, seront repérés d'après le principe des alignements par recoupement exposé plus haut.

Si la surface du cours d'eau n'est pas connue d'altitude, on la repère à un point remarquable.

CHAPITRE X.

Nivellement réciproque.

300. — Nous avons insisté ailleurs sur la nécessité qu'il y a, pour chaque station, à disposer le niveau à égale distance des deux points nivelés extrêmes afin d'éviter, par des compensations, les erreurs du niveau apparent et de la réfraction.

La recommandation que nous avons faite est toujours facile à observer dans la plupart des cas.

Mais il peut se présenter des situations où il est impossible de l'observer.

Ainsi, par exemple, à égale distance du point a et du point b, entre lesquels on doit faire un nivellement, il peut exister un amas d'eau, une rivière, un vallon ou tout autre obstacle.

Alors dans ce cas il faut avoir recours au nivellement réciproque dont le principe est expliqué par l'exemple de la fig. 66.

301. — On veut trouver la différence de niveau entre les points a et b.

Le niveau est placé au point a, sur la verticale de ce point, puis on dirige, sur la mire placée en b verticalement, un plan de visée suivant A'B dont la direction, inclinée, est exagérée sur la figure.

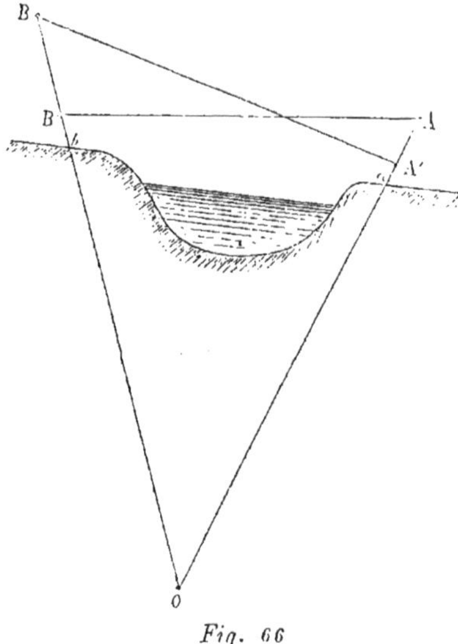

Fig. 66

Les hauteurs aA' et bB de ce plan sont mesurées exactement. Si l'erreur qu'on a commise est α, la différence d'altitude est exprimée par $(Bb + \alpha) - A'a$.

L'instrument est ensuite porté sur le point b, et disposé en station sur sa verticale, puis la mire est placée sur le point a.

Le nouveau plan de visée est dirigé suivant B'A et les hauteurs bB' et aA mesurées sur la mire.

L'erreur commise est encore égale à α; et la différence d'altitude est exprimée par B'b — (Aa + α).

Si l'on prend la moyenne arithmétique de ces deux équations on aura la différence de niveau cherchée :

$$\frac{Bb + B'b}{2} - \frac{Aa + A'a}{2}$$

Les lignes, A'B et AB', ayant même longueur l'erreur est égale dans les deux cas, et par suite elle doit disparaître.

Ce procédé de nivellement ne doit évidemment être employé que lorsqu'on ne peut pas faire autrement.

Il exige, pour son exécution, beaucoup de temps; et il est en outre sujet à donner des erreurs à cause des doubles lectures faites de chaque station.

On doit donc toujours faire la vérification, en recommençant en sens inverse, si l'on veut être assuré du résultat.

TROISIÈME SECTION

NIVELLEMENT TOPOGRAPHIQUE

CHAPITRE Ier

Notions générales.

Définitions.

302. — Le nivellement topographique est spécialement destiné aux grandes surfaces qui doivent être représentées sur des cartes.

Il est essentiel que l'opérateur connaisse bien les clisimètres avant de l'entreprendre.

Le nivellement régulier ou continu, qui présente un plus grand degré de précision, ne conviendrait pas, employé d'une manière générale, à cause du temps considérable qu'il faut dépenser pour son exécution.

Ce que l'on se propose, dans la confection des cartes topographiques, c'est de déterminer à grands traits le relief du sol. Alors un certain nombre de points remarquables, convenablement choisis et nivelés, suffisent parfaitement pour faire connaître les accidents principaux qu'on peut représenter.

Le nivellement de ces points s'obtient rapidement et avec une précision assez grande par les procédés topographiques.

S'il y a nécessité ensuite de connaître l'altitude des points intermédiaires, pour l'exécution de travaux d'art ou agricoles, ou bien pour l'établissement d'industries, de chemins de fer, de routes, de canaux, etc., on fait alors des nivellements réguliers ou continus, repérés sur les points du nivellement précédent.

Tel est l'objet du nivellement topographique.

Ce nivellement consiste (voir n° 220) à déterminer la différence de niveau de deux points en connaissant l'angle de pente, ou angle à l'horizon de la ligne qui les joint, ainsi que la longueur de la projection horizontale de cette ligne.

C'est-à-dire, en d'autres termes, qu'il consiste dans la résolution d'un triangle rectangle dont on connaît un angle aigu et un côté de l'angle droit pris comme base. On fait subir ensuite, à la cote ainsi obtenue, une correction dite de haussement du niveau apparent et de réfraction atmosphérique lorsque la distance horizontale des points (ou base du triangle rectangle) a une certaine longueur.

L'angle de pente (ou son complément l'angle zénithal) se mesure sur le terrain directement, ou par sa tangente, à l'aide des clisimètres que nous avons décrits.

Quant à la distance horizontale des points nivelés (ou ce qui revient au même à la longueur de la projection horizontale de la ligne qui les joint) on peut l'obtenir de diverses manières. Si on possède une carte on mesurera cette distance à l'échelle.

Si on n'en possède pas, on la déterminera sur le terrain à l'aide de la stadia dont nous avons exposé le principe dans notre traité du *Levé des plans et de l'arpentage*.

On peut également se servir, sur un terrain peu accidenté, du clisimètre lui-même pour déterminer cette distance (voir niveau de Chézy, n° 174).

Enfin un dernier moyen, très-long, consiste à effectuer, sur le sol, un chaînage direct.

Ainsi le nivellement topographique ne peut être confondu avec le nivellement régulier, qui donne, lui, directement la différence de niveau sans le secours des angles de pente et des distances horizontales des points soumis au nivellement.

Il est général ou spécial.

303. — Le nivellement topographique peut être général ou spécial. Il est général lorsqu'il embrassse une grande surface destinée à être représentée sur une carte topographique.

Nous avons dit plus haut que c'était le cas où il devait être particulièrement employé, et qu'il n'embrassait alors qu'un certain nombre de points remarquables.

Il est spécial lorsqu'il est appliqué à une surface relativement restreinte, soit que l'on veuille connaître plus complétement son relief sur la carte, soit que l'on désire établir des ouvrages d'art militaire, agricole ou industriel.

Il y aura, d'après cette distinction, à faire usage de deux formules différentes pour la détermination des altitudes des points nivelés.

Pour le nivellement général, ou à grande portée, on tiendra compte dans la formule du haussement du niveau apparent et de l'abaissement de la réfraction atmosphérique.

Au contraire, dans le nivellement spécial, ou à petite portée, on peut négliger ces erreurs.

Raisons de la classification.

304. — Nous avons donné, ailleurs, notre classification du nivellement topographique (220) et nous n'avons pas à la reproduire ici.

Mais nous devons expliquer les raisons de l'adoption de nos genres, espèces et variétés.

Les trois genres trigonométrique, barométrique et tachéométrique ne peuvent être confondus.

Le premier (nivellement trigonométrique) embrasse toutes les opérations comprises dans notre définition ci-dessus du nivellement topographique ; lesquelles opérations sont résolues trigonométriquement.

Ce genre se divise en deux espèces, savoir : le nivellement trigonométrique à petit et à grande portée.

Chacune de ces espèces comprend trois variétés qui ont lieu par profils en long et en travers, par points cotés et par courbes de niveau.

Pour ce genre de nivellement c'est la classification naturelle qui nous a servi de guide.

Ses deux espèces sont bien distinctes : l'une comprend toutes les opérations du nivellement topographique ou à petite portée ; tandis que l'autre embrasse toutes celles relatives au nivellement topographique général ou à grande portée.

Le nivellement barométrique, au premier abord, ne paraît pas rentrer dans le nivellement topographique, puisque, pour son exécution, on ne fait pas usage de l'angle de pente et de la distance horizontale des points nivelés.

C'est d'après cette considération que, pour l'exécuter, il faut choisir des points bien saillants ou déprimés, qui sont ordinairement très-disséminés, nous avons fait un genre spécial du nivellement topographique.

On ne peut faire avec lui qu'un canevas servant à compléter ou à vérifier le nivellement topographique général.

Il est surtout employé par les voyageurs qui désirent connaître l'altitude des montagnes, des plateaux, des vallées, etc.

Le nivellement tachéométrique est en réalité un nivellement topographique qui s'exécute avec un instrument donnant en même temps l'angle de pente et la distance horizontale des points nivelés.

Nous aurions donc pu en faire à la rigueur une variété de nivellement trigonométrique.

Mais nous ferons remarquer que le nivellement s'exécute avec un instrument plus complexe que le clisimètre ordinaire et dont l'emploi est tout différent. Aussi faut-il acquérir un ensemble de connaissances qui forment une science nouvelle que M. Porro a appelé la *tachéométrie*.

Ce sont ces raisons qui nous en ont fait faire un genre spécial.

Nous devons maintenant faire connaître le sens et la valeur de diverses expressions employées en topographie.

Rapports trigonométriques.

305. — Il suffira, pour faire comprendre ces expressions, de rappeler d'abord les rapports trigonométriques qui sont au nombre de six savoir : trois directs et trois indirects ou inverses des premiers :

Rapports directs : $\dfrac{y}{r} = \sin \alpha$: $\dfrac{x}{r} = \cos \alpha$; $\dfrac{y}{x} = \tang.\ \alpha.$

Rapports inverses : $\dfrac{r}{y} = \cosec \alpha$; $\dfrac{r}{x} = \sec \alpha$; $\dfrac{x}{y} = \cotang.\ \alpha.$

En jetant un coup d'œil sur la figure 67 on voit de suite que

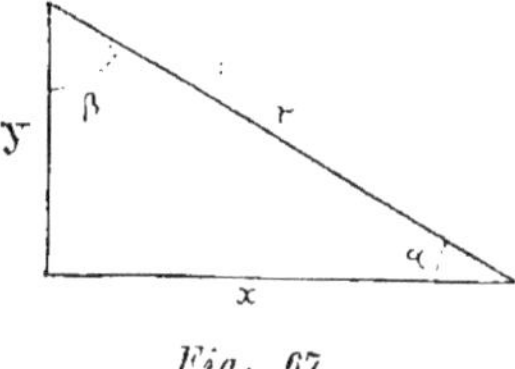

Fig. 67

le rapport algébrique $\dfrac{y}{r}$, de l'ordonnée y au rayon r, est le sinus de l'angle α : que le rapport $\dfrac{x}{r}$, de l'abscisse x au rayon r, est le cosinus de l'angle α ; que le rapport $\dfrac{y}{x}$, de l'ordonnée y à l'abscisse x, est tangente de l'angle α.

Le rapport $\dfrac{x}{y}$, de l'abscisse x à l'ordonnée y, est l'inverse de la tangente, ou la cotangente de l'angle α ; le rapport $\dfrac{r}{x}$ inverse du cosinus, est la sécante de l'angle α ; et le rapport $\dfrac{r}{y}$ inverse du sinus, est le cosécante de l'angle α.

On remarquera que les angles α et β étant complémentaires (c'est-à-dire ayant leur somme égale à 90°) les sinus, cosinus et tangente de l'un sont égaux respectivement aux cosinus, sinus et cotangente de l'autre.

Enfin, en faisant varier l'un quelconque des angles (α par exemple), depuis 0° jusqu'à 90°, on a les variations suivantes correspondantes de ses rapports trigonométriques :

Sin α varie de 0 à + 1 ;
Cos α varie de + 1 à 0 ;
Tang α varie de 0 à + ∞ ;
Coséc. α varie de + ∞ à 1 ;
Séc. α varie de 1 à + ∞ ;
Cotang α varie de + ∞ à 0.

Angles : à l'horizon ; zénithal ; de dépression.

306. — Le mesure des angles dans le nivellement topographique peut se faire de deux manières.

Ou bien on comptera par rapport à la ligne de foi, placée horizontalement, ou bien verticalement.

De là trois sortes d'angles.

Pour nous faire comprendre, nous prendrons l'exemple de la figure 68.

Supposons deux axes coordonnés, l'un horizontal, $x\,o\,x'$, et l'autre vertical, $y\,o\,y'$.

Plaçons d'abord le clisimètre en station sur l'un des points à niveler de manière que sa ligne de foi, par laquelle passe le premier rayon de visée, soit horizontale ou confondue avec $o\,x$.

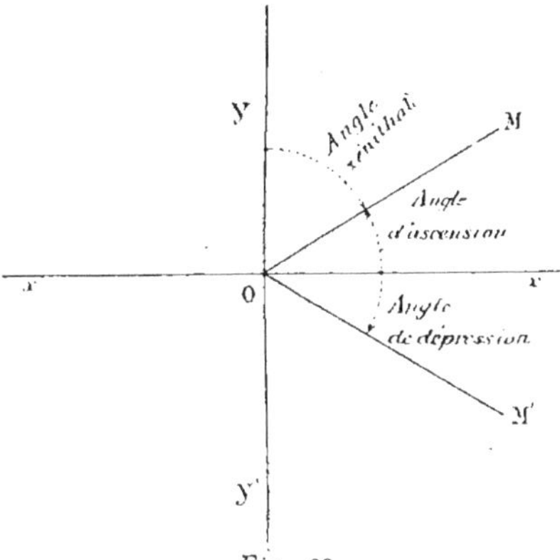

Fig. 68

Si la ligne qui joint ce point au second est suivant $o\mathrm{M}$, le deuxième rayon de visée sera dirigé suivant cette ligne et formera avec le premier un angle $x\,o\mathrm{M}$ appelé *angle d'ascension*, ou hauteur angulaire, ou distance à l'horizon.

Cet angle est lu de bas en haut.

Il n'est facile à apprécier que lorsqu'il a une certaine amplitude, comme dans les nivellements trigonométriques à petites portées.

Le terrain monte, dans ce cas, par rapport à la station.

Si, au contraire, la ligne qui joint le premier point au second est suivant $o\mathrm{M}'$ l'angle $x\,o\mathrm{M}'$ est dit en dépression ; et il est mesuré, comme l'indique la flèche, de haut en bas.

Le terrain descend, dans ce cas, par rapport à la station.

Disposons maintenant la ligne de foi de l'instrument verticalement ; c'est-à-dire suivant l'ordonnée oy et de telle manière que le point de vision, o, du rayon visuel, oy, soit sur la verticale du premier point.

Si la ligne qui joint ce point au second est suivant *o*M l'angle *y o*M formé par les deux plans de visées est dit angle zénithal ou mieux distance zénithale.

La lecture se fait suivant la flèche.

Cet angle est toujours d'une lecture facile et c'est généralement lui qu'on mesure de préférence dans le nivellement topographique général.

On remarquera que l'angle zénithal *yo*M et l'angle d'ascension M*ox* sont complémentaires, et qu'on peut prendre l'un pour l'autre, puisqu'ils ont leurs rapports trigonométriques égaux et inverses.

Dans la langage ordinaire on confond, à tort, ces trois angles sou. le nom d'angles de pente.

Il est nécessaire de savoir les distinguer comme nous venons de le faire.

Enfin, la mesure de ces angles peut aussi avoir lieu en prenant exclusivement pour ligne de foi soit *ox* soit *oy*.

Pentes; rampes; paliers.

307. — Nous arrivons maintenant aux pentes et aux rampes.

Soit (fig. 69), un certain chemin, ABC, suivant lequel un mobile se meut dans le sens indiqué par les flèches.

Deux verticales **DE** et **FG** rencontrent ce chemin et ont leurs parties supérieures dirigées vers le zénith, tandis que leurs parties inférieures, et opposées, tendent à converger vers le noyau central terrestre.

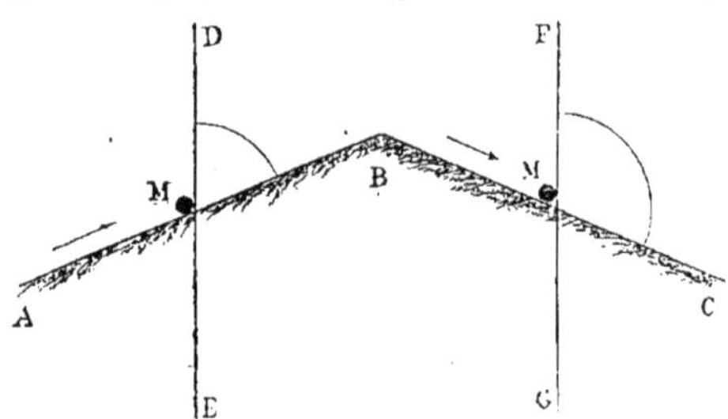

Fig. 69

On dit que le mobile monte lorsque, arrivé à la position M, il a devant lui une portion MB du chemin qui fait avec la verticale un angle aigu BMD. Il franchit alors une *rampe*, ou *contrepente*, ou *montée*.

On dit, au contraire, qu'il descend lorsque, arrivé à M', la partie M'C de chemin qu'il doit parcourir forme avec la verticale M'F un angle obtus CM'F.

Il parcourt dans ce cas une *pente* ou *descente*.

Si le même mobile chemine ensuite en sens inverse, il est clair que la pente de son premier chemin deviendra une rampe pour son deuxième chemin; et que de même la rampe deviendra une pente.

C'est donc le sens du mouvement qui, sur un tel chemin, précise les pentes et les rampes.

Si le mobile chemine sur des parties horizontales, quel que soit le sens du mouvement, on dit qu'il parcourt des *paliers*.

Les mots *pente* et *rampe* s'emploient souvent dans le sens d'inclinaison.

Ainsi on dit la pente d'un terrain, la rampe d'un plan, etc.

308. — La pente totale d'une ligne droite AB (fig. 70) est BC qui exprime que B est plus élevé que A de cette quantité.

En prenant l'axe xox' comme la trace du plan de comparaison, on a en effet :

$$Bx - Ao = BC = y.$$

La pente par mètre de cette droite est égale à $\dfrac{BC}{AC} = \dfrac{y}{x} = \text{tang } \alpha = \text{cotang. } \beta.$

Ainsi la pente par mètre n'est autre chose que la tangente de l'angle d'inclinaison $BAC = \alpha$; ou ce qui revient au même la cotangente de l'angle zénithal $BAY = \beta$.

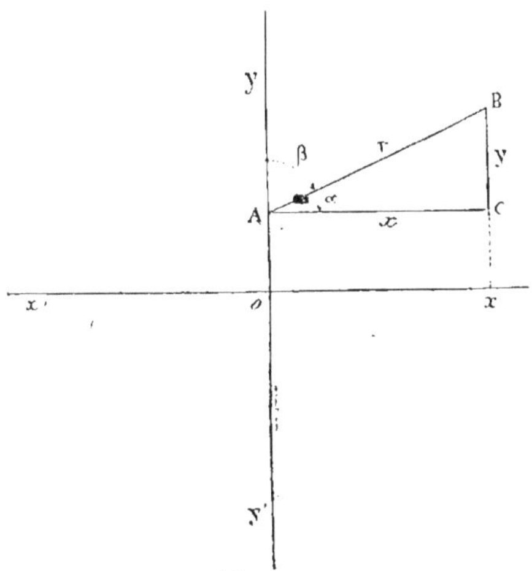

Fig. 70

De l'équation $= \dfrac{y}{x} = \text{tangente } \alpha$ on tire $y = x \times \text{tang } \alpha$; c'est-à-dire que la pente totale BC ou y, égale le produit de la distance horizontale AC, ou x, par la tangente de l'angle BAC ou α.

Si on représente par p la pente par mètre, on peut encore écrire cette relation comme il suit : $Bx - Ao = AC \times p$.

Supposons $AC = 42$ mètres et $Bx - Ao$ ou $BC = 0^m,84$. La pente par mètre sera :

$$p = \frac{0^m,84}{42^m} = 0^m,02 \; ;$$ C'est-à-dire que la droite AB, parcourue par un mobile de B et A, a une pente de $0^m,02$ par mètre.

Par suite, si ce mobile se mouvait en sens inverse de A en B, la rampe parcourue serait la même.

L'inclinaison d'une droite peut, en général, s'exprimer par le taux de la pente ou de la rampe par mètre.

De l'équation $\dfrac{y}{x} =$ tang α, ou $\dfrac{y}{x} = p$, on tire aussi $x = \dfrac{y}{\text{tang } \alpha} = \dfrac{y}{p}$; c'est-à-dire que la distance horizontale de deux points est égale à leur différence de niveau divisée par la pente.

Quant à la pente d'un plan, elle s'exprime par celle de la perpendiculaire à l'horizontale menée dans ce plan.

Cette perpendiculaire est nécessairement la droite ayant la pente la plus considérable.

Pour une surface curviligne la pente de chacun de ses points est celle de son plan tangent ; et par suite elle a une infinité de pentes souvent très-différentes d'un point au suivant. Si l'on faisait une série de sections horizontales dans cette surface courbe, la droite qui les couperait toutes, à angles droits, représenterait la ligne de pente la plus considérable.

Aussi une telle ligne est-elle dite de plus grande pente pour cette raison.

Talus ; fruits.

309. — Lorsque certaines surfaces planes ou courbes ont une inclinaison plus ou moins considérable, comme les parois latérales d'un déblai ou d'un remblai de chemin de fer, de fossé, de route, etc., on lui donne le nom de *talus*.

Ce talus se mesure d'une manière inverse des pentes : c'est-à-dire qu'au lieu de l'exprimer par le rapport de la hauteur à la base, on l'exprime par le rapport de la base à la hauteur.

On dit d'un talus qu'il a 1/2 de base pour 1 de hauteur, 1 de base pour 1 de hauteur ; 1 1/2 de base pour 1 de hauteur, etc.

Pour mesure du talus en général on a donc, fig. 71, $\dfrac{x}{y}$ (x représentant la base et y la hauteur).

Ce rapport $\dfrac{x}{y}$ n'est plus autre chose que la cotangente de l'angle α, ou la tangente de l'angle β représentée par $\dfrac{y}{x}$.

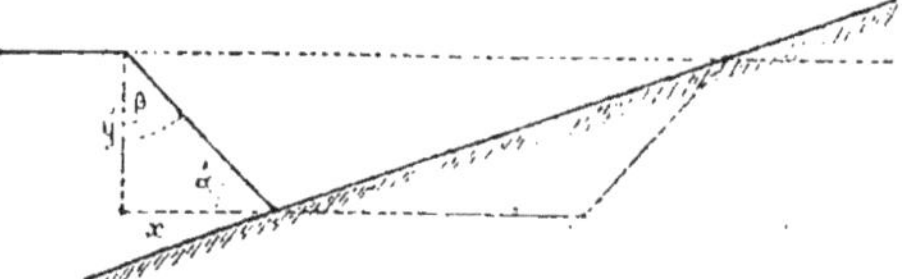

Fig. 71

Ainsi le talus et la pente d'une surface sont deux quantités égales et inverses l'une de l'autre.

Il en résulte que connaissant l'un de ces rapports, on connaît nécessairement l'autre.

Lorsqu'il s'agit d'un *contrefort* oblique de maçonnerie, appliqué à un mur pour lui donner plus de base et par suite plus de solidité, on donne à sa surface extérieure, inclinée, le nom de *fruit*.

On mesure celui-ci absolument comme le *talus*, en comparant sa base à sa hauteur.

Il est dit avoir tant de base pour une unité de hauteur ; et il est toujours une fraction de celle-ci.

Ainsi on dit qu'il est de $\frac{1}{5}$, $\frac{1}{10}$, $\frac{1}{15}$, $\frac{1}{20}$, etc., lorsque sa base horizontale ou empâtement (égale à la projection, sur l'axe des X, de sa face inclinée) est égale à $\frac{1}{5}$, $\frac{1}{10}$, etc., de sa hauteur.

Toutes ces expressions sont employées couramment par les personnes de l'art, qui les comprennent bien et savent tirer parti de leurs valeurs.

Nous avons cru devoir en parler avant d'énumérer les procédés du nivellement topographique.

Réduction au centre de la station.

310. — Dans les grands tracés de nivellement, dont nous avons parlé, on prend comme signaux des monuments élevés, des clochers, des tours, etc., et les opérations de planimétrie qu'on exécute, ne pouvant avoir lieu au centre de la station, doivent subir une correction dont nous devons expliquer le sens et la valeur.

Le centre de la station, C, devant se trouver sur la verticale du point visé des stations suivantes, A et B, il se projettera horizontale-

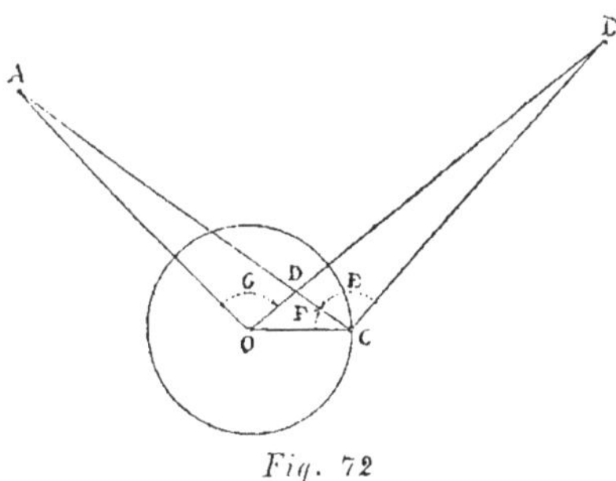

Fig. 72

ment en O pour une tour, par exemple (fig. 72).

Or, l'instrument ne peut être placé au centre de la station O ; il sera installé en C, à une distance OC égale au rayon de la tour.

On observera de cette station, C, les distances angulaires des points A et B et on lira les angles E et F. Il faudra conclure de ces derniers la valeur de l'angle G.

On a deux triangles DAO et DBC, opposés par le sommet D, qui ont par conséquent les angles en ce point égaux.

La somme des deux autres angles de l'un doit être égale à la somme des deux autres angles de l'autre ; c'est-à-dire qu'on a : $A + O = B + C$, ou, ce qui revient au même :

$$(1) \quad O - C = B - A.$$

Nous savons, par la trigonométrie, que les triangles ont leurs côtés dans les mêmes rapports que les sinus des angles opposés.

Les triangles AOC et BOC nous donnent donc les relations qui suivent :

$$\frac{OC}{AO} = \frac{\mathrm{Sin.}\ A}{\mathrm{Sin.}\ F}; \text{ d'où (2) Sin. } A = OC \times \frac{\mathrm{Sin.}\ F}{AO};$$

$$\text{Et } \frac{OC}{OB} = \frac{\mathrm{Sin.}\ B}{\mathrm{Sin.}\ (E + F)}; \text{ d'où (3) Sin. } B = OC \times \frac{\mathrm{Sin.}\ (E + F)}{OB}.$$

Mais on observera que les angles **A** et B, dont les côtés s'appuient aux extrémités O et C du rayon OC sont très-petits à cause de leur grand éloignement en général de la station ; ou ce qui revient au même, les sinus de ces angles ont une faible valeur puisque leurs expressions dans les formules (2) et (3) ont pour numérateur commun OC, qui est divisé par des quantités AO et OB, très-grandes par rapport à lui.

On aura donc pour l'expression en secondes : $\mathrm{Sin.}\ A = A \times \mathrm{Sin.}\ 1''$; et de même $\mathrm{Sin.}\ B = B \times \mathrm{Sin.}\ 1''$.

$$\text{D'où on tire : } A = \frac{\mathrm{Sin.}\ A}{1''}; \text{ et } B = \frac{\mathrm{Sin.}\ B}{1''}.$$

Après avoir calculé, à l'aide des tables de logarithmes, les valeurs de A et de B on les portera dans la formule (1) pour en déduire ce que l'on cherche : la correction au centre de la station, qui est égale à $O - C$.

$$\text{On a donc : } O - C = \frac{\mathrm{Sin.}\ B}{1''} - \frac{\mathrm{Sin.}\ A}{1''}.$$

Réduction des distances zénithales aux sommets des signaux.

311. — De même qu'on est forcé de déplacer le goniomètre dans le plan horizontal pour certains cas de la planimétrie, de même aussi on est obligé, pour le nivellement dans un grand nombre de circonstances, de changer le niveau de position dans le plan vertical.

Alors, les distances zénithales observées doivent être réduites au sommet du signal afin de les faire connaître, par rapport à celui-ci, de certains points d'où il est observé.

Supposons, comme exemple, le cas de la fig. 73.

L'instrument ne peut, généralement, être placé qu'en un certain point A, à une distance AC au-dessous du signal C.

La distance zénithale du point B, observé du point A, sera BAC.

En réalité, cette distance devant être observée au sommet, C, d'une tour, d'un édifice, etc., est exprimée par BCD.

Or, l'angle BCD, extérieur au triangle ABC, est relié à l'angle BAC, observé, par la relation BCD = BAD + ABC (1).

Si l'on connaissait les deux termes du second nombre de cette

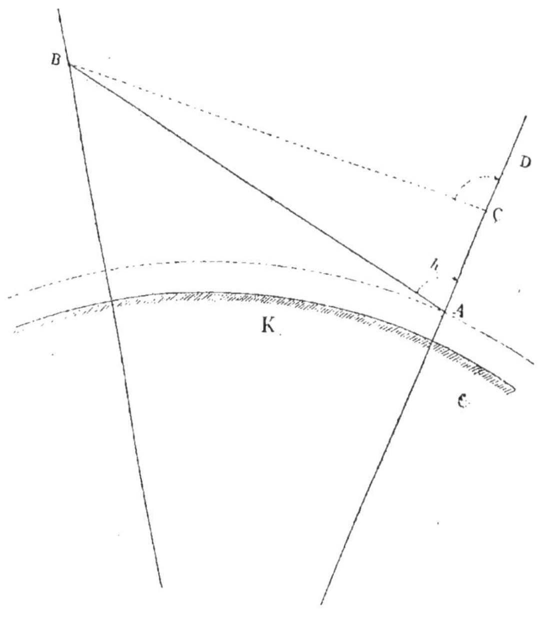

Fig. 73

équation, le premier membre BCD (qui est distance zénithale que l'on désire connaître) serait déterminé.

On a dans le triangle ABC :

$$\frac{\text{Sin. ABC}}{\text{Sin. BAC}} = \frac{\text{AC}}{\text{BC}}; \text{ et sin. ABC} = \frac{\text{Sin. BAC} \times \text{AC}}{\text{BC}} \ (2).$$

Mais observons que l'angle BAC est sensiblement représenté par 90°, et par suite son Sin. = 1.

Cet angle nous est donc connu dans cet hypothèse.

En outre AC représente la hauteur h d'un édifice ; et BC est très-peu différent de K, qui représente la distance horizontale des pieds des verticales des points B et C.

Nous pouvons donc écrire ainsi la formule (2), pour une faible correction :

$$\text{Sin. ABC} = \text{ABC} = \frac{\text{Sin. } 90^\circ \times h}{K} = \frac{h}{K};$$ ou bien en réduisant en secondes et en prenant la valeur de ABC dans la formule (1) :

$$\text{BCD} - \text{BAD} = \frac{h}{K \times \text{Sin. } 1''}.$$

Cette formule de réduction, qui est additive (parce qu'on exprime généralement dans le nivellement à grande portée les déplacements inférieurs AC en addition) pourrait être soustractive si l'instrument au lieu d'avoir son centre au-dessous du signal l'avait au-dessus du point nivelé, comme pour le nivellement ordinaire et à petite portée.

La longueur AC serait alors la hauteur du centre du niveau.

Cette observation de la forme soustractive s'applique aussi au cas où, dans la nature, h changerait de sens.

La hauteur de l'édifice ou de la balise devra être aussi faible que possible, afin de rendre la formule de réduction d'autant plus précise.

Elle est mesurée directement à l'aide d'un fil à plomb, si c'est possible, ou bien à l'aide d'un procédé trigonométrique décrit déjà dans notre *Traité du Levé des Plans*.

Si le nivellement était réciproque, il est clair que les formules de réduction auraient encore pour chaque point la forme que nous venons d'exposer.

Enfin, le niveau pourrait être en dehors de la verticale du signal, comme c'est le cas dans l'emploi d'édifices à larges bases pour signaux.

Alors la formule de réduction est un peu différente, mais nous ne croyons pas devoir la reproduire ici puisqu'elle est générale en géodésie et qu'elle n'est pas employée en topographie.

CHAPITRE II.

Nivellement trigonométrique à petite portée ou spécial.

312. — Ce nivellement, qui constitue la première espèce du genre topographique, consiste à déterminer la différence de niveau de deux ou plusieurs points relativement peu éloignés dans chaque station.

Alors, dans l'appréciation des résultats obtenus, il devient inutile de tenir compte de l'erreur de haussement du niveau apparent au-dessus du niveau vrai et de l'abaissement dû à la réfraction.

Cette espèce de nivellement ne peut donc être confondue avec celle qui va suivre ; et s'en distingue essentiellement.

Les procédés généraux d'exécution sont cependant les mêmes, à cette différence près qu'ils s'exécutent avec des instruments généralement à pinnules pour la première, tandis qu'ils sont toujours à lunettes pour la seconde.

Mais la caractéristique de chaque espèce est dans l'emploi, pour chacune d'elles, d'une formule spéciale.

Nous avons dit plus haut que le nivellement trigonométrique à petite portée était spécial, parce qu'il ne peut, par sa nature même, s'appliquer qu'à de petites surfaces.

D'où il résulte qu'il convient particulièrement pour déterminer le relief, à grands traits, des détails du nivellement général.

En outre, il peut servir à l'étude des projets aussi bien qu'à l'exécution des travaux spéciaux.

Tous les clisimètres précédemment décrits peuvent servir à son exécution.

Pour expliquer son principe nous prendront d'abord l'exemple de la figure 74.

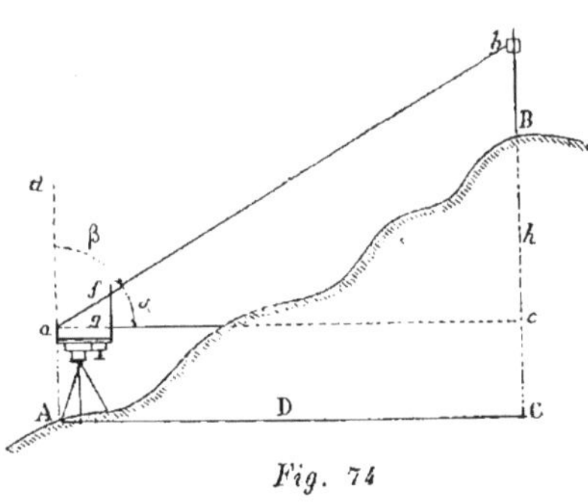

Fig. 74

1er *cas.* Il s'agit de trouver la différence de niveau entre deux points quelconques A et B.

L'instrument est installé en station avec les précautions d'usage de manière que le réticule a soit sur la verticale aA du point A.

La ligne de foi étant amenée horizontale suivant ac, un rayon visuel ab est dirigé sur une mire Bb placée au point B.

On aura eu soin, à l'avance, de placer le voyant sur la règle à une hauteur Bb égale à Aa, qui est la distance verticale du point A au réticule a.

Il en résultera alors qu'on aura :

$Aa = Bb = Cc$; et la différence de niveau entre A et B sera représentée par $cb = h$; ou en général par dN.

Pour avoir celle-ci nous n'avons plus qu'à résoudre le triangle rectangle abc dont nous connaissons l'angle bac directement ou indirectement par la lecture du clisimètre.

On a : $\dfrac{bc}{ac} = $ tang. bac ; ou en remarquant que $ac = D$, et que

$$bac = \alpha : \frac{h}{D} = \text{tang. } \alpha.$$

$$\text{D'où } h \text{ ou } dN = D \times \text{tang. } \alpha.$$

En observant que l'angle α, d'ascension, a pour complément la distance zénithale β, on a de même : h ou $dN = D \times$ cotang. β.

Ainsi la différence de niveau dN est déterminée lorsqu'on connaît l'angle α ou son complément β et la distance horizontale, ou base D représentant la projection des points A et B.

Cette base D s'obtient comme nous l'avons dit ci-dessus (302).

Pour résoudre les formules obtenues il ne suffit plus que les disposer sous les formes suivantes et d'effectuer les calculs :

(1) Log. $h = $ log. D $+$ log. tang. α.
(2) Log. $h = $ log. D $+$ log. cotang. β.

Observons aussi que nous obtiendrions le même résultat en posant les relations suivantes :

$$\frac{bc}{ac} = \frac{fg}{ag} \; ; \; \text{d'où } bc = \frac{ac \times fg}{ag}.$$

Si ag était divisée en 100 parties, que fg contienne 15 divisions et que ac ait 85 mètres (voir niveau de Chézy), on aurait pour la différence de niveau dN ou $bc = \dfrac{85 \times 15}{100} = 12^{m}75$.

Il nous reste à fai.. ..ar ce cas de nivellement deux observations.

D'abord il peut arriver qu'on ne puisse prendre une hauteur du voyant de la mire égale à la hauteur de l'oculaire, comme dans l'exemple choisi, parce que le terrain présenterait des irrégularités ou des obstacles.

Alors le développement de la mire serait quelconque ; et en général plus grand que la hauteur de l'oculaire.

On aurait ainsi (dN étant déjà connu et égale à bc) pour différence de niveau totale :

$$bc + \mathrm{A}a - \mathrm{B}b \text{ ; ou ce qui revient au même :}$$
$$d\mathrm{N} + \mathrm{A}a - b\mathrm{B}.$$

C'est évidemment le cas général qui est compris dans cette dernière formule.

Ajoutons aussi que le point visé peut être assez nettement visible pour qu'on puisse diriger sur lui un rayon visuel sans le secours de la mire.

Alors la différence de niveau serait donnée directement par $\mathrm{B}c$ augmentée de la hauteur de l'oculaire $\mathrm{A}a$.

La deuxième observation que nous devons faire est relative à l'angle zénithal.

Dans la majeure partie des cas, où le point observé est au-dessus du plan horizontal, passant par la ligne de foi, la distance zénithale peut être seule observée. Cela tient à ce que la différence de niveau est généralement faible relativement à la distance horizontale.

Ce qui revient à dire que la tangente trigonométrique de l'angle observé est petite.

La lecture de l'angle d'ascension ou de sa tangente est difficile si non impossible.

C'est alors le complément de cet angle, c'est-à-dire la distance zénithale, qu'il faut exprimer.

Un grand nombre de clisimètres donnent ce complément directement.

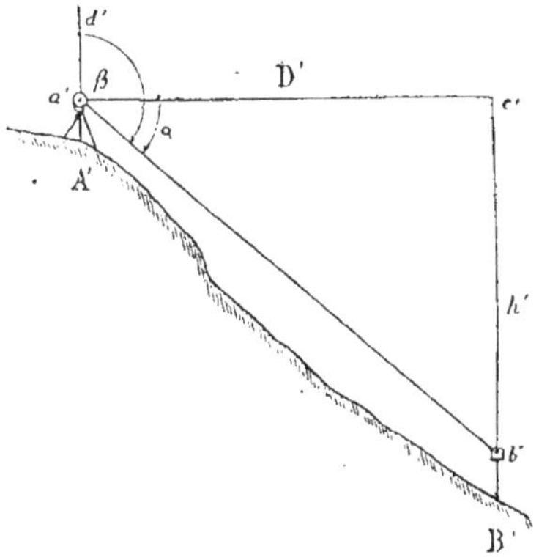

313. — 2ᵉ *cas.* La figure 75 montre que le point B′ est situé bien au-dessous du point A′.

Le clisimètre est mis en station en A′ et la mire portée sur B′ après avoir pris A′a' = B′b' par exemple.

Fig. 75

La ligne de foi prend la direction horizontale $a'c'$; et un plan de visée est dirigé sur la mire dans la direction $a'b'$.

Suivant qu'on comptera l'angle observé à partir de l'horizontale ou de la verticale on aura un angle de dépression $b'a'c' = \alpha$ ou une distance zénithale $b'a'd' = \beta$.

La lecture de l'un ou de l'autre de ces angles étant faite, la distance, horizontale $a'c' = D'$, des deux points A', B', est mesurée ensuite comme il a été dit.

La différence de niveau, qui a changé de sens dans la nature, est exprimée par :

$$-b'c' = -D' \times \tan b'a'c' = -D' \times \tan. (d'a'b'-90°) ;$$
$$\text{ou} -h' = -dN = -D' \times \tan \alpha = -D' \times \tan. (\beta-90°).$$

En général, comme ci-dessus, la différence de niveau totale $= -c'b' + b'B' - A'a' = -dN + b'B' - A'a'$.

Ces deux cas de nivellement topographique, à petites portée, renferment évidemment tous les exemples que l'on peut rencontrer.

Ils démontrent qu'en définitif ce nivellement ne diffère du nivellement régulier que par l'exécution (le résultat final restant toujours le même).

D'où il suit que les divers procédés de nivellement réguliers, déjà décrits, peuvent être appliqués en topographie.

On fera ainsi du nivellement topographique par profils en long et en travers, par points cotés et pas courbes de niveau.

C'est surtout par points cotés qu'il s'exécute.

On comprend combien il est facile, dans une même station, de déterminer, par rapport à un même plan horizontal, la différence de niveau de deux ou de plusieurs points et ainsi de même de station en station.

Si l'on connaît l'altitude d'un point de la première station on peut ainsi calculer, de proche en proche, l'altitude de tous les points nivelés. Nous ne croyons pas devoir reproduire ici, par des exemples, les trois variétés de ce nivellement, puisqu'elles ne diffèrent de celles précédemment décrites que par le moyen de calculer chaque côte à l'aide de l'angle de pente et de la distance horizontale.

314. —Le résultat des observations doit, comme pour le nivellement régulier, s'inscrire sur un carnet spécial.

Voici la forme que nous proposons de donner à ce carnet, ou registre, lorsque les clisimètres employés donnent l'angle à l'horizon.

Cette forme diffère un peu de celle adoptée par le professeur Salneuve.

POINTS SOUMIS au nivellement	Distance entre les points nivelés	Hauteur de l'oculaire de l'éclimètre	INDICATION du pointé sur le voyant	ANGLES observés		RÉSULTATS obtenus		Observations et Croquis
				Ascension	Dépression	Différences de niveau	Altitudes	
1	2	3	4	5	6	7	8	9
Du point 1 au point 2	45ᵐ	1ᵐ,10	Voy. 1,10	»	8º,30	6,72	93,28	Le point 1 est situé à une altitude de 100 mètres.
— 2 — 3	67ᵐ	2ᵐ,15	— 2,50	8º,55'	»	9,26	102,54	
— 3 — 4	82ᵐ	0ᵐ,95	Sol.	18º,40'	»	28,65	131,19	
— 4 — 5	95ᵐ	1ᵐ,15	—	32º,15'	»	61,09	192,28	
etc.	»	»	»	»	»	»	»	

Il est clair que si on observait seulement l'angle zénithal il n'y aurait qu'une colonne pour cet angle observé; et le carnet serait un peu plus simplifié. A l'inspection de celui-ci on comprend la manière d'inscrire les observations faites.

Ainsi la colonne 1 est destinée à l'inscription des points soumis au nivellement; la colonne 2 sert à recevoir les distances horizontales entre les points nivelés ; la colonne 3 la hauteur de l'oculaire de l'éclimètre ; la colonne 4 l'indication du pointé : les colonnes 5 et 6 les observations des angles en degrés et minutes ; les colonnes 7 et 8 les résultats obtenus; et enfin la colonne 9 les observations et les croquis.

Les calculs des différences de niveau et des altitudes se font en résolvant la formule générale.

Ainsi pour l'observation du point 1 au point 2 on a : $dN = 45^m \times \text{-tang. } 8º,30 = -6^m,72$.

L'altitude du point 1 étant de 100 mètres celle du point 2 sera : $100^m - 6^m,72 = 93^m,28$.

On procéderait de même pour les points suivants, en observant que les altitudes seraient positives. En outre, on tiendrait compte des hauteurs de l'oculaire et du voyant. Pour l'observation du point 1 au point 2 elles se sont annulées parce qu'elles sont égales.

CHAPITRE III.

Nivellement trigonométrique à grande portée ou général.

315.—La deuxième espèce du genre nivellement topographique doit faire maintenant l'objet de ce chapitre.

Ici les opérations s'exécutant sur une assez grande étendue de

terrain il est nécessaire de tenir compte, dans le résultat obtenu,
de la forme sphérique du globe et de la réfraction atmosphérique.

Dans le précédent chapitre nous avons opéré comme si la
terre était plane, à cause de la faible distance entre les points
nivelés.

Nous avons pu négliger ainsi des erreurs qui n'influaient pas
d'une manière appréciable sur les résultats.

Nous ne pourrions pas procéder de même, pour les opérations
topographiques à grande portée, sans commettre des erreurs
appréciables.

Toutefois, il importe d'observer que l'erreur, due au niveau
apparent et à la réfraction atmosphérique, ne dépasse pas sensiblement 1 mètre (1) pour une distance de 4.000 mètres entre les
points soumis au nivellement.

On a donc une grande latitude dans l'appréciation des résultats
obtenus ; aussi néglige-t-on encore quelquefois, jusqu'à cette distance à tort évidemment, de tenir compte des erreurs combinées
du niveau apparent et de la réfraction.

Nous ne croyons pas qu'il soit nécessaire d'insister davantage
pour faire comprendre la distinction qu'il y a entre l'espèce de
nivellement qui nous occupe et la précédente.

Sa formule en est la caractéristique, ainsi que nous l'avons dit
plus haut.

Le nivellement trigonométrique à grande portée est général ;
c'est-à-dire qu'il embrasse une grande étendue de terrains dont
les points principaux nivelés et projetés sur une carte donnent une
idée du relief à la simple lecture de leurs altitudes.

C'est surtout pour la construction de cartes topographiques
que l'usage de cette espèce de nivellement devient nécessaire.

On l'emploie aussi pour la reconnaissance des ouvrages à construire, ou des projets divers de chemin de fer, de routes, canaux
etc., qu'il s'agit d'étudier.

Mais, en résumé, il est plutôt, si on peut s'exprimer ainsi, le nivellement de l'officier du génie que le nivellement de l'ingénieur.

L'exemple suivant nous permettra d'en exposer le principe et
d'en faire comprendre l'exécution.

Nous supposerons deux points A et B, fig. 76, très-éloignés l'un
de l'autre, dont on se propose de trouver la différence de niveau dN.

L'instrument est installé au point A ; puis un rayon visuel est
dirigé suivant la ligne de foi dite horizontale AD, laquelle est tangente à la surface de niveau ou de courbure de la terre.

____

(1) L'erreur exacte est de 1^m,055.

Un autre rayon de visée est ensuite dirigé sur le point B.

La différence du niveau dN des points A et B semble être BD ; mais ce n'est là qu'une apparence, car elle est en réalité BE.

En d'autres termes elle est exprimée par la différence des verticales des points nivelés ; c'est-à-dire par dN = BO — AO = BE.

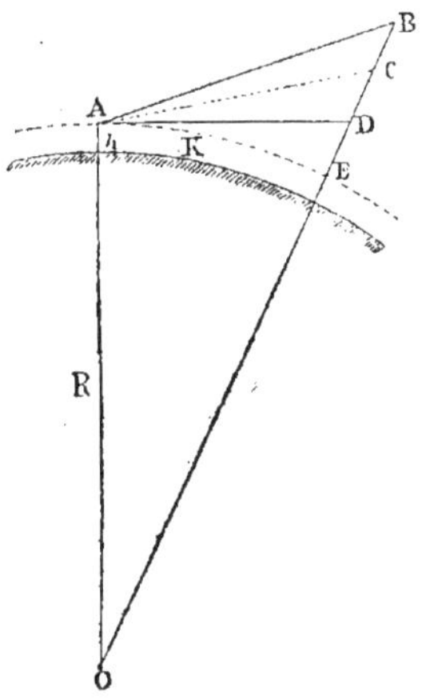

Cette différence de niveau BE est évidemment composée de deux parties BD et DE.

La première BD est donnée par la formule du nivellement topographique à petite portée.

En effet, en faisant l'angle BAD = α ; et en admettant que le côté AD se confonde avec AE ou K, on a : BD = AD $\times$ tang. BAD : ou dN = K $\times$ tang. α.

Cette formule est donnée dans l'hypothèse que le triangle BAD est rectangle, ou que la surface de la terre est plane. Nous savons que

Fig. 76

cela n'est pas exact ; et que nous aurons d'autant plus de précision que l'angle O sera plus petit (1).

La deuxième partie est indiquée par DE et représente l'élévation du niveau apparent AD au-dessus du niveau vrai AE ou K ; on l'appelle *différence du niveau vrai au niveau apparent.*

Nous avons parlé déjà de cette différence (n° 28).

Il nous suffira de rappeler qu'elle est sensiblement égale au carré de la distance, K, divisé par le diamètre de la terre ; c'est-à-dire qu'on a :

$$DE = \frac{K^2}{2R}.$$

On en déduit la valeur de BE = K $\times$ tang. $\alpha + \dfrac{K^2}{2R}.$

Observons que la réfraction atmosphérique nous a fait apercevoir suivant AB un point B qui est en réalité en C. Cela tient à ce que les rayons lumineux, partis de C, traversent des couches d'air

---

(1) Il a environ 1′ pour 1000 mètres de base ; ce qui revient à considérer le triangle BAD comme rectangle sur une grande étendue.

de plus en plus denses; et qu'ils sont obligés de décrire une courbe CA avant d'arriver à l'observateur.

Lorsque celui-ci vise le point C, de la station A, son rayon visuel prend forcément la tangente AB à la courbe AC ; et il voit ainsi le point C en B.

Dans notre appréciation de la différence de niveau nous avons donc commis une erreur BC qui est fonction de l'angle BAC qu'on appelle angle de réfraction.

En France cet angle, considéré comme ayant ses côtés rectilignes, est, suivant Delambre, égal aux 0,08 de l'angle au centre AOB ; lequel peut être exprimé par $\dfrac{K}{R}$ et mesuré par l'arc K = AE.

Mais remarquant que BAE, formé par une tangente AB et une corde, AE, a pour mesure $\dfrac{1}{2}$ K $= \dfrac{1}{2}$ AE, on en conclut que BAC = 0,16 BAE.

D'où il suit que l'élévation de la réfraction (proportionnelle à l'angle AOB ou à l'angle BAC) est CB = 0,16 BE = 0,08 $\dfrac{K^2}{2R}$.

Et la différence de niveau cherchée sera :

$$CE \;=\; BD + DE - BC; \text{ ou } d\text{N} = K \times \text{tang.}\ \alpha + \frac{K^2}{2R} - 0.08\,\frac{K^2}{R}.$$

Ou bien encore : $d\text{N} = K \times \text{tang.}\ \alpha + 0,42\,\dfrac{K^2}{R}$.

Dans cette formule on admet que le centre de l'instrument A est situé sur le sol, tandis qu'en réalité il est à une distance h.

Par suite la différence de niveau doit être augmentée de cette hauteur, et la formule devient :

$$d\text{N} = K \times \text{tang.}\ \alpha + 0,42\,\frac{K^2}{R} + h.$$

Remarquons aussi que l'on suppose que le point visé B est situé sur le sol même.

Mais s'il était nécessaire de le rendre visible par une mire, un signal, une balise, etc., il faudrait retrancher de la formule une hauteur h' correspondante ; et l'on aurait définitivement :

$$d\text{N} = K \times \text{tang.}\ \alpha + 0,42\,\frac{K^2}{R} + h - h'.$$

Il est presque inutile de faire observer que, si la hauteur h de l'instrument était égale à la hauteur de mire h', ces deux hauteurs s'annuleraient dans la formule.

Une dernière observation à faire consiste à reconnaître le sens de l'angle observé.

Dans le cas de la formule il est d'ascension ; ce qui oblige à donner aux quantités α et h le signe positif.

Si cet angle était de dépression ces quantités changeraient de sens dans la nature et par suite de signes dans la formule.

Le carnet pourra être semblable au précédent en lui donnant, toutefois, une colonne des observations un peu plus grande pour y recevoir en même temps les croquis détaillés des points nivelés aussi bien que les positions intermédiaires intéressantes à connaître.

Nous ne croyons pas qu'il soit nécessaire de donner ici un exemple de calcul numérique des cotes puisque nous aurions à résoudre une formule analogue à celle du chapitre précédent et à faire des inscriptions semblables sur le carnet.

Chaque point déterminé d'altitude sera inscrit sur la carte et on aura ainsi un plan coté ; c'est le but principal de cette espèce de nivellement.

On peut aussi déterminer ces points sur des profils tracés à l'avance.

Enfin on pourra tracer des courbes de niveau soit par les données des altitudes obtenues sur le terrain, soit directement en calculant les points de passage des courbes.

CHAPITRE IV.

Nivellement barométrique.

316. — Nous n'avons que peu de chose à dire sur le nivellement barométrique.

On sait l'exécuter, généralement, avec la plus grande facilité.

S'il était nécessaire de se rappeler le principe, on pourrait relire ce que nous avons écrit à ce sujet aux numéros 183 et suivants auxquels nous renvoyons.

Ce nivellement ne peut être employé, d'une manière générale en topographie, car il manque de précision.

Mais lorsque son emploi est combiné, avec le nivellement trigonométrique, il peut rendre d'utiles services.

Ainsi les altitudes des points remarquables, qu'on ne peut obtenir des stations des clisimètres, peuvent être déterminées, à l'aide des baromètres, avec une approximation qui est souvent suffisante.

C'est surtout pour les plateaux couverts d'obstacles, les sommets des montagnes et le fond des vallées, que l'emploi de ce nivellement est réellement précieux.

L'exécution a lieu en faisant, en même temps, une observation sur la station du clisimètre et une observation sur le point remarquable, dont l'angle zénithal ou l'angle d'ascension ne peut être déterminé directement.

Par la première observation, on voit s'il y a une différence d'altitude avec celle obtenue par le clisimètre afin de tenir compte de l'écart s'il existe, lequel sera proportionnel, dans ce cas, à l'altitude donnée par la deuxième observation, si l'erreur provient de la formule.

Les observations sont faites avec les précautions que nous avons indiquées et les altitudes déterminées à l'aide de la formule de Laplace ou de la formule de Babinet, en introduisant dans l'une et dans l'autre les chiffres des températures et des pressions obtenues.

Nous avons supposé qu'on ne compare que deux points. Mais, en général, il n'en est pas ainsi ; on fait des stations de plusieurs points.

Ainsi, pendant que l'un des observateurs reste à la station du clisimètre, l'autre observateur chemine, dans un cercle d'un rayon de 6 à 15 kilomètres, sur les différents points remarquables qu'on veut niveler.

Chacun de ces observateurs note aux heures convenues les observations du baromètre ; et tous les deux se réunissent à la fin de la journée pour procéder, avec les observations faites en même temps, aux calculs des altitudes.

Suivant M. Breton, les altitudes obtenues dans un rayon de 10 à 15 kilomètres, sont exactes à 4 ou 5 mètres près.

C'est là une approximation suffisante, quoique peu exacte pour les pays très-accidentés.

Dans les circonstances les plus favorables, et pour de grandes hauteurs, les altitudes sont obtenues à 2 ou 3 mètres près.

Les erreurs que l'on peut commettre proviennent : 1° de la formule ; 2° d'un défaut de lecture ; 3° d'une mise en station défectueuse ; 4° d'un dérangement entre deux ou plusieurs stations, etc.

Celles qui proviennent de la formule sont sensiblement proportionnelles aux différences d'altitudes, et elles ont peu d'influence pour le nivellement topographique.

Il n'en est pas de même pour les autres erreurs, qui, dans l'espèce, peuvent donner des écarts sensibles, pouvant se répéter et altérer singulièrement les résultats.

On ne saurait donc trop prendre de précautions, et multiplier les observations, avant de se décider à adopter des chiffres de température et de pression.

Ce nivellement donnera d'autant mieux le relief du sol, que l'on choisira plus judicieusement les points qui doivent être soumis au nivellement.

Comme dans le nivellement topographique, on doit, en même temps, déterminer, à l'aide de la boussole, la planimétrie du réseau de triangles nivelés afin de construire un canevas sur une carte, que l'on pourra ensuite compléter par le nivellement ordinaire.

On comprend que le nivellement barométrique, qui doit toujours être combiné avec le nivellement trigonométrique à grande portée, pour offrir quelque degré d'exactitude, ne peut, comme celui-ci, faire connaître le relief du sol qu'à grands traits.

D'où il suit qu'il ne convient qu'à la construction des cartes topographiques et à la reconnaissance du terrain pour des grands projets.

Nous n'avons pas à examiner ici la manière dont il est employé en géodésie.

Nous dirons seulement que les procédés sont les mêmes et qu'il n'y a de différence que dans la manière de calculer les cotes d'un réseau de triangles.

CHAPITRE V.

Nivellement tachéométrique ou tachéométrie.

317. — Tachéométrie vient de TACHÈOS, rapidement, et de METREIN, mesurer (mesurer rapidement).

C'est un art d'invention récente dont l'objet est de lever les plans et de faire les nivellements simultanément à l'aide d'un instrument unique : le *Tachéomètre* dont nous avons décrit le principe aux paragraphes 187 et suivants.

Nous ne pouvons mieux faire, pour donner une idée de la *tachéométrie*, que d'emprunter à M. l'ingénieur *Moinot* l'introduction de ses *Levés de plans à la stadia*.

« Les moyens d'exécution des grands travaux (dit M. Moinot) ont été notablement améliorés depuis la création des chemins de fer.

« Il en résulte une double économie de temps et d'argent qui a permis d'aborder des projets inaccessibles auparavant.

« L'étude des tracés n'a pas fait les mêmes progrès.

« On a sans doute perfectionné les instruments employés à ce travail, et les agents qui s'en servent ont acquis plus d'habileté à les manier. Mais les procédés eux-mêmes n'ont pas changé. C'est toujours au moyen de *profils en travers* levés à la chaine et au niveau que l'on dresse les plans cotés destinés à l'établissement des projets.

« Dans un pays, où le choix d'un tracé ne présente aucune difficulté, cette méthode peut suffire. Dans un pays accidenté, au contraire, le problème est tout autre.

« Il faut des opérations qui embrassent une assez grande largeur et qui accusent tous les accidents du terrain pour qu'il soit possible d'établir le tracé le plus avantageux.

« Les profils en travers ne donnent la solution qu'à la condition d'être multipliés extraordinairement, ce qui implique une dépense et une perte de temps souvent hors de proportion avec les ressources dont on dispose.

« En outre, il se présente une foule de cas où des points nécessaires ne peuvent être obtenus, à cause des difficultés d'accès, avec la chaîne et le niveau. Tous les praticiens sont d'accord là-dessus ; il n'en est pas un qui ne sache combien la méthode est fastidieuse et quel nombre de points inutiles il faut relever, en pays de montagnes, avant d'atteindre ceux qui sont nécessaires.

« Quelques opérateurs, frappés des inconvénients des *profils en travers*, se sont servis des plans parcellaires du cadastre et ont appuyé leurs nivellements sur les limites des parcelles.

« C'est un moyen inférieur au précédent ; il suppose gratuitement l'exactitude du *Levé du plan* ; il est solidaire des erreurs de copie lorsqu'il faut uniformiser les diverses échelles.

« D'un autre côté, lorsqu'il existe de grandes propriétés, ce qui arrive fréquemment en pays accidenté, les limites de parcelles sont rares et l'application des cotes difficile et incertaine.

« La lacune que je signale (dit M. Moinot) peut être très-heureusement comblée, au moyen des ressources que présente l'emploi de la stadia, lorsque la méthode est convenablement appliquée.

« Le principe en est simple ; une seule observation sur chaque point en détermine la projection horizontale et la cote de hauteur.

« L'instrument auquel je fais allusion est le *tachéomètre* perfectionné de *M. Porro*.

« (Voir tachéométrie).................................

« Pour tirer bon parti de la stadia il faut pouvoir observer des points assez éloignés.

« Qu'arive-t-il alors? La grande disproportion qui doit exister de ce chef entre le petit côté du triangle observé, mesuré sur la mire, et les côtés adjacents, fait que l'erreur de lecture affecte sensiblement la détermination de la distance.

« ....

« Il faut s'attendre à des approximations dans les mesures et proscrire la stadia dans toutes les opérations qu'on voudra rigoureusement exactes.

« Mais lorsqu'on a à dresser un plan coté, pour étudier un projet, un faible écart peut toujours être accepté ; j'affirme qu'alors (dit M. Moinot) le tachéomètre est l'instrument le plus convenable, et je vais le prouver.

« L'ingénieur, chargé de déterminer l'axe d'un tracé sur un plan d'étude, commence par étudier la ligne de pente, c'est-à-dire la ligne qui suit les accidents de terrain dans les conditions de pente imposées.

« Cette ligne, nécessairement irrégulière, doit être rectifiée par une autre, qui s'en approche autant que possible, composée de droites et de courbes satisfaisant aux données du projet.

« Il résulte de là que ce ne sont pas les cotes considérées partiellement qui déterminent la position de l'axe, mais leur ensemble.

« Si celui-ci est bon, autrement dit s'il ne présente pas de différences trop fortes, le tracé sera excellent.

« Or, dans les opérations à la stadia, les erreurs sur les points de détail ne sont pas assez considérables pour affecter l'ensemble.

« Comme elles tiennent à l'imperfection des lectures, elles doivent, suivant les probabilités, se produire tantôt dans un sens, tantôt dans l'autre.

« Quant à l'ensemble du plan, qui est obtenu en s'appuyant sur la base d'opération, il n'y a pas de méthode qui le fournisse avec plus de précision que le levé à la stadia.

« En effet, les lignes de la base d'opération sont disposées de façon à ce que les extrémités s'aperçoivent toujours de l'une à l'autre ; les angles qu'elles forment entre elles peuvent être relevés avec toute la précision que l'on doit apporter dans une triangulation.

« Au moyen de la boussole dont l'instrument est muni, on a un contrôle pour la mesure de ces angles.

« La longueur des lignes et la différence de hauteur entre leurs extrémités sont données deux fois par les opérations qui se font sur chaque extrémité.

« Il y a dès lors vérification de tous les éléments de la base.

« Enfin, les sommets sont rapportés sur les plans au moyen de coordonnées rectangulaires calculées trigonométriquement ; ils sont vérifiés par le rapport des détails.

« On reconnaît ainsi que la base d'opération est établie avec beaucoup de précision.

« Les erreurs de lecture, que les moyennes ne réussissent pas à éliminer complétement, peuvent seules entrer en compte, mais l'expérience a montré qu'elles sont plus faibles que les causses d'inexactitude introduites par les chaînages ordinaires.

« Dans un plan coté, de même que dans tout plan topographique, c'est sur la base que s'appuient toutes les constructions ; on est ainsi assuré que le levé à la stadia ne laisse rien à désirer.

« Un autre avantage de ce levé c'est que, indépendamment des cotes de nivellement, il donne la position des propriétés qu'il convient de respecter dans le choix d'un tracé, telles que maison, routes, cours d'eau, clos de grande valeur, etc.

« . . . .

« J'ajouterai que le procédé du levé à la stadia ne s'étend pas au-delà de la rédaction du plan coté.

« A part la charpente, qui est établie, avec le tachéomètre, le tracé arrêté sur le plan coté est traité suivant les procédés ordinaires dans son application sur le terrain.

« On comprend, en effet, que les nivellements à la stadia ne donneraient pas l'exactitude exigée pour l'exécution des travaux.

« Le mesurage d'un axe, en partie formé de courbes, serait beaucoup plus long qu'avec la chaîne ; il ne permettait pas, en outre, de placer les piquets de profils en travers à des distances sans fractions de mètres, condition nécessaire pour faciliter le calcul des cotes rouges et pour simplifier celui des cubes de terrassements.

« Le tachéomètre pourrait servir encore au levé de profils en travers sur de grandes déclivités d'une façon déjà très-expéditive ; mais dans ce cas l'instrument construit par M. Hallade, conducteur des ponts-et-chaussées et ancien chef de brigade des études à la stadia dans mon service, serait préférable. Cet instrument est une modification du niveau de pente de Chézy.

« La hauteur des pinnules a été augmentée, et on a ajouté un micromètre pour mesurer les distances.

« De plus, l'alidade montée sur un petit cercle permet, au besoin, de faire des levés d'une faible étendue. »

318. — La *tachéométrie* fait usage, outre le *tachéomètre* et une *mire-parlante*, d'une règle logarithmique et d'un rapporteur spécial.

Du tachéomètre et de la mire-parlante nous n'avons rien à en dire ici, il nous suffit de renvoyer aux numéros 187 et 213.

La règle logarithmique permet d'éviter les multiplications, toujours très-longues, des longueurs par des tangentes ou des sinus, ainsi que l'emploi des tables de logarithmes.

Cette règle simplifie les calculs en les réduisant à des additions ou à des soustractions des parties de la graduation.

Elle porte quatre échelles, savoir : 1° l'échelle des nombres ; 2° celles des sinus carrés ; 3° celles des sinus et 4° celles des tangentes.

M. Moinot a ajouté une seconde échelle des sinus carrés dont l'origine est disposée de telle façon qu'un seul coup de règle donne simultanément la distance horizontale (D sin ^{2} β) et la longueur des tangentes ou les différences de niveau.

A l'aide des échelles on calcule rapidement les trois coordonnées d'un point, observé d'une seule station, avec le tachéomètre, sans avoir pris aucune mesure de distances sur le sol.

Le rapporteur, pour les levés de plan à la stadia, diffère du rapporteur ordinaire des dessinateurs.

Il donne en même temps la direction et la distance du point qu'il s'agit de déterminer sur le papier ; c'est-à-dire qu'il remplit la fonction d'une alidade.

Celui préconisé par M. Moinot est construit sur de la corne bien transparente ou sur du fort papier.

319. — Le nivellement tachéométrique s'exécute généralement par brigades composées chacune de trois personnes, savoir : l'opérateur dont le rôle est de diriger la brigade, un aide chargé des observations ainsi que de la mise en station du tachéomètre et un teneur de carnet.

On a deux porte-mires pour les pays plats ; et pour les pays accidentés on peut en avoir un ou deux de plus afin d'éviter des pertes de temps aux opérateurs.

Pour des opérations peu importantes un opérateur et un porte-mire suffiraient.

Lorsque la brigade est composée, le chef de brigade reconnaît le terrain, d'après les principes exposés aux numéros 244 et 245; et il dispose les piquets de base suivant la direction à suivre.

Celle-ci ne doit pas s'écarter sensiblement de la direction de l'axe du projet ; et pour avoir plus de latitude dans la détermination de cet axe, par rapport à la direction suivie, on exécute le nivellement sur une zone dont la largeur doit être environ de 400 mètres.

Les piquets sur la base doivent être placés de manière à voir distinctement la zone dans un rayon de 2 ou 300 mètres d'après la pratique de M. Moinot.

Ils sont numérotés et disposés avec toutes les précautions déjà décrites aux numéros 246 et suivants.

Quant aux piquets de détails ils sont placés partout où le terrain présente des changements de pente notable.

On fait alors généralement des stations auxilliaires pour niveler ces piquets.

Souvent on peut étudier sur le terrain d'autres directions que celles de la zone principale; et on fait ce que l'on appelle une *variante*.

On se propose ainsi de voir s'il n'y aurait pas une direction meilleure à suivre dans le tracé du projet.

La variante est toujours étudiée à part et repérée à l'axe de la zone du terrain nivelé.

Les observations et les lectures sont faites avec la plus grande attention.

L'observateur correspond, avec les porte-mire, à l'aide de signes de convention transmis par le porte-voie.

Il importe, pour exécuter un nivellement tachéométrique, que le chef de brigade soit bien exercé. Il doit avoir suivi régulièrement les exercices d'un homme expérimenté ou bien avoir étudié par lui-même les travaux de MM. Porro et Moinot.

Le maniement du tachéomètre doit lui être familier : Il faut qu'il sache le régler et le mettre rapidement en station.

La conduite de la brigade doit aussi avoir été l'objet de son attention.

Il en est de même de la tenue et des calculs du carnet.

Les deux autres agents de la brigade doivent être également initiés à leurs fonctions respectives; ce qui exigent qu'ils aient été employés à des exercices spéciaux, ou à des nivellements tachéométriques plus ou moins considérables. A la rigueur un chef de brigade intelligent peut aussi les former rapidement par quelques opérations préparatoires.

Nous ne pouvons décrire les divers exercices qu'on aurait à faire sans entrer dans de grands détails et nous renvoyons aux travaux spéciaux cités ci-dessus.

320. — Les résultats sont inscrits sur un carnet d'une disposition spéciale.

Voici sa forme telle que l'a donnée M. Moinot dans son *Traité sur les Levés de plan à la stadia.*

Nos calculs ont été faits à l'aide des rapports trigonométriques naturels.

STATIONS	HAUTEUR de l'instrument en station	POINTS nivelés	ANGLES horizontal	ANGLES vertical β	LECTURE des fils	NOMBRE générateur D	HAUTEUR de visée sur la mire	DISTANCE horizontale $D \sin^2 \beta$	HAUTEURS verticales +	HAUTEURS verticales —	COTES de mire et de l'instrument	COTES finales	OBSERVATIONS
1	2	3	4	5	6	7	8	9	10	11	12	43	14
Station sur 1.... Mai 1876. Le 1er à 10 h. du matin, temps variable.	1m,10	P. 1	»	»	»	»	»	»	»	»	(101,10)	100	Borne de Ponpierre.
		P. 2	350°	90°20	730 300	430	380	429,8	5,37	»	106,77 -1,90	101,87	
		a	230°	102°30	625 400	225	660,2	224,7	»	8,10	93,30 -3,30	90	
		b	»	»	»	»	»	»	»	»	»	»	
Station sur 2...	1,30	P. 2	»	»	»	»	»	»	»	»	106,17 -1,30	101,87	
		P. 1	265°	95°	517 200	317	422	315,05	21,8	»	130,97 -2,21	128,76	
		P. 3	250°	103°4	172 100	72	284	71,8	»	3,82	102,35 -2,42	99,03	
		a	»	»	»	»	»	»	»	»	»	»	

Ce carnet se tient sur deux feuilles (recto et verso).

Les six premières colonnes sont faciles à comprendre au premier abord puisqu'elles servent à l'inscription des observations directement faites sur le sol ; les colonnes suivantes exigent un peu plus d'attention pour les commençants.

Les points 1, 2, 3, etc., sont disposés sur l'axe de la zone soumise au nivellement, et les points a, b, etc , sont dits de détails et situés en dehors de l'axe, sur le terrain nivelé.

Colonne 1. On dispose dans cette colonne le numéro des stations, puis au-dessous on indique la date et l'état de l'atmosphère.

Colonne 2. La hauteur du rayon de visée au-dessus du point nivelé est inscrite dans la colonne 2.

Colonne 3. La colonne 3 reçoit les numéros des points nivelés. Les points d'axe sont précédés de la lettre P.

Colonnes 4 *et* 5. Celles-ci servent à inscrire les angles observés ; la première est destinée aux angles horizontaux qui indiquent la direction relative des lignes nivelées et à l'aide desquels on construit le plan ; la seconde est pour les angles verticaux qui permettent de calculer les distances horizontales des points, ainsi que les différences de niveau.

Colonne 6. Cette colonne est destinée à recevoir la lecture des fils sur le micromètre.

Pour chaque opération on a deux résultats correspondants aux deux projections sur la mire des fils extrêmes du micromètre.

On obtient la lecture inférieure en projetant le fil inférieur sur une division de centaine de la mire, autant que possible, afin de faciliter les soustractions.

La lecture de la projection sur la mire du fil supérieur dépend de la distance et est inscrite au-dessus.

Colonne 7. Il n'y a qu'à faire la soustraction des deux lectures précédentes pour avoir la base du triangle observé.

On obtient ainsi un nombre dit générateur, rappelant qu'on doit, avec lui, calculer la distance horizontale des points.

Colonne 8. Dans cette colonne on place la hauteur de visée sur la mire, comprise entre le pointage et son pied, laquelle doit être déduite des cotes d'observation pour avoir l'altitude des points soumis au nivellement.

Les divisions de mire représentant des doubles centimètres il suffit de prendre la moitié de chaque nombre de divisions pour avoir la hauteur de visée en centimètres et mètres qu'on dispose dans le colonne 12.

Colonne 9. Toute colonne à partir de celle-ci sert à recevoir les résultats des calculs et les observations. Ici on inscrit les distances réduites à l'horizon d'après la formule $K = D \, Sin.^2 \, \beta$.

K représente la distance horizontale réduite, D le nombre générateur de la colonne 7, $sin.^2 \, \beta$ le sinus carré de l'angle zénithal β.

On multiplie le nombre générateur par le $sin^2 \, \beta$ parce que, le rayon de visée se projetant obliquement sur la mire placée sur le point nivelé, la distance observée sur celle-ci est par ce fait plus considérable que l'horizontale.

Ce procédé n'est pas d'une exactitude mathématique ; mais comme l'erreur qui en résulte se traduit par quelques millimètres, sur des distances considérables, on peut sans inconvénient en faire usage dans la pratique de la tachéométrie.

Colonnes 10 et 11. On inscrit ici les différences de niveau calculées.

Celles-ci sont montantes (+) lorsque l'angle observé est moindre qu'un angle droit, ou 100°.

Alors on les obtient en multipliant la cotangente de l'angle observé, dans le premier cadran, par la distance horizontale.

Au contraire, les hauteurs verticales ou différences de niveau sont descendantes (ou —) lorsque l'angle mesuré est supérieur à 100°, c'est-à-dire lorsqu'il est mesuré dans le second cadran.

Dans ce cas la hauteur est égale à la tangente de l'angle lu, moins 100°, multipliée aussi par la distance horizontale.

Cette manière de procéder s'explique par la disposition du cercle vertical gradué, dont la ligne de foi est verticale avec le zéro en haut et sa graduation de gauche à droite.

Colonne 12. Dans cette colonne on place la cote de chaque station entre parenthèses ; laquelle cote est obtenue en additionnant celle du point nivelé avec la hauteur de l'instrument.

Pour les divers points d'une station on calcule ensuite la hauteur de mire par addition et soustraction des hauteurs verticales; puis on indique au-dessous, par le signe (—), la hauteur de visée sur la mire.

Colonne 13. La cote finale, placée dans cette colonne, est obtenue en effectuant la soustraction précédente.

Colonne 14. Enfin cette dernière colonne sert à inscrire toutes les observations intéressantes à connaître et pouvant être utiles dans la construction du plan et le tracé du projet.

321. — Maintenant voyons les calculs de nos deux stations inscrites au carnet.

Station 1. Le point P-1 est situé, par exemple, à 100 mètres au-dessus du niveau de la mer. Son altitude, qui est définitive, est inscrite colonne 13.

La cote de pointage de la lunette sur la mire, en station, sera égale à 100 mètres augmentée de la hauteur de l'instrument, 1,40 (colonne 2) ; ou $100 + 1,40 = 101^m40$ qu'on inscrit colonne 12.

Pour le point P-1 nous avons donc : colonne $2 = 1.40$; colonne $3 = $ P-1 ; colonne $12 = 101^m40$; colonne $13 = 100$; et colonne $14 = $ borne de Ponpierre représentant le point soumis au nivellement.

Si nous passons au point P-2 nous avons d'abord les observations recueillies sur le terrain qui sont :

Col. $3 = $ P-2 ; col. $4 = 350°$; col $5 = 99°20$; col $6 = \dfrac{730}{300}$; col. $7 = 430$; col. $8 = 380$.

Maintenant les calculs des colonnes suivantes sont établis comme il suit : pour la colonne 9 la distance horizontale est obtenue en multipliant le sinus carré de 99°20 par le nombre générateur 430 ; et on a comme résultat 429,8.

Pour la colonne 10 on a à multiplier la cotangente de 99,20 par la distance 429^m8 ; ce qui donne une différence positive de 5^m37.

Pour avoir la cote de l'instrument on ajoute 5^m37 à la cote 101,40 de la station et on a 106^m77 qu'on inscrit colonne 12.

Enfin pour la cote définitive de la colonne 13 il n'y a qu'à soustraire, de 106,77, la hauteur de visée sur la mire qui est égale à $\dfrac{380}{2} = 1^m90$; et on a 104^m87.

On procéderait de même pour tous les autres points a, b, etc. de la station.

Station 2. Dans la deuxième station l'instrument est placé sur le point 2.

La cote connue de celui-ci (104,87) est inscrite de nouveau et en face. La cote de station, ou de l'instrument, est évidemment égale à $104,87 + 1,30 = (106,17)$ qu'on enferme entre parenthèses.

Cette cote permet ensuite, quand les distances horizontales et les hauteurs verticales sont connues, de déterminer, par des calculs analogues aux précédents, toutes celles de la deuxième station.

Ainsi en ajoutant 24^m80 d'une part et retranchant 3,82 d'autre part on a les cotes 130,97 et 102,35 de l'instrument. Si, de celles-ci, on soustrait 2,21 et 2,42 on obtient les cotes finales 128,76 et 99^m93 des points P-1 et P-3.

Si des erreurs d'observations importantes existaient entre deux points on les répartirait également sur chaque point.

Dans le cas où elles seraient considérables il faudrait recommencer.

On remarquera (colonne 3) que l'instrument placé sur le point

2, la mire est portée sur le point P-1 pour relier avec la première station ; puis ensuite elle est portée sur P-3, etc.

322. — Un carnet spécial sert à recevoir le croquis pris au crayon, sur le terrain, par le chef de brigade. Il est dit de croquis; et a le format du carnet qui sert aux observations et aux calculs de tachéométrie.

Le croquis doit représenter les principaux accidents du terrain : les points de repères, les piquets des stations, les points nivelés dans chaque station et tout ce qui peut être utile au tracé.

Quoique rapidement dessiné, à la main, il doit présenter la plus grande clarté.

On n'y fait pas figurer ordinairement les détails qui doivent être relevés à part.

323. — Ces points sont déterminés en coordonnées polaires, par rapport aux stations, et sont rapportés sur le papier, au moyen d'un rapporteur spécial, à l'aide des données recueillies sur le terrain. Les points de station, au contraire, sont déterminés en coordonnées rectangulaires dont l'orientation, à l'origine, est celle du tachéomètre, ou ce qui revient au même, la déclinaison magnétique du moment et du lieu considérés.

Les deux axes coordonnés sont disposés de telle façon que toutes les projections des points de la zone nivelée, se trouvent dans le premier cadran par exemple. On facilite ainsi beaucoup le calcul.

Un tableau spécial, dit des coordonnées rectangulaires, doit être dressé pour recevoir les données du terrain et le résultat des calculs.

Celui de M. Moinot se compose de 12 colonnes dont cinq servent à l'inscription des données et les sept autres aux calculs et aux observations.

La première reçoit le numéro des sommets ; la seconde et la troisième servent à inscrire les angles suivant l'orientation du tachéomètre (angles mesurés en avant et en arrière) ; la quatrième est destinée à l'orientation rectifiée ; la cinquième est pour les distances entre les sommets ; les quatre suivantes reçoivent les côtés rectangulaires des triangles successifs, savoir : la sixième le sinus positif, la septième le sinus négatif, la huitième le cosinus positif ; la neuvième le cosinus négatif. Les deux colonnes qui viennent ensuite sont destinées aux distances complètes à partir de l'origine, savoir : la dixième pour les distances des sinus ou de la méridienne et la onzième pour les distances des cosinus ou de la perpendiculaire ; enfin la douzième colonne est réservée aux observations.

Les distances horizontales des points de l'axe étant connues,

17

ainsi que la déclinaison des lignes qui les joignent deux à deux, on peut déterminer graphiquement la direction de l'axe.

En outre on a les données nécessaires pour calculer, par rapport à cet axe, le réseau des points de la zone soumise au nivellement.

On construit alors un plan coté sur lequel on peut tracer des courbes de niveau et déterminer par le calcul la direction définitive d'un projet de chemin de fer, de route, de canal, etc.

324. — Pour terminer il nous reste à rapporter succinctement les expériences de tachéométrie faites récemment avec un instrument de M. Sanguet.

Voici ce que dit à ce sujet le *Journal des Géomètres*, du 4 octobre 1876 :

« M. Sanguet........ a trouvé (ce qu'ont vainement cherché ces hommes versés dans les plus hautes mathématiques ou dans la construction des appareils de précision) le moyen de mesurer les distances avec un instrument donnant à la fois les valeurs angulaires et, par une simple lecture sur une mire, sans aucun calcul, l'écartement de deux points placés sur un sol horizontal ou accidenté.

» Tout le monde connaît les levés à la *stadia*...............

» Tous ces appareils (de M. Porro et Richer) donnent, à des degrés différents d'exactitude, la longueur des distances horizontales à mesurer, mais ils sont impuissants à les fournir sans l'aide de calculs, quand ces distances sont situées sur un terrain incliné.

» Il n'en est pas de même dans la *lunette diastimométrique* surmontant l'instrument de *M. Sanguet*.

» Par un appareil ingénieux et des plus simples, il obtient, et sans aucun calcul ni table spéciale, la distance d'un point à un autre, réduite à l'horizon avec une approximation d'un mètre sur mille. »

Cet instrument, qui a été expérimenté au bois de Vincennes, devant une réunion de géomètres, est appelé à rendre de grands services à la topographie.

Il permettra de faire rapidement les nivellements tachéométriques. De plus, d'après les expériences de MM. Brindot, Ratel et Gillet, une simple addition qui lui a été faite, a permis de faire, en quelques minutes, sans calculs, le levé d'un polygone étendu en coordonnées rectangulaires.

C'est donc une heureuse invention pour la reconstruction du cadastre.

QUATRIÈME PARTIE

Les Applications de Nivellement

325. — Nous devons étudier, dans cette quatrième et dernière partie, les applications les plus essentielles du nivellement.

Pour lui donner un développement suffisant il ne sera pas nécessaire de décrire un grand nombre d'exemples.

Nous nous appliquerons seulement à présenter un résumé succinct de la pratique la plus classique.

Cette quatrième partie sera divisée en deux sections, savoir : la première section qui comprendra les applications diverses sur le papier ; et la deuxième les applications sur le terrain.

PREMIÈRE SECTION

APPLICATIONS DIVERSES SUR LE PAPIER

CHAPITRE Ier

Relief du sol

326. — Lorsqu'on fait un nivellement, par l'un quelconque des procédés que nous avons décrits, on se propose un des buts généraux suivants : 1° on désire connaître seulement la différence de niveau entre deux termes A et B ; 2° on a besoin de représenter le relief du sol, sur le papier, pour une étude spéciale de projet.

Dans le premier cas le carnet de nivellement est suffisant pour recevoir tous les renseignements dont on peut avoir besoin pour arriver à connaître la différence de niveau cherchée.

Nous n'avons rien à dire de spécial à ce sujet. On exécute, en effet, soit un nivellement simple, soit un nivellement composé que nous connaissons déjà ; puis on inscrit les résultats sur un carnet de la forme décrite.

De la comparaison des termes du nivellement on conclut la différence de niveau.

Il nous suffit donc de renvoyer aux paragraphes 254 à 263 et suivants pour la résolution d'un tel problème.

Quant à la représentation du relief, sur le papier, il ne nous reste qu'à compléter ce que nous avons dit à propos des opérations.

On se propose de représenter la forme du terrain, ou bien suivant l'axe probable d'un projet, ou bien on désire avoir l'idée du relief d'une surface plus ou moins étendue.

Dans le premier cas, on fait une représentation graphique à l'aide des profils en long et des profils en travers.

Dans le second, le relief se représente par les plans cotés et les sections horizontales.

Profils

327. — Nous avons étudié les profils en long et en travers aux n°s 270 et 276 ; et nous connaissons leurs définitions et la manière de les construire sur le papier.

Il nous reste par conséquent peu de choses à dire sur leur mode de représentation du relief et sur leur utilité et leur usage.

C'est surtout pour l'étude des projets de routes, de canaux, de chemins de fer, etc., que les profils sont employés.

Ils sont, par conséquent, d'un usage constant dans le service des ponts-et-chaussées et des chemins de fer. Le génie rural les emploie aussi fréquemment pour l'hydraulique agricole et le tracé des chemins d'exploitation.

Les profils, nous le répétons ici, sont d'autant plus utiles qu'on a la précaution de choisir, avec plus de soin, les points saillants et déprimés du terrain qu'ils comprennent, ou tous ceux qui présentent un changement de pente notable.

Le profil en long est seul employé, lorsqu'il peut être dirigé dans le sens même de l'axe du projet. Mais si la direction de cet axe ne peut être déterminée, à *priori*, il faut employer les profils en travers simultanément avec le profil en long.

On évite ainsi, dans la détermination de la meilleure direction de l'axe, de faire un nivellement nouveau.

En effet, ces profils en travers, exécutés sur une certaine largeur de zône, par les points les plus remarquables du profil en long, permettent de trouver toujours des points, sur le papier, qui contiennent l'axe du futur projet, soit directement soit par le calcul.

En outre, les déblais et les remblais peuvent être calculés avec une grande facilité.

Nous avons dit quelles étaient les échelles adoptées de préférence.

Nous ajouterons que lorsque le terrain est accidenté on doit user d'artifice.

Si, d'abord, les accidents ne sont pas considérables, on peut se contenter de diminuer toutes les cotes de la même quantité sans rien changer à leurs relations graphiques ; et par suite sans altérer le relief.

Au contraire, lorsque l'on a affaire à un terrain montagneux il faut suivre le conseil de M. *Breton*.

On construit un profil dont les ordonnées sont aussi réduites que cela est nécessaire.

Puis on fait, à part, des profils de détails sur tous les points intéressants à connaître.

Plans cotés

328. —Nous rappelons, seulement ici, sommairement. que tout plan levé et rapporté sur le papier, sur lequel on inscrit les cotes des points remarquables, à côté de leurs projections horizontales, constitue un plan coté.

Nous renvoyons au paragraphe 290 ainsi qu'au nivellement par rayonnement et par points cotés (287) pour un plus ample développement de la définition.

Ce mode de représentation du relief a des avantages et des inconvénients.

Les avantages sont manifestes pour les terrains plats en général ou couverts d'eau ; et pour ceux où il y a des constructions diverses, ou des travaux d'art peu élevés, se décrivant mieux par leurs projections horizontales que par des profils.

Les inconvénients de leur emploi existent lorsque l'on veut représenter des terrains très-accidentés ; alors la multiplicité des cotes, au lieu d'apporter de la clarté, donne une grande confusion.

L'exécution sur le terrain et le rapport sur le papier ne présentent aucune difficulté. Sur le terrain, le nivellement peut avoir lieu par profils, par polygones topographiques, par cheminement ou par rayonnement, d'après les principes que nous avons exposés aux paragraphes 270, 276, 281, 285 et 287.

On a soin de faire un croquis des lieux en même temps que le carnet.

Le rapport sur le papier s'exécute en construisant une figure semblable à la figure levée, puis on inscrit, entre parenthèse, la cote de chaque point nivelé à côté de sa projection horizontale.

Le plan coté ainsi obtenu peut servir à l'étude des projets de route, de canaux, de chemins de fer, de drainage, d'irrigation, etc.

On comprend, en effet, qu'étant donnés un certain nombre de points, déterminés par leurs projections horizontales et leurs ordonnées, on puisse tracer un projet quelconque et représenter ainsi son relief.

Pour nous faire comprendre, nous prendrons le plan coté (fig. 77), représentant une petite ferme des environs de Paris.

On désire tracer un chemin de la ferme A à la ferme B éloignées l'une de l'autre de 630 mètres. Comme il importe que le

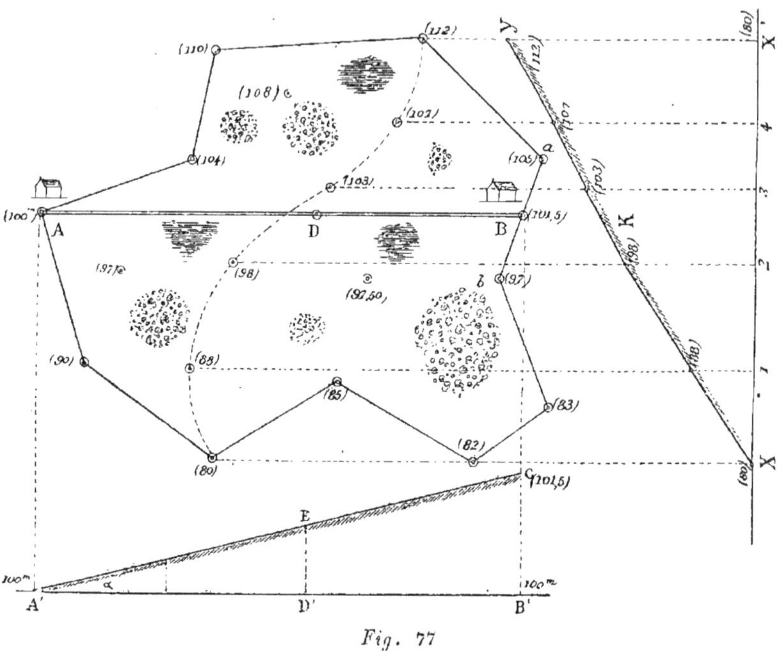

Fig. 77

propriétaire puisse voir ce qui se passe en A lorsqu'il est en B, il a besoin de tracer un chemin suivant une ligne droite AB.

Le point A est situé à 100 mètres au-dessus du niveau de la mer et le point B est entre deux points remarquables a et b de 105 et 97 mètres d'altitude.

On détermine la cote de B, par le principe des ordonnées proportionnelles aux abscisses, de la manière suivante :

$$\frac{ab}{105\text{-}97} = \frac{a\mathrm{B}}{x}; \text{ d'où } x = \frac{105\text{-}97 \times a\mathrm{B}}{ab} = \frac{8 \times 70}{160} = 3^{\mathrm{m}},5 \ (1).$$

Par suite 105^{m} — 3,50 = $101^{\mathrm{m}},500$ = l'altitude de B.

Pour avoir maintenant le profil de ce chemin, nous projetons les points A et B sur un axe A′B′ que nous considérons comme la trace d'un plan de comparaison situé à une altitude de 100 mètres.

Aux points A′, B′ nous élevons les ordonnées proportionnelles aux cotes des points A et B.

Mais, comme nous avons supposé que l'axe de projection A′B′ passe par le point A, l'ordonnée de celui-ci sera nulle.

Quant à l'ordonnée de B elle est égale à B′C = $1^{\mathrm{m}},50$.

En joignant le point A′ au point C, par la ligne droite A′C, on obtient le profil cherché.

Si l'on désirait connaître la pente, par mètre, du chemin, on aurait :

$$\text{Tang } \alpha = \frac{\mathrm{B'C}}{\mathrm{A'B'}} = \text{ pente par mètre } = \frac{1,50}{630} = 0{,}00238 \ (2).$$

Telles sont les observations à faire sur un chemin rectiligne. Nous en aurons à présenter d'autres plus loin, relatives au tracé des routes, canaux, etc., faits avec le moins possible de déblais et de remblais.

Supposons maintenant que nous ayons besoin de connaître le relief de la surface dans une direction quelconque, telle que celle des points cotés 80-88-98-103-107–112.

Nous projetons ces points sur un axe de projection XX′; et sur leurs projections X-1-2-3-4-X′, nous élevons des ordonnées proportionnelles à leurs cotes.

Joignant ensuite les sommets des ordonnées, nous obtenons le profil cherché suivant la ligne XKY.

Enfin, il nous reste à montrer la réciproque du problème (1).

Etant donné la cote, ou altitude D′E, du point D, calculer sa distance horizontale A′D′ projetée sur A′B′.

On a, à cause de la similitude des triangles rectangles A′D′E et

$$\mathrm{A'B'C} : \frac{\mathrm{D'E}}{\mathrm{A'D'}} = \frac{\mathrm{B'C}}{\mathrm{A'B'}}; \text{ d'où } \mathrm{A'D'} = \frac{\mathrm{D'E} \times \mathrm{A'B'}}{\mathrm{B'C}} \ (3).$$

Mais A′B′ et B′C du grand triangle sont connues comme coordonnées du point B.

Il suffit donc de multiplier leur rapport par l'ordonnée D′E du point E pour obtenir la projection cherchée ainsi que le montre la formule (3).

Ces exemples sont suffisants pour faire comprendre toute l'utilité qu'on peut tirer des plans cotés.

Nous reviendrons, du reste, au paragraphe suivant, sur une autre application relative à la détermination des courbes de niveau par les plans cotés.

Courbes horizontales

329. — Nous devons entrer ici dans quelques détails sur les sections horizontales sans revenir sur ce que nous avons dit de ce mode de représentation du relief du sol dans notre avant-propos et aux paragraphes 291-295.

Il nous suffit de rappeler que la surface du sol est considérée, dans ce système, comme engendrée par un plan horizontal, ou une surface de niveau, se mouvant d'un mouvement uniforme suivant une verticale, de manière à se déplacer parallèlement à elle-même.

Chaque intersection du plan, ou de la surface de niveau, avec le terrain, représente une courbe horizontale qui se projette suivant sa forme réelle sur un plan de projection.

Mais les intersections étant supposées contiguës, il en résulte que la surface se trouve complétement engendrée. D'où il suit que si on projetait toutes les courbes sur un plan horizontal, on aurait la véritable forme du sol.

Mais, dans la pratique cela est difficile, et on se contente généralement de ne représenter que les courbes espacées verticalement d'un nombre entier et constant de mètres que l'on appelle *équidistance*.

Alors, la zone comprise entre deux courbes voisines est supposée engendrée par une droite qui leur est perpendiculaire commune et qui se meut d'un mouvement uniforme en s'appuyant constamment sur elles.

Dans quelques circonstances, la droite génératrice peut être remplacée par une courbe satisfaisant à la condition d'être toujours perpendiculaire aux deux horizontales voisines.

Les propriétés les plus remarquables des courbes de niveau, projetées sur un plan de projection, peuvent se résumer comme il suit :

1° Chaque courbe indique tous les points au même niveau à l'aide d'une cote unique, ce qui donne une plus grande clarté que par plan coté.

2° En considérant plusieurs courbes successivement, on a une idée plus complète et plus nette du relief (voir fig. 60 et 63);

c'est-à-dire que les inflexions des courbes définissent la forme même du terrain.

3° Sur un dessin l'éloignement ou le rapprochement des courbes, déterminées par des plans horizontaux équidistants, indiquent la pente aux lieux considérés (paragraphe 295, fig. 63 et 64).

On peut donc dire, en résumé, que tandis que les sinuosités des courbes définissent la forme du terrain, leurs écartements indiquent la pente.

330. — Si nous revenons maintenant à l'*équidistance* verticale des plans des courbes, dont nous avons parlé plus haut, nous remarquerons qu'elle ne peut pas toujours être la même et qu'elle dépend essentiellement de l'échelle.

Il est facile de comprendre, en effet, que si l'on prenait une équidistance unique, l'espace compris entre les courbes pourrait être considérable pour les terrains plats et très-faible pour les terrains accidentés.

On n'obtiendrait pas une représentation rigoureuse de la surface du sol.

Il découle de cette observation que l'*équidistance* se trouve liée à l'échelle adoptée pour le plan.

On peut poser, en principe, qu'elle doit être en raison inverse de l'échelle.

Il n'y a pas de règles qui lient ces deux choses dans la pratique, mais il y a cependant certaines habitudes consacrées par l'usage.

Ainsi, pour les plans ordinaires, rapportés aux échelles de $\frac{1}{1000}$, $\frac{1}{2000}$, $\frac{1}{5000}$, etc., on prend les *équidistances* de 1^m, 2^m, 5^m, etc.

Au contraire, s'il s'agit de cartes topographiques, où les échelles sont différentes, les *équidistances* changent nécessairement.

On a, pour les échelles de $\frac{1}{5000}$, $\frac{1}{10000}$, $\frac{1}{20000}$, $\frac{1}{40000}$, $\frac{1}{80000}$, etc., les *équidistances* de $2^m,50$, 5^m, 10^m, 20^m, 40^m, etc.

Dans le premier cas, si on réduit les *équidistances* à l'échelle du plan, les courbes se trouvent toujours à $1\ ^m/_m$; dans le second elles ne sont qu'à $\frac{1}{2}\ ^m/_m$.

331. — Nous devons étudier maintenant, après cette introduction, les procédés à l'aide desquels on reproduit les courbes du terrain sur le papier d'après un nivellement préalablement exécuté.

Nous commençons d'abord par le tracé sur profils parce qu'il est le plus important et le plus généralement employé.

Nous supposerons qu'un nivellement est effectué, sur une certaine surface de terrain (fig. 78), à l'aide d'un profil en long et de trois profils en travers.

Il serait inutile, évidemment, de rappeler comment les nivellements sont exécutés; il nous suffira de renvoyer aux chapitres III et IV des *Opérations*.

Les cotes des profils, calculées par rapport au niveau de la mer,

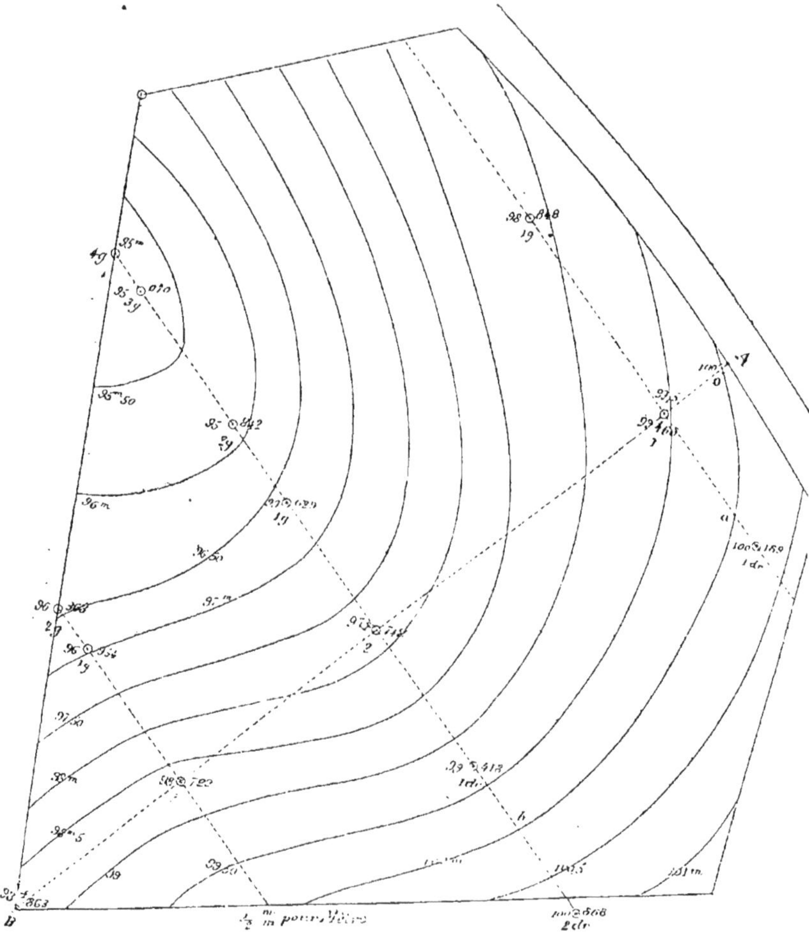

Fig. 78

sont inscrites à côté de leurs projections représentées par des ronds.

Ainsi, sur le profil en long AB, nous avons (aux points o, 1, 2, 3 et 4) : 100^m, 99,463, 97,742, 98,722 et 98,863.

De même, sur les profils en travers 1, 2 et 3 sont inscrites les cotes des points nivelés.

Il est à remarquer que le point A, ou o du profil en long AB, est un point remarquable, dont la cote inscrite sur un repère, est de 100 mètres.

Nous allons prendre, à cause de cette particularité, le repère A, comme point de départ de la première courbe, qui sera ainsi située à 100 mètres au-dessus du niveau de la mer.

Mais il est évident que, à défaut de ce repère, on calculerait le point de départ de la première courbe d'après les cotes des points nivelés.

Nous savons déjà que l'*équidistance* des courbes doit exprimer des nombres ronds, et que les cotes de celles-ci en sont toujours des multiples.

D'où il suit que les deux courbes voisines de la première seront situées l'une à 0^m,50 plus haut et l'autre à 0^m,50 plus bas, et ainsi de suite de proche en proche pour chaque série de courbes ascendantes et descendantes.

Pour notre exemple, nous choisissons l'*équidistance* de 0^m,50 parce que le terrain est peu accidenté.

Les points de passage de la courbe 100^m, sur les divers profils, sont calculés d'après le principe que nous allons exposer.

Si nous appelons, d'une part, D, la distance horizontale réelle, ou réduite de deux points voisins et H leur différence de niveau, et, d'autre part, d, la distance inconnue du point de passage de la courbe au point précédent, et h la différence de ces deux derniers, on a la relation générale suivante :

$$\frac{D}{H} = \frac{d}{h}; \text{ d'ou } d = \frac{D \times h}{H}.$$

En appliquant cette formule pour la recherche du point de passage de la courbe 100 sur le profil n° 1, on observe que celui-ci tombe entre le point 1 du profil en long et le point 1 droite du profil en travers n° 1, puisque le premier a une altitude inférieure et le second une altitude supérieure.

Nous avons : $\dfrac{1 - 1\ dr}{100,189 - 99,463} = \dfrac{d}{100 - 99,463} = \dfrac{D}{H} = \dfrac{d}{h}.$

Or, l'échelle est de $\dfrac{1}{2}$ $^m/_m$ pour mètre ; d'où la distance réduite, 1 — 1 dr, est égale à 43 mètres de distance réelle.

En mettant dans la formule les valeurs numériques, on a :

$$\frac{43^{m}}{0{,}726} = \frac{d}{0{,}537}; \text{ d'où } d = \frac{43 \times 0{,}537}{0{,}726} = 31 \text{ mètres.}$$

Si on réduit ces 31 mètres à l'échelle, on trouve que le point a, de la courbe 100 mètres, passe par le profil n° 1 à 15 $^{m}/_{m}$ $\frac{1}{2}$ du point 1 du profil en long.

On calculerait de même le point b de la même courbe sur le profil en travers n° 2.

En joignant les points A, a, b, etc., par un trait continu, on a la courbe entièrement déterminée.

Le calcul des points de passage d'une autre courbe quelconque s'effectuerait de la même manière. Toutes les courbes de la figure 78 sont calculées par le même procédé.

Ce mode de représentation du relief sur le papier est en même temps un système de nivellement (voir n° 291), qui exige peu de temps pour son exécution sur le terrain, mais qui, en revanche, demande beaucoup de travail de cabinet.

332. — Le tracé des courbes sur un plan coté se fait aussi suivant le principe que nous venons d'exposer.

Il ne sera donc pas nécessaire de nous y arrêter longtemps pour nous faire comprendre.

Les points remarquables de la figure 79 peuvent être nivelés

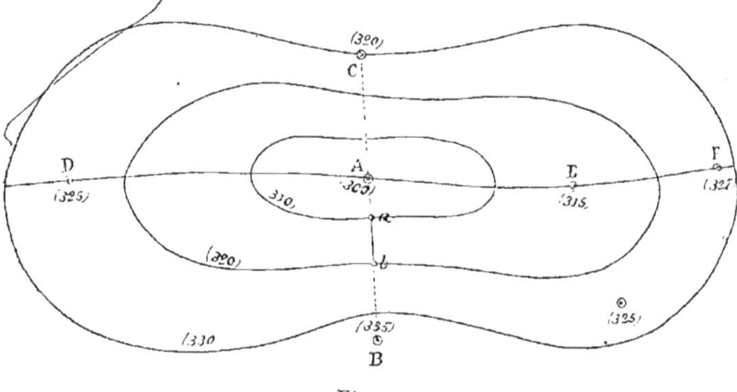

Fig. 79

soit par polygone topographique, soit par cheminement ; et la surface soumise au nivellement peut avoir une étendue considérable (n° 291).

La figure du terrain, représentée sur le papier à l'échelle de

$\dfrac{1}{20,000}$, donne la situation relative des points A, B, C, D, E et F auprès desquels on a inscrit leurs altitudes.

Le point le plus bas est le point A, qui a une altitude de 300 mètres ; et le point le plus élevé est le point B avec une altitude de 335 mètres.

Si nous adoptons l'*équidistance* de 10 mètres, la courbe la plus voisine du point A aura 310 mètres d'altitude, la suivante 320^m et la troisième 330^m.

Pour calculer un point quelconque a de la première courbe, on pose la relation $\dfrac{D}{H} = \dfrac{d}{h} = \dfrac{AB}{35} = \dfrac{Aa}{10}$.

Mais, à l'échelle de $\dfrac{1}{20,000}$, AB $= 380^m$; par suite on a : $\dfrac{380}{35} = \dfrac{Aa}{10}$; d'où $Aa = \dfrac{380 \times 10}{35} = 108^m6$.

Or, $108^m,6$, réduits à l'échelle de $\dfrac{1}{20,000}$, donnent $0^m,0054$ pour la distance du point A au point a.

On calculerait de même tout autre point de la courbe sur AF, AC et AD ; et ainsi de suite pour les courbes suivantes.

333. — Nous devons maintenant dire un mot d'une ligne remarquable qu'on appelle ligne de plus grande pente et dont les propriétés sont entièrement liées à celles des courbes horizontales.

Cette ligne de plus grande pente est toute ligne telle que ab (fig. 79) qui est perpendiculaire commune à deux courbes voisines. Elle représente la direction que suivrait une boule abandonnée à elle-même, sur un plan incliné et sollicitée par la composante horizontale de son poids.

En supposant qu'on prolonge ce premier élément par un nouveau qui soit perpendiculaire aussi à la courbe inférieure, et qu'on continue ainsi de proche en proche pour les autres courbes, on obtient ainsi une ligne polygonale continue.

Les lignes AB, AC, AD et AF sont obtenues de cette manière. Mais on remarquera que, si on admet que les courbes se touchent toutes comme cela doit être dans la nature, la ligne de plus grande pente, tracée ainsi, est en réalité une courbe continue lorsque la surface est elle-même continue.

Ainsi, en résumé, la ligne de plus grande pente se caractérise par cette propriété remarquable d'être constamment perpendiculaire aux intersections du sol par les plans horizontaux, ou plus exactement par les surfaces du niveau.

En outre, les projections de cette ligne sont également perpendiculaires à celles des courbes.

D'où il suit qu'elle est la distance la plus courte possible entre celle-ci.

Enfin, tandis que les courbes horizontales représentent la forme du sol par leurs inflexions et leurs éloignements, les projections, de la ligne de plus grande pente, la définissent aussi par leurs directions et par leurs longueurs et épaisseurs.

334. — C'est sur ces propriétés des lignes de plus grande pente qu'on s'est basé pour compléter le relief que représente déjà, mais incomplétement, la courbe de niveau.

Voici ce que l'on admet :

On suppose qu'un plan topographique est éclairé par la lumière verticale ; et on le regarde toujours dans cette hypothèse.

Or, si on se rappelle l'expérience très-simple de physique, par laquelle on démontre qu'une même surface exposée à un faisceau lumineux est d'autant plus éclairée qu'elle est plus près d'être horizontale et d'autant moins éclairée, au contraire, qu'elle est plus inclinée sur l'horizon, on comprend de suite qu'un plan horizontal serait éclairé au maximum, la lumière étant supposée venir du zénith, tandis qu'un plan incliné de 50° serait dans l'obscurité ; c'est-à-dire que les quantités de lumière reçues, en général, sont proportionnelles aux cosinus des angles à l'horizon.

Entre les deux extrêmes, il y a toutes les inclinaisons qu'on peut rencontrer dans la nature.

Il suffit donc de produire, sur le dessin, un effet de lumière qui soit en raison inverse de la pente.

On s'est servi pour cela de la ligne de plus grande pente pour faire des *hachures* qui représentent aussi bien le relief que le lavis ; et qui ont l'avantage de s'exécuter facilement et de présenter toujours une grande exactitude.

335. — Avant de parler de ces *hachures*, il est nécessaire que nous indiquions deux lignes qui doivent être d'abord tracées sur le dessin avant de les exécuter : ce sont les lignes de *faîte* et les lignes de *thalweg*.

Les lignes de *faîte* se reconnaissent facilement sur le sol en ce que ce sont elles qui déterminent les plus petits angles de dépression.

Elles forment la séparation des versants opposés. Sur un dessin on les détermine en joignant les convexités des courbes par un trait ponctué.

Ainsi dans la figure 80 les lignes AB et CD sont des lignes de *faîte*.

En disant qu'on joint les sommets concaves des courbes pour tracer ces lignes nous sous-entendons que le plan est orienté suivant la convention qui admet le nord en haut et l'est à droite.

Nous ajoutons que sur le terrain les sommets convexes des courbes se trouvent tournés vers l'aval.

Ces lignes de *faîte* ne doivent point être déterminées sur le papier par une série continue de *hachures* bien qu'elles soient de

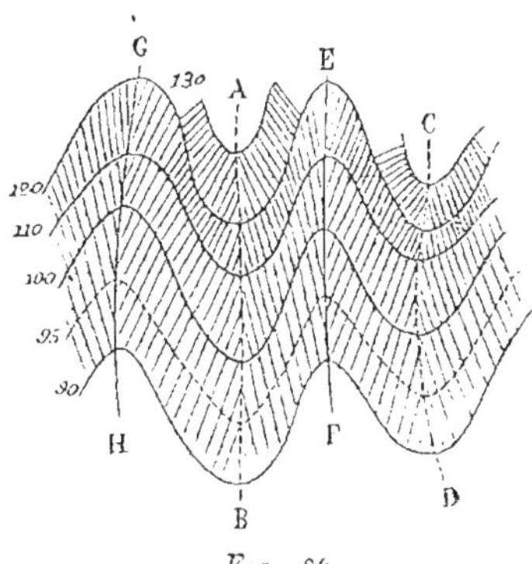

Fig. 80

plus grande pente spéciale qu'on pourrait appeler plus grande pente minima.

C'est-à-dire qu'elles représentent des pentes douces; et elles doivent être par suite plus éclairées.

En réalité elles sont le point de départ des *hachures* sur le sommet des coteaux.

Le mot *thalweg*, de l'allemand, *thal*, vallée et *weg* chemin, signifie chemin de la vallée.

Les *thalwegs* sont les lignes d'écoulement naturel des eaux qui séparent les versants des vallées.

Ces lignes déterminent sur le sol une succession continue de points ayant le minimum d'altitude suivant des lignes de plus grande pente.

Sur le dessin on les trace en traits pleins en joignant les concavités des courbes.

Les lignes EF et GH de la figure 80 sont des lignes de *thalweg* tracées ainsi.

Sur le terrain les concavités des courbes sont tournées vers l'amont.

Tandis que les lignes de *faîte* sont les limites supérieures des versants, les *thalwegs* en sont les limites inférieures.

Ces lignes s'inclinent les unes et les autres dans le sens général de l'écoulement des eaux.

Sur un dessin les premières marquent le haut des hachures et les secondes le bas.

M. Breton a présenté, dans sa note XII de son traité de nivellement, une théorie nouvelle des lignes de *faîte* et des lignes de *thalweg* qui lui fait le plus grand honneur.

Nous engageons le lecteur à en prendre connaissance, regrettant de ne pouvoir la reproduire ici.

336. — Lorsque les lignes de *faîte* et les lignes de *thalweg* ont été tracées sur le dessin on doit seulement exécuter les *hachures*.

Celles-ci ne sont autres choses, comme nous le savons déjà,

que les lignes de plus grande pente menées successivement entre deux courbes voisines.

Pour assurer leur exécution on a besoin de tracer, à l'avance, au crayon les grandes directions principales.

Ces *hachures* s'exécutent à l'aide de plumes lithographiques, ou analogues, en commençant par la zone supérieure et en marchant de la gauche vers la droite.

Quand cette zone, comprise entre deux courbes, est entièrement terminée on passe à celle immédiatement inférieure.

On doit bien faire attention que les *hachures* de la zone suivante ne soient pas dans le prolongement de celles de la zone précédente ; c'est-à-dire que les *hachures* doivent être alternées afin de laisser les courbes visibles, et en outre pour éviter un effet peu agréable à l'œil.

Les effets obtenus doivent être fondus plutôt que dégradés. En d'autres termes, pour produire l'effet de la lumière zénithale, qui est uniforme pour une même pente et qui varie sensiblement d'une zone à l'autre, il faut grossir et rapprocher les *hachures* simultanément quand les pentes augmentent, puis les diminuer d'épaisseur et les éloigner quand celles-ci diminuent.

On a établi, à cet effet, des modèles graphiques ou diapasons conventionnels en tenant compte de l'échelle et de la pente.

Mais pour s'en servir il faut que l'*équidistance* des courbes corresponde, sinon on doit tenir compte de cette différence.

Comme il serait trop long de rapporter ici le principe de ces diapasons, qui peut exposer à des erreurs si on ne le connait pas très-bien, nous nous contenterons de dire que, généralement aujourd'hui, on admet, comme règle, un écartement des *hachures* égal au $\frac{1}{5}$ de leurs longueurs.

Il suffit alors de s'exercer d'après cette règle sur des pentes différentes pour arriver assez vite à représenter un plan topographique.

La figure 80 donne l'idée d'un exercice pour un cas spécial.

On représenterait de même tous les autres cas en observant les règles que nous venons de rapporter.

Quand les pentes sont supérieures à 50° on ne fait plus de *hachures* : les points remarquables et les objets sont dessinés par leurs projections horizontales avec ou sans effets artistiques.

Sur un terrain où la pente se rapproche de 0° on devrait, au contraire, multiplier les courbes pour définir mieux le relief.

Mais comme on adopte une *équidistance* constante, pour toute une surface, les courbes se trouvent assez rapprochées sur les parties accidentées et très-éloignées, au contraire, sur celles où les pentes sont faibles. On est donc obligé, dans ce dernier cas, d'intercaler des courbes intermédiaires sur le plan, ce qui est plus commode que sur le sol.

La figure 80 présente un exemple de ces courbes intercalées.

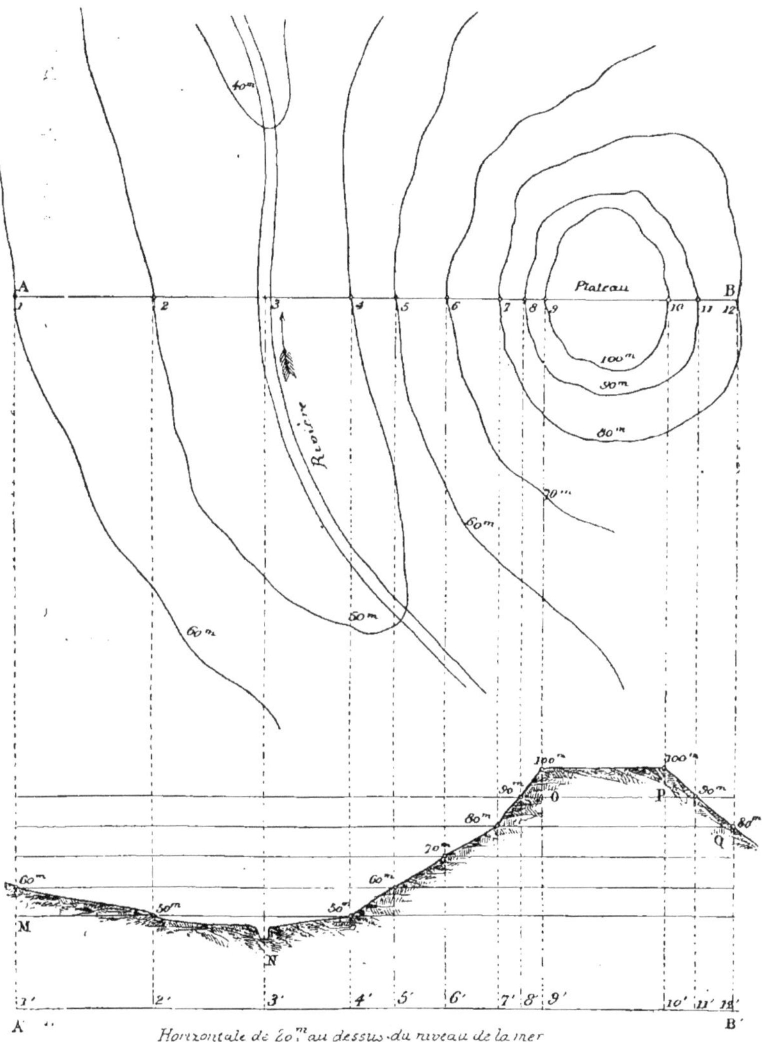

Fig. 81

Les courbes 90 et 100 étant très-éloignées, la courbe 95^m a été intercalée entre elles.

18

Ses points de passage, sur les lignes de *faîte* et les lignes de *thalweg*, sont déterminés par la formule générale donnée plus haut.

Les courbes intercalées sont toujours tracées en ponctué pour les distinguer des autres dessinées en lignes pleines.

Ajoutons que, souvent aussi, pour faciliter la lecture du relief, on accentue le trait des courbes ordinaires dont les différences de niveau sont de 10, 20, 40, 50 et 100 mètres.

On a, en outre, l'avantage, en procédant ainsi, de ne pas charger de chiffres le plan ou la carte.

337. — Nous avons vu précédemment qu'on pouvait, étant donné une série de profils du sol, construire les courbes de niveau de celui-ci.

Il faut maintenant montrer le problème inverse. Etant donné les courbes horizontales d'un terrain représenter son relief par des profils.

Prenons, comme exemple, la figure 81 qui représente une vallée et un plateau.

On suppose un profil fait dans une direction quelconque A B ; puis on prend comme plan de projection un plan horizontal inférieur à tous les points du sol. Ce plan de projection a sa trace indiquée par l'horizontale A'B' et est supposé à une altitude de 20 ^{m}.

Le problème est résolu, sur A'B', en projetant les points 1. 2. 3. 4. 5, etc. des courbes rencontrées, par le plan vertical passant par AB, puis en prenant les ordonnées proportionnelles aux cotes de celle-ci.

On obtient ainsi le profil MNOPQ représentant l'intersection, avec le sol, du plan vertical. Il est évident que tout autre profil, pris dans une direction quelconque, serait construit d'après le même principe.

Ce mode de représentation du relief par profils, tracés sur des plans topographiques, trouve une application dans le cas où on veut étudier des projets de routes, de canaux, etc.

338. — Il ne nous reste plus maintenant qu'à dire un mot de la lecture d'un plan topographique. On doit tout d'abord s'exercer à reconnaître très-rapidement les lignes de *faîte* et de *thalweg* qui caractérisent le relief dans son ensemble. Ensuite il faut étudier la direction des pentes qui est toujours indiquée par la ligne de plus grande pente.

Les points les plus élevés ne doivent pas être confondus avec les points les plus bas.

Pour les premiers les courbes et les *hachures* sont très-rapprochées, tandis que pour les seconds elles sont très-éloignées.

Les montagnes se distinguent des cuvettes en ce que, pour les premières, les lignes de plus grande pente sont divergentes, tandis qu'elles sont convergentes pour les secondes.

Les surfaces accidentées ont les courbes très-sinueuses et très-rapprochées.

Dans les plaines, les courbes, au contraire, sont très-régulières et très-éloignées pour la même *équidistance*.

On peut s'exercer à calculer les pentes en différents endroits afin de les comparer ; ou bien encore on représentera le relief dans différentes directions à l'aide des *profils*.

Ce dernier exercice, joint à la notion des lignes de *faîte* et des lignes de *thalweg* est le meilleur moyen d'apprendre très-vite à lire un relief de plan topographique.

Pour les jeunes gens, qui commencent à étudier, la lecture d'un plan ou d'une carte topographique ne présente aucune difficulté.

Mais il est de première nécessité qu'ils s'initient à cette lecture s'ils ne veulent s'exposer à commettre de fausses interprétations.

Une erreur très-commune, qu'ils font généralement, est celle qui consiste à prendre les pentes pour les rampes et réciproquement.

Il est vrai qu'il n'y a pas grand inconvénient puisque ce sont des choses inverses, mais qui ne les exposent pas moins, sur un dessin, à faire écouler les eaux vers l'amont contrairement aux lois de la pesanteur.

CHAPITRE II

Problèmes sur le papier.

339. — Ce chapitre pourrait comporter un très-grand développement s'il était nécessaire de rapporter ici tous les problèmes qui peuvent se présenter. En général, ces problèmes dépendent de circonstances spéciales qui varient avec les projets à étudier. Mais dans tous les cas les solutions sont toujours faciles à obtenir.

Nous examinerons seulement quelques questions générales.

340. —1er PROBLÈME. En premier lieu l'échelle de pente doit nous arrêter un instant.

Supposons une certaine droite OM (fig. 82), faisant un angle XOM dans le premier quadran des coordonnées rectangulaires.

Si nous divisons cette droite en parties égales nous remarquerons que la projection de ses parties sur OX est constante; en d'autres termes qu'à des parties égales de OM correspondent des projections égales sur OX.

En faisant prendre à l'angle XOM différentes amplitudes XOM', XOM', etc., on voit encore que les mêmes parties égales de OM',

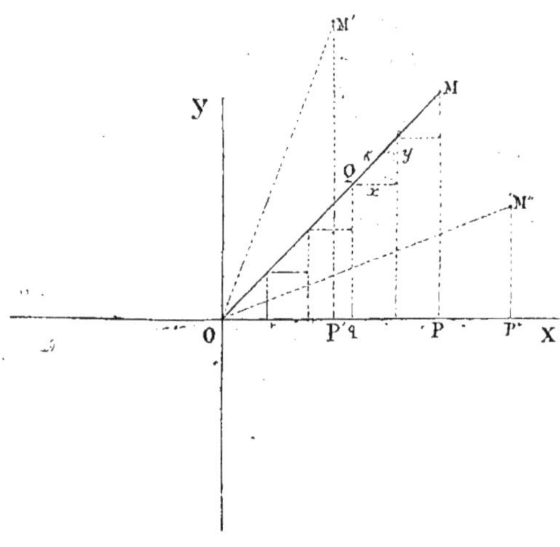

Fig. 82

OM', etc., ont aussi des projections égales ; mais que ces projections diminuent quand l'angle croît et augmentent au contraire quand l'angle décroît.

On voit suffisamment sur la figure que dans la position OM, de la droite considérée, OP représente sa projection, tandis que dans les positions OM' et OM', les projections de cette droite sont OP' et OP''.

En d'autres termes, comme nous le savons par le numéro 305, le *cosinus* de l'angle formé varie de + 1 à O.

Cette propriété remarquable, des projections égales pour des parties égales d'une droite, constitue toute la théorie de l'échelle de pente.

Si nous considérons une partie quelconque r, de OM, ses deux coordonnés sont x et y ; et en appelant p la pente de cette partie, on a : $\dfrac{y}{x} = p$.

De même en considérant OM on a aussi :

$$\frac{MP}{OP} = \frac{Y}{X} = P \ (1).$$

Cette relation représente également la tangente de l'angle qui fait la droite avec l'abscisse (voir n° 308).

On tire de la première équation : $x = \frac{y}{p}$ (2) ; et en faisant $y = 1$, on a $x = \frac{1}{p}$ (3).

C'est-à-dire que, pour une différence de niveau de 1^m, la distance en projection horizontale x est l'inverse de la pente d'une droite et, réciproquement, que la pente est l'inverse de la distance horizontale.

Maintenant, avec ces notions, nous pouvons construire l'échelle de pente d'une droite quelconque sans difficulté aucune. Soit OM (fig. 82), par exemple, dont on connaît les cotes O et MP et les projections O et P, sur un plan de projection horizontal ayant sa trace représentée par OX. On prend, sur cette droite, un point Q ayant une cote entière connue Qq, puis on détermine la projection q de ce point, ou sa distance horizontale Oq à l'aide de la relation suivante :

$$\frac{Oq}{OP} = \frac{Qq}{MP} = \ ; \ \text{d'où} \ Oq = \frac{OP \times Qq}{MP}.$$

La projection q étant connue sur l'axe OX, il suffit de porter à sa droite comme à sa gauche des longueurs qui soient toutes égales entre elles et égales à la distance horizontale de deux quelconques des points de la ligne OM dont la différence de niveau est de 1 mètre. Cette dernière distance horizontale serait exprimée par $\frac{1}{p}$ (en appelant p la pente).

On la calculerait d'une manière générale.

Dans le triangle rxy, de la figure 82, elle serait x pour $y = 1$, ainsi que le montre la formule (3).

En portant donc x un certain nombre de fois à droite et a

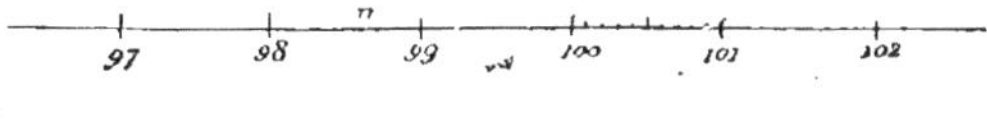

Fig. 85

gauche de q la ligne OX, ainsi divisée, représenterait l'échelle de pente de la droite OM. A côté de chaque projection, il n'y aurait plus qu'à inscrire la cote du point correspondant et à diviser un espace projeté en dix parties égales.

La figure 83 montre une échelle de pente établie, d'après le principe exposé, pour une droite d'inclinaison donnée.

On peut, avec cette échelle, résoudre deux problèmes inverses par rapport à la droite dont il s'agit :

1° On connaît la projection n d'un point, trouver la cote de ce point.

La figure montre que la cote cherchée est supérieure à 98^m et inférieure à 99^m.

En prenant avec un double décimètre, ou un compas, la distance 98-n et la portant sur les divisions 100-101, on la trouve égale à 6 décimètres 1/2 ou à 650 millimètres qui, ajoutés à 98^m, donnent pour cote cherchée 98^m, 650$^m/_m$;

2° Si, inversement, la cote 98,650 d'un point de la droite était connue, et qu'on demande la projection n correspondante, le problème serait aussi facile à résoudre. En effet, on voit que cette projection tombe entre 98 et 99^m et il suffit de porter à l'échelle des divisions, à partir de 98^m, la fraction 0,650 pour trouver le point n.

Pour résoudre des problèmes semblables, pour toutes les inclinaisons de droites, il n'y aurait qu'à construire les échelles de pente et procéder à la résolution comme nous venons de le faire.

341. — 2e PROBLÈME. Etant donné le point O', la cote PM et la rampe par mètre r, déterminer la distance horizontale O'P' = OP.

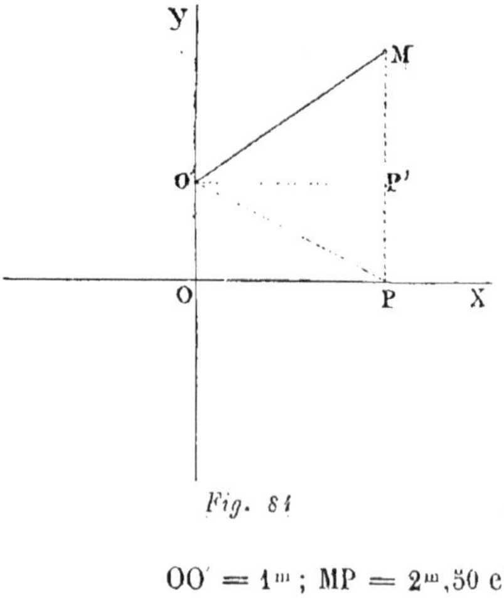

De l'équation $\dfrac{MP - OO'}{OP}$

$= \dfrac{MP'}{O'P'} = r$ (4), on tire

$O'P' = OP = \dfrac{MP - OO'}{r}$

$= \dfrac{MP'}{r}$ (formule 2).

Supposons les données numériques suivantes :

Fig. 84

$OO' = 1^m$; $MP = 2^m,50$ et $r = 0^m,05$.

On aura : $OP = \dfrac{2,50 - 1}{0,05} = \dfrac{1,50}{0,05} = 30$ mèt. (Nos 308 et 312).

Si la droite avait une pente telle que P'P, on voit que la solution serait identique.

On a, en effet, en appelant p la pente par mètre :

$$\frac{P'P}{OP} = p \,;\ \text{et}\ OP = \frac{P'P}{p}\ (5)\ \text{(formule 2 et n}^{os}\ \text{308 et 313)}.$$

342. — 3e PROBLÈME. Etant donné le point O' de la droite O'M (fig. 84), la rampe par mètre r et la projection ou distance horizontale O'P' = OP, calculer l'altitude du point M.

On tire de l'équation (4) MP' = O'P' × r. En ajoutant l'altitude du point O' on a celle du point M.

Soit O'P' = OP = 30ᵐ et r = 0,05. On tire MP' = 30ᵐ × 0,05 = 1ᵐ,50. Le point O' ayant une cote de 1 mètre dans l'exemple précédent, le point M aura donc 1ᵐ + 1ᵐ,50 = 2ᵐ,50.

Dans le cas où on donne la pente p au lieu de la rampe, le problème se résout aussi facilement.

Soit donc à calculer la cote du point P en supposant que le point O' soit connu d'altitude et que la distance horizontale OP et la pente par mètre p soient données.

De la formule (5) on tire : P'P = OP × p ; et en observant que le point P est inférieur à O', il suffit de retrancher P'P de l'altitude de O' pour avoir celle de P.

343. — 4e PROBLÈME. CALCULER LES COTES DE CERTAINS POINTS DE PASSAGE D'UN PROJET ENTRE DES PROFILS.

Ce problème est d'une application constante.

On fait généralement un profil en long suivant l'axe probable d'un projet sur lequel on trace une série de profils en travers.

Après avoir étudié sur le terrain toutes les circonstances favorables au tracé, et sur le papier la possibilité de ce tracé, suivant une ou plusieurs pentes, on décide, le plus souvent, qu'il n'aura pas lieu suivant le profil en long.

Pour la figure 85, par exemple, il s'agit de tracer une route dans les circonstances les plus avantageuses pour l'exploitation du sol.

Après une réclamation commune des trois propriétaires des métairies A, B et C, on se décide à faire le tracé définitif par ces trois points. Les distances relatives des trois métairies étant calculées sur le papier, on reconnaît la possibilité de donner à la route une pente uniforme de 2 centimètres par mètre.

La métairie A se trouve située sur le profil en travers I.

Il est facile de calculer son altitude par la formule générale

$\dfrac{D}{d} = \dfrac{H}{h}$ dont nous avons fait des applications précédemment sur les figures 77 et 78.

Le plan étant à l'échelle de $\dfrac{1}{2}$ $^{\mathrm{m}}/_{\mathrm{m}}$ pour mètre, la distance, entre

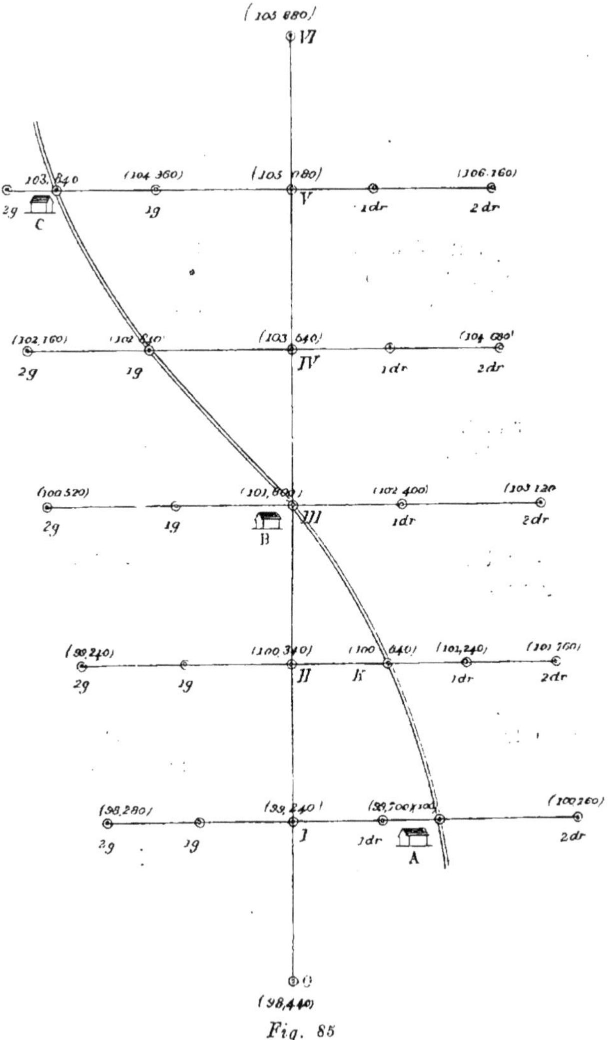

Fig. 85

les points 1 dr. et 2 dr. du profil en travers I est représentée par $D = 53^{\mathrm{m}}$; et la différence de niveau correspondante $H = 1,060$.

Quant à la distance entre 1 dr. et la métairie A = 15ᵐ, tandis que leur différence de niveau inconnue $= h$.

$$\text{On a donc : } h = \frac{15 \times 1,060}{53^{\mathrm{m}}} = 0^{\mathrm{m}},300.$$

En ajoutant cette valeur 0ᵐ,300 de h à la cote 99.700 de 1 droite on trouve 100ᵐ pour altitude de la métairie A.

On calculerait de même le point de passage de la route sur le profil en travers II. Seulement il importe de faire remarquer ici que la cote de jonction se trouve donnée par la condition de la pente et qu'il n'y a alors d'inconnue que la distance d.

En effet, pour aller de A en B, avec 2 centimètres de rampe par mètre, il faut rencontrer II au point K situé à une distance de 42 mètres de A.

On a alors : $42 \times 0,02 = 0^{\mathrm{m}},840.$

Et en ajoutant 0ᵐ,840 à 100 mètres on a 100,840 pour altitude de K.

Le même raisonnement s'applique aux profils en travers IV et V.

Quant au point B il est donné de position et d'altitude.

Enfin, pour terminer, nous devons faire observer que le tracé de la route A-B-C est courbe au lieu d'être par portions de lignes droites.

Cela est indispensable pour que, sur le terrain, on fasse le moins possible de remblais et de déblais.

Mais on ne peut juger du sens des courbures, sur le papier, que par une certaine habitude de lecture du plan coté.

344.—5ᵉ PROBLÈME. TRACER UN CHEMIN, UN CANAL, ETC., D'APRÈS LES COURBES DE NIVEAU D'UN TERRAIN REPRÉSENTÉ SUR LE PAPIER.

L'importance de ce problème est au moins égale à celle du précédent. L'ingénieur a, en effet, à tracer journellement des routes, des chemins, des canaux, des rigoles, etc. Il importe donc, étant donné un terrain par ses courbes horizontales, de savoir effectuer le tracé sur le papier avant de procéder à l'exécution du projet sur le terrain. On a généralement, comme conditions, une pente uniforme et à faire le moins possible de déblais et de remblais, afin de réduire les dépenses au minimum.

Soit donc la figure 86, sur laquelle on veut tracer un chemin, un canal, etc., dans ces conditions.

Appelons p la pente par mètre, y la différence de niveau constante de deux points du projet situés à une distance x.

L'inconnue x est déterminée à l'aide de la relation $x = \dfrac{y}{p}$
(Voir 1er problème et n°s 295 et 308).

Connaissant x on prend à l'échelle, et à l'aide d'un compas, une longueur qui lui soit proportionnelle. On décrit alors du point

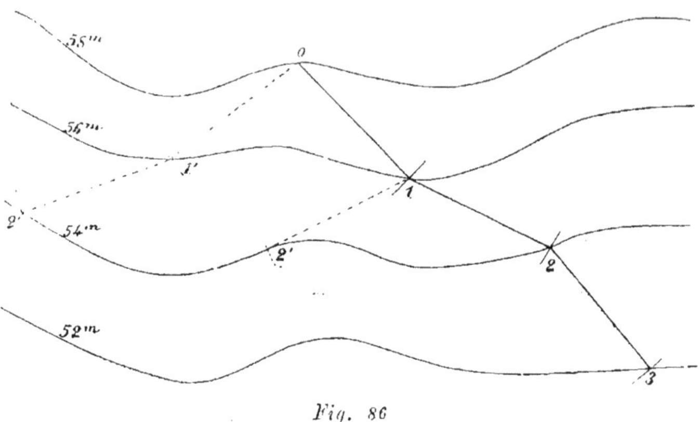

Fig. 86

de départ du projet un arc de cercle qui vient couper la première courbe ; puis en joignant par une ligne ce point de départ et le point de concours de l'arc de cercle avec la courbe on a le premier élément du chemin, du canal, etc.

On trouverait de même de proche en proche tous les autres éléments.

Supposons que, pour l'exemple, de la figure 86, qui est à l'échelle de 1 $^{m}/_{m}$ pour 10 mètres, le point de départ soit o; puis que la pente p, par mètre, soit de $0^{m},01$; que la distance verticale y des deux points considérés du projet, égale 2^{m} et que x représente leur projection horizontale

$$\text{On a : } \frac{y}{x} = \frac{2}{x} = 0,01 \; ; \; \text{d'où } x = \frac{2}{0,01} = 200$$

Réduisant 200^{m} à l'échelle, on a 20 $^{m}/_{m}$ pour rayon de l'arc de cercle à décrire du point o. On voit que cet arc de rayon $o1$, vient couper la courbe au point 1 ; et on a, en joignant o à 1, l'élément o-1.

Du point 1 on décrit un même arc qui vient couper la courbe inférieure au point 2, et on a l'élément 1-2; et ainsi de suite.

Mais il importe de remarquer que l'arc de cercle décrit de o rencontre la courbe 56^{m} en deux points 1 et 1'; que l'arc de cercle décrit de 1 rencontre la courbe 54^m en 2 et 2', etc.

Il en résulte qu'on a deux tracés, *o*-1-2-3 et *o*-1'-2', satisfaisant aux conditions du problème.

Ces deux solutions ont toujours lieu quand la distance x est plus grande que la plus courte distance des deux courbes voisines.

Lorsque x est égal à cette plus courte distance il n'y a qu'une solution : le tracé suivant la plus grande pente entre les deux courbes considérées.

Enfin si x est plus petite que cette plus courte distance le problème est indéterminé.

On voit qu'en général ce problème admet un grand nombre de solutions; et pour s'en convaincre mieux encore il suffirait de placer le point de départ *o* au sommet d'un plateau.

345. — 6° PROBLÈME. CALCULER LES PENTES DES ROUTES, CANAUX, ETC., SUR LES PLANS COTÉS ET SUR LES COURBES DE NIVEAU.

Nous n'avons que peu de choses à dire relativement au calcul de la pente des routes, canaux, etc., dont les tracés ont lieu sur des plans cotés ou des courbes de niveau.

Il nous suffit de renvoyer aux n°ˢ 295 et 308 pour nous dispenser ici d'une longue explication.

Nous prendrons cependant un exemple de calcul applicable au chemin ou canal (fig. 86).

On considère un élément horizontal, compris entre deux courbes voisines, qu'on représente généralement par x, tandis que l'*équidistance* ou distance verticale des sections horizontales est exprimée par y et la pente par p.

$$\text{On a la pente } p = \frac{y}{x}.$$

Mais (fig. 86), $y = 58^m - 56^m = 2^m$; et $x = 200$ mètres à l'échelle de 1 $^m/_m$ pour 10 mètres; donc la pente par mètre $p = \dfrac{2}{200} = 0{,}01$

Comme nous le savons déjà, la pente par mètre, qui est le rapport de l'ordonnée à l'abscisse, n'est autre chose que la tangente trigonométrique de l'angle que fait le sol avec l'horizon au point considéré.

Dans le cas présent la tangente de 0,01 = 1°,35'.

346. — 7° PROBLÈME. CALCULER LE POINT DE RENCONTRE DE DEUX PROFILS RECTILIGNES.

Ce problème se présente de différentes manières dans la pratique. Cependant on peut ramener à deux types le plus grand nombre des questions qu'il comprend. Ou bien les profils sont donnés par un seul point, et le taux de leurs pentes, ou bien ils sont donnés par deux points chacun.

Il y a aussi une condition intermédiaire où l'un d'eux est donné par deux de ses points et l'autre par un point et sa pente.

M. Breton et M. Endrès ont traité complétement ce problème dans leurs ouvrages auxquels nous avons eu recours.

347. — A. Dans le premier cas, avec la cote de chaque point d'un profil, on aura des pentes seulement, ou bien des rampes, ou une pente et une rampe.

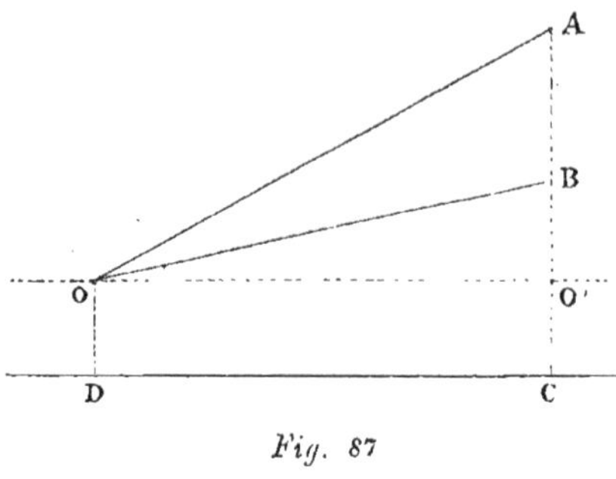

Fig. 87

Supposons d'abord (fig. 87), que les profils A et B soient donnés par leurs cotes AC et BC sur la même verticale ABC et par leurs pentes p et p'.

Il faut déterminer leur point d'intersection O qui sera connu lorsque nous aurons exprimé la valeur de ses deux coordonnées rectangulaires DO $=$ CO' $= y$ et CD $=$ OO^r $= x$.

Si la cote AC est plus grande que la cote BC et la pente p plus petite que la pente p' le point d'intersection des profils sera à droite de AC.

Au contraire, si p est plus grand que p' il sera à gauche.

On verra toujours facilement, du reste, d'après les données, où se trouve situé le point d'intersection.

En faisant AC $>$ BC, par exemple, et $p > p'$ le point est situé à gauche en O comme l'indique la figure 87.

Nous avons (n° 308) :

$$(1)\quad \text{AC} - \text{DO} = \text{CD} \times p.$$
$$(2)\quad \text{BC} - \text{DO} = \text{CD} \times p'.$$

C'est deux équations du premier degré à deux inconnues DO et CD, donnant, après résolution :

$$(3)\quad \text{DO} = \frac{\text{BC} \times p - \text{AC} \times p'}{p - p'}.$$

$$(4)\quad \text{CD} = \frac{\text{AC} - \text{BC}}{p - p'}.$$

Mais $DO = y$ et $CD = x$; donc :

$$(5)\quad y = \frac{BC \times p - AC \times p'}{p - p'}$$

$$(6)\quad\text{et } x = \frac{AC - BC}{p - p'}.$$

Connaissant ainsi algébriquement ou numériquement les deux coordonnées rectangulaires, on peut déterminer la position du point O sur le terrain ou graphiquement sur le papier.

348. — Si, au lieu de deux pentes données avec une cote de chaque profil sur la même verticale, on avait deux rampes r et r' la solution serait identique à cette différence près qu'aux dénominateurs des formules (5) et (6), il y aurait la différence $r - r'$.

Enfin, si on a une pente p et une rampe r on obtient une même solution en observant que le dénominateur est représenté par la somme $p + r$.

349. — Il arrive souvent que les profils sont donnés par des points non situés sur la même verticale.

Ainsi, par exemple, on peut donner (fig. 88), le profil AO par sa cote A et sa rampe r, le profil BO par sa cote B et sa rampe r'.

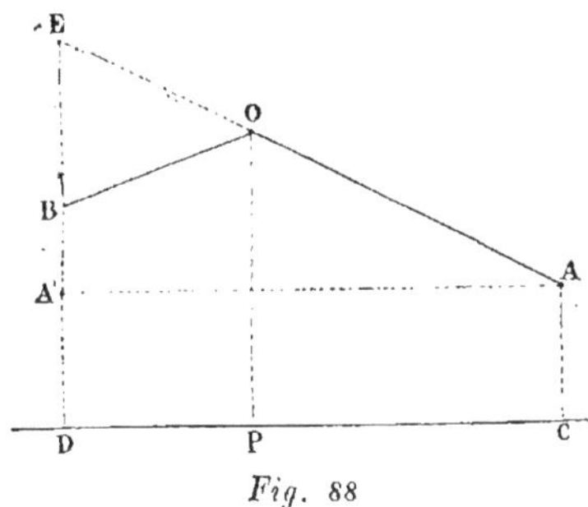

Fig. 88

Les cotes A et B n'étant pas sur la même verticale il faut chercher sur l'une des verticales BD, par exemple, de l'un des profils BO, un point E appartenant au profil AO. Pour cela, on prolonge AO jusqu'à ce qu'il rencontre la verticale DB en E.

Alors, la rampe r de AO se change en pente pour EO ; et on a à chercher le point d'intersection O des deux profils BO et EO donnés par leurs cotes B et E, la rampe r et la pente p.

On retombe donc, pour la solution de cette question, dans le cas précédent.

Pour cote de E on a : $DE = AC + (CD \times p)$ (7).

Quant à la valeur de BE, elle est donnée par $BE = DE - BD$; ou $BE = AC + (CD \times p) - BD$ (8)

$$\text{Et } DP = \frac{DE - BD}{p + r} = \frac{AC + (CD \times p) - BD}{p + r}\ (9).$$

350. — B. Dans le cas où les profils sont donnés par deux cotes

situées deux à deux sur les mêmes verticales, la solution est
d'une grande simplicité.

Soient les deux profils AB et CD (fig. 89), donnés par leurs
cotes extrêmes A et B, C et D correspondantes aux mêmes verticales CAE et BDF dont la distance horizontale est connue.

On a, à cause des parallèles CE, OP et BF, les segments inter-

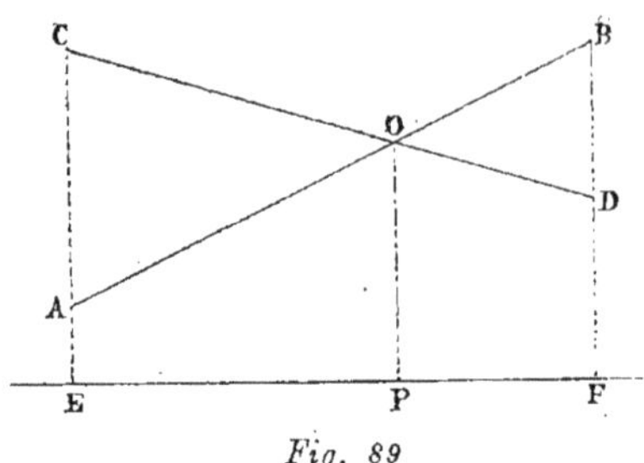

Fig. 89

ceptés, AO et OB, EP et
PF, proportionnels, c'est-
à-dire : $\dfrac{AO}{OB} = \dfrac{EP}{PF}$ (10).

De même, à cause des
triangles semblables AOC
et BOD, on a les côtés homologues proportionnels :
$\dfrac{AO}{OB} = \dfrac{AC}{BD}$ (11).

Les deux premiers rapports de ces deux proportions (10) et
(11) étant égaux les deux derniers le sont également et donnent
la proportion : $\dfrac{EP}{PF} = \dfrac{AC}{BD}$ (12).

Maintenant, pour avoir EP, qui est la projection horizontale du
point O sur EF, il faut remarquer que la projection PF, étant encore inconnue, doit disparaître. Cela est facile à cause de la
combinaison des proportions.

On a, en effet :

$$\frac{EP}{EP + PF} = \frac{AC}{AC + BD} \quad (13)$$

$$\text{D'où } EP = \frac{EP + PF \times AC}{AC + BD} = \frac{EF \times AC}{AC + BD} \quad (14).$$

En mettant des valeurs numériques dans le deuxième membre
de l'équation (12), on peut trouver en mètres la projection P sur
EF du point d'intersection O des profils.

Ou concluerait ensuite la cote OP par la relation :

$$\frac{OP - AE}{EP} = r \ (15); \text{ d'où } OP = (EP \times r) + AE \ (16).$$

Les deux coordonnées du point O étant connues, on peut trouver celui-ci sur le terrain ou sur le papier.

351. — Le point d'intersection, au lieu de se trouver entre
les verticales, dont les projections sont E et F, peut exister, par

suite des données du problème, sur le prolongement des profils. Ce cas est aussi fréquent que celui que nous venons d'examiner.

Soit donc (fig. 90), à déterminer ce point de concours O des deux profils AB et CD donnés par leurs cotes A et B, C et D.

On a, comme ci-dessus, à cause des triangles semblables et des parallèles :

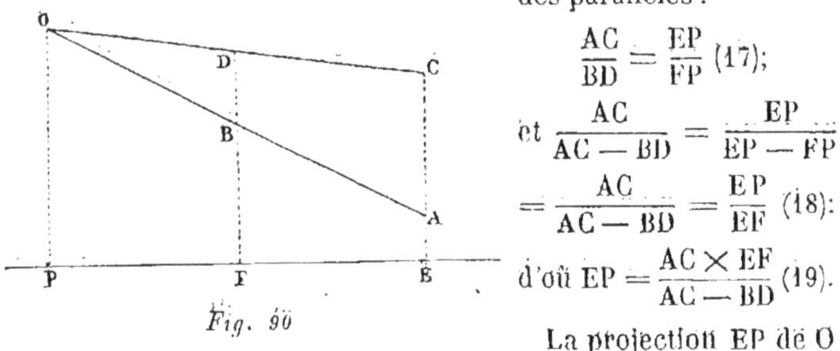

$$\frac{AC}{BD} = \frac{EP}{FP} \ (17);$$

et
$$\frac{AC}{AC - BD} = \frac{EP}{EP - FP}$$

$$= \frac{AC}{AC - BD} = \frac{EP}{EF} \ (18);$$

d'où $EP = \frac{AC \times EF}{AC - BD} \ (19).$

La projection EP de O étant connue, on peut aussi calculer sa cote OP.

Fig. 90

On a : $\frac{OP - AE}{EP} = r \ (20)$; et $OP = EP \times r + AE \ (21).$

Le point O est donc entièrement déterminé.

Enfin, lorsque l'un des profils est donné par un point et sa pente, et l'autre par deux de ses points, il est clair qu'on retombe dans les cas précédents par voie de combinaison.

352. — 8ᵉ PROBLÈME. DÉTERMINATION DES POINTS BAS D'UN PAYS EN S'AIDANT D'UNE CARTE. Nous empruntons à M. Claudel (*Introduction à la science de l'ingénieur*), le résumé des principes posés par Brisson sur la détermination du point bas d'une chaîne de montagnes.

Ce problème est extrêmement important pour l'étude des projets de chemin de fer et de canaux.

En observant, sur une carte bien faite, une étendue de sol assez considérable, on remarque, à première vue, des chaînes de montagnes et des cours d'eau.

Chaque chaîne de premier, de second ordre, etc., a une ligne de *faîte* enveloppant une portion de terrain qu'on nomme bassin.

Les cours d'eau se dirigent toujours suivant les points les plus bas des bassins (*thalwegs*) qu'ils divisent en deux versants.

« 1° Le *faîte* d'une chaîne de montagnes, sans avoir rien de géométrique dans le sens horizontal, ni dans le sens vertical, est cependant à peu près droit dans son ensemble ; il est toujours incliné dans le même sens que le *thalweg*.

« Quand un *faîte* est rencontré sur un même point par deux

ou un plus grand nombre de *faîtes* secondaires, ce point doit être élevé au maximum.

« 3° Quand un *faîte* est rencontré par deux *thalwegs* situés sur les versants opposés, le point commun de rencontre doit être au minimum relatif. (Canaux de Saint-Quentin et de Bourgogne.)

« 4° Quand un *faîte* est rencontré par un *faîte* et un *thalweg* secondaire, il offre une inflexion horizontale au point de rencontre, sans avoir rien de remarquable dans le sens vertical.

« 5° Quand deux *thalwegs*, après avoir été parallèles, se dirigent en deux sens opposés, le point où ces *thalwegs* prolongés rencontrent le *faîte* est nécessairement au minimum (canal de Croza et de la Sambre à l'Oise).

« 6° Quand les deux *thalwegs* ont leurs cours parallèles, sur une certaine étendue, mais dirigés en sens contraires, le *faîte* doit présenter un point minimum dans l'intervalle qui sépare les deux sources (canal du Centre). »

DEUXIÈME SECTION

APPLICATIONS DIVERSES SUR LE TERRAIN

353. — Cette section est extrêmement importante. Mais il ne sera pas nécessaire de décrire toutes les applications possibles.

Le but que nous proposons étant de faire connaître le nivellement dans ses principes généraux il nous suffira d'exposer quelques applications spéciales.

Nous aurons trois chapitres. Dans le premier seront étudiés les problèmes sur le terrain ; dans le second l'exécution de nivellements spéciaux et dans le troisième les applications à divers projets.

CHAPITRE I.

Problèmes sur le terrain

354.— L'ingénieur, l'architecte, l'entrepreneur de travaux, etc., ont besoin journellement de résoudre des questions de nivellement.

Les problèmes qui se présentent le plus souvent à eux sont d'une grande simplicité, et n'exigent que des notions générales pour les résoudre.

Ce que nous avons dit précédemment suffit pour la majeure partie des cas.

Mais notre travail serait incomplet s'il n'était pas terminé par l'examen de quelques questions classiques.

355.— 1er PROBLÈME. POINTS DE HAUTEUR. Pour l'exécution de travaux d'art (d'hydraulique et de construction), on a souvent besoin de fixer la hauteur de certains points.

A cet effet, il suffit de faire un nivellement entre ces points et des repères connus.

Si la distance entre ceux-ci et ceux-là ne dépasse pas la portée du niveau que l'on a à sa disposition on installe ce dernier en station, avec les précautions d'usage, et on vise le voyant de la mire placée successivement sur le repère et l'endroit à occuper par le point de hauteur.

De la différence de niveau on conclut la cote de ce dernier et son élévation ou son abaissement par rapport à la ligne de terre.

Si la distance était trop grande, pour un nivellement simple, on ferait un nivellement composé d'après les principes exposés au n° 263 et suivants.

356.— 2e PROBLÈME. MESURER UNE PENTE OU UNE RAMPE. Lorsqu'on veut savoir si l'eau d'une source peut être amenée dans une ferme ou dans une ville, il suffit de faire un nivellement simple ou composé entre A et B.

De la différence de niveau trouvée, on conclut s'il y a possibilité de conduire l'eau au point indiqué. La pente par mètre sera donnée par le quotient de la différence de niveau trouvée par la longueur horizontale du chemin parcouru, chemin choisi, ordinairement le plus court possible.

S'il arrivait que la pente fût considérable on la diminuerait en faisant suivre à la conduite d'eau un plus grand chemin.

Ajoutons qu'en pays accidenté on est toujours obligé de faire un grand développement de conduite pour éviter les travaux d'art.

En pays plat cela n'est jamais nécessaire.

Si l'on voulait dériver une rivière pour l'irrigation, l'installation d'une usine, les besoins d'une ville, etc., on procéderait de même en faisant un nivellement entre le point de dérivation et le point d'amenée de l'eau.

Enfin lorsqu'on veut connaître la pente ou la rampe d'une route, d'un chemin, etc., le problème est encore analogue.

On choisit deux points entre lesquels on fait encore un nivellement simple ou composé.

La différence de niveau trouvée, divisée par la distance horizontale entre les points nivelés, représente la pente ou la rampe. (Nos 306, 307 et 308.)

En faisant usage des clisimètres, pour la résolution de ces questions, les pentes ou rampes sont directement obtenues par la lecture sur la grande pinnule de la plupart de ces instruments. (Nos 157 à 182.)

357. — 3° PROBLÈME. TRACER UNE LIGNE DE NIVEAU. Ce problème a une grande importance en hydraulique.

En effet, on construit à zéro, ou ce qui revient au même à fonds horizontaux, les grands canaux de navigation, certaines rigoles d'irrigation et beaucoup de conduites d'eau. Si les canaux sont tracés sur des terrains accidentés, on fait des écluses pour passer d'une partie élevée à une partie plus basse.

Nous n'avons pas à nous occuper ici de ces canaux.

Quant aux rigoles d'irrigation, aux conduites d'eau (à l'aide de petits canaux) il n'y a aucune difficulté à en faire le tracé.

On dispose le niveau en station en un lieu peu éloigné du point de départ ou d'arrivée de la rigole ou du canal.

Puis on place le mire sur ce point afin d'y relever une cote par rapport au plan de visée.

Après avoir fixé le voyant à la hauteur du plan de visée on promène la mire sur le sol, dans une position verticale, en dirigeant sur elle des rayons visuels jusqu'à ce qu'ils passent par le centre du voyant.

Alors le point où se trouve la mire est de niveau avec l'origine.

Une observation importante à faire ici c'est que, en général, il y a toujours deux points de niveau à droite et à gauche de l'origine.

On choisit celui qui convient à la direction à suivre.

Pour la seconde station on porte le niveau en avant, sans

changer la mire de place, et on prend une nouvelle cote qui sert à trouver, comme précédemment, le point suivant, et ainsi de suite.

Tous les points déterminés sur le sol étant de niveau, on creusera la rigole ou le canal à une profondeur uniforme de l'origine à la fin ; et on aura le fond horizontal.

Il est visible que si le tracé avait été fait d'une seule station, il aurait suffi, après avoir pris une cote sur l'origine ou la fin, de promener la mire sans changer le voyant, et de noter les positions successives où les plans de visées passent par la ligne de foi dudit voyant dans un tour d'horizon.

Dans le déplacement de la mire, tantôt elle est portée trop haut, tantôt elle est portée trop bas.

Si le niveleur fait signe qu'elle est trop haute ou trop basse, le porte-mire doit la porter dans un endroit plus bas ou plus élevé, jusqu'à ce qu'il soit sur le point de niveau et cela sans toucher au voyant.

Ordinairement, pour faciliter l'exécution des travaux, on dispose tous les points à des distances égales. A cet effet, on décrit un arc de cercle avec la mire attachée au point précédent par une chaîne ou corde de longueur choisie.

Sur l'arc de cercle décrit, on cherche, par tâtonnement, le point au même niveau que le précédent, point qui existe forcément sur cet arc.

Le tracé avec les clisimètres aurait lieu de la même manière. Il suffirait de disposer la ligne de foi horizontale et de se servir de ces instruments comme des niveaux ordinaires.

358. — 4ᵉ PROBLÈME. TRACER UNE LIGNE DE PENTE DONNÉE. Dans le tracé en pente des canaux, des chemins, etc., on n'a en définitif qu'à résoudre ce problème.

Il n'y a ici, comme précédemment, aucune difficulté.

La pente étant fixée, le problème revient à trouver un point situé à une certaine cote, correspondante à une certaine distance du point précédent.

Soit une pente de 0,002 par mètre applicable à un canal par exemple.

Si on fixe à 5 mètres la distance entre les piquets, comme cela a lieu pour les petits tracés afin de faciliter l'exécution aux ouvriers, on aura le point suivant toujours plus bas que le point précédent de 0,010.

Le niveau est placé en station à une certaine distance du point de départ ; puis on porte la mire sur celui-ci et on donne un coup de niveau.

On obtient la cote 1,420 par exemple.

Comme le point suivant est situé à 5 mètres de distance, il aura une cote plus grande de $0,002 \times 5 = 0^m,010$. Pour trouver le point qui a cette cote sur le terrain on ajoute 0,010 à 1420; et on a 1,430 pour la hauteur du voyant.

On fixera au départ une chaîne ou une ficelle de 5 mètres, à l'extrémité de laquelle on fera décrire, par la mire, un arc de cercle dont le centre du voyant soit à 1,430 de hauteur.

Sur l'arc décrit, il y a toujours un point tel que le plan de visée passe exactement par le centre du voyant; ce point se trouvant situé à $0^m,010$ plus bas que le précédent.

Pour le suivant, on procéderait, de même, en décrivant un arc de cercle de 5 mètres avec la mire dont la cote serait de 0,010 plus élevée et le centre du voyant à 1,440 ; et ainsi de suite.

En changeant de station, on prend un coup arrière sur le dernier point et on recommence de même que pour la première station.

Il est visible que pour toute autre pente qui serait donnée, le problème serait résolu de même.

Si on devait faire le tracé avec les clisimètres, on disposerait le châssis de la grande pinnule suivant la pente adoptée ; puis, après les avoir mis en station, on dirigerait un plan de visée sur la mire, promenée sur le sol, jusqu'à ce que ce plan rencontre le centre du voyant placé à la hauteur de l'oculaire.

Le point sur lequel se trouverait disposée la mire aurait la pente voulue (n° 157-182).

On trouverait ainsi de proche en proche une série de points disposés dans les mêmes conditions.

Le canal, creusé à une profondeur égale en tous ses points, aurait son plat-fond suivant la pente adoptée.

Lorsque le terrain est accidenté, un pareil tracé donne un grand développement.

On préfère dans ce cas redresser la direction à l'aide de déblais et de remblais autant que possible égaux.

Ce que nous venons de dire d'un canal s'applique très-exactement au tracé d'une route ou d'un chemin.

359. — 5ᵉ PROBLÈME. TRACER UNE LIGNE DE RAMPE DONNÉE. Ce problème est spécial aux routes, chemins, etc. Il est semblable au précédent ; et se résout de proche en proche de la même manière, à cette différence près qu'il faut retrancher la rampe du point suivant de la cote précédente pour trouver le point cherché.

L'exécution sur terrain accidenté est également modifiée en rectifiant la direction par déblais égaux aux remblais.

Les deux problèmes 4 et 5 donnent aussi le moyen d'en résoudre deux autres.

Ainsi pour trouver A plus bas que B d'une cote donnée, on se servira du 4ᵉ problème.

De même on fera usage du 5ᵉ problème pour trouver B plus haut que A d'une cote donnée.

360. — 6ᵉ PROBLÈME. DÉTERMINER LE POINT LE PLUS BAS D'UNE LIGNE. On doit distinguer le cas où cette ligne peut être embrassée d'une seule station, ou bien celui où il est nécessaire de faire plusieurs stations pour la parcourir.

Dans le premier cas, le niveau est installé à peu près à égale distance des deux points extrêmes et la mire promenée sur la ligne.

Tant qu'on est obligé de hausser le voyant, pour que son centre soit rencontré par le plan de visée, cela prouve qu'elle descend ; au contraire si on doit baisser le voyant elle monte.

Le point précis où le voyant a été graduellement élevé en maximum est le plus bas de la ligne.

Lorsque la ligne est trop longue pour une seule station, on fait un nivellement composé ; et de la comparaison des cotes, rapportées au même niveau, on conclut le point le plus bas.

361. — 7ᵉ PROBLÈME. DÉTERMINER LE POINT LE PLUS HAUT D'UNE LIGNE. Ce problème est inverse du précédent et se résout de la même manière.

Ainsi lorsque, dans une station, le voyant de la mire, promenée sur toute la ligne, est abaissé au maximum, le point où elle se trouve est le plus haut.

Dès qu'on déplacerait cette mire à droite ou à gauche, il faudrait hausser le voyant ; ce qui prouverait que ladite ligne descendrait.

Pour une ligne plus grande, on ferait un nivellement composé.

362. — 8ᵉ PROBLÈME. DÉTERMINER LE POINT LE PLUS BAS OU LE POINT LE PLUS ÉLEVÉ D'UNE SURFACE DONNÉE. La solution de ce problème ne peut être rigoureusement obtenue, si la surface est considérable, qu'à la condition de faire le nivellement complet par les méthodes des points cotés, ou des profils en long et en travers, ou des courbes de niveau.

Les cotes calculées, par rapport à un même plan de comparaison, permettent de déduire, avec précision, le point le plus bas ou le plus élevé.

363. — 9ᵉ PROBLÈME. TRACER UN CHEMIN, UNE RIGOLE OU UN CANAL EN PENTE D'APRÈS UN PLAN COTÉ OU DES COURBES DE NIVEAU. Nous reproduisons ici l'application des problèmes représentés par les figures 85 et 86.

Si on possède sur le terrain les données des dessins on procède de la même manière dans le tracé.

Il nous suffit donc de renvoyer aux problèmes 4° et 5° sur le papier (nᵒˢ 343-344).

Lorsqu'on aura tracé la direction à suivre on creusera le sol, que nous supposerons peu accidenté, à une profondeur uniforme pour la rigole ou le canal qui auront ainsi leurs plat-fonds parallèles aux bords ou suivant la pente voulue.

Quant au chemin il pourra être construit sans remblais ni déblais.

Dans le cas où le terrain serait accidenté, au contraire, il faudrait, pour éviter un grand développement des tracés, rectifier les directions en faisant les déblais égaux aux remblais.

364.— 10ᵉ PROBLÈME. CREUSER UN DRAIN OU UN FOSSÉ DE $0^m,60$ AU DÉBOUCHÉ AVEC PENTE UNIFORME. Si le terrain avait, en tous ses points, la même pente que celle adoptée pour le projet, le calcul du fond se ferait comme il suit. Appelons A'B'C'D', etc. les points du sol, a, b, c, d, les points correspondants du fond, $k\,k'$, K, leurs distances horizontales à l'origine, et p la pente par mètre.

On aura la cote de $B' = k \times p$; la cote de $C' = k' \times p$ et la cote de $D' = K \times p$.

Maintenant pour avoir les cotes aux points b, c, d, il suffit de remarquer que a est à 0^m 60 au-dessous de A' et a pour cote A' — 0,60.

Le point b aura donc, cote de A' — 0,60 + $(k \times p)$; le point c = A' — 0,60 + $(k' \times p)$ et le point d = A' — 0,60 + $(K \times p)$.

En soustrayant les cotes des points du projet de celles correspondantes du sol on en déduit la profondeur à creuser en chaque lieu.

365. — Lorsque le terrain présente une surface irrégulière, figure 91, il faut faire un nivellement simple ou composé suivant le profil ABCD. Si la pente du drain ou du fossé est encore p et la profondeur du débouché 1^m 20 = Aa le problème se résout aussi facilement de deux manières.

En premier lieu on peut représenter le profil sur le papier et calculer l'inclinaison du fond ad dont le point d est donné par la formule Kd = aK $\times p$.

On trace ensuite ce fond ad à l'aide de sa projection aK et de son ordonné Kd ; puis on détermine à l'échelle les cotes Bb, Cc et Dd des points b, c, d, ; et on a ainsi la profondeur à creuser en B, C et D.

En second lieu on peut, d'après le nivellement, calculer les altitudes des points A, B, C, D ; et déduire, en tenant compte de la pente, les cotes des points b, c, d. Le point b est situé au-dessus de a d'une hauteur kb = $ak \times p$; le point c est à ck' = $ak' \times p$ et le point d à dK = aK $\times p$.

Si les altitudes des points A, B, C, D sont 100^m ; 99^m, 74 ; 100^m, 45 ; 100^m, 60, celles des points a, b, c, d seront : $a = 100^m$

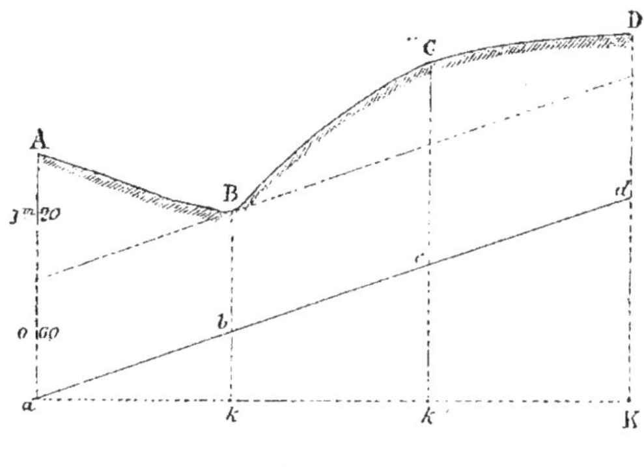

Fig. 94

$- 1,20 = 98,80$; $b = 98,80 + (ak \times p)$; $c = 98.80 + (ak' \times p)$ et $d = 98.80 + (aK \times p)$.

Si on soustrait ces cotes de celles des points A, B, C, D on a la profondeur à creuser en chaque point.

366. — 11° PROBLÈME. DÉTERMINER UNE CHUTE. La détermination d'une chute se présente souvent pour l'établissement des récepteurs hydrauliques.

Le travail théorique, en kilogrammètres, est égal au poids de l'eau qui passe par la chute.

Le poids de l'eau est déterminé à l'aide de divers procédés dont nous n'avons pas à nous occuper ici.

Quant à la chute elle est exprimée par la différence de niveau entre l'origine du cours d'eau et le canal de fuite du moteur hydraulique ; ou, s'il y a des usines à l'amont, elle est donnée par la différence de niveau entre la hauteur de l'eau dans le canal de fuite d'amont et sa hauteur dans le canal de fuite d'aval.

On obtient cette différence de niveau par un nivellement simple ou composé exécuté entre les deux points considérés.

367. — 12° PROBLÈME. DÉTERMINER LA DISTANCE DU POINT A AU POINT B A L'AIDE D'UN CLISIMÈTRE. Les clisimètres ou niveau de pente, permettent de déterminer, comme nous le savons, les cotes des points soumis au nivellement. On a, en général, en appelant y la cote de B, x la distance de A à B et p la pente par mètre, $y = x \times p$.

Pour que la distance x fut déterminée il faudrait que la cote y et la pente p fussent connues.

On peut se donner p et trouver la cote y correspondante pour une distance x.

A cet effet, on place le clisimètre à l'extrémité de la ligne soumise au nivellement; puis on dirige un plan de visée horizontal sur la mire, placée à l'autre extrémité, et on relève la cote correspondante. On dispose le châssis de la grande pinnule suivant une pente p; et on donne un second coup de niveau sur la mire pour avoir une seconde cote.

La différence entre la première cote et la seconde est égale à l'ordonnée y.

Par suite x est déterminée et représentée par $x = \dfrac{y}{p}$ (n° 174).

CHAPITRE II.

Nivellements spéciaux.

Nous étudierons plus particulièrement dans ce chapitre certains nivellements qui ne pourraient trouver place ailleurs.

Nivellements de reconnaissaaces.

368. — Nous empruntons à M. de Boisvillette (*Annales des Ponts-et-Chaussées* 1842) quelques observations sur les nivellements de reconnaissances qui ont une grande valeur pour l'étude des tracés des grands projets de chemin de fer, de routes, de canaux, etc.

« L'étude préliminaire et comparée, dit M. de Boisvillette, des grandes lignes de communication, routes, chemins de fer et canaux, à conditions rigoureuses de pente, points de passage et tracés, comprend sur le terrain deux opérations distinctes et liées toutefois par une relation commune : la topographie générale et le nivellement proprement dit.

« La première, qui place sur des cartes planes les accidents du sol, et joint aux dimensions horizontales de l'étendue, les ondulations verticales du relief, est l'élément obligé de la détermination relative des tracés qui conviennent le mieux à la forme des lieux et à la loi matérielle des passages.

« La seconde, qui est restreinte aux développements d'un tracé absolu, va en chercher ensuite à la surface du sol toutes les données locales pour les soumettre aux proportions du projet étudié.

« L'une prépare et combine, dans un espace déterminé, un premier ordre de matériaux entre lesquels l'ingénieur compare et choisit ; l'autre applique directement le résultat du travail intelligent et relève mécaniquement, en quelque sorte, les détails de l'application.

« Il est toujours possible de faire un bon nivellement, parce que la fin ainsi définie de l'opération générale étant nécessaire, il n'y a lieu de ne l'admettre qu'autant qu'elle apparaît, par des vérifications comparées, dégagée de toute chance d'erreur.

« Il n'en est pas de même des relevés topographiques compliqués ordinairement de trop d'ondulations accidentelles pour être rendus avec exactitude et étendue, et qui réduits le plus souvent aux versants des bassins secondaires, que la simple inspection des lieux a fait choisir, *à priori*, pour lieu de passage, ne prennent point la question dans son entier, et en résolvent seulement un côté entre les limites posées d'avance, dont la justification est tout entière dans la garantie morale et le coup d'œil de celui qui a dirigé l'opération.

« La loi de la configuration des *thalwegs* et des *faîtes* de différents ordres, donne lieu, il est vrai, à des moyens théoriques de trouver sur les cartes planes les dépressions qui conviennent aux tracés pour en diminuer la pente ou les différences de niveau, soit en passant d'une vallée à une chaîne et réciproquement, soit en franchissant un *faîte de partage*.

« On sait généralement, d'après les belles observations développées dans l'essai sur le système général de canalisation en France, que les pentes des versants sont d'autant moindres qu'elles sont plus générales et plus étendues, et que la divergence de plusieurs cours d'eau indique un relèvement maximum du *faîte* comme le parallélisme et la direction opposée, à l'origine, les circonstances déterminantes d'un abaissement minimum.

« Mais les inductions simples, tirées de la position des cours d'eau, manquent souvent d'exactitude en remontant aux ramifications supérieures lorsque le *faîte* surtout s'étend en un plateau de partage plus ou moins large.

« Il faut alors y suppléer par des opérations directes de nivellement, disposées en réseau sur tous les points accessibles du tracé.

« Ces nivellements topographiques, rapportés ensuite sur le plan, servent à tracer les courbes horizontales équidistantes qui donnent aux mouvements du terrain la figure de leurs contours propres et la relation de leurs hauteurs respectives.

« C'est alors en parfaite connaissance des choses, que les points principaux de sujétion sont comparés, arrêtés et deviennent points obligés et motivés du tracé.

« Ainsi convenue et exécutée, une grande étendue de ligne, voie de fer, de terre ou d'eau, est assurée de satisfaire, dans les meilleures conditions, à la loi toujours économique et nécessaire du minimum absolu des pentes et contre-pentes, et par suite à la direction la plus avantageuse.

« Mais les détails immenses, qui viennent compliquer l'opération, ne permettent pas toujours de lui donner l'extension utile à l'examen de toutes ces faces, et réduisent le plus souvent le cercle des essais comparatifs aux faits les plus saillants. »

Nivellement des terrains plats.

369. — Les terrains sont quelquefois très-plats ou à faibles pentes.

Il est impossible alors de représenter leur relief par les courbes de niveau.

On se contente de faire un canevas de nivellement s'appuyant sur des points à peu près également répartis de manière à obtenir un plan coté.

Le plus souvent on trace sur le terrain deux séries de profils en coordonnées rectangulaires de manière à déterminer des carrés ou des rectangles.

Alors on fait simultanément un nivellement par rayonnement de tous les sommets des carrés, ou rectangles, et un levé de la surface.

On possède ainsi les éléments nécessaires à la construction d'un plan coté.

Nivellement des terrains marécageux.

370. — Nous savons déjà que lorsque le sol est couvert d'eau on fait le nivellement par le système des sondes (296).

Mais si, au lieu d'une surface couverte d'eau, on a affaire à un terrain marécageux, le problème est tout différent et soulève beaucoup de difficultés. L'opération qu'on exécute en pareil cas est le nivellement par rayonnement.

On établit autour du marais, d'une certaine étendue, un réseau de repères, exactement nivelés pour servir à la vérification.

L'instrument dont on fait usage, de préférence, est un niveau d'eau plus facile à disposer en station, sur un sol mouvant, qu'un niveau à bulle.

Le choix des points soumis au nivellement ne peut être arbitraire.

Il est essentiel qu'une reconnaissance des lieux soit faite pour éclairer l'opérateur.

Tous ces points nivelés déterminent un réseau de triangles : et il est facile de faire en même temps le levé du plan qu'ils couvrent entièrement.

Nivellement des mines.

371. — Le nivellement des mines se fait à l'aide du niveau d'eau, ou de la boussole nivelante, et du voyant de mine.

Pour l'exécution on applique une première chandelle ou une bougie derrière la fente du voyant, puis une seconde est placée près de la fiole du niveau la plus éloignée de l'œil.

Le plan de visée est dirigé suivant les ménisques et prolongé à la fente du voyant que l'on fait élever ou abaisser suivant le besoin.

La hauteur de cette fente au sol indique la cote que l'on lit sur le pied de la mire.

Si l'on fait usage de la boussole nivelante on procède de même en prenant la précaution de bien éclairer l'objectif.

Le nivellement est toujours exécuté par cheminement ; et il est repéré avec le plus grand soin aux repères immuables des galeries.

Souvent, au lieu de faire le nivellement du sol, on fait celui du ciel des galeries en marquant les points nivelés avec la fumée des chandelles.

On prend alors les hauteurs des galeries en chaque point pour avoir les cotes des parties inférieures.

Le carnet a la forme ordinaire avec une large colonne pour les croquis.

Le calcul des cotes peut avoir lieu indistinctement en prenant le plan de comparaison inférieur ou supérieur.

Nivellement des pays boisés ou hérissés d'obstacles.

372. — Le nivellement des pays boisés offre toujours une certaine difficulté. S'il s'agit de traverser des futaies on peut encore à la rigueur cheminer à travers par petites stations successives. On fait alors peu de travail chaque jour ; et le prix de revient du nivellement est plus ou moins élevé.

On emploie ordinairement pour cet usage des niveaux à faible portée, comme les niveaux d'eau ou à perpendicule.

Quand on doit niveler des taillis, des broussailles de diverses natures, etc., il se présente souvent de sérieuses difficultés : on ne peut voir aux plus faibles distances.

Alors on est obligé de se tracer des passages par l'abattage du bois, passages qui sont aussi très-nécessaires pour effectuer les chaînages des points soumis au nivellement.

Les directions suivies doivent être déterminées et relevées de préférence à l'aide de la boussole qui est l'instrument par excellence pour ces sortes d'opérations. Lorsqu'on rencontre des obstacles, comme des constructions, des murs isolés, etc., ou bien il faut les contourner, ou bien trouver le moyen de les franchir par des passages comme les portes, les ouvertures diverses, etc.

Souvent les murs peuvent être mesurés en hauteur à l'aide de règles, de fil à plomb, etc, ce qui permet de conclure la dénivellation d'un côté à l'autre. D'autres fois, lorsqu'ils sont peu élevés ils peuvent être mesurés par la mire renversée, dont la cote, ajoutée à celle du coup d'arrière ou d'avant, exprime la différence de niveau entre le sommet du mur et le point nivelé de la même station.

Les haies n'offrent en général pas de difficultés puisqu'on peut toujours se frayer un passage à travers. Les rochers élevés sont nivelés trigonométriquement ; et ceux qui ont une faible hauteur peuvent être contournés ou franchis par leurs points accessibles.

Enfin si on a à traverser des rivières, des étangs, des marais, on est obligé de faire des nivellements réciproques.

Nivellement des montagnes.

373. — Le nivellement des montagnes peut être fait, en général, suivant leur importance, à l'aide des nivellements trigonométriques à petite et à grande portée.

Le nivellement barométrique est également employé ; et souvent même c'est le seul dont on puisse faire usage.

Nous n'avons pas à revenir sur ces divers nivellements, décrits aux n⁰ˢ 312, 315 et 316.

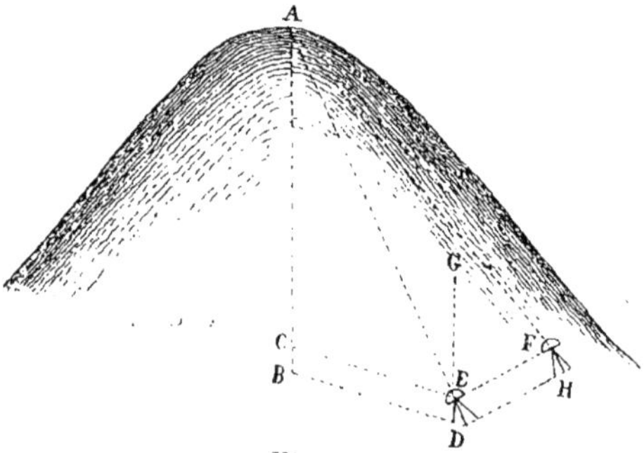

Le but que nous nous proposons ici est de démontrer que le nivellement des montagnes peut aussi s'effectuer à l'aide des goniomètres en général.

Le problème qui se présente a déjà

Fig. 92

été décrit, à un autre point de vue, dans notre *Traité du levé des plans*. Il nous suffit de rapporter en substance ce problème qui se pose généralement ainsi : *déterminer la différence de niveau entre le pied et le sommet d'une montagne ou un point quelconque : en d'autres termes trouver la hauteur verticale d'une montagne.*

374.— Soit donc à mesurer la différence de niveau entre A et B ou la longueur de la verticale AB figure 92.

On trace dans la plaine, ou sur le flanc de la montagne, une ligne EF = DH dont on mesurela longueur avec précision. Puis le graphomètre est installé successivement en ED et FH de manière que son limbe soit dans le plan du triangle AEF.

Alors les angles AEF et EFA de celui-ci étant mesurés, avec les précautions d'usage, on possède tout ce qui est nécessaire pour résoudre le triangle.

On a, effet, d'après un théorème fondamental de trigonométrie rectiligne : *dans un triangle rectiligne quelconque les sinus des angles sont proportionnels aux côtés opposés.*

Dans le cas présent, on a : $\dfrac{\text{Sin EFA}}{\text{AE}} = \dfrac{\text{Sin AEF}}{\text{AF}}$; d'où $\text{AE} = \dfrac{\text{Sin EFA} \times \text{AF}}{\text{Sin AEF}}$.

Mais le côté AE du triangle AEF appartient aussi au triangle rectangle ACE dont il est l'hypothénuse.

Pour que ce dernier triangle soit résolu à son tour, il suffit de connaître un angle aigu, tel que AEC. A cet effet, le graphomètre étant installé en ED, on dirige l'alidade fixe horizontalement suivant EC et l'alidade mobile successivement suivant la verticale EG et l'hypothénuse AE. Les angles AEC et AEG étant complémentaires, on a : $\text{AEC} = 90° - \text{AEG}$.

Mais l'angle AEG est lu directement sur le limbe du graphomètre; donc l'angle aigu AEC du triangle rectangle AEC est connu.

Dans ce triangle, on a : $\dfrac{\text{AC}}{\text{AE}} = \text{Sin AEC}$; d'où $\text{AC} = \text{AE} \times \text{Sin AEC}$.

Pour avoir la différence de niveau totale AB, il faut ajouter à AC la quantité BC ou la hauteur DE du graphomètre.

On aura donc pour équation définitive :

$$\text{AB} = \text{BC} + (\text{AE} \times \text{Sin AEC}).$$

CHAPITRE III.

Applications à divers projets

375. — Dans ce dernier chapitre nous exposerons certaines applications spéciales comme les tracés de routes, de chemins de fer, de canaux, de drainage et d'irrigation.

Sans entrer dans de trop longs détails nous dirons cependant ce qui est essentiel aux applications du nivellement.

A. *Tracé des routes.*

376. — L'établissement d'une route comprend deux séries d'opérations, savoir : 1° la détermination de la position sur le sol, et 2° les opérations à l'aide desquelles on connaît le prix de revient par kilomètre.

Dans le premier cas, le seul que nous examinerons ici, on s'occupe de la direction à suivre ainsi que du tracé approximatif et exact.

Dans le second, après avoir fait la cubature des terrasses, on calcule les transports (ou mouvements des terres); puis on applique la série de prix à ces travaux de terrassements.

Les constructions des chaussées, des accottements et des fossés, ainsi que leurs prix de revient rentrent également dans ce dernier cas. C'est ce qui constitue la pratique des travaux traitée dans les ouvrages spéciaux auxquels nous renvoyons.

377. — La direction à suivre est généralement indiquée par deux centres d'habitation auxquels la route doit aboutir.

On fait alors une étude préliminaire, ou reconnaissance du terrain, entre les deux points extrêmes en se basant sur les principes exposés aux n°ˢ 244-253-368.

Si l'on ne possède pas de bonnes cartes on fait le levé du sol sur une largeur de bande dirigée dans la direction probable du tracé et variant de 50 à 500 mètres suivant l'importance du projet.

Puis après on s'occupe du tracé, c'est-à-dire de la détermination de la position de tous les points intermédiaires.

Cette opération s'exécute toujours en deux temps, savoir: 1° le tracé approximatif ou recherche de tous les points par lesquels la route doit passer; et 2° la détermination exacte de ceux-ci ou établissement définitif de la route.

Le nivellement longitudinal dans l'un et l'autre cas est exécuté suivant l'axe de bande du terrain, direction probable du projet.

Quant aux profils en travers ils sont faits équidistants sur cet axe si le sol est peu accidenté ; ou bien à des distances variables comme les accidents eux-mêmes si ceux-ci sont peu nombreux.

Mais dans tous les cas les opérations de nivellement se font suivant les principes exposés aux n°s 263-270-276 ; et nous n'avons pas à y revenir.

Les tracés sur le papier et sur le sol ont lieu comme aux n°s 344-358 en observant que les pentes les plus fortes ne doivent pas excéder 0,05 par mètre et les pentes les plus faibles 0,005.

Ces pentes (maximum ou minimum) ont été fixées d'après de nombreuses expériences.

Au delà de 0,05 par mètre la traction T, horizontale, pour faire monter un même poid P sur la route (l'angle de frottement γ restant le même) augmente rapidement comme l'angle α du plan incliné ainsi que le prouve la formule : $T = P \times \tang (\alpha + \gamma)$.

Si cet angle α atteignait 90-γ, la traction serait infinie.

On ne doit pas non plus donner une pente inférieure à 0,005 si l'on veut que l'écoulement des eaux se fasse bien; car au-dessous elles séjournent et la route est rapidement défoncée par les véhicules.

Quant à la forme transversale, normale sur l'axe, elle doit être un arc de cercle convexe pour faciliter également l'écoulement des eaux.

La flèche de cet arc doit être des trois centièmes de la moitié de la largeur totale (non compris les fossés).

Une route peut être en *terrain naturel*, à *mi-côte*, en *remblai* ou en *déblai*.

Elle est dite en *terrain naturel* lorsque sa surface est à la hauteur du sol voisin en chaque point considéré.

Elle est à *mi-côte* lorsqu'elle se trouve en *remblai* à droite et en *déblai* à gauche, et réciproquement.

Enfin on la dit en *remblai* toutes les fois que sa surface est plus élevée que celle du sol; et en *déblai*, au contraire, lorsqu'elle est située au-dessous.

Une route peut être aussi en *pente*, en *rampe*, en *palier* ou à *zéro* (n°s 302-311).

Quelquefois il y a intérêt à faire les *remblais* en prenant de la terre aux propriétaires voisins.

Ces sortes de *remblais* sont appelés *emprunts*.

D'autrefois les déblais ont lieu en déposant la terre sur les côtés de la voie. Les dépôts que l'on forme ainsi se nomment *cavaliers*.

Mais le principe général auquel doit satisfaire le tracé, c'est que les *déblais* doivent être égaux aux *remblais* pour avoir le minimum de travail.

378. — On distingue toujours dans une route trois choses, savoir : 1° la *voie* ou la *chaussée*; 2° les *accotements*, et 3° les fossés.

La *voie*, ou *chaussée*, est la partie du milieu recouverte de pierres cassées ou de pavés suivant les cas.

Les *accotements*, parallèles à la *chaussée*, consistent en deux bandes de terre engazonnées de largeurs uniformes et égales.

Les fossés limitent les accotements lorsque la route est en *déblai;* et ils séparent aussi celle-ci des terres voisines.

Pour les routes en *remblais* ils ne sont pas nécessaires.

Ces fossés ont spécialement pour fonctions de recevoir les eaux de la route, et celles qui peuvent provenir du sol par infiltration, et de les conduire dans des plis de terrain ou des petits thalwegs.

379. — Les routes sont divisées en trois catégories, savoir : les *routes nationales*, les *routes départementales* et les *chemins* de grande communication.

Suivant chaque catégorie de routes les dimensions des trois parties (*chaussées, accotements* et *fossés*) varient.

Nous donnerons ces dimensions d'après *Goulard-Henrionnet*.

Ainsi pour les *routes nationales* la chaussée varie : de 5 à 7 mètres ; les *accotements* de $2^m,50$ à $3^m.50$ l'un ; les *fossés* ont $1^m,50$ l'un ; et la largeur totale de 14 à 20^m.

Pour les *routes départementales :* la chaussée $= 4$ à 5^m ; les *accotements*, l'un $= 2^m$ à $2^m,50$; les *fossés*, l'un $= 1^m,50$; et la largeur totale $= 10$ à 12 mètres.

Enfin les *chemins de grande communication* ont 3 à 4 mètres de *chaussée;* 1,50 à 2^m par *accotement;* 1 mètre par *fossé;* et 6 à 8 mètres de largeur totale.

Quelle que soit la catégorie de route dont il s'agisse, on adopte généralement pour les *remblais* un *talus* de $\frac{3}{2}$ de base pour 1 de hauteur, et pour les *déblais* bordés d'un *fossé* un *talus* de 1 de base pour 1 de hauteur.

380. — Lorsque le tracé et le nivellement ont été effectués il reste encore à faire le carnet et la construction sur le papier des profils en long et en travers du terrain (263-270-276) pour obtenir une figure semblable à la figure 93 par exemple.

Toutes les cotes qui représentent l'état actuel du sol reçoivent le nom de *cotes noires*, et celles qui représentent l'état futur du projet le nom de *cotes rouges*, parce que dans les services publics les premières sont inscrites à l'encre de chine et les deuxièmes à l'encre carminée.

Les différences entre les cotes du terrain et celles du projet expriment les hauteurs de *déblais* et de *remblais* à faire pour l'exécution du projet.

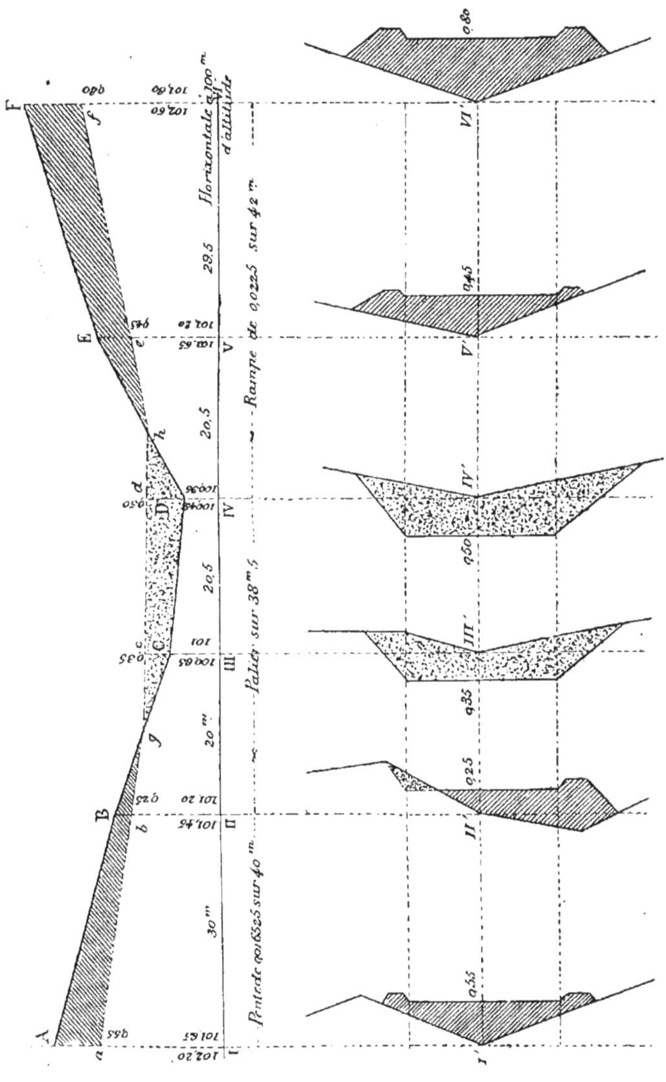

Fig. 95

Certains auteurs réservent plus spécialement le nom de *cotes rouges* à ces différences.

20

On les inscrit au-dessus ou au-dessous du profil du projet, suivant que celui-ci est en *remblai* ou en *déblai*, ainsi que le montre la figure.

Il résulte de ce mode d'inscription une lecture des *déblais* et des *remblais* toujours facile et expéditive.

Lorsqu'on fait des *variantes* dans les projets on les distingue en les dessinant avec des couleurs cramoisies, bleues, vertes, etc.

Le profil longitudinal naturel du terrain est construit à l'échelle suivant la ligne ABCDEF, d'après les données d'un nivellement exécuté avec précision suivant l'axe du projet.

Les points du sol A-B-C-D-E-F sont projetés, en I-II-III-IV-V-VI, aux distances 30^m, 20^m, 20^m,5, 20^m,50 et 29^m,50 sur une horizontale passant à 100 mètres d'altitude

Leurs ordonnées correspondantes sont : 102,20, 101,45, 100,65, 100,45, 101,65 et 102,60.

Certains points du projet étant toujours donnés nous en supposerons quatre tels que a, g, h et f.

En les joignant par des droites ag, gh et hf, on obtiendra le profil du projet $abgcdhef$.

Pour distinguer les *déblais* des *remblais* on lavera, suivant la convention acceptée, les premiers en jaune et les seconds en rose.

Sur la figure ci-contre nous avons été obligés, pour la gravure, de représenter les *déblais* en *hachures* et les *remblais* en pointillé.

Les cotes des points du projet sont déterminées à l'échelle, ou à l'aide de simples proportions.

Avant de s'arrêter au tracé définitif il importe de vérifier les *pentes* et les *rampes* qui doivent être comprises, comme nous l'avons dit, entre 0^m,05 et 0^m,005.

Dans l'exemple choisi de a en g, sur une longueur de 40 mètres nous avons une *pente* de $\dfrac{y}{x} = \dfrac{a-g}{} = \dfrac{0,65}{40} = 0,01625$.

De g en h on a un *palier* sur 38^m,50 ; et de h en f, sur 42^m, une *rampe* de $\dfrac{y}{x} = \dfrac{f-h}{x} = \dfrac{101,80 - 100,90}{42} = \dfrac{0,90}{42} = 0,02142$.

Nous voyons que les *pentes* et les *rampes* sont dans les conditions favorables à la traction et à l'écoulement des eaux.

Quant à la partie en *palier* il faudrait lui donner une *pente* de 0,005 ; et si nous la maintenons dans le projet c'est afin de montrer que le cas peut se présenter.

Alors, pour obvier à son défaut, on accentue un peu la *pente* transversale en donnant à l'arc de courbure des profils transversaux de plus grandes flèches que celles obtenues régulièrement par le calcul.

Il est inutile de faire remarquer que, si les points par lesquels doit passer la route avaient été tellement disposés que les *pentes* et les *rampes* fussent trop grandes ou trop faibles, il aurait fallu modifier le profil *abgcdhef*.

C'est à l'opérateur, habile, à faire dans certains cas un choix judicieux des points par lesquels doit passer la route.

381. — Relativement aux profils en travers ils sont construits comme il suit :

Ceux du terrain sont d'abord représentés en prenant une ligne I'-VI', parallèle à la ligne horizontale I-VI du profil en long, sur laquelle on projette chaque point nivelé en prolongeant les or-données en pointillé.

Les projections I', II', III', IV', V' et VI' des points A, B, C, D, E, F ainsi obtenues, les profils en travers sont construits comme aux n°s 276-280.

Quant aux profils de la route ils sont déterminés en prenant des ordonnées, aux points I', II', III', IV', V' et VI', égales aux cotes rouges (expriment les différences entre les cotes du terrain et celles du projet).

Ainsi au point I', on prend une ordonnée égale à $0^m,55$, $= Aa$; au point II' une nouvelle ordonnée égale à $0^m,25 = Bb$, etc.

La ligne I'-VI' représentant l'axe de la route, il est facile de limiter la largeur de celle-ci, à droite et à gauche du dit axe, par deux traits parallèles.

Alors il ne reste plus qu'à tracer les profils en leur donnant une flèche égale aux trois centièmes de la demi-largeur, et en faisant les talus des fossés à 1 de base pour 1 de hauteur, et ceux des remblais à $\frac{3}{2}$ de base pour 1 de hauteur.

Tous les profils étant identiques, sauf leurs situations en dé-blais, en remblais ou en paliers, la figure 93 indique suffisam-ment les constructions à faire.

L'élève devra s'habituer à ces constructions par des exercices variés.

382. — Lorsque la route doit traverser des villes ou des vil-lages, il faut que l'axe se raccorde de chaque côté avec les en-trées des maisons, les rues, etc.

Dans ce cas, son tracé exige, de la part de celui qui l'exécute, des précautions très-grandes.

Mais les problèmes de raccordement qui se présentent n'of-frent pas de difficultés sérieuses, et on saura toujours les résou-dre dans tous les cas.

383. — Nous savons déjà comment la surface comprise entre deux profils, est engendrée dans le mode de représentation du relief par profils en long et en travers.

On suppose une droite génératrice située dans un plan vertical parallèle au profil en long et se mouvant d'un mouvement uniforme en s'appuyant sur les deux profils en travers voisins qui lui servent de directrices.

En général, quand les points des profils ont été bien choisis, et qu'ils sont situés à de faibles distances, la surface ainsi engendrée ne diffère pas sensiblement de celle du sol (n⁰ˢ 270-276-291-326-338).

Ceci rappelé, on saura toujours déterminer, à l'aide de simples proportions et de données suffisantes, la cote d'un point intermédiaire ou la distance horizontale de deux points (328-343).

384. — De même lorsqu'entre deux profils en travers le projet passe de déblai en remblai ou réciproquement on calculera facilement le point de rencontre de la surface du tracé avec celle dudit projet.

Ces points de rencontre réunis constituent une courbe spéciale qu'on appelle *courbe de passage*.

Pour déterminer un point quelconque de cette ligne, par exemple, on suppose un plan vertical, parallèle à l'axe ou au profil en long, qui coupe le sol suivant deux génératrices appartenant l'une à la surface de *déblai* et l'autre à la surface de *remblai*.

Le point d'intersection de ces génératrices est le point cherché dit *point de passage*.

Il est déterminé en partageant la longueur de l'entre-profil en parties proportionnelles aux cotes de *remblai* et de *déblai*.

Dans la pratique ces *points de passage*, ainsi obtenus, sont joints par des droites, et il en résulte alors que la *ligne de passage* est brisée au lieu d'être formée par une succession d'arcs *d'hyperbole*.

385. — Une autre observation à faire lorsque le projet, entre deux profils, passe du *remblai* au *déblai* ou réciproquement, est la suivante :

Le *talus* de *remblai* étant de $\frac{3}{2}$ de base pour 1 de hauteur

il en résulte que l'ouverture du fossé se trouve obstruée par les terres remblayées.

Pour éviter cet inconvénient on engendre la surface du *talus* du fossé par une droite génératrice mue d'un mouvement uniforme et s'appuyant sur deux directrices qui sont la *ligne de remblai* et la *ligne de déblai*.

386. — Le mode de génération rappelé plus haut a aussi le précieux avantage de faire comprendre comment on peut effectuer exactement le cube des *déblais* et des *remblais;* et l'opération que l'on fait alors reçoit le nom de *cubature des terrasses.*

Bien qu'il ne rentre pas dans notre cadre de traiter cette question nous en dirons cependant un mot.

Le calcul des *terrasses*, par la méthode dite exacte, a pour base la génération de la surface de l'entre-profil.

C'est une méthode longue et pénible que l'on ne suit plus aujourd'hui dans les services publics.

Elle consiste en principe à multiplier la section méridienne (que déterminent les profils transversaux) par l'arc moyen exprimant la longueur de l'entre-profil.

En supposant menés des plans verticaux, parallèlement au profil en long, par tous les points des profils en travers où le sol est rencontré par le projet, les volumes de *remblais* et de *déblais* sont décomposés en prismes à surfaces planes et à faces gauches.

Ainsi, en général, les volumes à déterminer sont ceux de prismes à bases droites et à faces gauches équivalents à des prismes droits dont les bases peuvent avoir toutes les formes connues des figures planes; et par suite la grande difficulté consiste dans la détermination des longueurs de leurs arrêtes et ainsi que les surfaces de leurs bases.

387. — Les méthodes expéditives de *cubature des terrasses* sont les seules dont on fait usage dans les calculs des grands travaux de terrassements.

La première est dite méthode de la moyenne des aires extrêmes parce qu'on prend la moyenne des sections extrêmes des profils transversaux qu'on multiplie par la distance de ces aires.

L'entre-profil, à cuber, étant décomposé par des plans parallèles à l'axe, menés par les profils transversaux passant par les points de concours des remblais et des déblais, les prismes obtenus ont leurs surfaces extrêmes complétement soit en *remblai* soit en *déblai.*

Il en résulte que les cubes partiels sont en *remblai* ou en *déblai*, ou bien en *remblai* et en *déblai.*

Dans ce dernier cas ils sont séparés par une ligne de *passage.*

La seconde est dite méthode de la section moyenne ou médiane.

Ici on calcule la surface de la section, située à égale distance des deux sections extrêmes des profils transversaux, et on la multiplie par la longueur de l'autre profil.

Ce mode de calcul est dû à M. l'ingénieur des ponts-et-chaussées de Noël, qui l'a proposé en 1836. Mais cette seconde méthode quoique très-expéditive, pour les calculs, exige un trop grand nombre de profils ; aussi lui préfère-t-on la méthode de la moyenne des aires extrêmes.

Pour l'emploi de celle-ci on a simplifié les calculs en construisant des tables de cubature, des terrassements, où on trouve les surfaces des sections calculées à l'avance à l'aide des cotes rouges et de la pente du sol de gauche et de droite. Ces tables sont nombreuses.

Les plus importantes sont celles de *Macaire* (1846) ; *Coriolis* ; *Lalanne* (1838) ; *Lefort* (1863) ; etc.

On a encore rendu les calculs plus rapides par la construction de tableaux graphiques, représentant par des courbes les équations donnant les largeurs d'*emprises* et les surfaces de remblai et de déblai.

Les plus connus de ces tableaux sont ceux de MM. *Davaine* et *Lalanne*.

Enfin on a appliqué souvent avec succès la méthode des pesées aux *cubatures des terrasses*.

On procède ici comme pour le calcul des courbes dynanométriques.

Les profils étant dessinés sur du papier de densité uniforme il suffit de connaître le poids de l'unité de surface ou la surface qui pèse l'unité du poids.

Etant donné le poids total d'une section de déblai ou de remblai on en déduit la surface directement par une simple multiplication.

B. *Tracé des chemins de fer.*

388 — Le tracé d'un chemin de fer est analogue celui d'une route ; il serait superflu, par conséquent, de répéter ce que nous venons de dire à ce sujet auquel nous renvoyons ainsi qu'aux nos 244-363-368.

Nous supposerons donc la reconnaissance du terrain faite.

Le nivellement longitudinal et les nivellements transversaux ont permis de construire un projet définitif que nous représentons suivant le profil en long par la fig. 94.

Ce projet est une portion de chemin de fer aujourd'hui construite que nous devons à l'obligeance de notre ami l'ingénieur C... dont la modestie ne nous permet pas de citer le nom.

L'inspection seule de la figure montre combien cette méthode est simple.

Sur une même feuille de papier (recto et verso) se trouvent

réunis : le dessin, les données du nivellement, celles de la planimétrie, les pentes, les rampes, les paliers, les cubes de déblai et de remblai, etc.

L'ingénieur et le piqueur, avec une copie du projet, peuvent donner des ordres instantanément à l'entrepreneur, en chaque point, sans jamais avoir besoin de recourir à des calculs qui ne peuvent se faire qu'au repos.

C'est là un avantage précieux connu aujourd'hui des ingénieurs qui ont construit ou qui construisent des chemins de fer.

389. — Nous ajouterons à ce projet quelques observations sur les raccordements que nous n'avons pas eu l'occasion d'examiner précédemment.

Lorsque deux chemins de fer se rencontrent ils déterminent un angle par le sommet duquel les trains ne peuvent passer.

Il importe donc de raccorder les deux lignes par une courbe tracée à l'aide de différents procédés.

La courbe de raccordement la plus ordinaire est l'arc de cercle ou l'arc de parabole.

Nous avons indiqué comment on peut tracer ces deux sortes d'arcs dans notre traité du *levé des plans*.

On pourra faire usage des procédés que nous avons décrits toutes les fois que la courbe de raccordement aura un faible rayon.

Mais chaque fois, au contraire, que le rayon de cette courbe sera considérable il sera préférable de se servir des procédés de raccordement que nous allons exposer; lesquels sont plus spécialement employés dans le tracé des chemins de fer.

En général on a deux lignes de chemins de fer AA' et BB' à raccorder par un arc de cercle (fig. 95).

L'arc de cercle de raccordement est préféré à tout autre arc à cause de la régularité de sa courbure en tous les points.

Pour résoudre le problème on a toujours comme données l'angle α, formé par la rencontre des alignements droits prolongés, et le rayon R de la courbe, ou a son défaut la tangente T.

Dans l'exemple de la figure 95 l'angle α est égal à ACB, et il est le supplément de l'angle au centre, γ, ou AOB, puisqu'ils sont opposés dans un même quadrilatère ACBO.

Cet angle α est obtenu en prolongeant les lignes AA' et BB' qui viennent concourir au point C. On le mesure exactement avec un goniomètre quelconque.

Quant au rayon R $=$ AO $=$ OB, il est choisi généralement aussi grand que la localité peut le permettre.

Noms des communes traversées.

Indication des paliers, pentes et rampes.

Cubes de déblais et remblais.

Indication des cours d'eau et chemins traversés.

Cubes des chemins et dérivation de ruisseaux.

Plate-forme des terrassements, terrain, hauteurs à déblayer ou à remblayer.

Mouvement des terres.

Ouvrages d'art, passages à niveau.

Cotes de la plate-forme des terrassements au-dessus du niveau de la mer.

Cotes du terrain au-dessus du niveau de la mer.
Longueur horizontale entre les piquets.
Horizontale à 120^m au-dessus du niveau de la mer.

Numéros des piquets.
Kilomètres,

Alignements et courbes.
Echelles { de 0,001 pour les hauteurs.
{ de 0,0002 pour les longueurs.

Commune de . . . . . . sur 739 de longueur
Palier s.r 124.m Rampe de 0.m015 sur 1427.m
D 17.000³
R 37.070³
Chemin de desserte
Chemin de desserte
Chemin de desserte
Chemin de desserte
l'Anguison Ruisseau
Chemin
D 110
R 690
Chemin
D 530
R 130
Chemin
R 510
D 550
R 400
R 510
D 6670
R 6670
28390
Axe = 802.60
Passage à niveau de 4,00 de largeur
Hautes eaux de 1866 (189,40)
Fond (185,40)
Pont de 8.m00 d'ouverture
Passage à niveau de 4.m00 de largeur
Axe 199,91
Alig.t
128.m94
Courbe de 350.m de R sur 298.m30 dév.t
Angle au C à D.e 48°50' Tang.e 158.m89

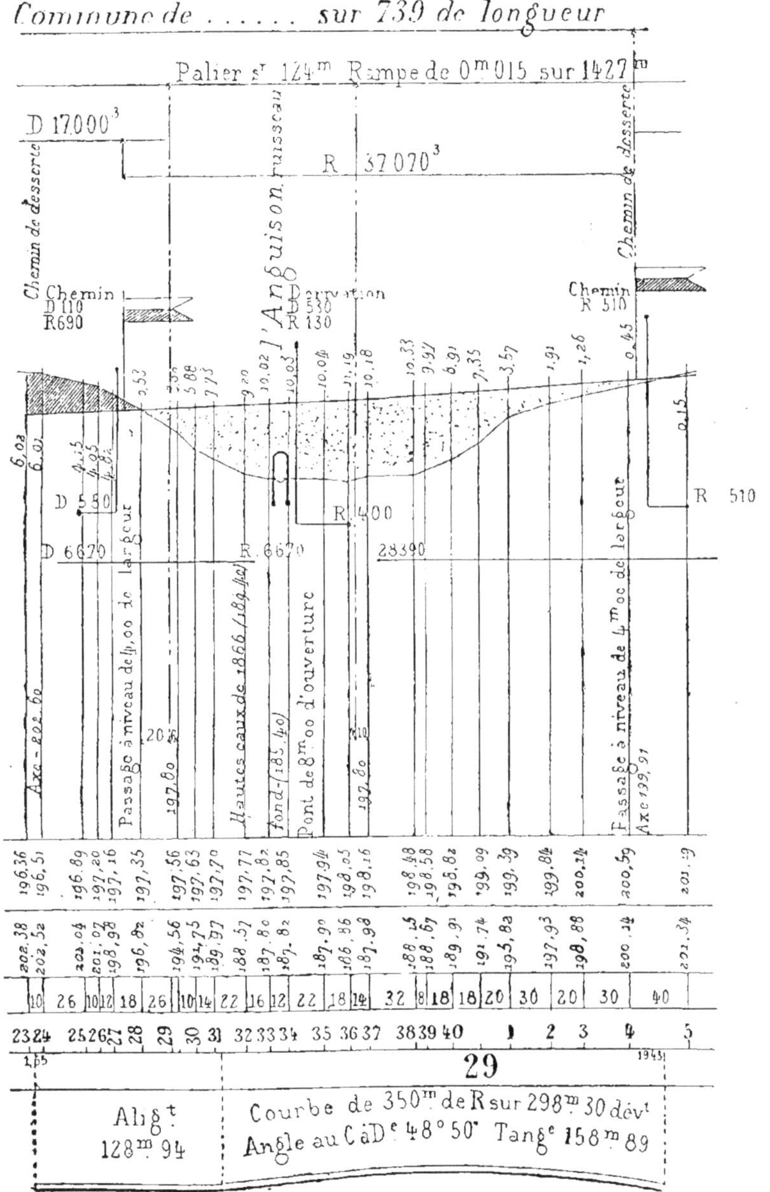

Fig. 94

Enfin, la tangente T = AC, et la tangente T' = BC peuvent être données , l'une ou l'autre, *à priori* à défaut de rayon.

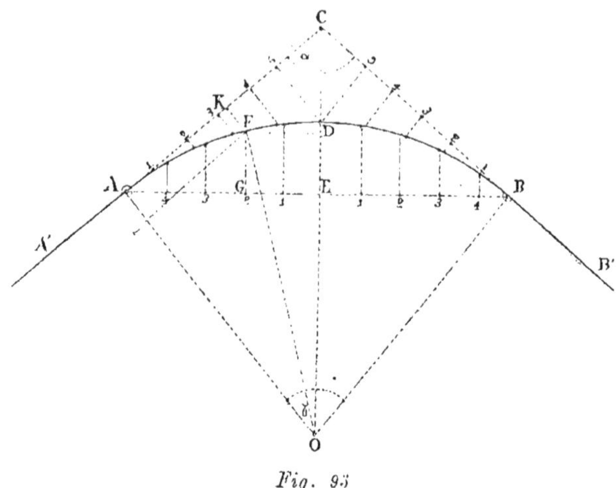

Fig. 95

1° Soient connus α supplément de γ et le rayon R.

On a, d'une part, dans le triangle rectangle OAC : $\dfrac{AC}{AO}$ = tang.

$$AOC = \frac{T}{R} = \tan\frac{1}{2}\gamma.$$

$$\text{D'où } T = R \times \tan\frac{1}{2}\gamma.$$

D'autre part, dans le triangle AOE :

$$\frac{AE}{AO} = \sin AOC = \frac{AE}{R} = \sin\frac{1}{2}\gamma.$$

$$\text{D'où } AE = R \times \sin\frac{1}{2}\gamma.$$

En appelant d la ligne AE, qui est égale à la moitié de la corde AB, on a : $d = R \times \sin\frac{1}{2}\gamma$.

2° Si la tangente T = AC est donnée avec l'angle α, supplément de γ, on a :

$$R = T \times \tan\frac{1}{2}\alpha; \text{ et } d = T \times \sin\frac{1}{2}\alpha.$$

La tangente $T = AC$ étant connue, on peut donc trouver le point A de tangence en mesurant $CA = T$.

De même, on trouverait le point B en mesurant $CB = T$.

Quant au point E, milieu de la corde, il est aussi déterminé en prenant $AE = d$.

390. — Maintenant, pour déterminer les points de la courbe ADB, nous pourrons procéder de trois manières :

Ou bien nous pourrons calculer un point quelconque F par ses coordonnées AK et KF sur la tangente $AC = T$; ou bien par ses coordonnées EG et GF sur la corde $AB = 2d$; ou bien enfin par ses coordonnées FI et 2R sur le diamètre.

1° Le calcul des ordonnées par rapport à la tangente est le plus usuel.

Observons que l'ordonnée KF du point F est égale à AI. Or, $AI = AO - IO$; ou $AI = R - IO$ (1).

Mais, dans le triangle rectangle OIF on peut avoir IO en tirant sa valeur en fonction du carré de l'hypothénuse et du carré de FI.

On a, en effet, $\overline{OF}^2 = \overline{FI}^2 + \overline{IO}^2$; d'où $\overline{IO}^2 = \overline{OF}^2 - \overline{FI}^2$; et

$$IO = \sqrt{\overline{OF}^2 - \overline{FI}^2} = \sqrt{R^2 - \overline{FI}^2} \ (2 \cdot$$

Portant cette valeur de IO dans l'équation (1), on a : $AI = R - \sqrt{R^2 - \overline{FI}^2}$ (3).

Mais $AI = KF$ et $FI = AK$; donc $KF = R - \sqrt{R^2 - \overline{FI}^2} = R - \sqrt{R^2 - \overline{AK}^2}$ (4).

En désignant les deux coordonnées du point F par $x = AK$ et $y = KF$, on peut écrire définitivement $y = R - \sqrt{R^2 - x^2}$ (5).

2° Par une démonstration analogue, on trouverait de même l'ordonnée FG du point F sur la corde AB.

Cette ordonnée $FG = \sqrt{R^2 - \overline{GE}^2} - \dfrac{R^2}{\sqrt{R^2 - T^2}}$; ou $y = \sqrt{R^2 - x'^2} - \dfrac{R^2}{\sqrt{R^2 - T^2}}$ (6).

3° Quant à l'ordonnée FI sur le diamètre, elle est une moyenne proportionnelle entre le diamètre 2R diminué de AI et cette distance variable AI.

$$\text{On a donc : } \overline{FI}^2 = (2R - AI) \times AI \ (7);$$

et $FI = \sqrt{(2R - AI) \times AI}$ (8); ou $y'' = \sqrt{(2R - AI) \times AI}$.

Les coordonnées ainsi calculées, dans l'ordre 1, 2, 3, etc., à gauche, et 1, 2, 3, etc., à droite, on les trace sur le terrain à des distances égales choisies arbitrairement, mais assez rapprochées toutefois pour obtenir un assez grand nombre de points pour le tracé de l'arc de courbe.

Lorsqu'on a déterminé tous les points de la courbe à gauche de CO, on calcule de même ceux situés à droite.

391. — Une observation à faire ici est la suivante : si le rayon R était pris assez petit on pourrait tracer la courbe en la décrivant de son centre.

Celui-ci serait trouvé d'abord en menant deux rayons perpendiculaires aux points de tangence A et B primitivement déterminés.

Ces deux rayons concouraient au centre O duquel on décrivait l'arc ADB.

392. — Enfin un dernier mode de tracé des courbes de raccordement a été employé souvent par les ingénieurs anglais.

Les tangentes à l'origine sont encore calculées comme à l'ordinaire pour déterminer le point de tangence au départ.

A l'aide de la tangente T, un premier point B de la courbe est calculé par la formule $y = \dfrac{x^2}{2R}$, dans laquelle y représente l'ordonnée du point B, x l'abscisse et 2R le diamètre de la courbe.

La tangente **T** est prise égale à une longueur arbitraire AA′ = x. L'ordonnée y à élever du point A′ est égale au carré de x divisé par le diamètre 2R.

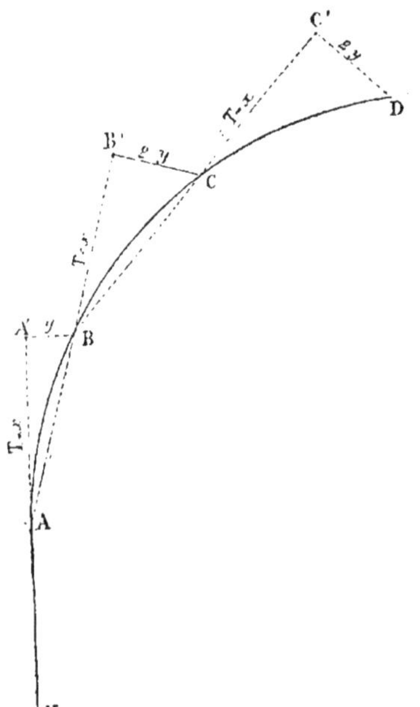

Fig. 96

Pour calculer le point suivant C, on prolonge la corde AB d'une longeur BB′ égale à AB et on élève une ordonnée B′C = 2 A′B = 2 y.

Le point suivant D est déterminé de la même manière : son abscisse CC′ = BC et son ordonnée C′D = B′C = 2 A′B; et ainsi de suite jusqu'à la deuxième ligne de chemin de fer à laquelle on devra se raccorder si on a opéré sans commettre d'erreur.

Le tracé peut se faire encore plus simplement, en prolongeant la ligne de chemin de fer KA d'une quantité quelconque AA', à l'extrémité A' de laquelle on élève une ordonnée A'B de longueur rbitraire.

Puis par les points A et B, on tire une ligne droite AB que l'on prolonge d'une quantité BB' = AB ; à l'extrémité B' on élève une ordonnée B'C = 2 A'B.

Les points A, B et C se trouvent sur un même arc de cercle.

On continuerait à déterminer de même les points suivants.

393. — Pour éviter les calculs toujours très-longs des ordonnées des courbes de raccordement, on a construit des tables où ces ordonnées sont déterminées pour un rayon donné et pour des divisions en degrés et demi-degrés.

Enfin pour terminer, nous devons dire que le prix de revient des opérations qu'on doit exécuter pour établir un kilomètre d'avant projet de chemin de fer, s'élève en chiffres ronds à 300 fr. (Debauve.)

C. *Tracé des canaux.*

394. — Le nivellement est surtout utile dans la conduite des eaux. Celles-ci ne pouvant s'élever au-dessus de leur niveau, il faut de toute nécessité déterminer, avec précision, les points par lesquels elles peuvent passer en tenant compte des pertes de charges.

Les conduites d'eau peuvent être à ciel ouvert ou bien couvertes.

Dans les premières sont les canaux de navigation, les canaux de navigation et d'irrigation et les canaux d'irrigation.

Dans les deuxièmes on trouve les aqueducs et toutes les conduites souterraines des centres de population.

Une tranchée destinée à conduire l'eau d'un point à un autre est ce qu'on appelle un canal.

Les premiers canaux qui paraissent avoir été créés sont ceux d'irrigation par les Egyptiens.

Ceux-ci employèrent les eaux surabondantes du Nil à l'irrigation des terres voisines.

Plus tard, ils construirent des canaux spéciaux de navigation.

Les Etrusques et les Romains firent usage surtout des canaux de desséchement, pour assainir ou cultiver des marais et des lacs.

Au XIe siècle, les villes de la Lombardie construisirent un grand nombre de canaux qui ont fait la richesse de ce beau pays.

La première idée de la construction des canaux en France,

remonte seulement à Charlemagne qui conçut le projet de construire un canal qui devait relier le Rhin avec le Danube.

Ce projet gigantesque ne put être exécuté à cause des guerres continuelles que l'auteur dut soutenir.

Charles V eut également l'idée de réunir la Loire à la Seine par un canal.

Mais les études de son projet ne purent être achevées à cause de sa mort.

Les états généraux de Tours demandèrent en 1484 la construction du canal du Berry.

Mais le projet, approuvé en 1554, ne fut pas mis à exécution.

Sous Henry II, Adam de Crapone proposa un canal devant relier le Rhône à la Durance en passant par l'étang de Berre.

Mais les travaux, commencés en 1554, époque de la concession, ne purent être achevés, malgré toute la diligence d'Adam de Crapone, à cause du manque de fonds.

Le projet fut alors abandonné à la mort du roi.

Sous Henry IV le grand ministre Sully fit consacrer annuellement une certaine somme à la construction des canaux.

On eut d'abord l'idée de construire le canal de Briare devant relier la Loire à la Seine.

Le projet fut présenté en 1602 par l'ingénieur *Hugues Crosnier de Tours*, et les travaux entrepris deux années après.

Mais, après l'assassinat de Henry IV et la mort de l'entrepreneur, les travaux furent interrompus pendant vingt-huit années.

Ils furent repris sous Louis XIII et poussés avec vigueur; et en 1642 le canal fut livré à la navigation.

L'idée de joindre l'Océan à la Méditerranée, qui remonte à François Iᵉʳ, fut reprise et menée à bien par Pierre-Paul Riquet.

Après avoir surmonté des difficultés sans nombre il obtint, avec le concours de Colbert, l'édit de création en 1666.

La première partie de ce canal du Languedoc, qui s'étend depuis son embouchure dans la Garonne jusqu'à son point de partage, fut achevée en 1672.

La seconde partie fut terminée au commencement de 1681, six mois après la mort de Riquet qui a eu la gloire de mettre ainsi en communication Toulouse et Cette, et d'accroître dans une proportion considérable la richesse de son pays.

395. — Un autre homme de bien, M. de Lesseps, a, de nos jours, en construisant le canal de l'isthme de Suez, rendu un service immense, non-seulement à son pays, mais encore aux peuples de l'Occident et de l'Orient.

La première idée du canal de Suez paraît remonter au projet

de communication de la mer Rouge et du Nil par le *Pharaon Néchos.*

Mais il a fallu vingt siècles pour que cette idée reçut son entière exécution.

C'est en 1854 que M. de Lesseps se voua entièrement à la construction de ce gigantesque canal.

A feu Bourdaloue revient l'honneur d'avoir prouvé, par un nivellement de précision, que, contrairement aux assertions d'autres ingénieurs qui l'avaient précédé, la mer Rouge et la mer Méditerranée pouvaient facilement communiquer par un canal.

Il trouva que la hauteur moyenne des eaux de la première était seulement de 0,70 plus élevée que les eaux de la seconde.

Les études complètes du projet furent faites par MM. Linant-Bey et Mongel, ingénieurs du vice-roi.

Le tracé en partant de Suez suit d'abord le vallon dont les eaux coulent à la mer Rouge, puis il décrit une grande courbe pour pénétrer dans l'ancien bassin de la mer Rouge et traverser ensuite des lacs et arriver au port du lac *Thimsah.*

Ensuite il se dirige directement au nord en traversant le lit de l'ancien canal de *Néchos*, traverse le seuil d'*El-Guisr*, qui a 15 mètres d'altitude, descend le lac *Menzaleh* qui est en communication avec la Méditerranée.

Tel est, sans point de partage et sans écluses, le tracé direct du canal de l'*isthme de Suez.*

396. — Le tracé de nos grands canaux en France est fait généralement dans des conditions différentes.

Ainsi les canaux latéraux (exemple du canal latéral de la Loire), les canaux à points de partage (exemple des canaux de Saint-Quentin, du Languedoc, etc.,) ont tous des écluses sans lesquelles il ne pourrait remplir leur but.

Le canal latéral est destiné à remplacer une rivière, un fleuve, où la navigation est difficile sinon impossible.

Ainsi la Loire, qui a un lit très-large et très-peu profond, avec une pente considérable, ne permet pas la navigation sur une grande longueur de son parcours.

Du reste les travaux qui pourraient être exécutés, pour améliorer son lit, seraient trop considérables : il faudrait faire des barrages très-rapprochés, creuser et rétrécir le lit qui serait aussi vite recomblé avec les sables abondants que l'eau charrie à l'époque des crues.

On a préféré tracer un canal latéral de 50 mètres de large sur une longueur de 240 kilomètres.

Le tracé d'un pareil canal se fait toujours dans la vallée du fleuve ou de la rivière ; et sa direction est indiquée d'avance.

Cependant il ne faut pas qu'il soit trop rapproché du thalweg, où coulent les eaux, si l'on ne veut que les débordements ensablent le canal.

En outre, il faut tenir compte de la valeur des terrains et de leurs constitutions géologiques.

En raison de ces trois considérations, il convient mieux, en général, de faire le tracé à une assez grande distance; on évite ainsi des frais d'endiguements considérables.

Le canal, qui doit aboutir au fleuve, ou à la rivière, par ses deux extrémités, ne peut être fait en pente sous peine de le voir ensabler et dégrader.

Son eau devra rester de niveau ; et il sera construit, à cet effet, par portions, à plats fonds horizontaux, formant des étages séparés par des écluses.

« Un canal disposé en étages successifs, séparés par des écluses, joue, en quelque sorte, le rôle d'un escalier gigantesque dont les marches, mobiles d'elles-mêmes, montent ou s'abaissent à volonté et fournissent ainsi, sans exiger d'efforts, le moyen le plus simple pour faire passer d'un étage à l'autre les poids les plus considérables. (E. Marzy) ».

397. — L'invention des *écluses à sas*, qui date de la fin du XVe siècle, est due à deux ingénieurs de *Viterbe*.

C'est grâce à cette découverte merveilleuse que l'ingénieur *Hugues Crosnier* put concevoir le projet du canal de Briare, faisant communiquer deux grandes vallées séparées par un *faîte*; que *Riquet* avec le concours de *Andréossy*, hydraulicien distingué, put entreprendre de faire communiquer l'Océan à la Méditerranée.

Ces sortes de canaux, dits à points de partage, ont fait faire un pas immense à la navigation fluviale qui peut avoir lieu maintenant d'un grand thalweg à un autre point sans interruption.

Le tracé d'un canal à point de partage, à réservoir supérieur, se fait en choisissant, sur une chaîne de montagnes séparant deux bassins, une disposition de cols, aussi basse que possible, où on puisse établir des réservoirs d'eaux à l'aide de ruisseaux venant des parties supérieures.

Souvent les ruisseaux, destinés à l'alimentation des réservoirs, ne sont pas assez considérables et il faut alors abaisser encore le point de partage en passant sous le col pour obtenir l'eau d'autres ruisseaux.

Le point de partage établi, avec l'assurance d'avoir l'eau nécessaire à la navigation par des réservoirs, on construit, par étages horizontaux, les deux versants du canal.

Dans l'exécution de ce tracé il n'y a aucune difficulté à faire ces étages horizontaux, à écluses successives, jusqu'à ce qu'on arrive dans les plaines et les vallées, où les étages deviennent plus étendus.

398. — Relativement aux canaux d'irrigation, on en distingue de plusieurs sortes, savoir: le canal de dérivation, le canal de répartition, les rigoles d'irrigation et de collature et le canal de dessèchement ou de collature.

Le canal de dérivation part d'une prise d'eau pour aboutir à la partie la plus élevée possible du terrain à irriguer.

La prise d'eau peut avoir lieu dans un réservoir artificiel ou naturel (étang, lac, etc.), ou bien dans un ruisseau, une rivière ou un fleuve, etc.

La direction du canal peut être déterminée par la disposition du sol et la prise d'eau donnée arbitrairement.

D'autres fois cette prise d'eau est donnée de position; l'usage que l'on doit faire de l'eau dépendant de droits dont jouissent les industries situées sur le cours d'eau.

Enfin on peut aussi disposer des eaux comme on veut; c'est-à-dire qu'on a la liberté absolue d'en user à son gré et de les diriger comme on voudra.

Si la prise d'eau est donnée par des réservoirs, ou à cause des usines, on part, pour niveler, du point donné, afin de diriger les eaux sur la partie du sol la plus élevée possible.

Au contraire, si on a la liberté de faire la prise d'eau en un point quelconque du cours d'eau, on fait le tracé en partant du point le plus élevé du terrain, pour aboutir, en suivant une rampe donnée, à un point de la rivière ou du ruisseau où doit être faite la prise d'eau.

Le tracé se fera suivant le principe exposé aux n°s 358, 363.

La pente que l'on doit donner au canal dont il s'agit, doit être constante et en général en raison inverse de la grandeur de la section.

En d'autres termes cette pente, qui doit être uniforme, sera petite dans les grands canaux et grande dans les petits.

Elle doit aussi varier avec la nature du plat-fond et la composition des eaux.

On peut la fixer au minimum de 0^m,170 et au maximum à 0^m,410 par kilomètre; ou en moyenne à 0^m,250 ou 0^{m}333 par kilomètre.

Une observation importante à faire ici est celle relative à la prise d'eau qui devra être faite toujours de 3 à 8 mètres en amont du barrage.

En outre le plat-fond du canal, à la prise d'eau, doit être de 0^m,20 à 0^m,50 plus élevé que le lit de la rivière pour éviter les ensablements.

A 2 ou 5 mètres en arrière de la prise d'eau, dans le canal, on dispose une écluse, permettant de régler l'entrée de l'eau à volonté dans celui-ci.

Quant à la section du dit canal elle sera déterminée par la formule $\omega = \dfrac{Q}{u}$ dans laquelle ω indique la section, Q la quantité d'eau qui passe et u la vitesse moyenne.

On fera en sorte que cette section aille en décroissant depuis l'origine du canal jusqu'à sa fin.

Cela est, en effet, rationnel puisque la quantité d'eau va constamment en diminuant.

399. — Le canal de répartition, recevant l'eau du canal de la dérivation, est chargé de la répartir ou de la distribuer aux rigoles d'irrigation.

On le trace à fond plat horizontal, ou bien en pente suivant les circonstances (357-358-363.) Mais dans tous les cas il est un peu plus bas que le canal de dérivation.

Sa section doit aussi aller en décroissant du commencement à la fin.

400. — Les rigoles d'irrigation que l'on peut avoir à tracer sont horizontales, obliques ou de moyenne pente, ou enfin de plus grande pente.

Dans tous les cas les problèmes qui peuvent se présenter sont résolus aux n°s 357-358-363.

Les rigoles de collatures reçoivent l'eau des parties arrosées pour la transmettre aux parties inférieures, ou bien pour la porter dans un canal ou un fossé de collature.

Ces rigoles sont toujours faciles à tracer, étant données les fonctions qu'elles doivent remplir.

401. — Le canal de collature, qui doit recevoir l'eau non absorbée de tout le système d'irrigation, est toujours situé dans les parties les plus basses.

Son tracé se trouve donc naturellement indiqué ; mais dans tous les cas on devra lui donner le plus de pente possible si l'on veut qu'il remplisse bien le but pour lequel on le construit.

402. — Enfin les aqueducs et les conduites souterraines diverses ne présentent pas plus de difficultés dans leurs tracés.

Étant donné le terme de départ on tracera le plat-fond de *l'aqueduc*, ou le fond de la tranchée destinée à contenir les tuyaux de la conduite d'eau, suivant la pente adoptée, comme aux n°s 358-364.

D. *Tracé d'un drainage.*

403. — Le tracé d'un drainage présente un certain intérêt en hydraulique agricole.

Il est d'abord exécuté sur un dessin pour être rapporté ensuite sur le terrain.

On fait au préalable le nivellement et le levé du plan en s'inspirant des procédés décrits aux n°ˢ 291-295 et 329-338.

Alors on obtient, sur le papier, une figure 97 sur laquelle les courbes de niveau sont tracées équidistantes.

404. — Mais pour parler du tracé en lui-même il est nécessaire de rappeler quelques observations indispensables.

En premier lieu un drainage, d'une étendue quelconque, se compose toujours de tuyaux de différents diamètres.

Les plus petits, recevant l'eau directement du sol, forment ce que l'on appelle les petits drains, ou bien encore les drains de dernier ordre, ou drains secondaires.

Quant aux tuyaux dont les diamètres sont plus considérables, ils reçoivent les eaux des petits drains et constituent des collecteurs de premier ordre qui déversent leurs eaux dans les collecteurs de deuxième ordre ; et ceux-ci dans les collecteurs de de troisième ordre et ainsi de suite. Les petits drains dont le diamètre varie de 0,025 à 0,035 ne doivent pas avoir plus de 250 à 350 mètres de longueur. Quant à la longueur des collecteurs elle dépend de leurs diamètres ; plus ceux-ci sont considérables plus leurs longueurs peuvent être grandes. Relativement à la profondeur celle-ci varie de 0ᵐ,90 à 1ᵐ,30 ; soit pour les petits drains une moyenne de 1ᵐ à 1ᵐ,20.

La profondeur des collecteurs est toujours un peu supérieure d'une quantité égale à l'épaisseur des tuyaux que l'on emploie.

Enfin l'écartement des drains varie avec la profondeur dépendant de la nature du sol.

Ainsi, par exemple, pour une profondeur de 1ᵐ,20 l'écartement pourra varier de 7 à 20 mètres. M. Hervé-Mangon donne le chiffre de 10 à 11 mètres comme convenable aux terres fortes du nord de la France. (Pratique du drainage.)

405.—L'écoulement des eaux, dans les tuyaux de drainage, se faisant en vertu de la pesanteur, un drain peut-être considéré comme un plan incliné sur lequel roule l'eau.

Chaque molécule de celle-ci se meut sous l'action de la composante horizontale de son poids.

Pour faciliter et accroître cette action il suffira de faire le plan le plus incliné possible.

Donc en principe les drains doivent être tracés suivant la plus grande pente du terrain définie aux n°s 329-338.

Lorsque le terrain est sensiblement horizontal la direction à

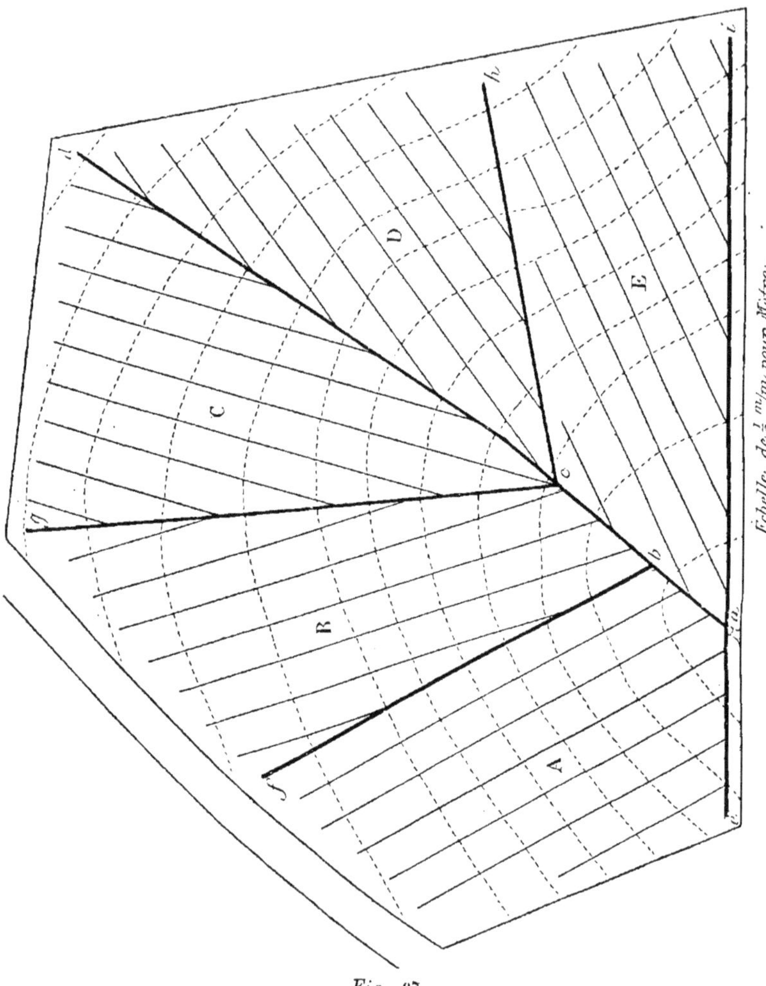

Fig. 97.

donner peut être quelconque, mais alors le fond du drain doit avoir une pente artificielle.

Les collecteurs sont généralement indiqués de direction par les thalwegs ou par des formes particulières du sol.

Mais dans tous les cas, il ne sera pas nécessaire de les tracer rigoureusement de plus grande pente.

Ordinairement, à cause de leurs diamètres plus considérables que ceux des petits drains, on les trace un peu obliquement aux lignes de plus grande pente.

Le tracé des petits drains ne se fait pas non plus mathématiquement de plus grande pente.

On préfère l'exécuter par séries de drains parallèles afin de faciliter son exécution autant sur le papier que sur le terrain.

La surface à drainer est divisée en parties à peu près planes par les collecteurs ; et dans chaque partie on détermine la direction moyenne de la plus grande pente par rapport à laquelle seront tracés parallèlement tous les petits drains qu'elle comprend.

Ainsi, pour la figure 97, on a fait cinq parties, A, B, C, D, E, à peu près planes et séparées par les collecteurs, *abcd*, *bf*, *cg*, *ch* et *ai*.

Dans chaque partie on a déterminé la direction moyenne de la plus grande pente (normale aux courbes); puis on a mené sur elle une perpendiculaire prolongée à droite et à gauche.

Sur cette perpendiculaire on a pris des distances égales à l'équidistance des drains ; et, par tous les points de division, on a tracé les drains parallèlement entre eux et à la ligne moyenne de plus grande pente.

Les petits drains sont tracés en petits traits, les collecteurs de premier ordre en traits plus gros, ceux de deuxième ordre en traits plus gros encore et ainsi de suite.

Au point de concours de deux collecteurs, on a indiqué un regard, comme en *a*, *b* et *c*, afin de pouvoir vérifier si l'écoulement se fait régulièrement.

Le débouché a lieu au point *a* dans un fossé d'écoulement.

On le représente par un arc de cercle ou un fer à cheval.

Le raccordement des petits drains sur les collecteurs de premier ordre et le raccordement de ceux-ci sur ceux de second ordre, etc., se font toujours obliquement.

Il en résulte alors un écoulement facile. L'obliquité la plus convenable serait celle de 45°. On ne devra faire raccorder deux collecteurs au même point, qu'autant qu'on fera des regards comme en *a* et *c*.

Alors, ces collecteurs aboutissant sur le regard à des hauteurs différentes, il ne peut y avoir de difficultés pour l'écoulement de l'eau.

406. — La pente donnée aux drains secondaires, ou petits drains, est celle du terrain même, laquelle sera toujours suffisante jusqu'à un minimum de 0,002 et même de 0,001.

Celle donnée aux collecteurs peut être encore plus faible à cause de leur obliquité à la ligne de plus grande pente.

En revanche un drain isolé, à cause d'une faible charge, a besoin au moins de 0,005 pour écouler l'eau.

Le fond des drains sera tracé comme cela a été expliqué au n° 364, mais en se servant des petits instruments qu'on appelle nivelettes, qui ne sont autre chose que de petites mires à voyants fixes, sur lesquelles sont dirigés les rayons de visées.

Nous ne pouvons entrer dans tous les détails d'un tracé complet de drainage sans sortir de notre cadre.

Ce que nous venons dire suffira pour en faire comprendre le principe.

407. — Le tracé exécuté sur le papier devra être reporté sur le terrain.

A cet effet, chaque partie sera reportée séparément en prolongeant les collecteurs sur les côtés de la pièce à drainer, afin de déterminer leurs directions réelles sur le sol.

Ensuite, les angles égaux que forment les petits drains avec les collecteurs étant mesurés sur le papier, on peut tracer facilement ceux-ci, équidistants sur le sol, à l'aide du graphomètre, en installant ce dernier successivement à leurs points de concours avec les collecteurs.

Il n'y a aucune difficulté dans ce travail.

On aura soin d'indiquer les collecteurs par des grands jalons peints, et portant un indice distinctif.

Les drains secondaires seront tracés avec des jalons plus petits.

Pour éviter la confusion des lignes, il sera bon d'indiquer par des traits de charrues les collecteurs et quelques drains secondaires.

E. *Tracé d'une irrigation.*

408. — Le tracé d'une irrigation se fait généralement sans étude préalable du terrain dans les pays d'irrigation.

Les irrigateurs, dans le tracé des rigoles, se font suivre par l'eau qui les guide ainsi dans leurs travaux.

Cette manière de procéder permet assurément de faire que le point d'arrivée d'une rigole ne soit jamais trop élevé.

Mais en revanche, ce même point peut être souvent trop bas, par suite du défaut de précision de l'irrigateur.

Aussi, pour éviter cet inconvénient, doit-on tracer le plus souvent les rigoles de distribution au niveau, et aussi un certain nombre de rigoles d'irrigation.

D'autres fois tout le tracé est fait au niveau d'eau.

Mais, dans tous les cas, on perd beaucoup de temps et nous préférons faire d'avance, sur le papier, un projet d'irrigation qu'on reporte ensuite sur le terrain.

Par ce procédé, on se donne du travail de cabinet au dépend du travail sur le sol qui est réduit au minimum.

Le terrain est nivelé par l'un des systèmes de nivellement décrits aux nos 270 à 295.

Puis on reporte les résultats sur le dessin de manière à représenter le relief suivant les principes exposés aux nos 327-338.

Mais généralement c'est la représentation par courbes horizontales qu'il faut employer de préférence (329-338).

La représention par plans cotés convient plus spécialement aux terrains plats.

Parmi les modes de nivellement et de représentation du relief on peut recommander spécialement, aussi bien que pour le drainage, du reste, celui qui consiste à tracer sur le sol une série de parallèles équidistantes sur lesquelles on repère les horizontales.

On n'a pas alors de calculs à faire et les ouvriers peuvent exécuter le travail de nivellement et de levé sur de simples instructions de l'ingénieur.

Il est presque inutile de faire remarquer que plus l'équidistance des horizontales sera faible, mieux le relief du sol sera représenté.

Les équidistances de $0^m,20$, $0^m,40$, $0^m,50$ et 1 mètre sont généralement celles qui conviennent le mieux.

Mais dans tous les cas on aura soin de proportionner cette équidistance à la pente du terrain.

409. — Le report simultané sur le papier du nivellement et du levé de plan aura donné une figure quelconque telle que la figure 98, par exemple, traversée par deux rivières *dc* et *ef* qui se rencontrent pour n'en former qu'une *eg*.

Après une inspection de cette figure on voit d'abord que la partie *abc*K est la plus élevée et présente un plateau dont les flancs sont à pente un peu forte. La partie *abcfed*, qui vient au-dessous, est un versant, limité par les deux rivières, dont la pente est plus faible.

La troisième partie *efig* est aussi un autre versant peu incliné. Ces trois premières parties forment des prairies qu'on se propose d'irriguer.

Quant à la quatrième *degh*, elle est en terre labourable qu'on veut soumettre à l'arrosage.

Les problèmes à résoudre, par l'ingénieur, se présentent donc naturellement.

Dans la première partie il fera des rigoles horizontales, dans la

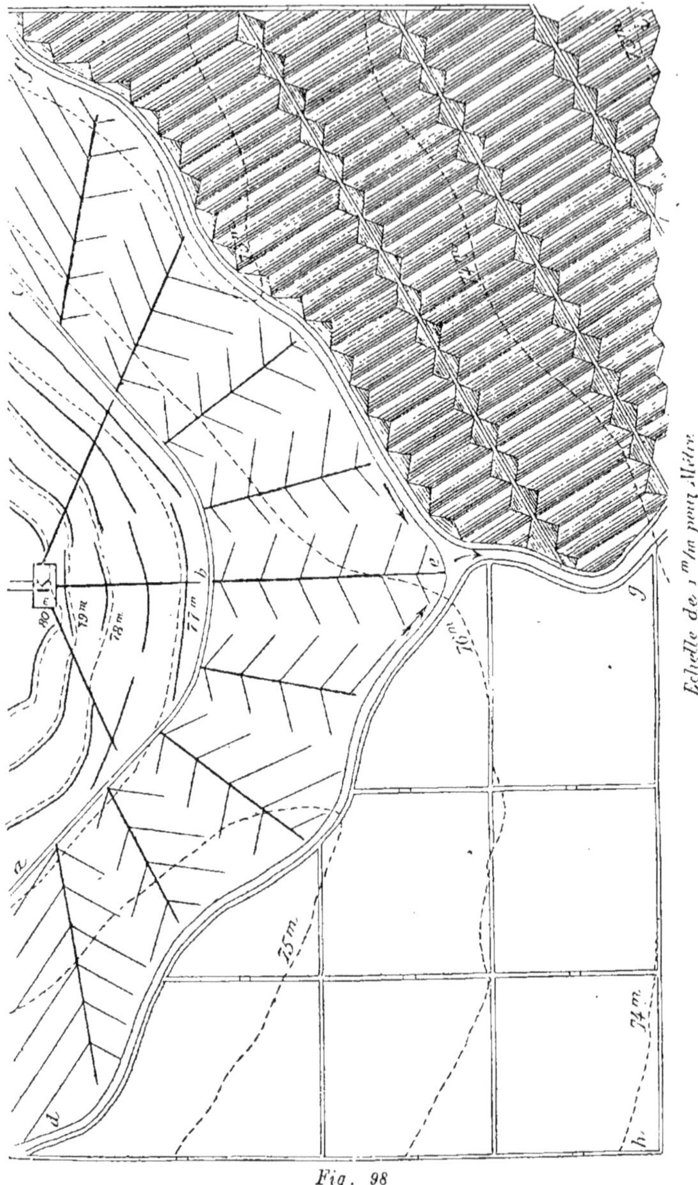

Fig. 98

seconde des rigoles obliques ou rases, dans la troisième des ados, et dans la quatrième des bassins à fonds horizontaux.

On construira un réservoir au point K placé sur le plateau et assez bas pour qu'on puisse y amener l'eau de la rivière *de* par un petit canal.

C'est de ce réservoir qu'on tracera, à des distances à peu près égales, trois rigoles de distribution divergentes, distantes de 20 à 125 mètres, dont deux seront obliques à la ligne de plus grande pente et la troisième suivant cette ligne.

Les rigoles horizontales, de 17 à 90 mètres de longueur, seront tracées parallèlement aux courbes à des distances variant de 20 à 30 mètres sur les rigoles de distribution.

Pour l'irrigation de la deuxième partie on tracera un canal d'amenée *abc* ayant une faible pente de *a* et de *c* vers *b* ; ce dernier point étant le plus bas.

De *b* en *e* une rigole de distribution sera tracée de plus grande pente pour déverser en même temps l'excédant d'eau au point *e* de jonction des rivières.

Les rigoles de distribution, de 90 à 155 mètres de longueur, sont tracées plus ou moins obliquement aux horizontales à des distances variant de 45 à 55 mètres sur la direction du canal d'amenée.

Quant aux rigoles d'irrigation elles sont tracées également obliquement aux rigoles de distribution et aux courbes horizontales.

Elles viennent aboutir par paires aux rigoles de distribution sur lesquelles elles sont espacées de 25 mètres en moyenne ; ce qui correspond à une plus courte distance d'environ 20 mètres. Sur un terrain perméable il faudrait seulement les espacer à 12 ou 15 mètres.

Quant à leurs longueurs elles varient de 10 à 90 mètres. Relativement à la partie *efig* le tracé est fait par ados de 25 de largeur et de 10 à 75 de longueur.

Un premier canal de distribution est tracé parallèlement à la rivière *feg* pour alimenter la première rangée de rigoles d'irrigation ; un autre, tracé à l'est, alimente trois rigoles de distribution pour les autres rangées d'ados.

Les canaux et les rigoles de distribution sont tracés avec de faibles pentes, tandis que les rigoles d'irrigation ont leur bords de niveau.

Quant aux rigoles de collature des ados on doit leur donner une pente faible.

Enfin la quatrième partie *degh* est divisée en bassins, à plafonds horizontaux, par des digues portant à leurs sommets des rigoles de distribution.

Un canal d'amenée, ou de distribution, *dh*, alimente les rigoles de distribution. Dans le cas où on craint une stagnation de l'eau on fait aussi, dans les bassins, des fossés de collature. La surface des bassins, dans la figure, varie de 0 h. 75 à 1 h. 63 ares. Pour la culture des gros légumes on fait en général la surface plus petite.

Pour les plantes de grande culture on peut la faire plus grande sans inconvénient. Nous donnons des chiffres moyens pour une petite culture.

410. — Le tracé effectué sur le papier il faut le reporter sur le terrain. Ce travail ne présente aucune difficulté.

On repère sur le dessin, et sur le sol, les canaux d'amenée et les rigoles de distribution ; puis, quand leurs directions sont bien déterminées, on vérifie les points extrêmes par un nivellement.

Ce premier travail exécuté, le tracé des rigoles d'irrigation se fait très-rapidement.

Le seul point difficile est de bien préciser leurs directions générales dans chaque système.

On aura toujours soin, après leurs tracés, de vérifier, par un nivellement simple, si elles ont bien les pentes données et nécessaires à la bonne distribution des eaux.

Les instruments dont on se sert dans ces sortes de travaux sont toujours les niveaux d'eau et les mires ordinaires.

Mais pour le nivellement du projet nous conseillons de préférence l'emploi du niveau à bulle avec la mire ordinaire ou la mire parlante.

Sans qu'il soit nécessaire d'entrer dans d'autres détails, nous ferons observer, en terminant, que toutes les rigoles de distribution doivent être exécutées avec des sections décroissantes du commencement à la fin, suivant la loi de diminution du volume d'eau qu'elles portent.

Nous pouvons maintenant considérer notre but comme atteint par la description succincte de l'application du nivellement à diverses questions spéciales formant l'objet de ce dernier chapitre.

FIN

TABLE DES MATIÈRES

AVANT-PROPOS

But et utilité du nivellement; première théorie de Picard; niveau à bulle de Thévenot; traité du nivellement de Mariotte; mode de représentation du sol de Buache et Ducarla; nivellement général par Girard; ouvrage de Busson-Descars; traité de topographie de Puissant; carte topographique de la France; ouvrage de Clerc; ouvrage de Salneuve; mémoires de Boisvillette et Leblanc; notice Bourdaloue; son nivellement général; ouvrage de M. Breton; publications de MM. Goulard-Henrionnet, Leclerc et Toussaint; Andrès, Vauthier et Allyre-Bureau; Briot et Vacquant, Laussedat, Debauve, etc.; plan de l'ouvrage en quatre parties.

PREMIÈRE PARTIE

Principes généraux

CHAPITRE I. — OBJET DU NIVELLEMENT.

CHAPITRE II. — LOIS DU NIVELLEMENT.

CHAPITRE III. — HISTORIQUE DU NIVELLEMENT.

DEUXIÈME PARTIE

Les Instruments

CHAPITRE III. — NIVEAU A BULLE.

CHAPITRE IV. — CLISIMÈTRES.

CHAPITRE V. — LES BAROMÈTRES.

CHAPITRE VI. — LE TACHÉOMÈTRE

CHAPITRE VII. — LES MIRES.

CHAPITRE VIII. — OBJETS DIVERS DE NIVELLEMENT.

TROISIÈME PARTIE

Les Opérations de Nivellement

PREMIÈRE SECTION

GÉNÉRALITÉS

CHAPITRE I. — CONSIDÉRATIONS GÉNÉRALES.

CHAPITRE II. — EXERCICES PRÉPARATOIRES.

CHAPITRE III. — PERSONNEL ET MATÉRIEL D'UNE EXPÉDITION DE NIVELLEMENT.

CHAPITRE IV. — RECONNAISSANCE DU TERRAIN A NIVELER.

CHAPITRE V. — ALIGNEMENT, TRACÉ ET PIQUE-
TAGE DES PROJETS DE NIVELLEMENT.

DEUXIÈME SECTION

NIVELLEMENT RÉGULIER

CHAPITRE I. — NIVELLEMENT SIMPLE.

CHAPITRE II. — NIVELLEMENT COMPOSÉ.

CHAPITRE III. — NIVELLEMENT LONGITUDINAL
OU PAR PROFIL EN LONG.

CHAPITRE IV. — NIVELLEMENT TRANSVERSAL OU
PAR PROFILS EN TRAVERS.

CHAPITRE V. — NIVELLEMENT PAR POLYGONE
TOPOGRAPHIQUE.

CHAPITRE VI. — NIVELLEMENT PAR CHEMINE-
MENT DANS UNE OU PLUSIEURS DIRECTIONS OU SUIVANT DES LIGNES MAGISTRALES OU DES TRAVERSES.

CHAPITRE VII. — NIVELLEMENT PAR RAYONNE-
MENT ET PAR POINTS COTÉS OU NIVELLEMENT DES DÉTAILS. PLANS COTÉS.

CHAPITRE VIII. — NIVELLEMENT PAR RAYONNE-
MENT ET PAR COURBES DE NIVEAU.

CHAPITRE IX. — NIVELLEMENT PAR LE SYSTÈME
DES SONDES.

CHAPITRE X. — NIVELLEMENT RÉCIPROQUE.

TROISIÈME SECTION

NIVELLEMENT TOPOGRAPHIQUE

CHAPITRE I. — NOTIONS GÉNÉRALES.

CHAPITRE II. — NIVELLEMENT TOPOGRAPHIQUE
A PETITE PORTÉE OU SPÉCIAL.

CHAPITRE III. — NIVELLEMENT TRIGONOMÉ-
TRIQUE A GRANDE PORTÉE OU GÉNÉRAL.

CHAPITRE IV. — NIVELLEMENT BAROMÉTRIQUE.

CHAPITRE V. — NIVELLEMENT TACHÉOMÉTRIQUE.

QUATRIÈME PARTIE

Les Applications de Nivellement

PREMIÈRE SECTION

APPLICATIONS DIVERSES SUR LE PAPIER

CHAPITRE I. — RELIEF DU SOL.

Versailles. — CERF et FILS, imprimeurs, 59, rue Duplessis

MINES ET MÉTALLURGIE.

BARBA (J.), ingénieur des constructions navales. **Étude sur l'emploi de l'acier dans les constructions.** Exposé de la méthode à suivre pour la mise en œuvre des tôles et barres profilées en métal fondu. 1 vol. grand in-8 avec 80 figures dans le texte.   5 fr.

BARLET, professeur. **Tenue des livres** appliquée à la comptabilité des mines de houille, des hauts-fourneaux et des usines à fer. 1 vol. in-8.   7 fr. 50

BOSC (Ernest), architecte et ingénieur. **Traité complet de la tourbe;** formation, gisement et composition des diverses espèces, extraction, dessiccation naturelle et artificielle, travaux mécaniques, carbonisation, etc., etc. Culture des tourbières, roselières, rizières et engrais. Législation des marais et des tourbières. Benzine, acide phénique, etc. Emploi de la tourbe en métallurgie. 1 vol. in-8, avec 26 fig. dans le texte.   4 fr.

BURAT, ingénieur, professeur à l'École centrale des arts et manufactures. **Géologie de la France.** 1 vol. grand in-8 avec de nombreuses figures intercalées dans le texte.   16 fr.

La *Géologie de la France*, par M. BURAT, est le meilleur guide que puissent prendre l'ingénieur, l'étudiant et l'homme du monde qui se proposent de voyager en France ou qui veulent se rendre compte de la constitution physique et de la composition géologique des pays qu'ils habitent ou qu'ils visitent.

L'auteur a divisé la France en contrées géologiques spéciales par les détails de leur relief, par leur altitude, leur régime hydrographique, par les roches et les terrains qui les caractérisent, résumant ainsi les études faites par les nombreux géologues qui les ont explorées depuis Dufrénoy et Élie de Beaumont. Il étudie successivement chacune de ces contrées en détaillant leurs caractères particuliers.

M.

BURAT. **Minéralogie appliquée,** description des minéraux employés dans les industries métallurgiques et manufacturières, dans les constructions et dans l'ornement. 1 vol. in-8, avec 224 figures intercalées dans le texte.   10 fr.

—— **Cours d'exploitation des mines,** professé à l'École centrale des arts et manufactures. 1 volume grand in-8 et un atlas in-folio de 88 planches, avec un supplément composé d'un volume grand in-8 et d'un atlas de 20 planches.   70 fr.

Le supplément se vend séparément.   18 fr.

Méthodes générales d'exploitation. — Méthodes appliquées à l'exploitation de la houille. — Procédés de percement et de revètement des galeries de toutes dimensions. — Procédés de fonçage des puits, leur soutènement et leur cuvelage à travers les terrains aquifères. — Aérage. — Transports souterrains. — Appareils d'extraction. — Exhaure. — Installation des siéges d'extraction. — Manutentions du jour et installation des rivages et ports secs. —Emploi de l'air comprimé comme moteur.

—— **Le Matériel des houillères** en France et en Belgique. Description des appareils, machines et procédés pour exploiter la houille. 1 vol. grand in-8, et un atlas de 77 planches in-folio.   60 fr.

—— **Supplément au Matériel des houillères.** 1 volume grand in-8 et un atlas de 40 planches in-folio.   30 fr.

—— **Les Houillères de la France en 1866.** 1 vol. grand in-8 et un atlas in-4 de 25 planches, dont plusieurs doubles et triples.   20 fr.

Étendue et composition des terrains de la France. — Travaux qui augmentent sa production. — Explorations nouvelles à entreprendre. — Explorations à grandes profondeurs. — Cartes, coupes et plans de nos bassins. — Maisons d'ouvriers.

—— **Les Houillères en 1867,** d'après les documents de l'Exposition universelle. 1 vol. grand in-8 et un atlas in-4 de 25 planches, dont plusieurs doubles et triples.   20 fr.

Étude géologique et géographique des bassins houillers de la France, de la Belgique, de l'Allemagne, de l'Autriche, de la Prusse et de l'Angleterre. — Nouvelles méthodes d'exploitation.

—— **Les Houillères en 1868.** 1 vol. grand in-8 et un atlas in-4 de 25 pl. dont plusieurs doubles et triples.   20 fr.

Étude économique. — Perfectionnement du matériel des houillères. — Classification et transport des charbons, etc.

BURAT. **Les Houillères en 1869.** 1 vol. grand in-8 et un atlas in-4 de 12 pl., dont plusieurs doubles et triples. 15 fr.

Perfectionnement du matériel. — Conditions de la production houillère en 1869. — Législation des mines. — Les Grèves.

—— **Les Houillères en 1872.** 1 vol. grand in-8 et un atlas in-4 de 10 planches doubles. 15 fr.

Développement des exploitations, mesures administratives. — Questions ouvrières, institutions de secours et de prévoyance. — Perfectionnements des méthodes d'exploitation. — Perfectionnements du matériel. — Hydrographie et navigation intérieure de la France. — Notes et documents.

—— **Situation de l'industrie houillère en 1859.** In-8. 5 fr.

—— **Situation de l'industrie houillère en 1860, 1861, 1862, 1863, 1864.** Chaque volume. 2 fr. 50

BURAT. **Applications de la géologie à l'agriculture.** 1 vol. in-16. 1 fr. 50

BURY, avocat, **Traité de la législation des mines,** des minières, des usines et des carrières en Belgique et en France. 2 vol. in-8. 18 fr.

CAHEN, ingénieur. **Métallurgie du plomb en Belgique.** Description et discussion des divers traitements métallurgiques des minerais de plomb. — Examen comparé de ces divers traitements. — Améliorations dont ils sont susceptibles. 1 vol. in-8, 230 pages, 10 planches et tableaux. 5 fr.

CAILLAUX (Alfred), ingénieur. **Tableau général et description des mines métalliques et des combustibles minéraux de la France.** 1 gros vol. grand in-8 avec de nombreux tableaux. 15 fr.

—— **Notes sur la Dynamite.** 1 brochure gr. in-8. 2 fr.

—— **Résumé historique des législations minières anciennes et modernes.** 1 brochure grand in-8. 2 fr.

CHAMPION (P.), chimiste, attaché à l'état-major du général Tripier pour l'emploi de la Dynamite. **La Dynamite et la Nitroglycérine.** Historique. — Préparation. — Propriétés. — Emploi. — Modes d'explosion. — Appareils électriques, etc. Applications à l'industrie et à la guerre.

Torpilles. 1 volume in-18 jésus avec de nombreuses gravures
sur bois.   4 fr.

C'est l'ouvrage le plus complet sur la question. Outre un grand nombre d'applications industrielles, et notamment pour le tirage des mines, cet ouvrage
renferme des renseignements détaillés sur le mode d'emploi de la dynamite, sur
les appareils et engins concourant à son emploi, ainsi qu'un certain nombre d'essais et de faits de guerre.

DANKS. **Le Puddlage mécanique**, par le procédé Danks.
1 vol. in-8 orné d'une planche de figures.   4 fr.

DUMONT. **Carte géologique de l'Europe**. Quatre feuilles
grand aigle tirées en couleur à l'Imprimerie nationale.
Échelle $\frac{1}{4000000}$ (4 myriamètres par centimètre). Grandeur
du cadre $1^m,41$ sur $1^m,20$.

Prix en feuille.   65 fr.
Collée sur toile et en étui.   75 fr.
Sur toile, montée sur rouleaux et vernie.   80 fr.

Aucune carte géologique ne présente autant de détails à une aussi petite
échelle. L'auteur a non-seulement réuni tous les matériaux publiés jusqu'à ce
jour, mais il a profité d'un grand nombre de renseignements inédits que lui ont
communiqués la plupart des géologues de l'Europe. Il y a joint ses observations personnelles sur la Belgique et les contrées voisines; enfin, celles qu'il a
recueillies dans ses nombreux voyages en France, en Angleterre, en Allemagne, en Suisse, en Autriche, en Turquie, dans l'Asie Mineure, en Grèce, en
Italie, en Sicile et en Espagne, lui ont permis de coordonner ces documents
épars et de les contrôler les uns par les autres de manière à en former les
éléments d'un même système.

La gravure de la carte, ainsi que l'impression en couleur, ont été l'objet des
soins les plus minutieux ; on ne peut désirer une clarté plus parfaite, malgré
l'abondance des détails. Les connaisseurs apprécieront les difficultés considérables qu'il a fallu vaincre pour représenter, avec une si grande exactitude et
d'une manière si complète, l'extrême variété des terrains qu'on observe dans
quelques contrées du centre de l'Europe.

DUMONT. **Sa Vie et ses travaux**, par Joseph Fayn. 1 vol.
in-8.   4 fr.

ÉVRARD (Alfred), ingénieur. **Les Moyens de transport
appliqués dans les mines, les usines et les travaux
publics**. Organisation et matériel. 2 vol. in-8 et un atlas de
125 planches in-folio de dessins cotés pouvant servir immédiatement à la construction du matériel.   100 fr.

Cet ouvrage renferme une étude générale des transports s'étendant aux industries des différentes contrées, et commençant par les procédés les plus sim-

ples pour finir par les chemins de fer économiques, considérés au point de vue du transport des marchandises.

On y trouvera, outre les meilleurs modèles des voitures et wagons de toutes sortes, toutes les données théoriques et pratiques relatives aux transports aériens par câbles et toiles sans fin, — à la construction, à l'exploitation, et surtout au matériel des plans inclinés ; — des chemins de fer économiques, souterrains et extérieurs ; — aux transports par l'air comprimé ; — à la traction mécanique dans les mines ; — et un chapitre consacré à la traction à vapeur sur les routes.

FAYN. André Dumont, sa vie et ses travaux. 1 volume in-8. 4 fr.

FÉTIS, ingénieur. **Traité théorique des procédés métallurgiques de grillage**, par Karl Friederick Plattner. Traduit de l'allemand, annoté et augmenté par Alphonse Fétis. 1 vol. in-8, avec planches. 12 fr.

FICHET. Études sur la combustion et sur la construction rationnelle des foyers industriels. 1 broch. grand in-8 avec une planche. 3 fr.

GILLON, ingénieur-professeur. **Cours de métallurgie générale.** Rédigé sur les notes du cours fait à l'École des arts et manufactures et des mines de l'Université de Liége. — Fourneaux, souffleries, combustibles, calcination et grillage, additions et fondants, préparation mécanique. 1 vol. grand in-8, avec un atlas de 12 planches. 8 fr.

Voir aussi LESOINNE (A.) et GILLON. **Cours de métallurgie.**

GISLAIN. Du Fer et du charbon à Épinac-Autun et environs. 1 vol. in-8, avec planches. 3 fr.

GLÉPIN, ingénieur des mines. **De l'Établissement des puits de mines dans les terrains ébouleux et aquifères.** Construction. — Consolidation. — Réparations. — Fonçage et éboulement des fosses de Marles (Pas-de-Calais). 1 volume in-8, avec un atlas de 16 planches grand in-4, dont plusieurs doubles. 25 fr.

GRATEAU, ingénieur des mines. **Mémoire sur la fabrication de l'acier fondu** par le procédé Chenot. In-8, avec pl. 2 fr. 50

GRATEAU. L'École des mines de Paris. Histoire. — Organisation. — Enseignement. — Élèves-ingénieurs et élèves-externes. Brochure in-8, utile aux candidats et aux élèves. 1 fr.

HABETS (A.). — *Exposition universelle de Vienne.* **Mines et métallurgie.** 1re partie. **Institutions ouvrières spéciales aux mines et à la métallurgie.** Un volume in-8, avec 8 planches. (Extrait de la *Revue universelle des mines.*) 3 fr.

HEDLEY (John), ingénieur des mines. **Traité pratique de l'exploitation des mines de houille ;** traduit de l'anglais et annoté par H. Lambert et Ed. Modeste. 1 volume in-8, 104 pages et 16 planches. 8 fr.

JACQUES. — **Étude sur la houille du bassin de Liége.** 1re partie. **Houille grasse.** Un volume in-8. (Extrait de la *Revue universelle des mines.*) 5 fr.

JORDAN (S.), ingénieur d'usines métallurgiques, professeur à l'École des arts et manufactures, président de la Société des ingénieurs civils. — **Album du Cours de métallurgie** professé à l'École centrale des arts et manufactures. 140 planches in-folio, cotées et à l'échelle, et 1 vol. in-8. 80 fr.

Il n'existait plus dans la librairie française d'ouvrage donnant une collection coordonnée et à peu près complète des divers appareils qu'emploient les usines métallurgiques. Les atlas qui accompagnent les traités de métallurgie publiés plus ou moins anciennement par MM. Walter de Saint-Ange, Flachat, Barrault et Petiet, Valérius, ne contiennent que des types maintenant vieillis pour la plupart et qui peuvent difficilement servir d'exemples et de guides pour la construction du matériel des forges modernes. L'auteur de l'Album du Cours de Métallurgie professé à l'École centrale a souffert lui-même de cette absence de documents, et il a cherché à combler la lacune en publiant son ouvrage par lequel il s'est proposé un double but :

D'une part, faciliter la tâche des professeurs en fournissant aux élèves une série méthodique de dessins destinés à simplifier et à abréger la partie descriptive des cours de Métallurgie ;

D'autre part, donner aux ingénieurs des usines une collection aussi nombreuse que possible d'exemples choisis de façon à les aider dans l'étude des projets qu'ils ont à rédiger.

C'est pourquoi les 140 planches qui composent l'Album ont été dessinées à l'échelle d'après des dessins d'exécution, et soigneusement cotées. Aucune peine n'a été épargnée pour la gravure et la correction des épreuves. Contrairement à ce qui a été fait quelquefois, l'auteur s'est attaché à ne publier que des appareils existants et ayant fait leurs preuves : la plupart sont publiés pour la première fois.

Le volume de texte explicatif fournit les indications nécessaires à la bonne intelligence des dessins, et en outre des données numériques et des renseignements sur le fonctionnement des appareils.

Les 13 premières planches sont consacrées aux *Combustibles.* On y trouve les types de fours à coke les plus avantageusement employés maintenant, comme les fours Smet perfectionnés, les fours Appolt, les fours Coppée, avec des détails suffisants pour la construction.

La seconde partie, consacrée à la *Fabrication de la fonte,* comprend 43 planches parmi lesquelles une collection de hauts-fourneaux de construction récente, les magnifiques machines soufflantes du Creuzot, pour hauts-fourneaux et pour appareils Bessemer, les appareils à air chaud système Whitwell et système Cowper, des monte-charges divers y compris ceux à eau comprimée récemment installés au Creuzot.

La *Fabrication du fer* occupe 71 planches. On y trouve pour la première fois des détails complets sur la construction des feux comtois et des fours à puddler modernes, une série complète des dessins d'exécution des diverses sortes de laminoirs. Parmi les nouveautés on peut citer le four Danks, les fours Siemens, les trains trios à rails et leurs accessoires, les grandes cisailles à tôles, les trains universels à blindage.

Enfin, dans la dernière partie consacrée à la *Fabrication de l'acier* (13 planches) se trouvent des dessins tous inédits qui donnent l'ensemble et les détails des appareils Bessemer, le four Martin Siemens, les fours à creusets système Siemens, les fours et les martinets-pilons à corroyer l'acier.

JORDAN. **Notes sur la fabrication de l'acier Bessemer** aux États-Unis, d'après MM. Holley, Smith, etc. Une brochure grand in-8, avec planches.   4 fr. 50

—— **État actuel de la métallurgie du fer,** dans le pays de Siegen (Prusse), notamment de la fabrication des fontes aciéreuses. In-8 avec pl.   5 fr.

JULLIEN, ingénieur des arts et manufactures. **Traité théorique et pratique de la métallurgie du fer**, à l'usage des savants, des ingénieurs, des fabricants et des élèves des Écoles spéciales ; comprenant la fabrication de la fonte du fer, de l'acier et du fer-blanc. 1 vol. in-4 avec atlas de 52 planches.   36 fr.

M. Jullien, attaché successivement comme ingénieur à l'atelier de construction du Creuzot; comme sous-directeur à l'usine de Montataire; et enfin aux aciéries de H. Petin, Gaudet et Comp., de Rive-de-Gier, s'est occupé, toute sa vie, de la fabrication de la *fonte,* du *fer,* de l'*acier* et du *fer-blanc ;* et il a contribué puissamment aux progrès qui se sont accomplis dans cette industrie. Il en connaît toutes les théories, et sa constante préoccupation, dans la pratique, comme dans son traité, a été de mettre continuellement la théorie en présence de l'application.

L'ouvrage qu'il offre au public est tout à la fois un exposé des principes sur lesquels repose la métallurgie du fer, une description exacte de toutes les opérations que comportent ses diverses fabrications, une étude complète de toutes les machines employées dans cette industrie.

JULLIEN. **Annexe au traité de métallurgie du fer.** *Théorie de la trempe,* 7ᵉ mémoire, in-4.   3 fr.

KONINCK (de) et DIETZ. **Manuel pratique d'analyse chimique** appliquée à l'industrie du fer, 1 volume in-8, avec planches.   4 fr.

LESOINNE et GILLON. **Cours de métallurgie générale.** Tome Iᵉʳ, préparation mécanique des minerais. 1 volume in-8 et atlas in-8.   12 fr.

Voir GILLON, *Cours de métallurgie,* qui complète l'ouvrage commencé par MM. Lesoinne et Gillon.

MALHERBE (Renier), ingénieur civil des arts et manufactures. **De l'Exploitation de la houille dans le pays de Liége.** (*Mémoire couronné par la Société libre d'émulation de Liége.*) In-8.   6 fr.

—— **Du Grisou.** Recherches sur les causes de sa présence, description des circonstances de son gisement et de son dégagement dans les mines de houille. 1 vol. in-8.   4 fr.

PERCY (Dʳ), professeur à l'École des mines de Londres. **Traité complet de métallurgie,** comprenant l'art d'extraire les métaux de leurs minerais et de les adapter aux divers usages de l'industrie. Traduit avec l'autorisation et sous les auspices de l'auteur, avec introduction, notes et appendice par A.-E. Petitgand et A. Ronna, ingénieurs. 5 vol. grand in-8, avec de nombreuses gravures.   75 fr.

Chaque volume se vend séparément.   18 fr.

TOME Iᵉʳ. — Introduction. — Notions générales. — Combustibles. — Lavage des charbons. — Fours à coke. — Produits réfractaires. — Appendice.

TOME II. — Propriétés physiques et chimiques du *fer.* — Description des minerais. — Analyse des minerais. — Essais des minerais. — Traitement direct.

Tome III. Fabrication de la *fonte*. — Hauts-fourneaux. — Procédés d'affinage et de finage de la fonte. — Appendice.

Tome IV. — *Fers*. — Fours et chaudières. — Appareils mécaniques. — Fers bruts, finis, laminés et spéciaux. = *Aciers*. — Constitution chimique et travail des aciers. — Acier fondu. — Procédés Bessemer, etc. — Résistance des fers, fontes et aciers.

Tome V. — *Cuivre et zinc*. — Première partie. — Propriétés physiques et chimiques. — Minerais et essais. = Méthode de traitement. — Influence des métaux étrangers. — Doublage des navires. — Laiton.

PETITGAND et RONNA. **Traité complet de métallurgie** traduit de l'anglais du Dr John Percy, avec introduction, notes et appendice. (Voyez *Percy*.)

PLATTNER, ingénieur. **Traité théorique des procédés métallurgiques de grillage ;** traduit de l'allemand, annoté et augmenté par Alphonse Fétis. 1 volume in-8 et 6 planches in-4. 12 fr.

PONSON, ingénieur des mines. **Traité de l'exploitation des mines de houille**, ou exposition comparative des méthodes employées en Belgique, en France, en Allemagne et en Angleterre, pour l'arrachement et l'extraction des minéraux combustibles. 4 gros volumes in-8 et un atlas de 80 planches. 2e édition. 72 fr.

EXTRAIT DE LA TABLE DES MATIÈRES.

GISEMENT DE LA HOUILLE ; SONDAGE ; TRAVAUX DE RECHERCHES ET DE RECONNAISSANCE. — Formations carbonifères. — Constitution des couches de houille. — Terrains de recouvrements ; origine des eaux qui contiennent les mines de houille. — Accidents qui affectent les couches de houille. — Description de quelques-uns des principaux bassins de l'Europe. — Appareils de sondage. — Travaux de recherche et de reconnaissance.

MOYENS DE PÉNÉTRER DANS LE SEIN DE LA TERRE. — Des puits et des galeries en général. — Outils et instruments du mineur. — Tirage à la poudre. — Fonçage des puits et creusement des galeries. — Des blindages ou boisages. — Des revêtements en maçonnerie. — Des cuvelages. — Cuvelage en maçonnerie. — Cuvelage en fonte de fer. — Passage des sables mouvants et aquifères. — Excavations accessoires.

AÉRAGE, ÉCLAIRAGE, INCENDIES SOUTERRAINS. — Gaz qui prennent naissance dans les mines de houille. — Des causes de la circulation de l'air dans les mines. — Aérage physique naturel. — Aérage physique artificiel. — Moteurs mécaniques de l'aérage. — Conduite et distribution de l'air dans les excavations souterraines. — Éclairage des mines de houille. — Résultat de la combustion du gaz détonant. — Des incendies dans les mines de houille.

EXPLOITATION PROPREMENT DITE. — Travaux d'entaillement et d'arra-

M.

chement. — Systèmes d'exploitation usités en Belgique, — en France, — en
Angleterre. — Observations générales sur l'exploitation des mines de houille.
— Recherche d'une couche interrompue par un dérangement quelconque.

Du transport dans les mines de houille. — Voies employées pour le
transport intérieur. — Vases de transport intérieur. — Moteurs du transport
intérieur. — Navigation souterraine. — Extraction, vases, voies verticales. —
Intermédiaire entre le moteur et le poids à soulever. — Moteurs d'extraction.
— Calculs relatifs à l'enroulement des câbles et à la constrution des moteurs
d'extraction. — Opérations et appareils accessoires relatifs à l'extraction. —
Criblage de la houille; transport de la houille; chargement des bateaux.

Asséchement des mines. — Répulsion ou endiguement des eaux. — De
l'écoulement des eaux et de leur épuisement à l'aide de tonnes. — Pompes appliquées à l'épuisement des eaux de mines. — Intermédiaires entre les pompes
et les moteurs. — Installation dans les puits des pompes et de leurs accessoires.
— Moteurs d'épuisement.

Économie des mines de houille. — Matières premières. — Matériel
comprenant les outils, les voies de transport et d'extraction, les machines, etc.
— Main-d'œuvre. — Percement et revêtement des roches encaissantes. — Revêtements étanches, passage des sables mouvants, serrements. — Arrachement
de la houille et travaux accessoires. — Transport intérieur. — Extraction,
épuisement. — Frais généraux, prix de revient, vente.

Application du calcul a l'art des mines. — Instruments et relevés
dans la mine. — Calculs préliminaires concernant les trois données acquises
dans la mine. — Tracé des plans des ouvrages souterrains. — Procédés souterrains, problèmes relatifs aux mines. — Tracé d'une méridienne.

PONSON. Supplément au Traité de l'exploitation des mines de houille. 2 gros volumes in-8 et un atlas de 68 planches in-folio. 60 fr.

EXTRAIT DE LA TABLE DES MATIÈRES.

Sondages. — Appareils de sondage.

Des moyens de pénétrer dans le sein de la terre. — Outils et
instruments du mineur. — Tire à la poudre. — Instruments d'abattage, exca-
vateurs, etc. — Fonçage des puits et creusement des galeries. — Revêtements
en maçonnerie. — Cuvelage en bois. — Des cuvelages en maçonnerie. — Cuvelage en fonte de fer. — Passage des sables boulants et aquifères. — Excavations accessoires.

Aérage, éclairage, incendies souterrains. — Causes de circulation
de l'air dans les mines. — Aérage physique artificiel. — Moteurs mécaniques
de l'aérage. — Conduite et distribution de l'air dans les excavations souterraines. — Éclairage des mines de houille. — Des incendies dans les mines de
houille.

Exploitation proprement dite. — Travaux d'entaillement. — Systèmes
d'exploitation en Belgique, en France, en Allemagne, en Angleterre. — Économie des bois de revêtement.

Transport intérieur. — Voies et transports intérieurs. — Vases de
transport intérieur. — Moteurs du transport intérieur. — Vases de transport

et voies verticales. — Intermédiaire entre le moteur et le poids à soulever. — Moteurs d'extraction. — Opérations et appareils accessoires relatifs à l'extraction. — Transport et chargement, criblage et autres opérations de la surface.

ASSÉCHEMENT DES MINES. — Répulsion et endiguement des eaux. — Épuisement des eaux par caisses. — Pompes appliquées à l'asséchement des mines. — Intermédiaires entre les pompes et les moteurs. — Installation des pompes et de leurs accessoires dans les puits.

ÉCONOMIE DES MINES DE HOUILLE. — De quelques innovations envisagées au point de vue du prix de revient.

RONGÉ, ingénieur. **De la Fabrication de la tôle en Belgique**, et description des installations récentes pour la production des fers de poids extra. In-8 avec 3 planches.   5 fr.

RONNA, ingénieur. **État actuel de la métallurgie du plomb en Angleterre**, d'après M. le Dr J. Percy. 1 vol. in-8 avec 5 planches.   5 fr.

SCHINZ, ingénieur. **Documents concernant le haut-fourneau** pour la fabrication de la fonte de fer, traduits de l'allemand, par E. Fiévet. 1 volume grand in-8, avec planches.   6 fr. 50

L'auteur de cet ouvrage essaya, il y a six ans, de former une statistique avec les éléments que lui offraient les manuels de métallurgie; mais il trouva tant de lacunes dans les facteurs énumérés et dans leur valeur numérique, qu'il dut abandonner une pareille entreprise et combler avant tout ces lacunes par ses propres expériences et études.

SIMONIN, ingénieur. **La Richesse minérale en France.** In-8.   2 fr. 50

URBIN, ingénieur. **Guide pratique pour le puddlage du fer et de l'acier.** 1 vol. in-8.   2 fr

MÉCANIQUE ET MACHINES.

Annuaire de la Société des anciens élèves de l'École des arts et métiers, 1873. Un vol. in-8, avec 9 planches de figures. 10 fr.

Les Annuaires précédents se trouvent aussi à la librairie J. Baudry.

ARMENGAUD aîné, ingénieur civil, ancien professeur au Conservatoire des arts et métiers. **Publication industrielle des machines, outils et appareils** les plus perfectionnés et les plus récents employés dans différentes branches de l'industrie française et étrangère.

CONDITIONS DE L'ABONNEMENT :

La Publication industrielle parait par livraisons doubles qui contiennent chacune 8 planches in-folio, gravées sur cuivre avec le plus grand soin et imprimées sur beau papier vélin ; et 96 pages de texte explicatif.

Les 6 livraisons doubles forment un atlas de 48 planches et un volume de texte de 580 à 600 pages.

Prix pour Paris . . . . : 40 fr.

— pour les départements . . . . 45 »

Le tome XXII est en cours de publication.

Il nous reste encore quelques collections des tomes XVIII à XXI au prix de 40 fr. le volume.

ARMENGAUD (jeune). **Formulaire de l'ingénieur**, carnet usuel des architectes, agents-voyers, directeurs et conducteurs de travaux industriels et manufacturiers. 1 vol. in-12. 4 fr.

—— **L'Ouvrier mécanicien.** Guide de mécanique pratique, précédé de notions élémentaires d'arithmétique décimale, d'algèbre et de géométrie, indispensables pour l'intelligence et la solution des diverses applications qui y ont rapport, avec tables et calculs. 1 vol. in-12 avec planches. 4 fr.

Bulletin du musée de l'industrie de Belgique, publié sous la direction de la commission administrative, par M. EUGÈNE GAUTHY, directeur du Musée royal de l'Industrie et de l'École industrielle. Ce bulletin technologique paraît depuis 33 ans par livraisons mensuelles. Prix de l'abonnement annuel (de janvier à décembre) pour la France. 16 fr.

CASALONGA, ingénieur civil. **Éléments proportionnels de construction mécanique** disposés en séries propres à faciliter les études des élèves des Écoles professionnelles et les travaux des dessinateurs, ingénieurs et constructeurs. 1 vol. in-4 contenant 64 planches. 25 fr.

COCKERILL (**Portefeuille de John**). Description des **Machines** d'épuisement, d'extraction, de fabrique, d'outillage, machines de bateaux à vapeur, locomotives et matériel de chemins de fer, roues hydrauliques, etc. Appareils de papeteries, de sucreries, moulins à farine, ventilateurs, etc., construits *dans les établissements de Seraing*, depuis leur fondation jusqu'en 1866. Publié avec l'autorisation de la Société Cockerill. 2 forts vol. grand in-4, et 2 atlas in-folio contenant 200 planches. 200 fr.

—— (**Portefeuille de John**), **nouvelle série**. Machines de tous genres; locomotives et matériel de chemins de fer, ponts en fer, navires à vapeur, dragueurs, machines-outils, etc., etc., — récemment exécutés dans les établissements de la Société Cockerill, à Seraing, Anvers et Saint-Pétersbourg, sous la direction de M. E. Sadoine, ingénieur-directeur général de la Société Cockerill.

Cette nouvelle série se composera de 100 planches in-fol., gravées avec le plus grand soin, et d'un volume de texte in-4, dans le même format que les deux premiers volumes.

Elle se publie en 5 livraisons, composées chacune de 20 planches et de 10 feuilles de texte. Prix de la livraison. 20 fr.

Constructionen und Entwürfe aus dem Gebiete des Maschinenbaues. Constructions et croquis à l'usage du constructeur de machines, moulins, grues, presses, roues hydrauliques, turbines, machines à vapeur, machines de bateaux, pompes, etc. 42 planches grand in-folio oblong. 20 fr.

COURTIN, ingénieur, professeur de construction à l'École industrielle de Charleroi. **La Résistance des matériaux,** mise à la portée de toutes les personnes qui s'occupent des constructions. 1 vol. in-8 avec de nombreuses gravures dans le texte.   5 fr.

DEVILLEZ, ingénieur, professeur à l'École des mines du Hainaut. **Théorie générale des machines à vapeur,** à l'usage des personnes qui n'ont pas étudié les mathématiques supérieures. 1 vol. et atlas in-8.   18 fr.

Dianémomètre, ou Appareil à mesurer les distributions de vapeur, par Marcel Deprez et Jules Garnier, ingénieurs, à l'usage des constructeurs, conducteurs et propriétaires de machines à vapeur.

Prix du dianémomètre et de la brochure explicative. 15 fr.

Ce petit instrument, très-simple, résout à l'instant, sans calcul, les questions de distribution de vapeur. Il évite les épures et donne tout de suite l'*angle de calage* et le *rayon d'excentrique ;* enfin il donne tous les résultats de marche.

DWELSHAUVERS, professeur à l'École des mines de Liége. **Manuel de mécanique appliquée.** 1re partie : **Cinématique.** 1 vol. in-8, avec 12 planches.   5 fr.

ERMEL, professeur à l'École centrale des arts et manufactures. — **Album des éléments et organes de machines,** conforme au cours de construction de machines professé à l'École centrale, par M. ERMEL, composé et dessiné sous sa direction, par M. FERNIQUE, chef des travaux graphiques et répétiteur du même cours : contenant en outre quelques planches relatives aux machines soufflantes, d'après les documents fournis par M. JORDAN, professeur du Cours de métallurgie, formant un atlas de 19 planches de texte et 102 planches de dessins.   13 fr.

FARCOT (Joseph), ingénieur de la maison Farcot et ses fils. **Le Servo-moteur ou moteur asservi.** Ses principes constitutifs. — Variantes diverses. — Application à la manœuvre des gouvernails. 1 vol. in-8, avec 37 planches. 4 fr.

FICHET. **Études sur la combustion et sur la construction rationnelle des foyers industriels.** 1 broch. in-8 avec 1 planche.   3 fr.

FONTAINE. **Description des machines les plus remarquables et les plus nouvelles de l'Exposition de**

Vienne en 1873 : Moteurs, Machines-outils, Locomotives, Appareils divers; précédée d'une notice sur les progrès récents de la métallurgie. 1 vol. grand in-8 et 1 atlas de 60 planches in-folio.   35 fr.

L'ouvrage de M. Fontaine renferme la description et les dessins des nouveaux moteurs à vapeur Corliss, Ringler, Sulzer, Bède et Farcot et autres, des détails très-complets sur la question des moteurs pour le travail en chambre et une étude approfondie sur les machines à travailler le bois et les métaux. Il est complété par des notices sur les nouvelles locomotives, les wagons, les pompes, les appareils de levage Mégy, etc., etc.

L'importance des documents contenus dans cet ouvrage le classe parmi les meilleurs livres de fonds des bibliothèques d'ingénieur.

FONTAINE (H.) et BUQUET (A.), ingénieurs. **Revue industrielle.** (Voyez *Revue*.)

GÉRONDEAU, ingénieur. **Note sur les machines à gaz.** 1 vol. in-8, avec planches.   4 fr.

HART, ingénieur. **Die Werkzeugmaschinen für den Maschinenbau** für Metal und Holzbearbeitung. Construction des machines-outils pour le travail des métaux et du bois, par J. HART, professeur de construction de machines à l'École polytechnique de Carlsruhe. 72 planches in-folio, cotées et à l'échelle, et 1 volume de texte in-8. Nouvelle édition.   60 fr.

HUIN, ingénieur des constructions navales. **Théorie et Description des régulateurs marins isochrones** à bras et à bielles croisés, à deux centres d'oscillation, de MM. Farcot et ses fils. 1 brochure in-8, accompagnée de figures dans le texte et de 4 grandes planches gravées.   3 fr.

JULLIEN, ingénieur. **Traité théorique et pratique de la construction des machines à vapeur** fixes, locomotives et marines, à l'usage des ingénieurs et des mécaniciens-constructeurs, etc., et des élèves des Écoles spéciales; comprenant l'examen technique des matériaux de construction, la composition, l'exécution et les devis de ces moteurs pour les divers genres, espèces, systèmes et forces connus. 2ᵉ édition, revue, corrigée et augmentée. 1 vol. in-4, 583 pages avec bois dans le texte et atlas de 48 planches doubles gravées à l'échelle.   35 fr.

Cette seconde édition, revue, corrigée et considérablement augmentée par l'auteur, est divisée en quatre parties principales.

La première, qui comprend l'*étude des matériaux* de construction, les envisage sous leurs divers points de vue, chimique, physique et mécanique.

La seconde, qui porte le nom de *composition des machines*, passe successivement en revue les pièces, les parties de machines et les machines complètes.

La troisième décrit les *opérations de l'atelier de construction*.

Et la quatrième donne les *prix de revient détaillés* d'un nombre considérable de machines.

KRAFFT, ingénieur. **Roue hydraulique à aubes courbes,** système Poncelet. Considérations théoriques et règles pratiques pour l'établissement de cette roue. In-4, avec 3 planches. 3 fr. 50

MASTAING (L. de). **Cours de mécanique appliquée à la résistance des matériaux.** Leçons professées à l'École centrale des arts et manufactures, de 1862 à 1872, rédigées par M. G. Courtès-Lapeyrat, ingénieur des arts et manufactures, répétiteur du cours. 1 vol. grand in-8, avec de nombreuses figures intercalées dans le texte. 15 fr.

ORDINAIRE DE LACOLONGE, ancien élève de l'École polytechnique. **Recherches historiques et expérimentales sur le moteur à pression d'eau F.-E. Perret.**

Ce mémoire a paru dans le numéro 24 des *Annales du Conservatoire des arts et métiers*. Prix du numéro. 5 fr.

PÉRARD, ingénieur des mines, professeur à l'Université de Liége. **Traité du chauffage et de la conduite des machines à vapeur** fixes et locomobiles. 1 vol. grand in-8, avec 17 planches. 10 fr.

Cet ouvrage est le résumé des leçons faites dans ces dernières années par l'auteur, à l'école industrielle de Liége. La machine à vapeur est aujourd'hui beaucoup plus répandue que les connaissances nécessaires pour en tirer le meilleur parti : les chefs d'usine trouveront dans ce volume, sous une forme très-élémentaire, les principes complets de l'emploi le plus fécond de cette puissance. L'auteur s'est efforcé de réunir en corps de doctrine les éléments disséminés dans les ouvrages généraux ou trop volumineux et ceux qu'il a puisés dans ses propres observations.

Portefeuille de JOHN COCKERILL (Voyez *Cockerill*).

POULOT et FONTAINE, ingénieurs-mécaniciens. **Machines à fabriquer les rivets.** 1 brochure grand in-8, avec figures. 2 fr.

REDTENBACHER, professeur, directeur de l'École polytechnique de Carlsruhe. **Principes de la construction des organes des machines**, traduit de l'allemand par MM. Mérijot et Debize. 1 vol. et 1 atlas de 45 pl. grand in-8. 20 fr.

REDTENBACHER. **Résultats scientifiques et pratiques destinés à la construction des machines**, à l'usage des ingénieurs, des contre-maîtres et des élèves. 1 beau vol. grand in-8, avec 41 planches et de nombreux tableaux. Nouvelle édition, revue par M. Debize. 15 fr.

—— **Die Bewegungs-Mechanismen** (les Mécanismes de mouvement), 80 planches in-folio avec texte. 45 fr.

Revue industrielle. Chronique de l'industrie, journal hebdomadaire illustré, publié par H. Fontaine et A. Buquet. Par an. Paris. 25 fr.

— Départements. 30 fr.

Les années 1872 et 1873 formant chacune 1 fort volume in-8 avec un grand nombre de figures se vendent séparément, chacune 15 fr.

Cette publication contient des renseignements et des données pratiques sur tous les progrès de l'industrie, et, plus spécialement, sur ceux de la mécanique, des transports et des travaux publics, donne la liste des brevets d'invention délivrés en France et renferme un grand nombre de dessins intercalés dans le texte et 26 grandes planches in-folio tirées à part.

SCHEPP, ingénieur. **Die Haupttheile der Locomotiv-Dampfmaschinen** (les Parties principales des locomotives). 1 vol. in-8 et 1 atlas de 16 planches in-folio. 12 fr.

SPINEUX (Adolphe), ingénieur, mécanicien. **De la Distribution de la vapeur dans les machines.**— Étude rationnelle des distributeurs les plus remarquables, sans détente ou à détente fixe et variable, employés depuis Newcomen jusqu'à nos jours. Suivi d'une étude des volants et des régulateurs. 1 vol. grand in-8, et 1 atlas grand in-8 de 26 planches doubles. 15 fr.

THOMAS, ingénieur civil. **Du Dynamomètre indicateur de Watt** et de la manière de s'en servir pour juger la marche et le rendement des machines à vapeur. **Manuel pratique.** 1 vol. in-8 avec figures. 3 fr. 50

TRESCA, membre de l'Institut. **Mémoire sur l'écoulement des corps solides.**

> Ce mémoire a paru dans le numéro 21 des *Annales du Conservatoire des arts et métiers.* Prix du numéro.   5 fr.

TRESCA. Procès-verbal des expériences faites sur les **Machines de traction**, de M. Lotz aîné, de Nantes.

> Ce mémoire a paru dans le numéro 27 des *Annales du Conservatoire des arts et métiers.* Prix du numéro.   5 fr.

TRESCA et Ch. LABOULAYE. **Recherches expérimentales sur l'équivalent mécanique de la chaleur.**

> Ce mémoire a paru dans le numéro 23 des *Annales du Conservatoire des arts et métiers.* Prix du numéro.   5 fr.

V***, ingénieur. **Les Machines d'épuisement à rotation,** comparées aux machines à simple effet. In-8 avec pl.   2 fr.

VIDAL, ancien élève de l'École polytechnique. **Législation des machines à vapeur.** Décret du 25 janvier 1865. Lois et ordonnances en vigueur. Textes du droit commun qui s'y rattachent. Commentaire. 1 vol. in-18.   1 fr. 50

WITH (Émile), ingénieur civil. **Les Machines.** Leur histoire, leur description, leurs usages. 2 beaux volumes in-8 cavalier, avec 450 figures dans le texte.   16 fr.

Le livre des *Machines* s'adresse aux élèves qui étudient, aux ingénieurs, aux conducteurs de travaux, aux agents-voyers, aux architectes, aux entrepreneurs et aux constructeurs qui demandent les formules les plus usitées concernant la construction et l'effet des machines ; il s'adresse aussi à tous ceux qui veulent se rendre compte d'une machine, soit qu'ils prennent part à des entreprises ou à des brevets, soit qu'ils désirent connaître les nombreuses applications des machines à l'industrie. Les inventeurs y trouveront la série des mécanismes en usage et éviteront ainsi de les réinventer.

L'auteur s'est efforcé de rendre son travail aussi précis et aussi clair que possible, afin qu'il puisse être utile aux contre-maîtres et même aux ouvriers qui veulent se familiariser avec la théorie des machines.

Le premier chapitre de cet ouvrage est consacré aux principes de la mécanique industrielle ; le deuxième a pour objet l'analyse des organes des machines, et chacun des vingt-deux autres chapitres traite d'un genre de machine.

Des notices sur les hommes de génie qui ont contribué au perfectionnement de la mécanique accompagnent les chapitres dans lesquels il est parlé de leurs travaux.

Ce livre est suivi d'une table alphabétique des matières qui en fait un véritable dictionnaire de mécanique théorique et appliquée.

—— **Les Inventeurs et leurs inventions.** 1 volume in-12.   4 fr.

PONTS ET CHAUSSÉES ET CHEMINS DE FER.

BOSC (Ernest), architecte, inspecteur des travaux publics. **Étude sur les chaussées dans les grandes villes.** 1 brochure in-8. 1 fr.

BRUÈRE, ingénieur aux chemins de fer de l'Est. **Traité de Consolidation des talus, routes, canaux et chemins de fer**, contenant des explications fort étendues sur les causes des éboulements, la description des procédés de consolidation, le prix de revient obtenu pour 296,000 mètres carrés de talus, et une analyse des systèmes les plus connus, avec un examen de ces principes. 1 volume in-18 jésus et un atlas de 25 planches in-4. 10 fr.

CIALDI (A.), ingénieur hydrographe. **Les Ports-Chenaux et Port-Saïd.** 1 vol. in-8 avec figures et 2 planches. 6 fr.

CLUYSENAAR. **Bâtiments de stations** et *maisons de garde* des chemins de fer de Dendre-et-Waes, d'Ath à Lokeren et de Bruxelles vers Gand par Alost. Cet ouvrage, imprimé en couleur, peut servir de modèles de maisons de campagne et d'habitations champêtres. In-4, avec 33 planches en couleur, cartonné. 30 fr.

COSTA DE BASTELICA, conservateur des eaux et forêts. **Les Torrents**, leurs lois, leurs causes, leurs effets. Moyens de les réprimer et de les utiliser. Leur action géologique universelle. 1 vol. in-8, figures et planches. 7 fr. 50

1re Partie. — Lois de l'entraînement et du dépôt des matières.
2e Partie. — Étude des torrents.
3e Partie. — Extinction des torrents.
4e Partie. — Du phénomène torrentiel dans les grands cours d'eau.
5e Partie. — Colmatage.
6e Partie. — Physique planétaire.

COTELLE, avocat. **Législation française des chemins de fer et de la télégraphie électrique.** 2 vol. in-8. 16 fr.

DUPLESSIS, répétiteur de génie rural à l'École de Grignon. **Traité du levé des plans et de l'arpentage.** 1 vol. in-8 avec 105 figures dans le texte. 4 fr.

ÉVRARD (Alfred), ingénieur. **Les Moyens de transport appliqués dans les mines, les usines et les travaux publics,** les entrepôts et les industries agricoles et manufacturières. 2 volumes in-8 et 1 atlas de 125 planches in-fol. de dessins cotés pouvant servir immédiatement à la construction du matériel. 100 fr.

Cet ouvrage renferme une étude générale des transports s'étendant aux industries des différentes contrées, et commençant par les procédés les plus simples pour finir par les chemins de fer économiques, considérés au point de vue du transport des marchandises.

On y trouvera, outre les meilleurs modèles des voitures et wagons de toutes sortes, toutes les données théoriques et pratiques relatives aux transports aériens par câbles et toiles sans fin, — à la construction, à l'exploitation, et surtout au matériel des plans inclinés ; — des chemins de fer économiques, souterrains et extérieurs ; — aux transports par l'air comprimé ; — à la traction mécanique dans les mines ; — et un chapitre consacré à la traction à vapeur sur les routes.

FLACHAT, ingénieur. **De la Traversée des Alpes** par un chemin de fer. — Développements. — Étude du passage par le Simplon. In-8, avec 4 planches. 5 fr.

GOSCHLER, ingénieur. Traité pratique de l'**entretien et de l'exploitation des chemins de fer**, à l'usage des ingénieurs, des agents de chemins de fer, des constructeurs et fournisseurs de matériel, et des élèves des écoles spéciales, comprenant des notions générales sur les études, les tracés et la construction des chemins de fer, et sur leur entretien et leur exploitation. 4 gros volumes in-8, avec de nombreuses gravures dans le texte, et 1 atlas in-8 de 35 pl. Nouvelle édition.

En vente : les tomes I et II avec l'atlas, comprenant tout le service de la voie. 32 fr.

Les tomes III et IV se réimpriment : ils formeront peut-être plus de deux volumes.

Les études de M. Goschler, les fonctions qu'il a remplies depuis vingt ans dans plusieurs chemins de fer, successivement comme ingénieur ordinaire, ingénieur principal, directeur général, lui ont fait connaitre les différents services; et ses relations avec les administrateurs de France, d'Angleterre et d'Allemagne, lui ont donné la facilité de se renseigner sur les détails qui auraient pu lui être moins connus. L'ouvrage que nous publions sera donc complet dans toutes ses parties. M. Goschler est aujourd'hui directeur général des chemins de fer de la Turquie d'Europe.

GOSCHLER. Les Chemins de fer nécessaires, suivi d'une étude sur l'établissement et l'exploitation des tramways et des chemins à voie étroite. 1 volume grand in-8 avec 7 planches.   7 fr.

LA GOURNERIE (J. de), ingénieur en chef des ponts et chaussées. **Mémoire sur l'appareil de l'arche biaise**, suivi d'une analyse des principaux ouvrages publiés sur cette question. Une brochure in-8.   2 fr.

LARUE (A.), chef du service des transports des usines du Creuzot. **Manuel des voies navigables de la France.** 1 vol. grand in-8 et 1 grande carte.   20 fr.

LATOUR et GASSEND, ingénieurs. **Travaux hydrauliques maritimes.** Installation des chantiers pour l'exploitation des blocs naturels. — Confection des blocs artificiels, immersion de ces deux espèces de blocs. — Installation ayant servi à la construction de la grande jetée du large du bassin Napoléon (port de Marseille). Un volume de texte in-4 et un atlas gr. in-fol., contenant 55 planches en couleur.   100 fr.

LEGRAND, ingénieur. **Les Ponts de Billancourt** construits sur la Seine en 1862, par A. Legrand, ingénieur. 1 volume in-4 avec 5 planches in-fol.   10 fr.

Trois dispositions nouvelles ont été introduites dans les ponts de Billancourt :

1° Largeur de 12 mètres entre les poutres formant parapet ;

2° Disposition en arc très-surbaissé de la partie inférieure de chaque poutre de rive, entre ses points d'appui sur les piles et culées ;

3° Formation du plancher de la chaussée au moyen de plaques en fonte d'une forme particulière, recevant directement la chaussée en empierrement.

—— **Recueil sommaire des ponts projetés et exécutés pour le service vicinal**, par A. Legrand. 2 vol. in-fol. oblong avec 14 planches et texte.   15 fr.

MARÉCHAL, ingénieur. **Notice sur l'emploi de l'air comprimé** au fonçage des piles et culées du pont de Kehl sur le Rhin. In-8, avec 12 planches.   8 fr.

MARY, inspecteur général des ponts et chaussées, professeur à cette École et à l'École centrale des arts et manufactures. **Cours de routes et ponts,** professé à l'École centrale. 1 vol. in-4 avec atlas de 68 planches in-folio (dont 15 planches nouvelles se rapportant aux travaux d'art les plus remarquables exécutés depuis la dernière édition).   45 fr.

MASTAING (L. de). **Cours de Mécanique appliquée à la résistance des matériaux.** Leçons professées à l'École centrale des Arts et Manufactures, 1862 à 1872, rédigées par M. G. Courtès-Lapeyrat, ingénieur des arts et manufactures, répétiteur du cours. 1 vol. grand in-8, avec de nombreuses figures intercalées dans le texte.   15 fr.

PAULET (Maxime), chimiste, auteur de divers ouvrages de chimie appliquée. **Traité de la conservation des bois, des substances alimentaires** et de diverses matières organiques. — Étude chimique de leur altération et des moyens de la prévenir. — Théories émises et procédés de conservation appliqués depuis les temps anciens jusqu'à nos jours. 1 vol. gr. in-8.   9 fr.

Ce Traité s'adresse le plus particulièrement aux administrateurs de chemins de fer, aux ingénieurs et aux chimistes. La marine, l'administration télégraphique, l'industrie des conserves alimentaires, etc., puiseront aussi dans les indications produites des renseignements fort utiles.

Quelques-uns des procédés actuellement appliqués à la conservation des bois et des autres matières organiques sont bien connus; mais on ignore l'ensemble des procédés conservateurs, et on ignore surtout ceux qui ont été antérieurement proposés ou appliqués.

Indiquer les évolutions des théories et l'application des moyens conservateurs aux diverses époques; signaler les connaissances des anciens à ce sujet, tout en laissant la plus grande place aux théories et aux applications contemporaines : tel est, en quelques mots, l'objet principal et le but nouveau que s'est proposé l'auteur du traité.

PRUD'HOMME (L.), ingénieur civil, conducteur au corps des ponts et chaussées. **Cours pratique de construction,** rédigé conformément au § 5 du programme officiel des connaissances pratiques pour devenir ingénieur. 2 volumes in-8, accompagnés de 330 figures dans le texte.   15 fr.

Terrassements, — ouvrages d'art, — conduite des travaux, — matériel, — fondations, — draguage, — mortiers et bétons, — maçonnerie, — bois, — métaux, — peinture, — jaugeage des eaux, — règlement des usines, etc., — à l'usage des ingénieurs et des conducteurs des ponts et chaussées et des chemins de fer, des agents-voyers, des architectes et des entrepreneurs de travaux publics, des ingénieurs des mines, des gardes-mines, des officiers et gardes du génie et de l'artillerie, des inspecteurs et gardes généraux des forêts.

Sammlung ausgefürhter Constructionen schmiedeiser ner Brücken. (Recueil des ponts en fer exécutés.) 60 planches grand in-folio oblong.   35 fr.

SÉBILLOTTE (L.-A.). **Construction des bassins de radoub de Marseille :**

—— **Atlas du matériel et des travaux.** 1 vol. grand in-folio, contenant 40 planches doubles.   100 fr.

—— **Notice sur l'exécution des travaux.** 1 vol. in-4, avec 97 figures intercalées dans le texte et 1 planche. 20 fr.

SERGENT, ingénieur civil. **Traité pratique et complet de tous les mesurages, métrages, jaugeages de tous les corps,** 7ᵉ édition, revue et augmentée. 2 gros volumes grand in-8 avec atlas in-folio de 47 planches gravées sur acier renfermant plus de 2,000 fig.   50 fr.

Traité pratique et complet, appliqué aux arts, aux métiers, à l'industrie, aux constructions, aux travaux hydrauliques, aux nivellements pour construction de routes, de canaux, de chemins de fer, drainages, etc., enfin, à la rédaction des projets de toute espèce de travaux du ressort de l'architecture, du génie civil et militaire, et terminé par une analyse et une série de prix de 916 articles, avec détails sur la nature, la qualité, la façon et la mise en œuvre des matériaux.

VASSELON. **Carnet du conducteur des travaux.** Recueil de formules, tables, renseignements pratiques et documents concernant la construction, à l'usage des ingénieurs, conducteurs, agents-voyers, etc., etc. 1 vol. élégamment cartonné.   6 f. 75

WINKLER, docteur, professeur à l'École polytechnique de Vienne. **Guide de l'architecte et de l'ingénieur à**

Vienne, contenant les plans de la ville et de la banlieue, la description de tous les monuments, de tous les grands travaux exécutés ou en cours d'exécution, de tous les Musées et de toutes les bibliothèques. Rédigé avec le concours de la Société autrichienne des architectes et ingénieurs. 1 vol. élégamment cartonné.   9 fr.

WOJCIECHOWSKI, ancien élève de l'École des ponts et chaussées. **Nouvelle Méthode pour le calcul exact des aires de déblai et remblai** sans le rapport des profils en travers. 1 vol. in-12, avec planches.   1 fr. 50

YVERT (L.), ingénieur. **Notice sur les ponts avec poutres tubulaires en tôle.** Introduction par E. Flachat. In-8 et atlas grand in-fol. de 20 planches et 4 tabl.   15 fr.

Les autres parties du Catalogue seront envoyées franco à toute personne qui en fera la demande.

Paris. — Imprimerie de Georges Chamerot, rue des Saints-Pères, 19.